混凝土结构基本理论

李　红　王　博　主编

人民交通出版社股份有限公司

北　京

内 容 提 要

本书根据全国高等学校土木工程专业指导委员会对土木工程专业的培养要求和“混凝土结构基本理论”课程教学大纲,结合最新的标准及规范编写。主要内容包括:概论,钢筋混凝土结构材料的基本性能,混凝土结构的设计方法,受弯构件正截面承载力,受弯构件斜截面承载力,受压构件承载力,受拉构件承载力,受扭构件扭曲截面承载力,钢筋混凝土构件的裂缝、变形及结构耐久性,预应力混凝土构件。

本书可作为高等院校土木工程专业的专业基础课教材或教学参考书,也可供从事相关工作的设计、施工人员和研究者参考使用。

图书在版编目(CIP)数据

混凝土结构基本理论 / 李红,王博主编.—北京:人民交通出版社股份有限公司,2023.1

ISBN 978-7-114-18473-4

Ⅰ.①混… Ⅱ.①李… ②王… Ⅲ.①混凝土结构 Ⅳ.①TU37

中国版本图书馆 CIP 数据核字(2022)第 257266 号

Hunningtu Jiegou Jiben Lilun

书　　名:混凝土结构基本理论
著 作 者:李　红　王　博
责任编辑:朱明周
责任校对:席少楠　刘　璇
责任印制:张　凯
出版发行:人民交通出版社股份有限公司
地　　址:(100011)北京市朝阳区安定门外外馆斜街 3 号
网　　址:http://www.ccpcl.com.cn
销售电话:(010)59757973
总 经 销:人民交通出版社股份有限公司发行部
经　　销:各地新华书店
印　　刷:北京建宏印刷有限公司
开　　本:787×1092　1/16
印　　张:17
字　　数:363 千
版　　次:2023 年 1 月　第 1 版
印　　次:2023 年 1 月　第 1 次印刷
书　　号:ISBN 978-7-114-18473-4
定　　价:49.00 元

前　言

“混凝土结构基本理论”是土木工程专业重要的专业必修课，与“材料力学”“结构力学”“土木工程材料”“工程结构抗震”“高层建筑结构设计”等课程密切相关，适用于土木工程领域内所有混凝土结构的设计，如房屋建筑工程、交通土建工程、矿井建设、水利工程和港口工程等。本书根据全国高等学校土木工程专业指导委员会对土木工程专业的培养要求和“混凝土结构基本理论”课程教学大纲，结合我国最新发布的《混凝土结构通用规范》(GB 55008—2021)等标准、规范编写。

本书旨在介绍混凝土结构基本构件的受力性能及设计方法，使学生从原理和问题的本质认识混凝土结构构件的基本性能，具备混凝土结构构件的设计、计算能力，为学习后续课程、深入研究混凝土结构理论及开展混凝土结构设计奠定基础。考虑到本课程兼具理论性与实践性的特点，本书在讲述基本原理和概念的基础上，结合规范和工程实际，设置了一定数量的例题、习题及思考题，便于教师教学和学生自学。

本书共10章，具体包括：概论，钢筋混凝土结构材料的基本性能，混凝土结构的设计方法，受弯构件正截面承载力，受弯构件斜截面承载力，受压构件承载力，受拉构件承载力，受扭构件扭曲截面承载力，钢筋混凝土构件的裂缝、变形及结构耐久性，预应力混凝土构件。

本书由长安大学李红、王博主编，由长安大学建筑工程学院混凝土结构基本理论教学团队协作编写。其中，第1、2、4章由李红编写，第5、6章由王博编写，第3、7章由杨坤编写，第8章由仇佩华编写，第9章由庞蕾编写，第10章由王天贤编写。全书由王博统稿。

限于编者水平，书中难免有错误、疏漏或不足之处，欢迎各位读者批评指正。

编　者
2022年4月

目　　录

第1章　概　　论

本章要点

【知识点】

混凝土结构的基本概念及特点,混凝土结构的优缺点,混凝土结构的发展、应用情况,本课程的特点和学习方法。

【重点】

充分了解钢筋混凝土结构的基本概念及优缺点,理解本课程的学习方法。

【难点】

在学习混凝土结构时应注意的问题,指导工程结构设计的混凝土结构设计规范的应用。

1.1　混凝土结构的基本概念和优缺点

混凝土结构(concrete structure)是以混凝土为主要材料制成的结构,包括素混凝土结构、钢筋混凝土结构、预应力混凝土结构以及配置各种纤维筋的混凝土结构。素混凝土结构(plain concrete structure)是指无筋或不配置受力钢筋的混凝土结构,常用于路面和一些非承重结构。钢筋混凝土结构(reinforced concrete structure)是指配置受力钢筋、钢筋网或钢筋骨架的混凝土结构;预应力混凝土结构(prestressed concrete structure)是指配置受力预应力筋,通过张拉或其他方法建立预加应力的混凝土结构。混凝土结构广泛应用于工业与民用建筑、桥梁、隧道、矿井以及水利、港口、核电等工程中。

混凝土材料的抗压强度较高,而抗拉强度很低,因此素混凝土结构的应用受到很大限制。例如,对于如图1-1a)所示的素混凝土梁,随着荷载的逐渐增大,梁截面上部的压应力及下部的拉应力不断增大。当荷载达到一定值时,弯矩最大截面受拉边缘的混凝土首先被拉裂,而后该截面高度减小,致使开裂截面受拉区的拉应力进一步增大,于是裂缝迅速向上伸展并立即引起梁的破坏。这种破坏很突然,破坏前变形很小,没有预兆,属于脆性破坏,是工程中要避免的。梁破坏时,其受压区的压应力还不大,受压区混凝土的抗压强度未得到充分利用,且混凝土抗拉强度很低,故其极限承载力也很低。所以,对于在外荷载作用下或受其他因素影响会在截面中产生拉应力的结构,不应采用素混凝土结构。

与混凝土材料相比,钢筋的抗拉和抗压强度都很高。为了充分发挥材料的性能,把钢筋和混凝土这两种材料按照合理的方式结合在一起,取长补短,共同工作,使钢筋主要承受拉力,混凝土主要承受压力,这就构成了钢筋混凝土结构。例如,如图1-1b)所示的集中荷载作用下的钢筋混凝土梁,在截面受拉区配有适量的钢筋。当荷载达到一定值时,梁的受拉区仍然开裂,但开裂截面的变形性能与素混凝土梁大不相同。因为钢筋与混凝土牢固地黏结在一起,裂缝截面原由混凝土承受的拉力现转由钢筋承受;由于钢筋强度和弹性模量均很大,所以此时裂缝截面的钢筋拉应力和受拉变形均很小,有效地约束了裂缝的开展,使其不致无限制地向上延伸而使梁产生断裂破坏。如此,钢筋混凝土梁上的荷载可继续加大,直至其受拉钢筋应力达到屈服强度,随后截面受压区混凝土被压坏,这时梁才达到破坏状态。而且在破坏前,梁的变形较大,有明显预兆,属于延性破坏,是工程中所希望和要求的。由此可见,在素混凝土梁内合理配置受力钢筋构成钢筋混凝土梁以后,钢筋与混凝土两种材料的强度都得到了较为充分的利用,破坏过程较为缓和,且这种梁的极限承载力和变形能力大大超过同样条件的素混凝土梁,如图 1-1c)所示。

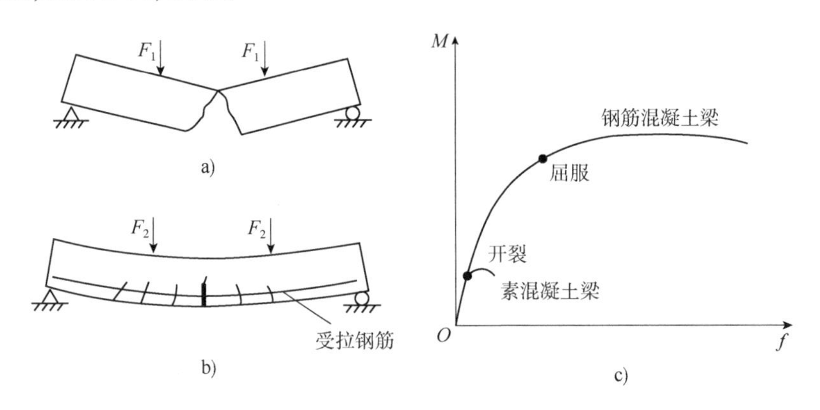

图 1-1　素混凝土梁及钢筋混凝土梁

钢筋与混凝土两种不同材料之所以能共同工作,主要基于下述三个条件:

①混凝土硬化后,钢筋和混凝土之间存在黏结力,使两者能结合在一起,并在外荷载作用下协调变形、共同工作。因此,黏结力是这两种不同性质的材料能够共同工作的基础。

②钢筋与混凝土两种材料的温度线膨胀系数很接近,钢材为 $1.2\times10^{-5}/℃$,混凝土为 $(1.0\sim1.5)\times10^{-5}/℃$。因此,当温度变化时,钢筋与混凝土之间不会因产生较大的相对变形而破坏黏结力。

③混凝土包裹在钢筋的外部,对钢筋起到了保护和固定的作用,使钢筋不容易发生锈蚀,且使其受压时不易失稳,在遭受火灾时不致因钢筋很快软化而导致结构整体破坏。因此,在混凝土结构中,钢筋表面一定厚度的混凝土保护层是保证二者共同工作的必要措施。

混凝土结构之所以在土木工程中有广泛的应用,是因为它有很多优点。其主要优点如下:

①就地取材。砂、石是混凝土的主要成分,均可就地取材。在工业废料(例如矿渣、粉煤灰等)比较多的地方,可利用工业废料制成人造集料,用于混凝土结构中。

②节约钢材。钢筋混凝土结构合理地利用了材料的性能,发挥了钢筋与混凝土各自的优势。与钢结构相比,能节约钢材并降低造价。

③耐久性好。在混凝土结构中,钢筋受到保护,不易锈蚀,所以混凝土结构具有良好的耐

久性。处于正常环境中的混凝土耐久性好,高强高性能混凝土的耐久性更好。处于侵蚀性环境中的混凝土结构,经过合理设计、采取有效措施后,一般可满足工程需要。

④耐火性好。混凝土为不良导热体,在常温至300℃范围内,混凝土强度基本不降低。当发生火灾时,有一定厚度的混凝土作为保护层,钢筋不会很快升温软化而丧失承载能力,可以避免结构倒塌。

⑤刚度大,整体性好。现浇或装配整体式混凝土结构具有良好的整体性,因此结构的刚度及稳定性都较好,这有利于抗震、抵抗振动和爆炸冲击波。

⑥可模性好。新拌和混凝土的可塑性较好,可根据需要浇筑成任意形状和尺寸的结构,有利于实现建筑造型。

混凝土结构也有缺点,如:混凝土结构的自重大(素混凝土的重度为22~24kN/m^3,钢筋混凝土的重度为24~25kN/m^3),对大跨度结构、高层结构抗震不利;混凝土易开裂,一般混凝土结构往往带裂缝工作,对裂缝有严格要求的结构构件(如混凝土水池、地下混凝土结构、核电站的混凝土安全壳等)需采取特殊的措施;现浇混凝土结构需耗费大量的模板;施工受季节的影响较大;隔热隔声性能较差等。

随着科学技术的不断发展,混凝土结构的缺点正在被逐渐克服或有所改进,如:采用轻质、高强混凝土及预应力混凝土,可以减小结构自重并提高其抗裂性;采用可重复使用的钢模板,可以降低工程造价;采用预制装配式结构,可以改善混凝土结构的制作条件,少受或不受气候的影响,并能提高工程质量、加快施工进度等。

1.2 混凝土结构的发展及应用

与砖石砌体结构、钢结构和木结构相比,钢筋混凝土结构的应用历史并不长。其发展过程大致可分为以下四个阶段。

①第一阶段(1850年—1920年)。这一阶段所采用的钢筋和混凝土的强度都比较低,混凝土结构主要用于建造中小型楼板、梁、拱和基础等构件。其计算理论套用弹性理论,设计方法采用容许应力法。

②第二阶段(1920年—1950年)。混凝土和钢筋的强度有所提高。发明和应用了预应力混凝土结构,使钢筋混凝土被用于建造大跨度的空间结构。同时,开始进行混凝土结构的试验研究,在计算理论中开始考虑材料的塑性,开始按破损阶段计算结构的破坏承载力。

③第三阶段(1950年—1980年)。第二次世界大战后,随着高强混凝土和高强钢筋的出现,预制装配式混凝土结构、高效预应力混凝土结构、泵送商品混凝土以及各种新的施工技术等广泛地应用于各类土木工程。在计算理论方面,已过渡到充分考虑混凝土和钢筋塑性的极限状态设计理论。在设计方法方面,已提出以概率为基础的多系数表达的设计公式。

④第四阶段(1980年至今)。在这一阶段,混凝土结构得到了前所未有的发展与应用,超高层建筑、大跨度桥梁、跨海隧道和高耸结构等大量出现。振动台试验、拟动力试验和风洞试验的普遍开展,计算机辅助设计和绘图的程序化,改进了设计方法,提高了设计质量,减轻了

设计工作量,结构构件的设计采用了以概率论为基础的极限状态设计方法。同时,非线性有限元分析方法的广泛应用推动了混凝土强度理论和本构关系的深入研究,并形成了"近代钢筋混凝土力学"这一分支学科。

随着技术的发展,在混凝土结构所用材料和配筋方式方面有了许多新进展,形成了一些新型混凝土及结构形式,如高性能混凝土结构、纤维增强混凝土结构及钢与混凝土组合结构等:

①高性能混凝土结构。高性能混凝土(high performance concrete)具有高强度、高耐久性、高流动性及高抗渗透性等优点,是今后混凝土材料发展的重要方向。一般将强度等级大于C50的混凝土划为高强混凝土。高强混凝土的强度高、变形小、耐久性好,适应现代工程结构向大跨、重载、高耸方向发展和承受恶劣环境条件的需要。配置高强混凝土必须采用较低的水胶比,并应掺入粉煤灰、矿渣、沸石灰、硅粉等混合料。在混凝土中加入高效减水剂可有效地降低水胶比;掺入粉煤灰、矿渣、沸石灰则能有效地改善混凝土拌合料的和易性,提高硬化后混凝土的力学性能和耐久性;硅粉对提高混凝土的强度最为有效,并使混凝土具有耐磨和耐冲刷的特性。

②纤维增强混凝土结构。在普通混凝土中掺入适当的各种纤维材料而形成纤维增强混凝土(fibre reinforced concrete),其抗拉、抗剪、抗折强度和抗裂、抗冲击、抗疲劳、抗震、抗爆等性能均有较大提高,因而获得较大发展和较广应用。目前应用较多的纤维材料有钢纤维、合成纤维、玻璃纤维和碳纤维等。钢纤维混凝土是将短的、不连续的钢纤维均匀、乱向地掺入普通混凝土而制成,按是否配置钢筋可分为无筋钢纤维混凝土结构和钢纤维钢筋混凝土结构。合成纤维(尼龙基纤维、聚丙烯纤维等)可以作为主要加筋材料,提高混凝土的抗拉性能、韧性等,用于各种水泥基板材;也可以作为次要加筋材料,主要用于提高混凝土材料的抗裂性。碳纤维具有轻质、高强、耐腐蚀、施工便捷等优点,已广泛用于建筑、桥梁结构的加固补强以及机场飞机跑道工程等。

③钢与混凝土组合结构。用型钢或钢板焊(或冷压)成钢截面,再将其埋置于混凝土中,使混凝土与型钢形成整体,共同受力,即构成钢与混凝土组合结构(steel reinforced concrete,简称"SRC")。国内外常用的组合结构有压型钢板与混凝土组合楼板、钢与混凝土组合梁、型钢混凝土结构、钢管混凝土结构和外包钢混凝土结构五大类。钢与混凝土组合结构除具有钢筋混凝土结构的优点外,还有抗震性能好、施工方便、能充分发挥材料的性能等优点,因而得到了广泛应用。各种结构体系,如框架、框架-剪力墙、剪力墙、框架-核心筒等结构体系中的梁、柱、墙均可采用组合结构。

混凝土结构广泛应用于土木工程的各个领域,其主要应用情况如下。

①房屋建筑工程。厂房、住宅、办公楼等多高层建筑广泛采用混凝土结构。在7层以下的多层房屋中,虽然墙体大多采用砌体结构,但其楼板几乎全部采用预制混凝土楼板或现浇混凝土楼盖。采用混凝土结构的高层和超高层建筑已十分普遍,美国芝加哥的威克·德赖夫大楼(高296m,65层)、德国的密思垛姆大厦(高256m,70层)、香港中心大厦(高374m,78层)等都采用了混凝土结构,马来西亚吉隆坡高450m的双塔大厦为钢筋混凝土结构。我国目

前最高的钢筋混凝土建筑是广州的中天广场(高332m,80层)①。

②大跨空间结构。预应力混凝土屋架、薄腹梁、V形折板、钢筋混凝土拱、薄壳等已得到广泛应用。例如:法国巴黎国家工业与发展技术展览中心大厅的平面为三角形,屋盖结构采用拱身为钢筋混凝土装配整体式薄壁结构的落地拱,跨度为206m;美国旧金山地下展厅,采用16片钢筋混凝土拱,跨度为83.8m;意大利都灵展览馆拱顶由装配式混凝土构件组成,跨度达95m;澳大利亚悉尼歌剧院的主体结构由3组巨大的壳片组成,壳片曲率半径为76m,建筑为白色,状如帆船,已成为世界著名的建筑。

③桥梁工程。中小跨度桥梁绝大部分采用混凝土结构建造,也有相当多的大跨度桥梁采用混凝土结构建造。如:1991年建成的挪威Skarnsundet预应力斜拉桥,跨度达530m;重庆长江二桥为预应力混凝土斜拉桥,跨度达444m;虎门大桥的辅航道桥为预应力混凝土刚架公路桥,跨度达270m。公路混凝土拱桥的应用也较多,其中突出的有:1997年建成的万县②长江大桥,采用钢管混凝土和型钢骨架组成三室箱形截面,跨长420m,为世界第一长跨拱桥;330m的贵州江界河格架式组合拱桥;312m的广西邕宁江中承式拱桥;2018年通车的港珠澳大桥,总长度55km,大桥主体由长6.7km的海底隧道和长22.9km的桥梁组成,是世界上最长的跨海大桥。

④隧道及地下工程。隧道及地下工程多采用混凝土结构建造。新中国成立后,修建了约17000km长的铁道隧道,其中成昆铁路线有隧道427座,总长341km,占全线路长31%;修建了约14000座公路隧道,总长约13000km。日本1994年建成的青函海底隧道,全长53.8km。我国许多城市已有地铁或正在建造地铁,且许多城市建有地下商业街、地下停车场、地下仓库、地下工厂、地下旅店等。

⑤水利工程。水电站、拦洪坝、引水渡槽、污水排灌管等均采用钢筋混凝土结构。目前,世界上最高的重力坝为瑞士的大狄桑坝,高285m;其次为俄罗斯的萨杨苏申克坝,高245m。在我国,1989年建成的青海龙羊峡大坝,高178m;四川二滩水电站拱坝,高242m;贵州乌江渡拱形重力坝,高165m;三峡水利枢纽,水电站主坝高185m,设计装机容量1820万kW,发电量居世界第一;举世瞩目的南水北调大型水利工程,沿线建造了很多预应力混凝土渡槽。

⑥特种结构。烟囱、水塔、筒仓、储水池、电视塔、核电站反应堆安全壳、近海采油平台等特种结构也有很多采用混凝土结构建造。如:1989年建成的挪威北海近海混凝土采油平台,水深216m;世界上最高的电视塔是加拿大多伦多电视塔,高553.3m,为预应力混凝土结构;上海东方明珠电视塔由3个钢筋混凝土筒体组成,高456m,居世界第三位。

---

①本节关于建(构)筑物高度、尺寸等的排名,统计截止时间均为本书成稿时间,即2022年4月。

②今重庆市万州区。

1.3 本课程的主要内容及特点

1.3.1 主要内容

混凝土结构构件按主要受力特点划分,可分为以下几类:

①受弯构件。这类构件主要承受弯矩,故称为“受弯构件”,如梁、板等。同时,构件截面上也有剪力存在。在板中,剪力对设计计算一般不起控制作用。而在梁中,除应考虑弯矩外,还应考虑剪力的作用。

②受压构件。这类构件主要受到压力作用。当压力的作用点作用在构件截面重心时,为轴心受压构件;当压力的作用点不作用在构件截面的重心或截面上同时有压力和弯矩作用时,则为偏心受压构件。柱、墙、拱等构件一般为偏心受压且受剪力作用。所以,受压构件截面上一般作用有弯矩、轴力和剪力。

③受拉构件。对于层数较多的框架结构,当水平力产生的倾覆力矩很大时,部分柱截面上除产生剪力和弯矩外,还可能出现拉力,这种构件为偏心受拉构件。其他如屋架下弦杆、拉杆拱中的拉杆等,则通常按轴心受拉构件考虑。

④受扭构件。这类构件的截面上除产生弯矩和剪力外,还会产生扭矩,如曲梁、框架结构的边梁、雨篷梁等。因此,对这类结构构件应考虑扭矩的作用。

本课程主要讲述以上混凝土结构基本构件的受力性能、承载力、变形计算、钢筋配置和构造要求等。这些内容是土木工程混凝土结构中的共性问题,是混凝土结构的基本理论,以此为基础并结合整体结构的力学分析,才能进行结构方案的选择和优化,故本课程为土木工程的专业基础课。

1.3.2 课程特点与学习方法

本课程主要讲述混凝土结构构件的基本理论,其内容相当于钢筋混凝土及预应力混凝土的材料力学。但是,钢筋混凝土由非线性且拉、压强度相差悬殊的混凝土和钢筋组合而成,受力性能复杂,因而本课程的内容更为丰富,有不同于一般材料力学的一些特点,学习时应予以注意。

①本课程是研究钢筋混凝土材料的力学理论课程。由于钢筋混凝土是由钢筋和混凝土两种力学性能不同的材料组成的复合材料,钢筋混凝土的力学特性及强度理论较为复杂,难以用力学模型和数学模型来严谨地推导,因此,目前钢筋混凝土结构的计算公式常常是经大量试验研究结合理论分析建立起来的半理论半经验公式。学习时,应注意每一理论的适用范围和条件,而且在实际工程设计中正确运用这些理论和公式。

②掌握钢筋和混凝土材料的力学性能及其相互作用十分重要。钢筋混凝土构件中的两种材料,在强度和数量上存在一个合理的配比范围。如果钢筋和混凝土的面积比例及材料强度的搭配超过了这个范围,就会引起构件受力性能的改变,从而引起构件截面设计方法的改变,这是学习时必须注意的一个方面。

③学习本课程的目的是能够进行混凝土结构的设计。混凝土结构设计包括方案选择、材

料选择、截面形式确定、配筋计算和构造措施保证等，是一个综合性的问题。在进行结构布置、处理构造问题时，不仅要考虑结构受力的合理性，还要考虑使用要求、材料、造价、施工等方面的问题。而同一问题往往会有多种解决方案，最终的方案应结合具体情况，做到安全、适用、耐久、技术先进、经济合理的有效统一。所以，在学习过程中要注意以工程应用为目标，培养对多种因素进行分析的能力。

④学会运用设计规范至关重要。本课程的内容主要与现行《混凝土结构通用规范》(GB 55008)、《混凝土结构设计规范》(GB 50010)、《工程结构可靠性设计统一标准》(GB 50153)、《建筑结构可靠性设计统一标准》(GB 50068)、《建筑结构荷载规范》(GB 50009)等有关。设计规范是国家颁布的有关结构设计的技术规定和标准，规范条文尤其是强制性条文是设计中必须遵守的具有法律效力的技术文件。而只有正确理解规范条文的概念和实质，才能正确地应用规范条文及其相应公式，充分发挥设计者的主动性以及分析和解决问题的能力。

结构工程师的主要工作是安全、经济和合理地设计结构。所以，透彻理解和熟悉现行设计方法是必需的，特别是现行国家标准所推荐的方法。但是，由于科学技术水平和生产实践经验是在不断发展的，设计规范也必然要不断进行修订和补充。因此，要用发展的眼光来看待设计规范，在学习、掌握钢筋混凝土结构理论和设计方法的同时，要善于观察和分析，不断进行探索和创新。此外，结构分析和设计方法会不断变化，结构工程师想要取得专业实践的成功，仅依赖设计技巧训练和应用现有方法是远远不够的，需要深刻理解作为结构材料的混凝土和钢筋的基本性能，以及钢筋混凝土构件和结构的性能。

小结及学习指导

1.混凝土结构是以混凝土为主要材料制成的结构。它充分发挥了钢筋和混凝土两种材料各自的优点。在混凝土中配置适量的钢筋后，可使构件的承载力大大提高，构件的受力性能也得到显著改善。混凝土结构有很多优点，也存在一些缺点。应通过合理设计，发挥其优点，克服其缺点。

2.混凝土结构从出现到现在已有近200年的历史，它在建筑、道桥、隧道、矿井、水利和港口等各种工程中得到了广泛应用。随着技术的发展，形成了一些新型混凝土及结构形式，如高性能混凝土、纤维增强混凝土及钢与混凝土组合结构等。

3.本课程主要讲述混凝土结构构件的基本性能与设计原理，与材料力学既有联系又有区别，学习时应予以注意。

思考题

1.素混凝土构件与钢筋混凝土构件在承载力和受力性能方面有哪些差异？

2.钢筋与混凝土共同工作的基础是什么？

3.混凝土结构有哪些优点和缺点？如何克服这些缺点？

4.混凝土结构有哪些应用和发展？

5.本课程主要包括哪些内容？学习时应注意哪些问题？

第 2 章　钢筋混凝土结构材料的基本性能

本章要点

【知识点】

混凝土的强度等级和性能，混凝土的各种强度及其相互关系，钢筋的品种、级别和性能，钢筋与混凝土共同工作的原理。

【重点】

掌握钢筋与混凝土的材料性能，理解钢筋与混凝土共同工作原理，了解钢筋锚固长度的要求。

【难点】

混凝土在不同受力状况下的强度与变形性能。

2.1　混　凝　土

2.1.1　混凝土的强度

混凝土的强度是指它抵抗外力产生的某种应力的能力，即混凝土材料达到破坏或破裂极限状态时所能承受的应力。混凝土的强度不仅与其材料组成等因素有关，还与其受力状态有关。

在实际工程中，单向受力构件是极少见的，构件一般处于复合应力状态。但是，单轴应力状态下混凝土的强度是复合应力状态下强度的基础和主要参数。

混凝土试件的大小和形状、试验方法和加载速度等因素都会影响混凝土强度的试验结果。各国对各种单轴应力作用下的混凝土强度制定了标准试验方法。

1) 单轴应力作用下的混凝土强度

(1) 立方体抗压强度 $f_{cu,k}$

立方体试件的强度比较稳定，因此，我国把立方体抗压强度作为混凝土强度的基本指标，并把立方体抗压强度作为评定混凝土强度等级的标准。现行《混凝土结构设计规范》(GB 50010)（以下简称"《混凝土结构设计规范》"）规定：混凝土立方体抗压强度标准值是以边长为 150mm 的立方体为标准试件，在 20℃±3℃的温度和 90%以上的相对湿度条件下养护 28d，依照标准试验方法测得的具有 95%保证率的抗压强度，单位为 N/mm^2。

《混凝土结构设计规范》规定混凝土强度等级应按立方体抗压强度标准值确定。立方体抗压强度标准值用符号$f_{cu,k}$表示，下标"cu"表示立方体，"k"表示标准值(混凝土的立方体抗压强度没有设计值)。用上述标准试验方法测得的具有95%保证率的立方体抗压强度作为混凝土强度等级。混凝土强度等级一般可划分为13级：C20、C25、C30、C35、C40、C45、C50、C55、C60、C65、C70、C75和C80。符号"C"代表混凝土，后面的数字表示混凝土的立方体抗压强度标准值(以N/mm^2计)，如C30表示混凝土立方体抗压强度标准值为$30N/mm^2$。

现行《混凝土结构通用规范》规定：钢筋混凝土结构的混凝土强度等级不应低于C25；采用500MPa及以上的钢筋时，混凝土强度等级不应低于C30；承受反复荷载的钢筋混凝土构件，混凝土强度等级不应低于C30；预应力混凝土楼板结构构件的混凝土强度等级不应低于C30；其他预应力混凝土结构构件的混凝土强度等级不应低于C40。

试验方法对混凝土立方体的抗压强度有较大影响。在一般情况下，试件受压时上、下表面与试验机承压板之间将产生阻止试件向外横向变形的摩擦阻力，像两道套箍一样将试件上、下两端套住，从而延缓裂缝的发展，提高了试件的抗压强度；破坏时，试件中部剥落，形成两个对顶的角锥形破坏面，如图2-1a)所示。如果在试件的上、下表面涂润滑剂，试验时摩擦阻力就大大减小，试件将沿着平行力的作用方向产生几条裂缝而破坏，所测得的抗压强度较低，其破坏形状如图2-1b)所示。我国规定的标准试验方法是不涂润滑剂的。

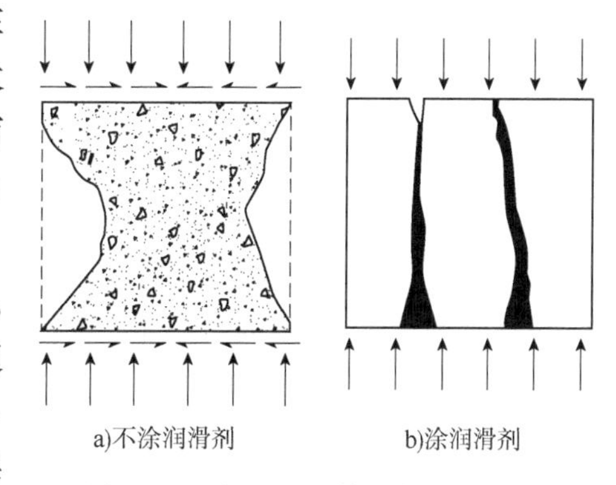

图2-1 混凝土立方体试件破坏情况

加载速度对混凝土立方体抗压强度也有影响。加载速度越快，测得的强度越高。通常规定的加载速度为：混凝土强度等级低于C30时，取每秒0.3～$0.5N/mm^2$；混凝土强度等级高于或等于C30时，取每秒0.5～$0.8N/mm^2$。

混凝土立方体抗压强度还与养护条件和龄期有关。随混凝土的龄期逐渐增长，混凝土立方体抗压强度初期增加较快，以后逐渐缓慢；在潮湿环境中强度增加较快，而在干燥环境中增加较慢，甚至还有所下降。

混凝土立方体抗压强度与立方体试件的尺寸和试验方法也有密切关系。试验结果表明，用边长200mm的立方体试件测得的强度偏低，而用边长100mm的立方体试件测得的强度偏高，因此需将非标准试件的实测值乘以换算系数，换算成标准试件的立方体抗压强度。根据对比试验结果，采用边长为200mm的立方体试件时换算系数为1.05，采用边长为100mm的立方体试件时换算系数为0.95。有的国家采用直径为150mm、高度为300mm的圆柱体试件作为标准试件。对同一种混凝土，其圆柱体抗压强度与边长150mm的标准立方体试件抗压强度之比为0.79～0.81。

混凝土的立方体抗压强度随着成型后混凝土的龄期增加而逐渐增大。试验方法中规定的龄期为28d。但近年来，我国建材行业根据工程应用的具体情况，对某些种类的混凝土(如粉煤灰混凝土等)的试验龄期做了修改，允许根据有关标准的规定对这些种类的混凝土试件的试验龄期进行调整，如粉煤灰混凝土因早期强度增加较慢，其试验龄期可为60d。

(2)轴心抗压强度 f_c

在实际结构中,构件的长度一般比截面尺寸大很多,形成棱柱体。因此,棱柱体试件的抗压强度能更好地反映混凝土构件的实际受力情况。试验证实,轴心受压钢筋混凝土短柱的混凝土抗压强度与棱柱体试件的抗压强度基本相同。用混凝土棱柱体试件测得的抗压强度称为"混凝土的轴心抗压强度",也称"棱柱体抗压强度",用 f_c 表示。各级别混凝土轴心抗压强度标准值见附表 1,设计值见附表 2。混凝土棱柱体的抗压试验及试件破坏情况如图 2-2 所示。

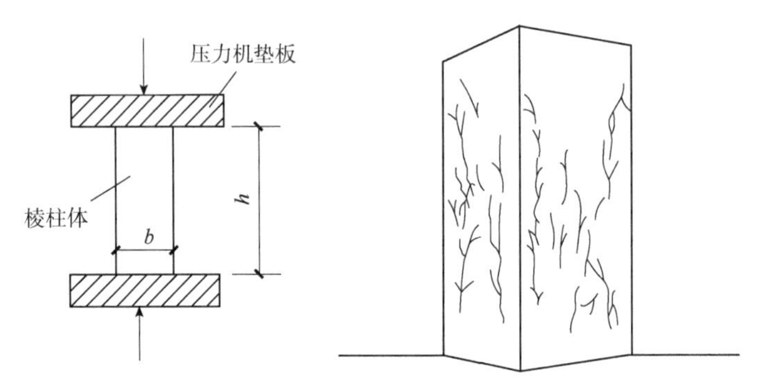

图 2-2　混凝土棱柱体抗压试验和试件破坏情况

b-截面宽度;h-试件高度

棱柱体试件的截面宽度尺寸 b 一般选用立方体试件尺寸,而其高度 h 应满足两个条件:一是 h 应足够大,以使试件中部能够摆脱端部摩擦力的影响,处于单轴均匀受压状态;二是 h 不宜取得过大,以防试件在破坏前由于较大的纵向弯曲而降低实际的抗压强度。试验表明,当棱柱体的高宽比 $h/b=3\sim4$ 时,即可摆脱端部摩擦力的影响,所测强度趋于稳定,而且试件不会失稳。《普通混凝土力学性能试验方法》(GB/T 50081—2016)规定,采用 150mm×150mm×300mm 的棱柱体作为混凝土轴心抗压强度试验的标准试件。

《混凝土结构设计规范》规定以上述棱柱体试件测得的具有 95%保证率的抗压强度为混凝土轴心抗压强度的标准值,用符号 f_{ck} 表示,下标"c"表示受压,"k"表示标准值。混凝土的轴心抗压强度比立方体抗压强度要低,这是因为棱柱体的高度比宽度大,试验机压板与试件之间的摩擦力对试件中部横向变形的约束小。高度比宽度越大,测得的强度越低,但当高宽比达到一定值后,这种影响就不明显了。

图 2-3 为我国所做的混凝土轴心抗压强度与立方体抗压强度对比试验的结果,可以看出,试验值 f_c^0 和 f_{cu}^0 大致呈线性关系。考虑实际结构构件与试件在尺寸、制作、养护和受力方面的差异,《混凝土结构设计规范》采用的混凝土轴心抗压强度标准值 f_{ck} 与立方体抗压强度标准值 $f_{cu,k}$ 之间的换算关系为:

$$f_{ck}=0.88\alpha_{c1}\alpha_{c2}f_{cu,k} \tag{2-1}$$

式中:α_{c1}——混凝土轴心抗压强度与立方体抗压强度的比值,当混凝土强度等级不大于 C50 时,$\alpha_{c1}=0.76$;当混凝土强度等级为 C80 时:$\alpha_{c1}=0.82$;当混凝土强度等级为中间值时,按线性插值;

α_{c2}——混凝土的脆性系数，当混凝土强度等级不大于 C40 时，$\alpha_{c2}=1.0$；当混凝土强度等级为 C80 时，$\alpha_{c2}=0.87$；当混凝土强度等级为中间值时，按线性插值；

0.88——考虑结构中混凝土的实体强度与立方体试件混凝土强度差异等因素的修正系数。

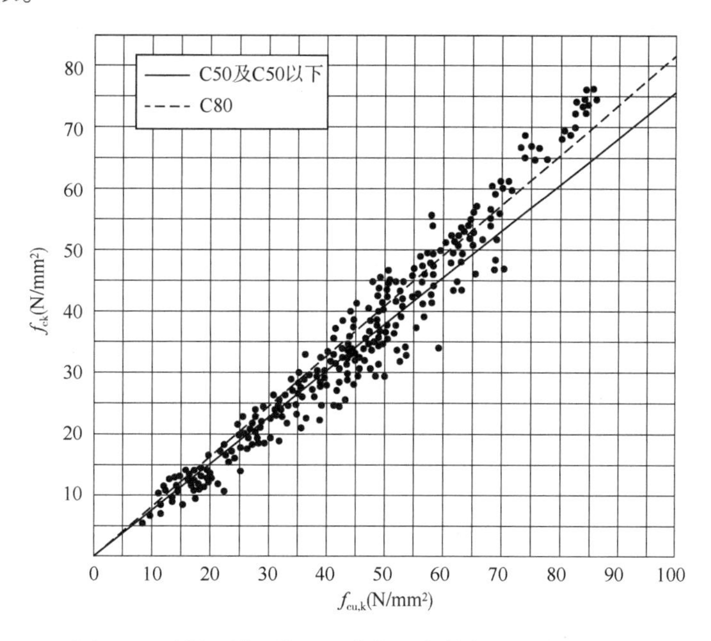

图 2-3 混凝土轴心抗压强度与立方体抗压强度的关系

(3)抗拉强度f_t

混凝土的抗拉强度也是其基本力学性能指标之一，其标准值用f_{tk}表示，下标"t"表示受拉，"k"表示标准值。混凝土构件的开裂、裂缝宽度、变形验算以及受剪、受扭、受冲切等承载力的计算均与抗拉强度有关。

影响混凝土抗拉强度的因素较多，目前还没有一种统一的标准试验方法。常用的试验方法有两种：一种为直接拉伸试验，如图 2-4 所示，试件尺寸为 100mm×100mm×500mm，两端预埋钢筋，钢筋位于试件的轴线上，对试件施加拉力使其均匀受拉，试件破坏时的平均拉应力即为混凝土的抗拉强度，称为"轴心抗拉强度"，这种试验对试件尺寸及钢筋位置的要求很严；另一种为间接测试方法，称为"劈裂试验"，如图 2-5 所示，对圆柱体或立方体试件施加线荷载，试件破坏时，在破裂面上产生与该面垂直且基本均匀分布的拉应力。根据弹性理论，试件劈裂破坏时，混凝土抗拉强度(劈裂抗拉强度)f_t^0 可按下式计算：

$$f_t^0=\frac{2F}{\pi dl} \tag{2-2}$$

式中：F——劈裂破坏荷载；

d——圆柱体直径或立方体的边长；

l——圆柱体长度或立方体的边长。

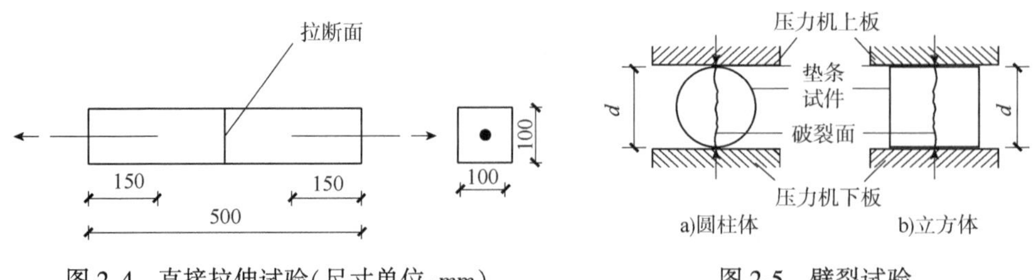

图 2-4　直接拉伸试验(尺寸单位:mm)　　　　图 2-5　劈裂试验

劈裂试验试件的大小、垫条的尺寸和刚度都对试验结果有一定影响。我国的一些试验结果为劈裂抗拉强度略大于轴心抗拉强度,而国外的一些试验结果为劈裂抗拉强度略小于轴心抗拉强度。考虑到国内外对比试验的具体条件不完全相同等原因,通常认为抗拉强度与劈裂强度基本相同。

混凝土轴心抗拉强度与立方体抗压强度之间关系的对比试验结果见图 2-6,可以看出,混凝土的抗拉强度比抗压强度低得多,一般只有抗压强度的 1/17~1/8,并且不与立方体抗压强度呈线性关系,混凝土强度等级越高,这个比值越小。

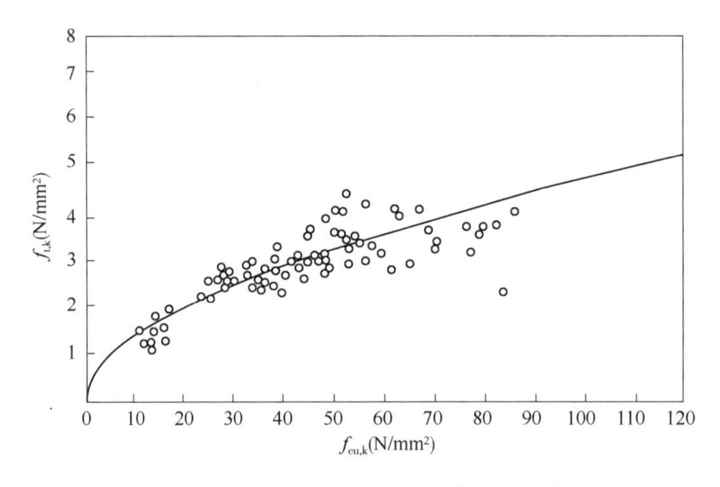

图 2-6　混凝土轴心抗拉强度和立方体抗压强度的关系

《混凝土结构设计规范》考虑了从普通强度混凝土到高强度混凝土的变化规律,给出轴心抗拉强度标准值 f_{tk}(N/mm^2)与立方体抗压强度标准值 $f_{cu,k}$(N/mm^2)之间的换算关系为:

$$f_{tk}=0.88\times0.395f_{cu,k}^{0.55}(1-1.645\delta)^{0.45}\alpha_{c2} \tag{2-3}$$

式中:　δ——试验结果的变异系数;

0.88、α_{c2}——意义、取值与式(2-1)相同;

0.395、0.55——为轴心抗拉强度与立方体抗压强度间的折减系数。

《混凝土结构设计规范》给出的混凝土抗压、抗拉强度标准值和设计值见附表 1~附表 4。

2)复合应力作用下的混凝土强度

在实际工程中,混凝土结构或构件受到轴力、弯矩、剪力及扭矩的不同组合作用,往往处于双向或三向受力状态。如:框架梁要承受弯矩和剪力的作用;框架柱除承受弯矩和剪力外还要承受轴向力；框架梁柱节点区的受力状态则更为复杂。

复杂应力状态下混凝土的强度，称为“混凝土的复合受力强度”。由于问题较为复杂，至今尚未建立起完善的复合应力作用下的强度理论，混凝土的复合受力强度主要依赖试验结果。

(1)双向应力状态

双轴应力试验一般采用正方形板试件。试验时沿板平面内的两对边分别作用法向应力 σ_1 和 σ_2，第三个平面上应力为零，混凝土在双向应力状态下强度的变化曲线如图 2-7 所示。图中，σ_0 为单轴受力状态下的混凝土抗压强度。

双向受压时(图 2-7 中第三象限)，一向的抗压强度随另一向压应力的增大而增大，最大抗压强度发生在两个应力之比(σ_1/σ_2 或 σ_2/σ_1)为 0.4~0.7 时，其强度比单向抗压强度增大约 30%，而在两向压应力相等的情况下强度增大 15%~20%。

双向受拉时(图 2-7 中第一象限)，一个方向的抗拉强度受另一个方向拉应力的影响不明显，其抗拉强度接近于单向抗拉强度。

一个方向受拉、另一个方向受压时(图 2-7 中第二、四象限)，抗压强度随拉应力的增大而降低，抗拉强度也随压应力的增大而降低，其抗压或抗拉强度均不超过相应的单轴强度。

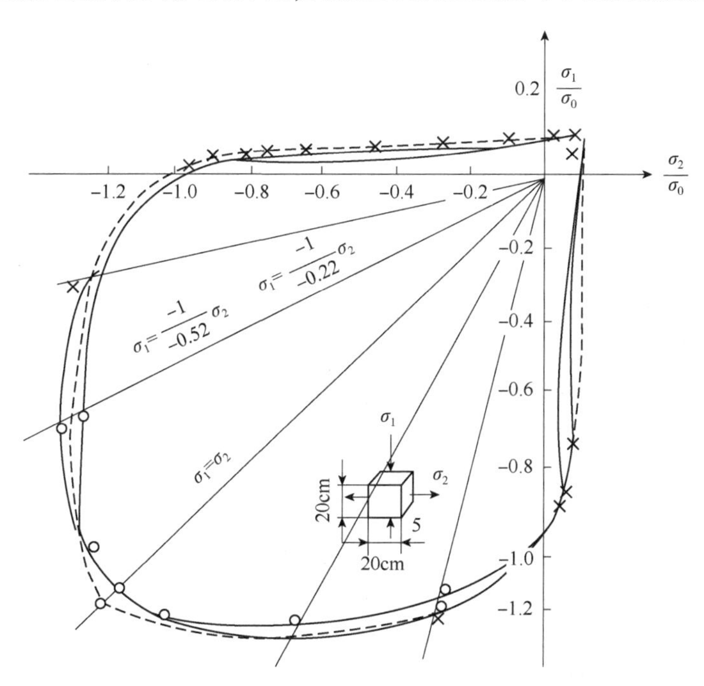

图 2-7 混凝土双向应力破坏包络图

构件截面同时作用剪应力和压应力或拉应力的剪压或剪拉复合应力状态，在工程中较为常见。通常采用空心薄壁圆柱体进行受力试验，试验时先施加纵向压力或拉力，然后施加扭矩至破坏。

图 2-8 为混凝土法向应力与剪应力共同作用下的强度变化曲线。从图 2-8 中可以看出：抗剪强度随拉应力的增大而减小；随着压应力的增大，抗剪强度增大，但大约在 $\sigma/f_c>0.6$ 时，

由于内裂缝的明显发展,抗剪强度反而随压应力的增大而减小。从抗压强度的角度来分析,由于剪应力的存在,混凝土的抗压强度要低于单向抗压强度。因此,梁受弯矩和剪力共同作用以及柱受轴向压力、水平剪力共同作用时,剪应力会影响梁与柱中受压区混凝土的抗压强度。

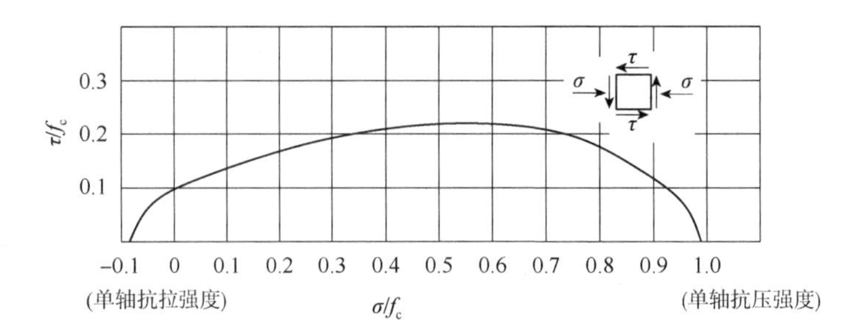

图 2-8　混凝土在正应力和剪应力共同作用下的强度曲线

(2)三向受压状态

三向受压状态下,混凝土圆柱体的轴向应力-应变曲线可以通过周围用液体压力加以约束的圆柱体进行加压试验得到,在加压过程中保持液压为常值,逐渐增大轴向压力直至破坏,并量测轴向应变的变化规律。

混凝土三向受压时,一个方向的抗压强度随另两向压应力的增大而增大,并且混凝土受压的极限变形也大大增加。图 2-9 为圆柱体混凝土试件三向受压时(侧向压应力均为 σ_2)的试验结果,由于周围的压应力限制了混凝土内微裂缝的发展,这就大大提高了混凝土的纵向抗压强度和承受变形的能力。由试验结果得到的经验公式为:

$$f'_{cc}=f'_c+\kappa\sigma_2 \tag{2-4}$$

式中:f'_{cc}——在等侧向压应力作用下混凝土圆柱体抗压强度;

f'_c——无侧向压应力时混凝土圆柱体抗压强度;

κ——侧向压应力系数,根据试验结果取 4.5~7.0,平均值为 5.6,当侧向压应力较小时得到的系数值较高。

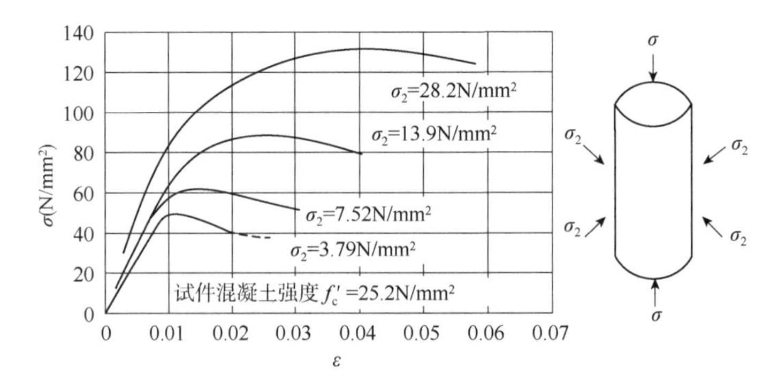

图 2-9　混凝土圆柱体三向受压试验时轴向应力-应变曲线

实际工程中,可以通过设置箍筋或设置密排螺旋筋来约束混凝土,改善钢筋混凝土构件的受力性能。在混凝土轴向压力数值很小时,横向钢筋几乎不受力,混凝土基本不受约束。

轴向压力大于单轴抗压强度时，轴向强度和变形能力均提高，横向钢筋越密，提高幅值越大。螺旋筋能使核心混凝土在侧向受到均匀连续的约束力，其效果比普通箍筋好(图2-10、图2-11)，因而强度和延性的提高更为显著。

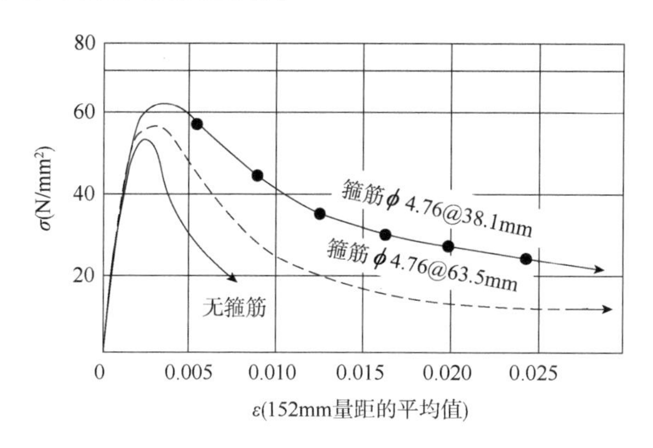

图 2-10 设置螺旋筋柱的轴向应力-应变曲线

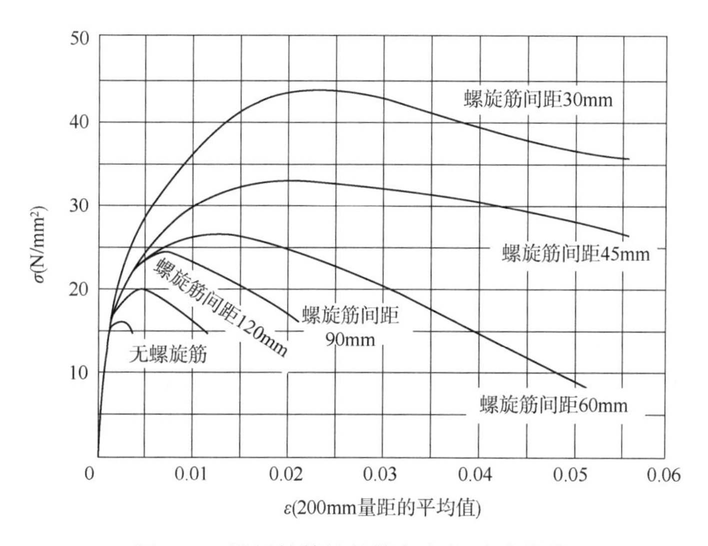

图 2-11 设置箍筋柱的轴向应力-应变曲线

2.1.2 混凝土的变形

混凝土的变形可分为两类：一类是混凝土的受力变形，包括一次短期加荷的变形、荷载长期作用下的变形和多次反复荷载作用下的变形等；另一类为体积变形，是混凝土由于收缩或温度变化产生的变形。

1) 混凝土在一次短期加荷时的变形性能

(1) 混凝土单轴受压时的应力-应变关系

一次短期加荷是指荷载从零开始单调增加至试件破坏。混凝土的应力-应变(σ-ε)关系是混凝土最基本的力学性能之一，是研究钢筋混凝土构件截面应力，建立强度和变形计算理论所必不可少的依据。

我国采用棱柱体试件测定混凝土一次短期加荷的变形性能,图 2-12 是实测的典型混凝土棱柱体的应力-应变曲线。可以看到,应力-应变曲线分为上升段和下降段两个部分。

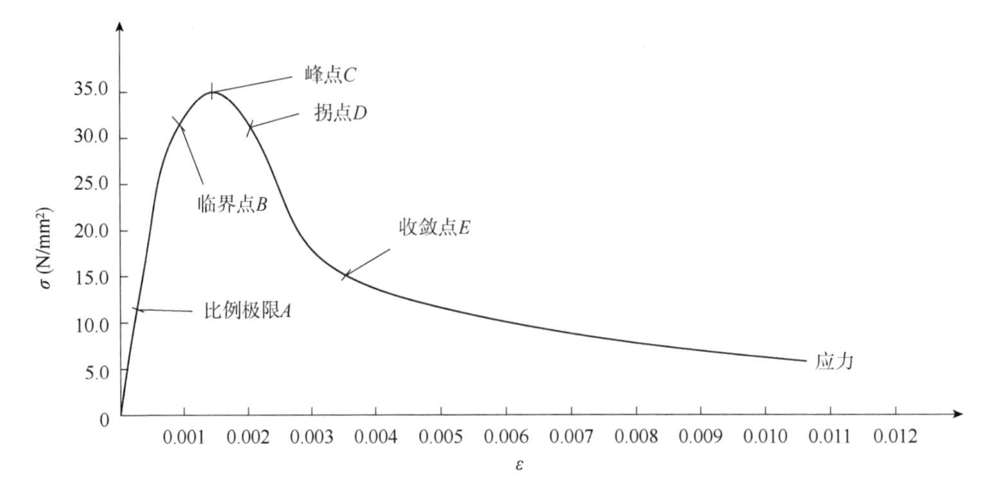

图 2-12　混凝土棱柱体受压应力-应变曲线

上升段(OC 段)可分为三个阶段:

①开始加载至应力约为 $0.3 \sim 0.4 f_c^0$(上标“0”表示试验值)的 A 点为第一个阶段。该阶段的应力-应变关系接近于直线,试件应力较小,混凝土的变形主要是集料和水泥石结晶体受压后的弹性变形,已存在于混凝土内部的微裂缝没有明显发展。称 A 点为“比例极限”。

②过 A 点以后,进入第二阶段,即 AB 段,为裂缝稳定扩散阶段。随着荷载的增大,压应力逐渐提高,混凝土逐渐表现出明显的非弹性性质,应变增大速度超过应力增大速度,应力-应变曲线逐渐弯曲。B 点为临界点(混凝土应力 σ 一般取 $0.8 f_c^0$)。在这一阶段,混凝土内原有的微裂缝开始扩展,并产生新的裂缝,但裂缝的发展仍能保持稳定,即应力不增加,裂缝也不继续发展。B 点的应力可作为混凝土长期受压强度的依据。

③BC 段为裂缝不稳定扩展阶段。随着荷载的进一步增大,应力-应变曲线明显弯曲,直至峰值点 C。这一阶段内,裂缝发展很快并相互贯通,进入不稳定状态,C 点的应力值 σ_{max} 通常被作为混凝土棱柱体抗压强度的试验值 f_c^0,相应的应变称为“峰值应变”(ε_0),其值在 0.0015~0.0025 范围内波动。对 C50 及以下的混凝土,一般取 $\varepsilon_0 = 0.002$。

当混凝土的应力达到 f_c 以后,承载力开始下降,试验机受力也随之下降而产生恢复变形。对于一般的试验机,由于机器的刚度小,恢复变形较大,试件将在机器的冲击作用下迅速破坏而测不出下降段。如果能控制机器的恢复变形(如在试件旁附加弹性元件吸收试验机所积蓄的变形能,或采用有伺服装置控制下降段应变速度的特殊试验机),则在达到最大应力后,试件并不立即破坏,而是随着应变的增加,应力逐渐减小,呈现出明显的下降段。下降段曲线开始为凸曲线,随后变为凹曲线,D 点为拐点;超过 D 点后曲线下降加快,至 E 点曲率最大,称 E 点为“收敛点”;超过 E 点后,试件的贯通主裂缝已经很宽,内聚力几乎耗尽,对无侧向约束的混凝土,收敛段 EF 已失去结构意义。

混凝土应力-应变曲线的形状和特征是混凝土内部结构变化的力学标志,影响应力-应变曲线的因素有混凝土的强度、加荷速度、横向约束以及纵向钢筋的配筋率等。不同强度混凝土的应力-应变曲线如图2-13所示。可以看出,随着混凝土强度的提高,尽管上升段和峰值应变的变化不很显著,但下降段的形状有较大的差异。混凝土达到极限强度后,在应力下降幅度相同的情况下,变形能力强的混凝土延性好;混凝土强度越高,曲线下降段越陡,延性也越差。图2-14为相同强度的混凝土在不同加载速度下的应力-应变曲线。可以看出,随着加荷速度的降低,峰值应力逐渐减小,但与峰值应力对应的应变却增大了,下降段也变得平缓一些。

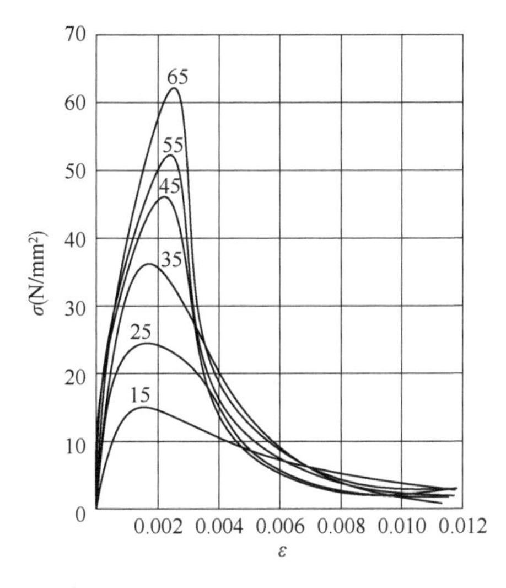

图2-13 不同强度混凝土的应力-应变曲线

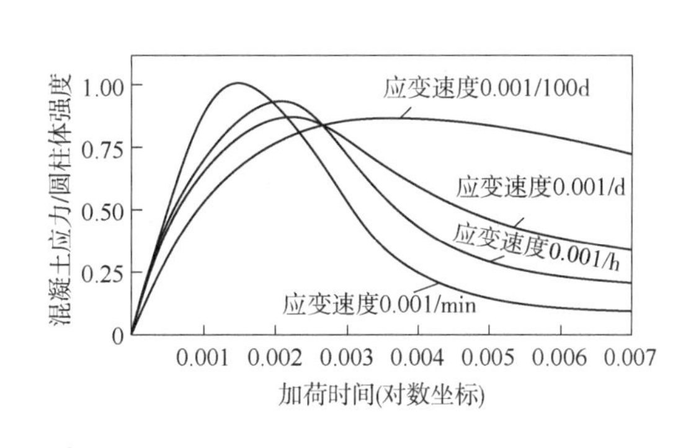

图2-14 不同应变速度下混凝土的应力-应变曲线

(2)单轴受压混凝土应力-应变关系的数学模型

为了理论分析的需要,许多学者对实测的受压混凝土的σ-ε曲线加以模式化,并给出其数学表达式。

①美国E.Hognestad建议的模型如图2-15所示。

当$\varepsilon \leqslant \varepsilon_0$时:

$$\sigma = f_c\left[2\left(\frac{\varepsilon}{\varepsilon_0}\right) - \left(\frac{\varepsilon}{\varepsilon_0}\right)^2\right] \tag{2-5}$$

当$\varepsilon_0 \leqslant \varepsilon \leqslant \varepsilon_{cu}$时:

$$\sigma = f_c\left(1 - 0.15\frac{\varepsilon - \varepsilon_0}{\varepsilon_{cu} - \varepsilon_0}\right) \tag{2-6}$$

式中:$\varepsilon_0 = 0.002$;$\varepsilon_{cu} = 0.0038$。

②德国Rüsch建议的模型如图2-16所示。

当$\varepsilon \leqslant \varepsilon_0$时:

$$\sigma = f_c\left[2\left(\frac{\varepsilon}{\varepsilon_0}\right) - \left(\frac{\varepsilon}{\varepsilon_0}\right)^2\right] \tag{2-7}$$

当 $\varepsilon_0 \leqslant \varepsilon \leqslant \varepsilon_{cu}$ 时：

$$\sigma = f_c \tag{2-8}$$

式中：$\varepsilon_0 = 0.002$；$\varepsilon_{cu} = 0.0035$。

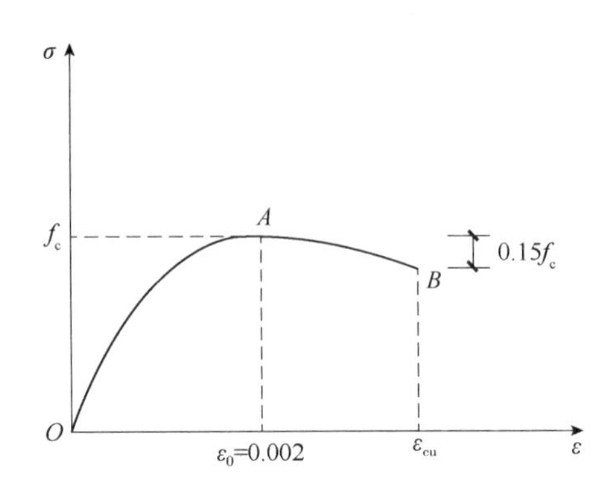

图 2-15　E. Hognestad 建议模型的 σ-ε 曲线

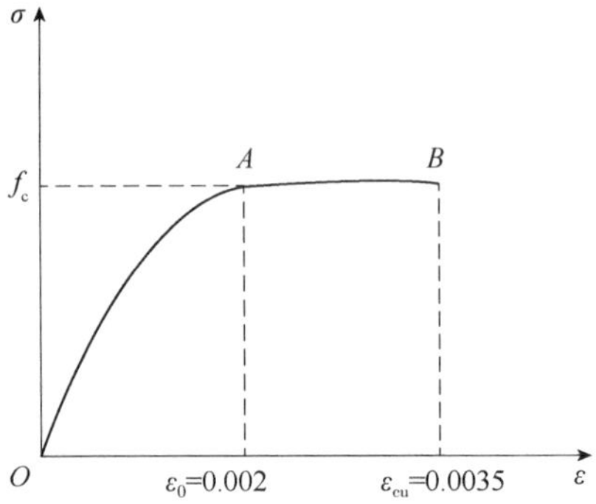

图 2-16　Rüsch 建议模型的 σ-ε 曲线

③《混凝土结构设计规范》建议的混凝土单调加载的应力-应变本构关系见式(2-9)～式(2-13)，曲线如图 2-17 所示。

$$\sigma = (1-d_c)E_c\varepsilon \tag{2-9}$$

$$d_c = \begin{cases} 1-\dfrac{\rho_c n}{n-1+x^n} & x \leqslant 1 \\ 1-\dfrac{\rho_c}{\alpha_c\ (x-1)^2+x} & x>1 \end{cases} \tag{2-10}$$

$$\rho_c = \frac{f_{c,r}}{E_c\varepsilon_{c,r}} \tag{2-11}$$

$$n = \frac{E_c\varepsilon_{c,r}}{E_c\varepsilon_{c,r}-f_{c,r}} \tag{2-12}$$

$$x = \varepsilon/\varepsilon_{c,r} \tag{2-13}$$

式中：d_c——混凝土单轴受压损伤演化参数；

E_c——混凝土的弹性模量；

α_c——混凝土单轴受压应力-应变曲线下降段参数值，按表 2-1 取用；

$f_{c,r}$——混凝土单轴抗压强度代表值，其值可根据结构分析的实际需要取 f_c、f_{ck} 或 f_{cm}（混凝土抗压强度的平均值）；

$\varepsilon_{c,r}$——与单轴抗压强度相应的混凝土峰值压应变，按表 2-1 取用。

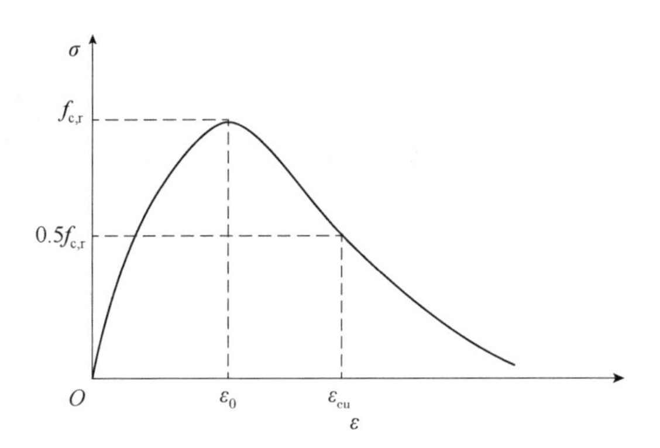

图 2-17 《混凝土结构设计规范》建议的 σ-ε 曲线

混凝土单轴受压应力-应变曲线的参数取值 **表 2-1**

$f_{c,r}$ (N/mm^2)	20	25	30	35	40	45	50	55	60	65	70	75	80
$\varepsilon_{c,r}(\times10^{-6})$	1470	1560	1640	1720	1790	1850	1920	1980	2030	2080	2130	2190	2240
α_c	0.74	1.06	1.36	1.65	1.94	2.21	2.48	2.74	3.00	3.25	3.50	3.75	3.99
$\varepsilon_{cu}/\varepsilon_{c,r}$	3.0	2.6	2.3	2.1	2.0	1.9	1.9	1.8	1.8	1.7	1.7	1.7	1.6

注：ε_{cu}为应力-应变曲线下降段应力等于$0.5f_{c,r}$时的混凝土压应变。

(3)泊松比 υ_c

混凝土试件在一次短期加荷中，除了产生纵向压应变外，还在横向产生膨胀应变。横向应变与纵向应变的比值称为“横向变形系数”(υ_c)，又称为“泊松比”。不同应力下横向变形系数 υ_c 的变化如图 2-18 所示。可以看出，当应力值小于 $0.5f$ 时，横向变形系数基本保持为常数；当应力值超过 $0.5f$ 以后，横向变形系数逐渐增大，应力越大，增大的速度越快，表明试件内部的微裂缝迅速发展。材料处于弹性阶段时，混凝土的横向变形系数可取 0.2。

试验还表明，当混凝土应力较小时，体积随压应力的增大而减小。当压应力超过一定值后，随着压应力的增加，体积又重新增大，最后竟超过了原来的体积。混凝土体积应变 ε_v 与应力的关系如图 2-19 所示。

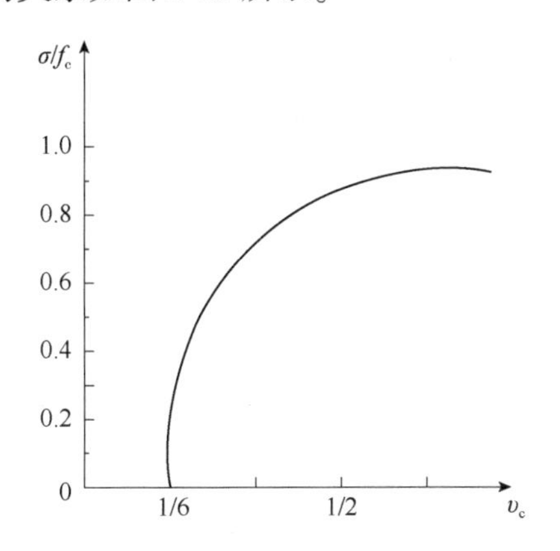

图 2-18 混凝土横向应变与纵向应变的关系

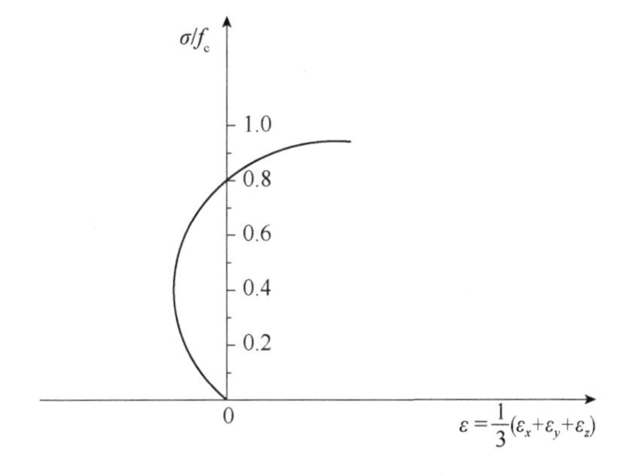

图 2-19 混凝土体积应变与应力的关系

(4)混凝土轴向受拉时的应力-应变关系

测试混凝土受拉时的应力-应变关系曲线较为困难,试验资料较少。图 2-20 为采用电液伺服试验机控制应变速度,测出的 NC1、NC2、NC3 三种不同强度的混凝土试件的轴心受拉应力-应变曲线。该曲线的形状与受压时相似,具有上升段和下降段。试验表明,从加载直至达到峰值应力 40%~50%的比例极限点,变形与应力呈线性关系;加载至峰值应力的 76%~83%时,曲线出现临界点,裂缝进入不稳定扩展阶段,达到峰值应力时,对应的应变只有 75×10^{-6} ~ 115×10^{-6}。曲线下降段的坡度随混凝土强度的提高而变得更陡峭。受拉弹性模量数值与受压弹性模量基本相同。

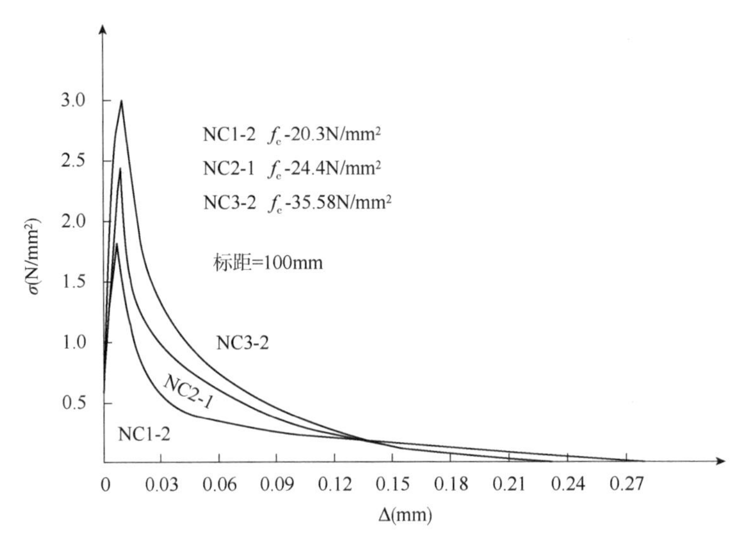

图 2-20　不同强度混凝土拉伸应变-应变曲线

(5)混凝土的变形模量

在材料力学中,当材料在线弹性范围内工作时,一般用弹性模量 E 表示应力和应变之间的关系,即 $E=\sigma/\varepsilon$。但与线弹性材料不同,混凝土受压时的应力-应变关系是一条曲线(图2-21),在不同的应力阶段,应力、应变之间的比值是一个变数,不能称之为"弹性模量",而应称之为"变形模量"。混凝土的变形模量有如下三种表示方法:

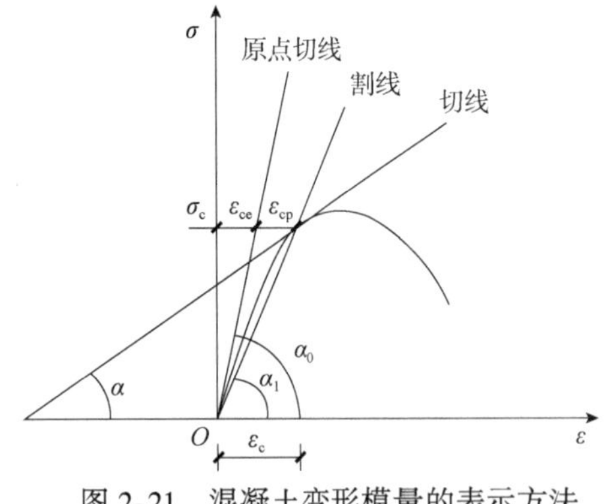

图 2-21　混凝土变形模量的表示方法

①混凝土的弹性模量(原点模量)E_c。

如图 2-21 所示,通过原点 O 的受压混凝土的 σ-ε 曲线的切线的斜率为混凝土的初始弹性模量,简称"弹性模量",用 E_c 表示:

$$E_c=\sigma_c/\varepsilon_{ce}=\tan\alpha_0 \tag{2-14}$$

式中:α_0——混凝土应力-应变曲线在原点处的切线与横坐标的夹角。

②混凝土的变形模量(割线模量)E'_c。

连接图 2-21 中原点 O 与曲线上应力为 σ_c 处,做

割线,割线的斜率称为混凝土在 σ_c 处的"割线模量"或"变形模量",用 E'_c 表示:

$$E'_c=\frac{\sigma_c}{\varepsilon_c}=\tan\alpha_1 \tag{2-15}$$

式中:ε_c——总变形;

α_1——混凝土应力-应变曲线上应力为 σ_c 处的割线与横坐标的夹角。

可以看出,式(2-15)中总变形 ε_c 包含了弹性变形 ε_{ce} 和塑性变形 ε_{cp},因此混凝土的割线模量是变值,随着混凝土应力的增大而减小。比较式(2-14)和式(2-15)可以得到:

$$E'_c=\frac{\sigma_c}{\varepsilon_c}=\frac{\sigma_c}{\varepsilon_{ce}+\varepsilon_{cp}}=\frac{\varepsilon_{ce}}{\varepsilon_{ce}+\varepsilon_{cp}}\times\frac{\sigma_c}{\varepsilon_{ce}}=\nu E_c \tag{2-16}$$

式中:ν——混凝土受压时的弹性系数,为混凝土弹性应变与总应变之比,其值随混凝土应力的增大而减小。当 $\sigma_c<0.3f_c$ 时,混凝土基本处于弹性阶段,可取 $\nu=1$;当 $\sigma_c=0.5f_c$ 时,可取 $\nu=0.8\sim0.9$;当 $\sigma_c=0.8f_c$ 时,可取 $\nu=0.4\sim0.7$。

③混凝土的切线模量 E''_c。

如图 2-21 所示,在混凝土应力-应变曲线上应力值为 σ_c 处做切线,该切线的斜率即为应力 σ_c 时混凝土的切线模量,用 E''_c 表示:

$$E''_c=\tan\alpha \tag{2-17}$$

式中:α——混凝土应力-应变曲线上应力为 σ_c 处切线与横坐标的夹角。

混凝土的切线模量随着混凝土应力的增大而减小,是一个变值。

混凝土不是弹性材料,不能用已知的混凝土应变乘以规范中给出的弹性模量数值去求混凝土的应力。只有当混凝土应力很小时,弹性模量与变形模量数值才近似相等。混凝土的弹性模量与混凝土立方体抗压强度的标准值具有以下关系:

$$E_c=\frac{10^2}{2.2+\dfrac{34.7}{f_{cu,k}}} \tag{2-18}$$

《混凝土结构设计规范》给出的混凝土弹性模量见附表 5。

④混凝土的泊松比 υ_c。

当压应力数值较小时,υ_c 约为 0.15~0.18;接近破坏时,可达到 0.5 以上。《混凝土结构设计规范》取 $\upsilon_c=0.2$。

⑤混凝土的剪变模量 G_c。

根据弹性理论,剪变模量 G_c 与弹性模量 E_c 的关系为:

$$G_c=\frac{E_c}{2(1+\upsilon_c)} \tag{2-19}$$

若取 $\nu_c=0.2$,则 $G_c=0.417E_c$。《混凝土结构设计规范》规定混凝土的剪变模量为 $G_c=0.4E_c$。

2)混凝土在荷载重复作用下的变形性能

混凝土的疲劳破坏是在反复荷载作用下损伤不断积累、承载力不断丧失,导致结构破坏的现象。疲劳破坏现象大量存在于工程结构中,如:钢筋混凝土吊车梁、钢筋混凝土桥以及港口海岸的混凝土结构分别受到吊车荷载、车辆荷载以及波浪冲击的重复作用。

在荷载重复作用下,混凝土的变形性能有重要的变化。图 2-22 所示为混凝土受压柱体一次加荷、卸荷的应力-应变曲线,当一次短期加荷的应力不超过混凝土的疲劳强度时,加荷、卸荷的应力-应变曲线 OAB'形成一个环状;在产生瞬时恢复应变后,经过一段时间,其应变又可以恢复一部分,称为“弹性后效”,剩下的是不能恢复的残余应变。

混凝土柱体在多次重复荷载作用下的应力-应变曲线如图 2-23 所示。当加荷应力小于混凝土的疲劳强度 f_c^f 时,其一次加荷卸荷应力-应变曲线形成一个环状,经过多次重复后,环状曲线逐渐密合成一条直线。如果再选择一个较大的加荷应力 σ_2(σ_2 小于混凝土的疲劳强度 f_c^f),经过多次重复,应力-应变环状曲线仍能密合成一直线。如果选择一个高于混凝土疲劳强度 f_c^f 的加荷应力 σ_3,开始时混凝土的应力-应变曲线凸向应力轴,在重复加载过程中逐渐变为凸向应变轴,不能形成封闭环;随着重复次数的增加,应力-应变曲线的斜率不断减小,最后混凝土试件因严重开裂或变形太大而破坏,这种因荷载重复作用而引起的混凝土破坏称为“混凝土的疲劳破坏”。混凝土能承受荷载多次重复作用而不发生疲劳破坏的最大应力限值称为“混凝土的疲劳强度”(f_c^f)。

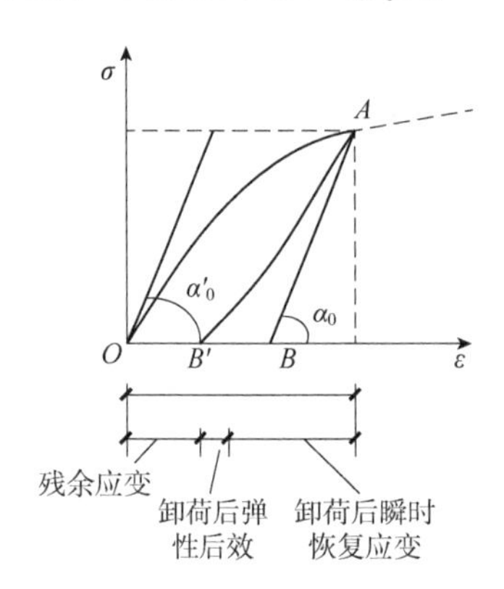

图 2-22 混凝土一次加荷、卸荷的应力-应变曲线

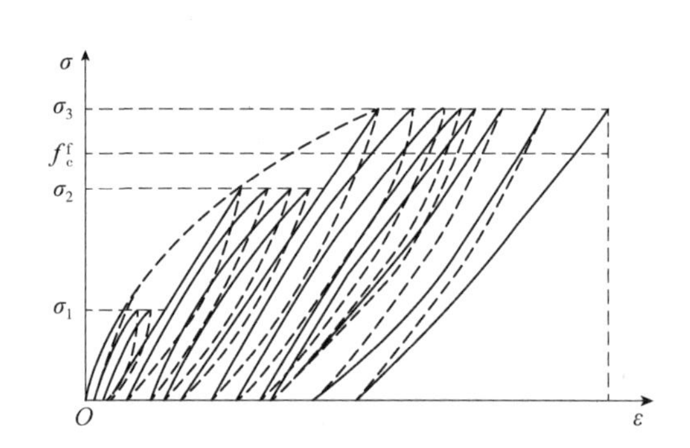

图 2-23 混凝土多次重复加荷的应力-应变曲线

从图 2-23 可以看出,施加荷载时的应力大小是影响应力-应变曲线变化的关键因素,即混凝土的疲劳强度与荷载重复作用时应力作用的幅度有关。在相同的重复次数下,疲劳强度随着疲劳应力比 ρ_c^f 的增大而增大。疲劳应力比 ρ_c^f 按下式计算:

$$\rho_c^f=\sigma_{c,\min}^f/\sigma_{c,\max}^f \tag{2-20}$$

式中:$\sigma_{c,\min}^f$、$\sigma_{c,\max}^f$——分别为截面同一纤维上混凝土的最小应力及最大应力。

《混凝土结构设计规范》规定,混凝土轴心受压、轴心受拉疲劳强度设计值 f_c^f、f_t^f 应按其轴心受压强度设计值 f_c、轴心抗拉强度设计值 f_t 分别乘以相应的疲劳强度修正系数 γ_ρ 确定。修正系数 γ_ρ 根据不同的疲劳应力比 ρ_c^f,按本书附表 6、附表 7 确定。混凝土的疲劳变形模量见附表 8。

3)混凝土在荷载长期作用下的变形性能——徐变

结构或材料承受的应力不变,而应变随时间增加的现象称为“徐变”。徐变对结构的变形和强度、预应力混凝土中的钢筋应力都将产生重要的影响。

图2-24所示为100mm×100mm×400mm棱形体试件在相对湿度65%、温度20℃条件下,承受压应力$\sigma_c=0.5f_c$后保持外荷载不变,应变随时间变化的曲线。图中,ε_{ce}为加荷时产生的瞬时弹性应变,ε_{cr}为随时间而增加的应变,即混凝土的徐变。从图中可以看出,徐变在前4个月增加较快,6个月左右可达终极徐变的70%~80%,以后增速逐渐下降,2年时间的徐变为瞬时弹性应变的2~4倍。若在2年后的B点卸载,其瞬间恢复应变为ε'_{ce};经过一段时间(约20d),试件还将恢复一部分应变ε''_{ce},这种现象称为“弹性后效”。弹性后效是混凝土中粗集料受压时的弹性变形逐渐恢复引起的,其值仅为徐变变形的1/12左右。最后将留下大部分不可恢复的残余应变ε'_{cr}。

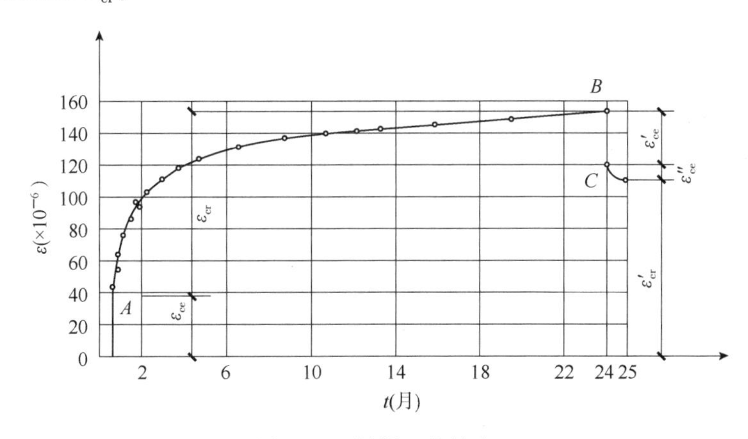

图2-24 混凝土的徐变

对于混凝土产生徐变的原因,目前研究还不够充分,可从两方面来理解;一是由于尚未转化为结晶体的水泥凝胶体黏性流动;二是混凝土内部的微裂缝在荷载长期作用下持续延伸和扩展。线性徐变以第一个原因为主,因为黏性流动的增长将逐渐趋于稳定;非线性徐变以第二个原因为主,因为应力集中引起的微裂缝开展将随应力的增大而急剧发展。

影响混凝土徐变的因素很多,总的来说可分为三类:

①内部因素:主要指混凝土的组成与配合比。集料越坚硬、弹性模量越高,徐变越小。水泥用量越多和水灰比越大,徐变越大。集料的相对体积越大,徐变越小。另外,构件形状及尺寸,混凝土内钢筋的面积和钢筋应力性质,对徐变也有不同的影响。

②环境因素:主要是指混凝土的养护条件以及使用条件下的温度和湿度的影响。养护温度越高,湿度越大,水泥水化作用越充分,徐变越小,采用蒸汽养护可使徐变减少20%~35%;试件受荷后,环境温度越低、湿度越大、体表比(构件体积与表面积的比值)越大,徐变越小。

③应力条件:包括加荷时施加的初应力水平和混凝土的龄期两个方面。在同样的应力水平下,加荷龄期越早,混凝土硬化越不充分,徐变越大;在同样的加荷龄期条件下,施加的初应力水平越高,徐变越大。图2-25为不同σ_c/f_c比值的条件下徐变随时间增长的变化曲线。从

图中可以看出，当 σ_c/f_c 的比值小于0.5时，曲线接近等间距分布，即徐变值与应力的大小呈正比，这种徐变称为“线性徐变”，通常线性徐变在2年后趋于稳定，其渐近线与时间轴平行；当应力 σ_c 为 $0.5\sim0.8f_c$ 时，徐变的增长比应力增长快，这种徐变称为“非线性徐变”；当应力 $\sigma_c>0.8f_c$ 时，这种非线性徐变往往是不收敛的，最终将导致混凝土的破坏，如图2-26所示。

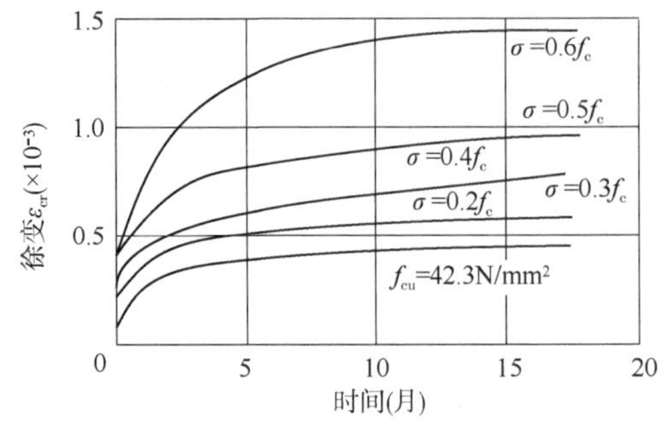

图2-25　压应力与徐变的关系

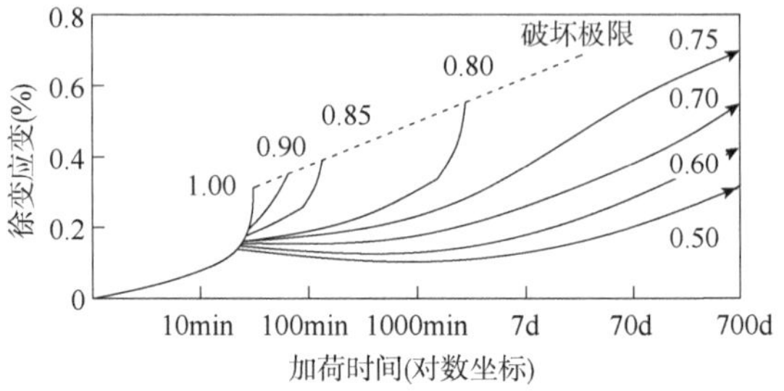

图2-26　不同应力比值的徐变-时间曲线

徐变对钢筋混凝土构件的受力性能有重要影响。一方面，徐变将使构件的变形增加，如受长期荷载作用的受弯构件，由于受压区混凝土的徐变，挠度增大2~3倍或更多；长细比较大的偏心受压构件，由于徐变引起的附加偏心距增大，将使构件的承载力降低；徐变还将在钢筋混凝土截面引起应力重分布，在预应力混凝土构件中徐变将引起相当大的预应力损失。另一方面，徐变对结构的影响也有有利的一面，徐变在超静定结构中会产生内力重分布，在某些情况下，徐变可减小由于支座不均匀沉降而产生的应力，并可延缓收缩裂缝的出现。

4）混凝土的收缩和膨胀

混凝土在凝结硬化过程中，体积会发生变化：在空气中硬化时体积会收缩，而在水中硬化时体积会膨胀。一般说来，收缩值要比膨胀值大很多。

（1）收缩

混凝土的收缩是一种随时间而增长的变形。如图2-27所示，凝结硬化初期收缩变形发展较快，2周可完成全部收缩的25%，1个月约可完成全部收缩的50%，3个月后收缩逐渐缓慢，一般2年后趋于稳定，最终收缩应变一般为$(2\sim5)\times10^{-4}$/℃。

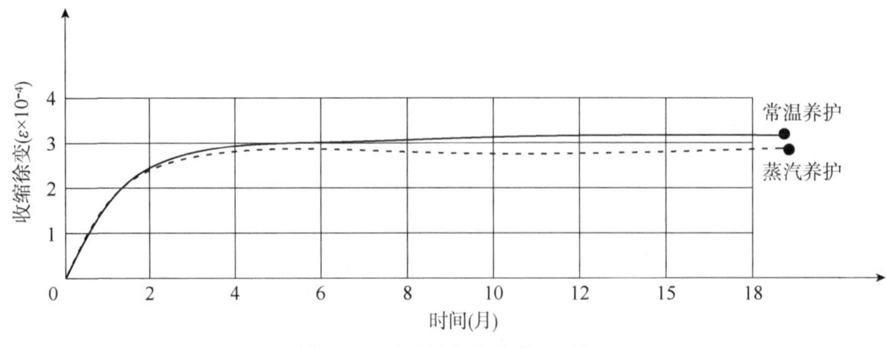

图2-27　混凝土的收缩变形

引起混凝土收缩的原因，在硬化初期主要是水泥石凝固结硬过程中产生的体积变形，在后期主要是混凝土内自由水分蒸发而引起的干缩。混凝土的组成、配合比是影响收缩的重要因素。水泥用量越多，水灰比越大，收缩就越大。集料级配好、密度大、弹性模量高、粒径大等因素，均可减少混凝土的收缩。

干燥失水是引起收缩的重要原因，所以构件的养护条件、使用环境的温度和湿度以及影响混凝土中水分保持的因素，都对混凝土的收缩有影响。高温养护（蒸汽养护）可加快水化作用，减少混凝土中的自由水分，因而可使收缩减少。使用环境的温度越高，相对湿度越低，收缩就越大。如果混凝土处于饱和湿度情况或位于水中，不仅不会收缩，反而会产生体积膨胀。

混凝土的最终收缩量还与构件的体表比有关。工形、箱形薄壁构件等体表比小的构件，收缩量较大，而且收缩发展也较快。

混凝土的收缩对钢筋混凝土结构有着不利的影响。在钢筋混凝土结构中，混凝土往往由于钢筋或邻近部件的牵制而处于不同程度的约束状态，使混凝土产生收缩拉应力，从而加速裂缝的出现和开展。在预应力混凝土结构中，混凝土的收缩将导致预应力的损失。在对跨度变化比较敏感的超静定结构（如拱）中，混凝土的收缩还将产生不利于结构的内力。

（2）膨胀

混凝土的膨胀往往是有利的，一般可不予考虑。

混凝土的线膨胀系数随集料的性质和配合比的不同而在$(1\sim15)\times10^{-5}/℃$范围内变化，与钢筋的线膨胀系数$1.2\times10^{-5}/℃$相近，因此当温度变化时，在钢筋和混凝土之间仅引起很小的内应力，不致产生有害的影响。我国规范取混凝土的线膨胀系数为$a_c=1.0\times10^{-5}/℃$。

2.2 钢 筋

2.2.1 钢筋的品种和级别

钢筋种类很多，通常可按化学成分、生产工艺、轧制外形、供应形式、直径大小以及在结构中的用途进行分类。

钢筋的化学成分以铁元素为主，还含有少量的碳、硅、锰、硫、磷等元素。混凝土结构中使用的钢筋按化学成分可分为碳素钢和普通低合金钢两大类。根据含碳量的多少，碳素钢又可分为低碳钢（含碳量小于0.25%）、中碳钢（含碳量为0.25%～0.6%）和高碳钢（含碳量为0.6%～1.4%），含碳量越高，钢筋的强度越高，但塑性和可焊性越差。

普通低合金钢除含有碳素钢已有的成分外，还加入了一定量的合金元素（硅、锰、钒、钛、铬等），既可以有效提高强度，又可以保持较好的塑性。为节约低合金资源，冶金行业近年来研制出不需要添加或只需添加很少的合金元素的细晶粒钢筋，通过冷控冷轧的方法，使钢筋组织晶粒细化，既能提高强度，又能提高韧性和塑性。

按照钢筋生产加工工艺和力学性能的不同，用于钢筋混凝土结构和预应力混凝土结构的钢筋或钢丝可分为热轧钢筋、中强度预应力钢丝、消除应力钢丝、钢绞线和预应力螺纹钢筋等。其中,普通混凝土结构中的受力钢筋和预应力混凝土结构中的非预应力钢筋一般为热轧钢筋,而中强度预应力钢丝、钢绞线和预应力螺纹钢筋一般用作预应力混凝土构件中的预应力钢筋。这里仅介绍热轧钢筋,预应力筋将在第 10 章中介绍。

热轧钢筋是由低碳钢、普通低合金钢或细晶粒钢在高温状态下轧制而成的,有明显的屈服点和流幅,断裂时有“颈缩”现象,延伸率比较大。热轧钢筋按其屈服强度标准值的高低,可分为 3 个强度等级:300MPa、400MPa 和 500MPa。

常用的普通钢筋有 6 个牌号,具体为 HPB300 级(符号ϕ)、HRB400 级(符号Φ)、HRBF400 级(符号Φ^{F})、RRB400 级(符号Φ^{R})、HRB500 级(符号Φ)和 HRBF500 级(符号Φ^{F})。对应的强度标准值、设计值分别见附表 9、附表 11。

HPB300 级为光面钢筋。HRB400 级和 HRB500 级为普通低合金热轧月牙纹变形钢筋。HRBF400 级和 HRBF500 级为细晶粒热轧月牙纹变形钢筋。RRB400 级为余热处理月牙纹变形钢筋。余热处理钢筋是由轧制的钢筋经高温淬水、余热回温处理后得到的,其强度提高,价格相对较低,但可焊性、机械连接性能及施工适应性稍差,可在对延性及加工性要求不高的构件中使用,如基础、大体积混凝土以及跨度与荷载不大的楼板、墙体。常用钢筋的外形如图 2-28所示。

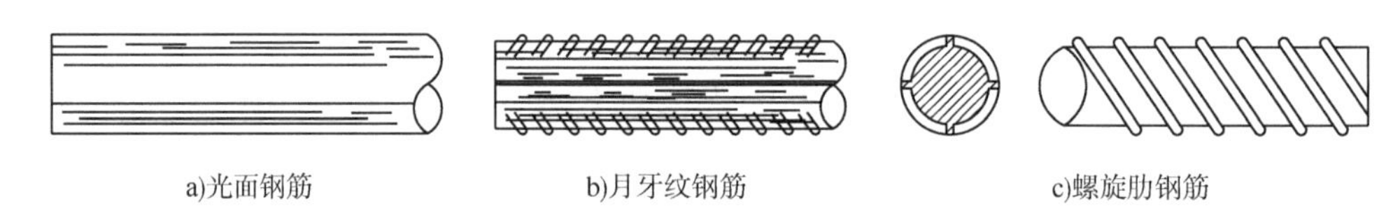

a)光面钢筋　　b)月牙纹钢筋　　c)螺旋肋钢筋

图 2-28　常用钢筋、钢丝和钢绞线的外形

纵向受力普通钢筋可采用 HRB400、HRB500、HRBF400、HRBF500、RRB400、HPB300 钢筋;梁、柱和斜撑构件的纵向受力普通钢筋宜采用 HRB400、HRB500、HRBF400、HRBF500 钢筋。箍筋宜采用 HRB400、HRBF400、HPB300、HRB500、HRBF500 钢筋;当 HRB500、HRBF500 钢筋用作箍筋时,只能用于约束混凝土的间接钢筋,即螺旋箍筋或焊接环筋。

细晶粒系列 HRBF 钢筋、HRB500 钢筋和余热处理 RRB400 钢筋都不能用作承受疲劳作用的钢筋,这时宜采用 HRB400 钢筋。

2.2.2　钢筋的强度和变形

1) 钢筋的应力-应变关系

钢筋的强度与变形性能可以用拉伸试验得到的应力-应变曲线来说明。根据钢筋单调受拉时应力-应变曲线(σ-ε 曲线)特点的不同,可分为有明显屈服点钢筋和无明显屈服点钢筋两种,分别称为“软钢”和“硬钢”。一般,热轧钢筋属于有明显屈服点的钢筋,而高强钢丝等多属于无明显屈服点的钢筋。

(1) 有明显屈服点钢筋

图 2-29 为有明显屈服点的钢筋的典型拉伸 σ-ε 曲线。从中可看出,有明显屈服点钢筋的工作特性可划分为以下几个阶段:

①弹性阶段(0b)。a 点称为“弹性极限”。在应力未达到 a 点之前,随着钢筋应力的增加,钢筋应变也增加。如果在这个阶段卸载,应变中的绝大部分可恢复。图中的 a'点称为“比例极限”。通常,a'与 a 点很接近,0a'段为直线,说明应力和应变呈正比。

②屈服阶段(bf)。b 点称为“屈服上限”。当应力超过 b 点后,钢筋即进入塑性阶段,随之应力下降到 c 点(称为“屈服下限”),c 点以后钢筋开始塑性流动,应力不变而应变增加很快,曲线为一水平段,称为“屈服台阶”。屈服上限不太稳定,受加载速度、钢筋截面形式和表面光洁度的影响而波动。屈服下限则比较稳定,通常以屈服下限 c 点的应力作为屈服强度。

③强化阶段(fd)。当钢筋的屈服塑性流动到达 f 点以后,随着应变的增加,应力又继续增大,至 d 点时应力达到最大值。d 点的应力称为“钢筋的极限抗拉强度”。fd 段称为“强化段”。

④颈缩阶段(de)。d 点以后,在试件的薄弱位置出现颈缩现象,变形增加迅速,钢筋断面缩小,应力降低,直至 e 点被拉断。e 点对应的钢筋平均应变 δ 称为钢筋的“延伸率”。

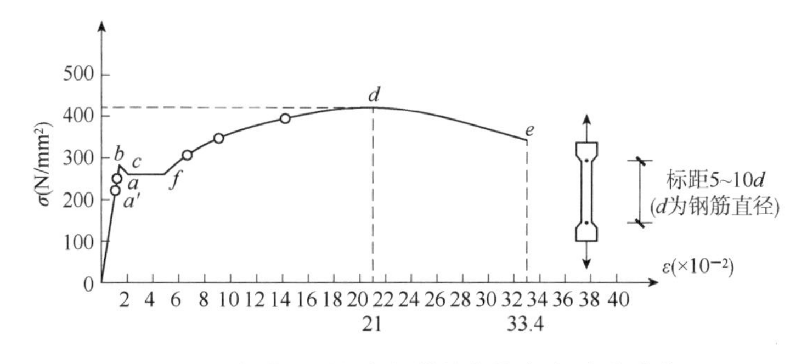

图 2-29 有明显屈服点钢筋的拉伸应力-应变曲线

从图 2-29 的 σ-ε 曲线中可以得出 3 个重要参数:屈服强度 f_y、极限抗拉强度 f_u 和延伸率 δ。在钢筋混凝土构件设计计算中,对于有明显屈服点的钢筋,一般取屈服强度 f_y 作为钢筋强度的设计依据,这是因为钢筋应力达到屈服点后将产生很大的塑性变形,卸载后塑性变形不可恢复,使钢筋混凝土构件产生很大的变形和不可闭合的裂缝。设计时一般不用极限抗拉强度 f_u 这一指标,但该指标可度量钢筋的强度储备能力。钢筋的强屈比(极限抗拉强度与屈服强度的比值)表示结构的可靠性潜力。在抗震设计中,考虑到结构中的受拉钢筋可能进入强化阶段,要求纵向受力钢筋的强屈比不小于 1.25。

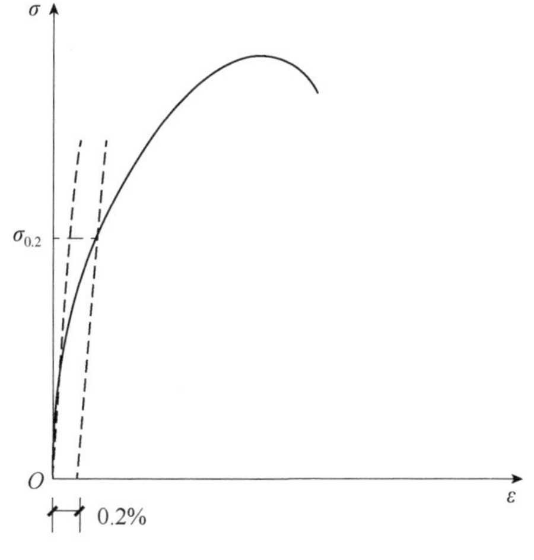

图 2-30 无明显屈服点钢筋的 σ-ε 曲线

(2)无明显屈服点钢筋

无明显屈服点的拉伸钢筋 σ-ε 曲线如图 2-30 所示。当应力很小时,具有理想弹性性质;应力超过 $\sigma_{0.2}$ 之后钢筋表现出明显的塑性性质,直到材料破坏时曲线上没有明显的屈服点,破坏时的塑性变形比有明显屈服点钢筋的塑性变形要小得多。对无明显屈服点钢筋,在设计时一般取残余应变的0.2%对应的应力 $\sigma_{0.2}$ 成为假定的屈服点,称为“条件屈服强度”。由于 $\sigma_{0.2}$ 不易测定,故极限抗拉强度就成为检验无明显屈服点钢筋的唯一强度指标,根据试验结果,$\sigma_{0.2}$ 为极限抗拉强度的0.8~0.9倍。《混凝土结构设计规范》规定对消除应力钢丝和钢绞线,取 $\sigma_{0.2}=0.85\sigma$;对中强度预应力钢丝和螺纹钢筋,考虑工程经验做适当调整。

有明显屈服点钢筋的受压性能通常是用短粗钢筋试件在试验机上测定的。应力未超过屈服强度以前,应力-应变关系与受拉时基本重合,屈服强度与受拉时基本相同。在达到屈服强度后,受压钢筋也将在压应力不增长情况下产生明显的塑性压缩,然后进入强化阶段。这时试件将越压越短并产生明显的横向膨胀,试件即便被压得很扁也不会发生材料破坏,因此很难测得极限抗压强度。所以,一般只做拉伸试验而不做压缩试验。

2)钢筋单调加载应力-应变关系的数学模型

为了便于结构设计和进行理论分析,需对 σ-ε 曲线加以适当简化,对不同性能的钢筋建立与拉伸试验应力-应变关系尽量吻合的模型曲线。《混凝土结构设计规范》建议的钢筋单调加载的应力-应变关系曲线如图2-31所示,图中各符号的含义见式(2-21)、式(2-22)的解释。

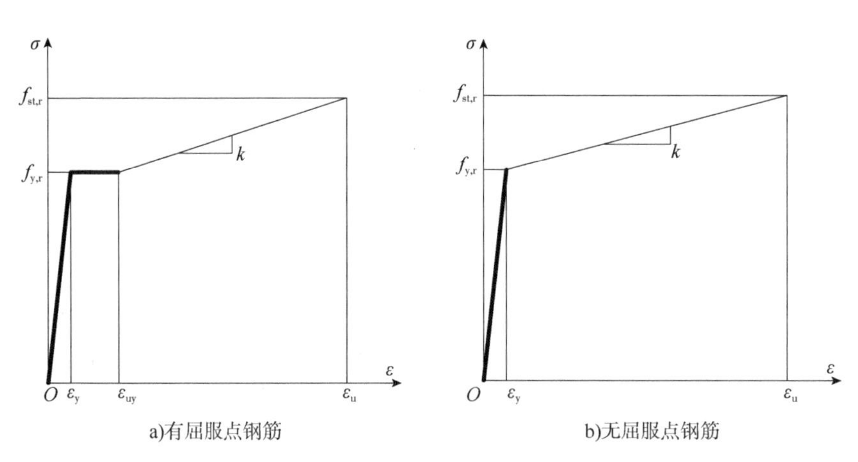

a)有屈服点钢筋　　b)无屈服点钢筋

图2-31　钢筋单调受拉应力-应变曲线

①有明显屈服点钢筋:

$$\sigma_s=\begin{cases}E_s\varepsilon_s & \varepsilon_s\leqslant\varepsilon_y\\ f_{y,r} & \varepsilon_y<\varepsilon_s\leqslant\varepsilon_{uy}\\ f_{y,r}+k(\varepsilon_s-\varepsilon_{uy}) & \varepsilon_{uy}<\varepsilon_s\leqslant\varepsilon_u\\ 0 & \varepsilon_s>\varepsilon_u\end{cases}\tag{2-21}$$

②无明显屈服点钢筋:

$$\sigma_s=\begin{cases}E_s\varepsilon_s & \varepsilon_s\leqslant\varepsilon_y\\ f_{y,r}+k(\varepsilon_s-\varepsilon_y) & \varepsilon_y<\varepsilon_s\leqslant\varepsilon_u\\ 0 & \varepsilon_s>\varepsilon_u\end{cases}\tag{2-22}$$

式中:σ_s——钢筋应力;

E_s——钢筋的弹性模量；

ε_s——钢筋应变；

ε_y——与$f_{y,r}$相应的屈服应变，可取$f_{y,r}/E_s$；

$f_{y,r}$——钢筋的屈服强度代表值，其值可根据实际结构分析需要分别取f_y、f_{yk}或f_{ym}（其中，f_y为钢筋屈服强度设计值，f_{yk}为钢筋屈服强度标准值，f_{ym}为钢筋屈服强度极限值）；

ε_{uy}——钢筋硬化起点应变；

ε_u——与$f_{st,r}$相应的钢筋峰值应变；

k——钢筋硬化段斜率，$k=(f_{st,r}-f_{y,r})/(\varepsilon_u-\varepsilon_{uy})$；

$f_{st,r}$——钢筋极限强度代表值，其值可根据实际结构分析需要分别取f_{st}、f_{stk}或f_{stm}（其中，f_{st}为钢筋极限强度设计值，f_{stk}为钢筋极限强度标准值，f_{stm}为钢筋极限强度极限值）。

3)钢筋的塑性指标

钢筋的延伸率和冷弯性能是衡量钢筋塑性性能的指标。

(1)延伸率

延伸率δ反映了钢筋拉断前的变形能力，它是衡量钢筋塑性的一个重要指标。延伸率大的钢筋塑性性能好，拉断前有明显预兆，属于延性破坏；延伸率小的钢筋塑性性能较差，其破坏突然，呈脆性特征。

钢筋拉断后的伸长值与原长的比称为钢筋的“断后延伸率”（习惯上称为“延伸率”），延伸率仅能反映钢筋拉断时残余变形的大小，为此，普遍采用钢筋最大力总延伸率（均匀延伸率）δ_{gt}来表示钢筋的变形能力。

钢筋在达到最大应力时的变形包括残余变形和弹性变形两部分（图2-32），故均匀延伸率δ_{gt}按下式计算：

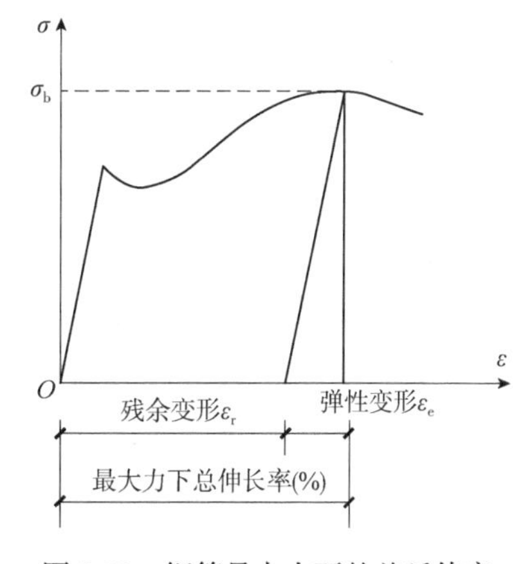

图2-32 钢筋最大力下的总延伸率

$$\delta_{gt}=\left(\frac{L-L_0}{L_0}+\frac{\sigma_b}{E_s}\right)\times100\% \tag{2-23}$$

式中：L——试验前的原始标距（不包含颈缩区）；

L_0——试验后量测的标记之间的距离；

σ_b——钢筋的最大拉应力（即极限抗拉强度）；

E_s——钢筋的弹性模量。

普通钢筋及预应力筋最大力总延伸率δ_{gt}应满足限值规定，具体见附表13。

(2)冷弯性能

钢筋的冷弯性能是检验钢筋韧性、内部质量和加工可适性的有效方法。一般采用弯曲试验来确定，将直径为d的钢筋绕直径为D的弯芯进行弯折（图2-33），在达到规定冷弯角度α

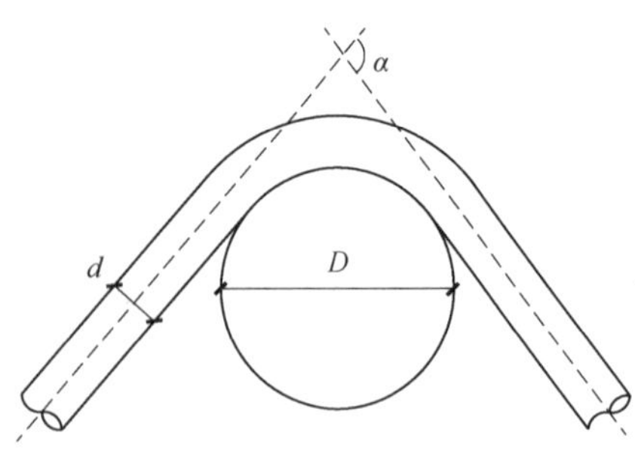

图 2-33　钢筋的冷弯

时,钢筋不发生裂纹、断裂或起层现象。冷弯性能也是评价钢筋塑性的指标,弯芯的直径 D 越小、弯折角 α 越大,说明钢筋的塑性越好。对在混凝土结构中的热轧钢筋和预应力筋的具体性能要求见有关国家标准。

2.2.3　钢筋的疲劳

许多工程结构(如吊车梁、铁路或公路桥梁、铁路轨枕、海洋采油平台等)在使用过程中承受着重复荷载作用。在频繁的反复荷载作用下,构件材料抵抗破坏的情况与一次受力时有着本质的区别,需要分析和研究材料的疲劳性能。

钢筋的疲劳是指钢筋在重复、周期性的动荷载作用下,经过一定次数后,从塑性破坏变为脆性破坏的现象,此时钢筋的最大应力低于静荷载作用下钢筋的极限强度。

钢筋的疲劳强度是指在某一规定的应力幅内,经受一定次数(我国规定为 200 万次)循环荷载后发生疲劳破坏的最大应力值。影响钢筋疲劳强度的因素很多,如疲劳应力幅、最小应力值的大小、钢筋外表面几何形状、钢筋直径、钢筋强度和试验方法等。通常认为,在外力作用下钢筋发生疲劳断裂是由于钢筋内部和外表面的缺陷引起应力集中,钢筋中的晶粒发生滑移,产生疲劳裂纹,最后断裂。

钢筋的疲劳试验有两种方法:一种是直接进行单根原状钢筋轴拉试验,另一种是将钢筋埋入混凝土中使其重复受拉或受弯的试验。我国规范采用直接做单根钢筋轴拉试验的方法。试验表明,钢筋的疲劳强度与一次循环应力中最大应力 $\sigma^{\mathrm{f}}_{\mathrm{max}}$ 和最小应力 $\sigma^{\mathrm{f}}_{\mathrm{min}}$ 的差值有关,称 $\Delta\rho^{\mathrm{f}}=\sigma^{\mathrm{f}}_{\mathrm{max}}-\sigma^{\mathrm{f}}_{\mathrm{min}}$ 为“疲劳应力幅”。

《混凝土结构设计规范》规定了不同等级钢筋的疲劳应力幅限值 $\Delta f^{\mathrm{f}}_{\mathrm{y}}$,见附表 15,并规定 $\Delta f^{\mathrm{f}}_{\mathrm{y}}$ 与截面同一层钢筋最小应力与最大应力的比值 $\rho^{\mathrm{f}}_{\mathrm{s}}=\sigma^{\mathrm{f}}_{\mathrm{min}}/\sigma^{\mathrm{f}}_{\mathrm{max}}$ 有关,称 $\rho^{\mathrm{f}}_{\mathrm{s}}$ 为“疲劳应力比值”。预应力钢筋的疲劳应力幅限值按其疲劳应力比值 $\rho^{\mathrm{f}}_{\mathrm{p}}$ 确定,见附表 16。对预应力钢筋,当 $\rho^{\mathrm{f}}_{\mathrm{p}}\geqslant 0.9$ 时,可不进行疲劳强度验算。

2.2.4　混凝土结构对钢筋性能的要求

1) 强度要求

钢筋的强度是指钢筋的屈服强度及极限抗拉强度,其中,钢筋的屈服强度(对无明显屈服点的钢筋取条件屈服强度 $\sigma_{0.2}$)是设计计算时的主要依据。采用高强度钢筋可以节约钢材,减少资源和能源的消耗,从而取得良好的社会和经济效益。在钢筋混凝土结构中推广应用 500MPa 级或 400MPa 级强度高、延性好的热轧钢筋,在预应力混凝土结构中推广应用高强预应力钢丝、钢绞线和预应力螺纹钢筋,限制并逐步淘汰强度较低、延性较差的钢筋,符合可持续发展的要求,是今后混凝土结构的发展方向。

2)塑性要求

塑性是指钢筋在受力过程中的变形能力，混凝土结构要求钢筋在断裂前有足够的变形，使结构在将要破坏前有明显的预兆。在工程设计中，要求混凝土结构承载能力极限状态为具有明显预兆的塑性破坏，避免脆性破坏，对于有抗震要求的结构需要有足够的延性，这就要求其中的钢筋具有足够的塑性。此外，在施工时钢筋要弯转成型，因而应具有一定的冷弯性能。钢筋的延伸率和冷弯性能是施工单位验收钢筋是否合格的主要指标。

3)可焊性要求

可焊性是评定钢筋焊接后接头性能的指标。在一定的工艺条件下钢筋焊接后不产生裂纹及过大的变形，即为可焊性较好。

4)钢筋与混凝土的黏结力要求

钢筋与混凝土的黏结力是保证钢筋和混凝土能共同工作的主要因素。钢筋的表面形状及粗糙程度是影响黏结力的重要因素。变形钢筋与混凝土的黏结性能最好，在设计中宜优先选用变形钢筋。

5)施工适应性要求

在施工过程中，应能较为方便地对钢筋进行加工和安装。

6)低温性能

在寒冷地区，为了避免钢筋发生低温冷脆破坏，对钢筋的低温性能有一定要求。

2.3 钢筋与混凝土的黏结

2.3.1 黏结的作用和性质

若钢筋和混凝土有相对变形(滑移)，就会在钢筋和混凝土交界面上产生沿钢筋轴线方向的相互作用力，这种力被称为“黏结力”。在钢筋混凝土结构中，钢筋和混凝土这两种性质不同的材料之所以能够共同工作，主要是依靠钢筋和混凝土之间的黏结应力。

黏结应力是钢筋和混凝土接触面上的剪应力，它使钢筋和周围混凝土之间的内力得到传递。钢筋受力后，由于钢筋和周围混凝土的作用，钢筋应力发生变化。钢筋应力的变化率取决于黏结力的大小。由图 2-34 中钢筋微段 dx 上内力的平衡可求得：

$$\tau=\frac{\mathrm{d}\sigma_{\mathrm{s}}\cdot A_{\mathrm{s}}}{\pi\mathrm{d}x\cdot d}=\frac{\frac{1}{4}\pi d^{2}}{\pi d}\cdot\frac{\mathrm{d}\sigma_{\mathrm{s}}}{\mathrm{d}x}=\frac{d}{4}\cdot\frac{\mathrm{d}\sigma_{\mathrm{s}}}{\mathrm{d}x} \tag{2-24}$$

式中：τ——微段 dx 上的平均黏结应力，即钢筋表面上的剪应力；

A_s——钢筋的截面面积；

d——钢筋直径。

式(2-24)表明，黏结应力使钢筋应力沿其长度发生变化，没有黏结应力，钢筋应力就不会发生变化；反之，如果钢筋应力没有变化，就说明不存在黏结应力。

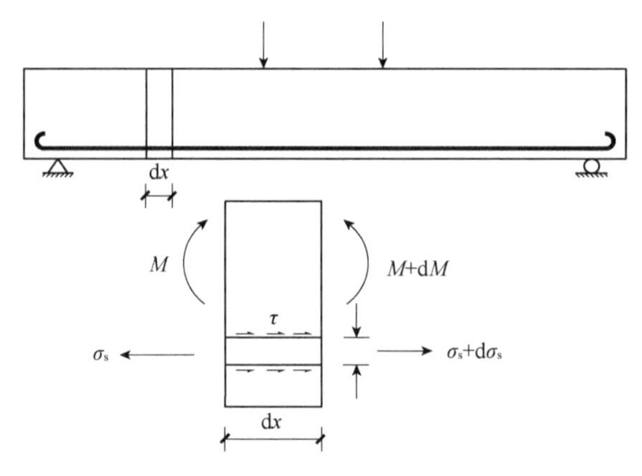

图 2-34　钢筋与混凝土之间的黏结应力

钢筋与混凝土的黏结性能按其在构件中作用的性质可分为两类:第一类是钢筋的锚固黏结或延伸黏结,如图 2-35a)所示,受拉钢筋必须有足够的锚固长度,以便通过这段长度上黏结应力的积累,使钢筋中建立起所需发挥的拉力;第二类是混凝土构件裂缝间的黏结,如图 2-35b)所示,在两个开裂截面之间,钢筋应力的变化受到黏结应力的影响,钢筋应力变化的幅度反映了裂缝间混凝土参加工作的程度。

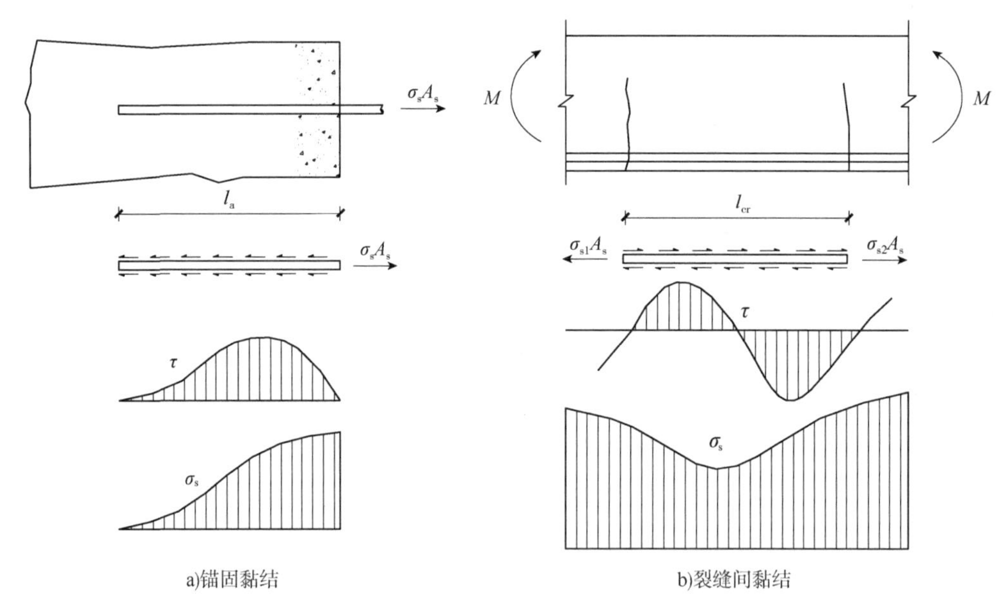

图 2-35　锚固黏结和裂缝间黏结

l_{cr}-黏结应力的传递长度;σ_{s1}、σ_{s2}-分别为钢筋左、右两边的应力

2.3.2　黏结机理分析

钢筋和混凝土的黏结力主要由 3 部分组成:

①化学胶结力。浇筑时水泥浆体向钢筋表面氧化层的渗透、养护过程中水泥晶体的生长

和硬化,使水泥胶体和钢筋表面产生吸附胶着作用。这种力一般很小且只能在钢筋和混凝土界面处于原生状态时起作用,一旦发生滑移就会消失。

②摩擦力。混凝土凝结时收缩,使钢筋和混凝土接触面上产生正应力。摩擦力的大小取决于垂直摩擦面上的压应力和摩擦系数,即钢筋与混凝土接触面的粗糙程度。

③机械咬合力。对光圆筋,机械咬合力是指表面粗糙不平产生的咬合应力;对变形钢筋,机械咬合力是指变形钢筋肋间嵌入混凝土而形成的机械咬合力作用,这是变形钢筋与混凝土黏结力的主要来源。图2-36为变形钢筋与混凝土的相互作用,钢筋横肋对混凝土的挤压就像一个楔,斜向挤压力不仅产生沿钢筋表面的轴向分力,而且产生沿钢筋径向的分力。当荷载增加时,因斜向挤压作用,肋顶前方的混凝土将发生斜向开裂,形成内裂缝;而径向分力将使钢筋周围的混凝土产生环向拉应力,形成径向裂缝。

光圆钢筋的黏结力主要来自胶结力和摩擦力,变形钢筋的黏结力主要来自机械咬合作用。这种差别类似于钉入木料中的普通钉与螺丝钉的差别。

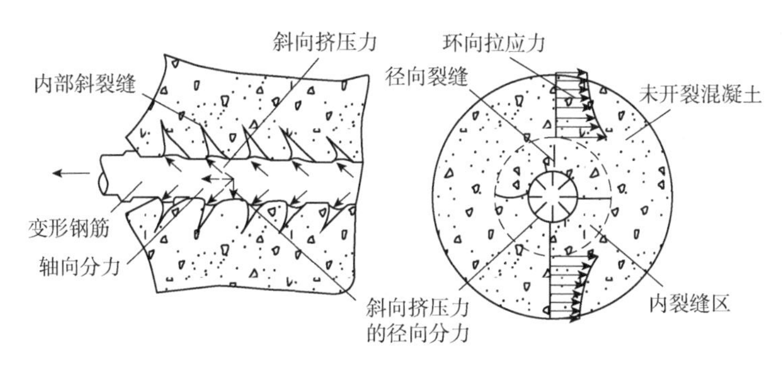

图2-36 变形钢筋与混凝土的相互作用

2.3.3 影响黏结强度的主要因素

影响钢筋与混凝土黏结强度的因素很多,主要有以下几种:

①钢筋表面形状。试验表明,变形钢筋的黏结力比光面钢筋高2~3倍,因此变形钢筋所需的锚固长度比光圆钢筋要短,光圆钢筋的锚固端头需要做成弯钩以提高黏结强度。

②混凝土强度。变形钢筋和光圆钢筋的黏结强度均随混凝土强度的提高而提高,但不与立方体抗压强度f_{cu}呈正比。黏结强度与混凝土的抗拉强度f_t大致呈正比例关系。

③保护层厚度、钢筋净距。混凝土保护层厚度和钢筋间距对黏结强度也有重要影响。对于高强度的变形钢筋,当混凝土保护层厚度较小时,外围混凝土可能发生劈裂而使黏结强度降低;当钢筋与钢筋之间净距过小时,将可能出现水平劈裂而导致整个保护层崩落,从而使黏结强度显著降低,如图2-37所示。

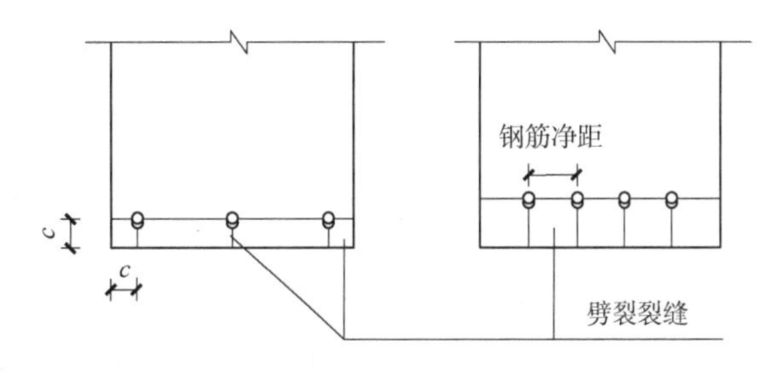

图2-37 保护层厚度和钢筋间距的影响

④施工质量。黏结强度与浇筑混凝土时钢筋所处的位置有明显的关系。对于混

凝土浇筑深度过大的“顶部”水平钢筋,其底面的混凝土由于水分、气泡的逸出和集料泌水下沉,与钢筋间形成了空隙层,从而削弱了钢筋与混凝土的黏结作用,如图2-38所示。

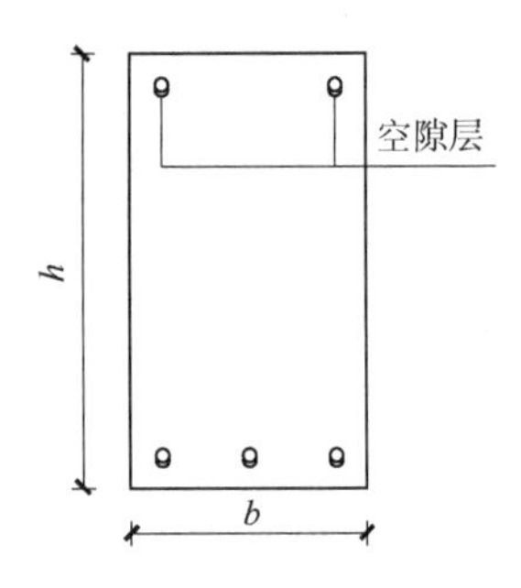

图2-38 浇筑位置的影响

⑤横向钢筋。横向钢筋(如梁中的箍筋)可以延缓径向劈裂裂缝的发展或限制裂缝的开展,从而可以提高黏结强度。在较大直径钢筋的锚固区或钢筋搭接长度范围内,以及当一排并列的钢筋根数较多时,均应设置一定数量的附加箍筋,以防止保护层劈裂、崩落。

⑥侧向压力。当钢筋的锚固区作用有侧向压应力时,可增强钢筋与混凝土之间的摩阻作用,使黏结强度提高。因此在直接支承的支座处,如梁的简支端,考虑支座压力的有利影响,伸入支座的钢筋锚固长度可适当减小。

2.3.4 钢筋的锚固

钢筋的锚固长度和锚固形式都要达到一定的标准才能保证钢筋与混凝土之间的可靠黏结。

1)钢筋的锚固长度

《混凝土结构设计规范》规定,纵向受拉钢筋的锚固长度是钢筋的基本锚固长度 l_{ab},其数值与钢筋强度、混凝土强度、钢筋直径以及外形有关,按下式计算:

$$l_{ab}=\alpha d f_y / f_t \tag{2-25}$$

式中:α——锚固钢筋的外形系数,按表2-2取用;

f_y——钢筋抗拉强度设计值;

f_t——混凝土轴心抗拉强度设计值;

d——锚固钢筋的直径。

一般情况下,受拉钢筋的锚固长度可取基本锚固长度。考虑各项影响钢筋与混凝土黏结锚固强度的因素,当采取不同的埋置方式和构造措施时,锚固长度按下式计算:

$$l_a=\xi_a l_{ab} \tag{2-26}$$

式中:l_a——受拉钢筋的锚固长度;

ξ_a——锚固长度修正系数,按下面规定取用;当多于1项时,可以连乘计算。经修正的锚固长度不应小于基本锚固长度的0.6倍且不小于200mm。

锚固钢筋的外形系数 **表2-2**

钢筋类型	光面钢筋	带肋钢筋	螺旋肋钢丝	三股钢绞线	七股钢绞线
α	0.16	0.14	0.13	0.16	0.17

注:光面钢筋末端应做180°弯钩,弯后平直段长度不应小于$3d$;但作受压钢筋时可不做弯钩。

纵向受拉带肋钢筋的锚固长度修正系数 ξ_a 应根据钢筋的锚固条件按下列规定取用:

①当带肋钢筋的公称直径大于25mm时取1.10。

②对环氧涂层钢筋取1.25。

③施工过程中易受扰动的钢筋取1.10。

④锚固区保护层厚度为 $3d$ 时可取0.80,保护层厚度为 $5d$ 时可取0.70,两个厚度之间按内插法取值(此处 d 为锚固钢筋的直径)。

⑤当纵向受拉普通钢筋末端采用钢筋弯钩或机械锚固措施时,包括弯钩或锚固端头在内的锚固长度(投影长度)可取基本锚固长度 l_{ab} 的0.6倍。

2)钢筋的锚固形式和技术要求

钢筋弯钩、机械锚固的形式和技术要求应符合图2-39的规定。

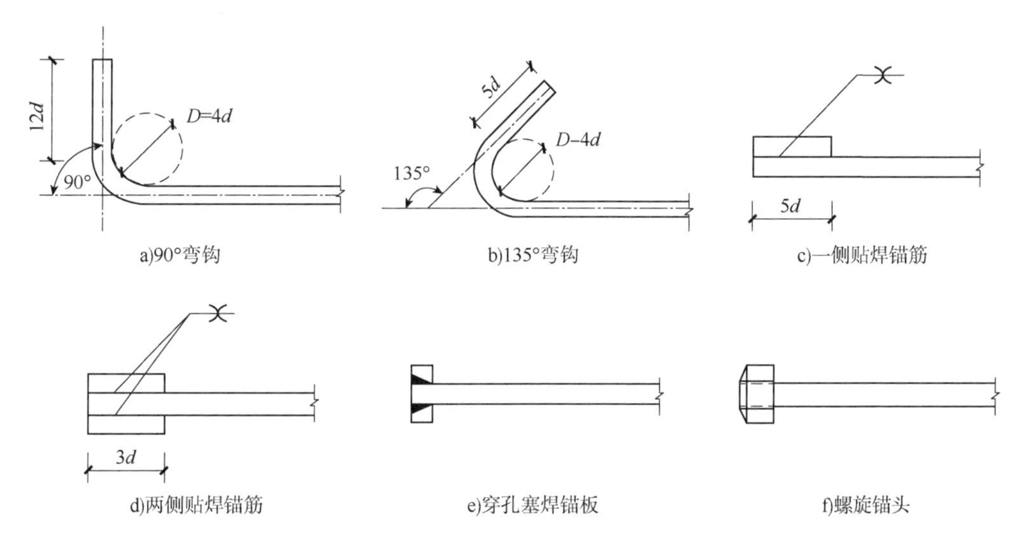

图2-39 钢筋机械锚固的形式及构造要求

注:d 为锚固钢筋的直径。

当锚固钢筋保护层厚度不大于 $5d$ 时,锚固长度范围内应配置构造钢筋(箍筋或横向钢筋),其直径不应小于 $d/4$,间距不应大于 $5d$,且不大于100mm(此处 d 为锚固钢筋的直径)。

对于混凝土结构中的纵向受压钢筋,当计算中充分利用钢筋的抗压强度时,受压钢筋的锚固长度应不小于相应受拉锚固长度的0.7倍。

小结及学习指导

1.混凝土的强度有立方体抗压强度、轴心抗压强度和抗拉强度。其中,立方体抗压强度指标是评定混凝土强度等级的标准,是混凝土最基本的强度指标,其他强度均可与其建立相应的换算关系。而轴心抗压强度可以更好地反映混凝土构件的实际受力情况。混凝土构件的开裂裂缝宽度、变形验算,以及受剪、受扭、受冲切等承载力的计算均与抗拉强度有关。在复合应力状态下,混凝土的强度和变形性能有明显的变化。

2.混凝土变形可以分为受力变形和体积变形。体积变形与时间有明显的关系。收缩和徐变会使混凝土构件的变形增加,引起应力重分布,在预应力混凝土构件中将引起预应力损失。收缩还会使混凝土产生裂缝,进而对混凝土的强度和变形产生重要影响。因此,设计时应予以重视。

3.钢筋混凝土结构用的钢筋主要有热轧钢筋、中强度预应力钢丝、钢绞线和预应力螺纹钢筋。普通混凝土结构中的受力钢筋和预应力混凝土结构中的非预应力钢筋一般为热轧钢筋,而中强度预应力钢丝、钢绞线和预应力螺纹钢筋一般用作预应力混凝土构件中的预应力钢筋。

4.钢筋有两个强度指标:屈服强度(软钢)或条件屈服强度(硬钢);极限强度。有、无明显屈服点的钢筋的应力-应变曲线不同。对于有明显屈服点的钢筋,取屈服强度作为强度设计指标;对于无明显屈服点的钢筋,则取残余应变为0.2%时所对应的应力(条件屈服强度)为强度设计指标。此外,钢筋还有两个塑性指标——延伸率(或最大力总延伸率)以及冷弯性能。混凝土结构要求钢筋应具有适当的强度和强屈比以及良好的塑性。

5.钢筋与混凝土之间的黏结是两种材料共同工作的基础。黏结力主要由化学、摩擦力和咬合力组成,对于采用机械锚固措施的钢筋,还包括机械锚固力。实际中,通过对钢筋锚固长度的规定,确保两种材料具有可靠的黏结。

思考题

1.钢筋混凝土强度等级如何确定?什么样的混凝土强度等级属于高强混凝土范畴?

2.立方体抗压强度是怎样确定的?哪些因素影响混凝土立方体抗压强度的测定值?如何影响?

3.混凝土轴心受压应力-应变曲线有何特点?

4.混凝土的强度指标有哪些?各指标与混凝土立方体抗压强度有何联系?

5.简述混凝土在三向受压情况下,强度和变形的特点。

6.混凝土的弹性模量是怎样测定的?

7.什么是混凝土的徐变?徐变对混凝土构件有何影响?通常认为影响徐变的主要因素有哪些?如何减小徐变?

8.简述建筑用钢的品种、级别、符号及在建筑结构中的适用范围。

9.软钢和硬钢的应力-应变曲线有何不同?二者的屈服强度取值有何不同?

10.热轧钢筋按强度分为几类?牌号HRB400是指什么钢筋,其抗拉、抗压强度的标准值及设计值是多少?两者有何关系?

11.钢筋混凝土结构对钢筋的性能有何要求?各项要求对应的指标是要达到什么目的?

12.光圆钢筋与混凝土的黏结作用由哪几部分组成?变形钢筋的黏结机理与光圆钢筋的黏结机理有什么不同?

13.影响钢筋与混凝土之间的黏结强度的主要因素有哪些?

14.受拉钢筋的基本锚固长度是指什么?它是怎样确定的?受拉钢筋以及受压钢筋的锚固长度是怎样计算的?

第 3 章　混凝土结构的设计方法

本章要点

【知识点】

本章介绍结构的功能要求、结构的极限状态、可靠度和可靠指标的基本概念，以概率理论为基础的极限状态设计方法的基本知识及其工程应用的实用设计表达式。

【重点】

掌握概率极限状态设计的实用设计表达式，根据不同设计要求进行相应的荷载组合。

【难点】

了解概率极限状态设计方法，理解可靠度、可靠指标的概念。

3.1　结构的功能要求及设计方法

3.1.1　结构的功能要求

结构设计的基本目的是科学地解决结构物的可靠性与经济性之间的矛盾，即在一定经济条件下，使结构在预定的使用期限内能满足设计所预期的各种功能要求。结构的功能要求包括安全性、适用性和耐久性。《建筑结构可靠度设计统一标准》(GB 50068—2018)规定了结构在规定的设计使用年限内应满足下列功能要求：

①能承受在正常施工和正常使用时可能出现的各种作用，例如荷载、外加变形或约束变形。

②在正常使用时具有良好的工作性能，例如不出现过大的变形或过宽的裂缝等。

③在正常维护条件下具有足够的耐久性，例如结构材料的风化、腐蚀和老化不超过一定限度等。

④在设计规定的偶然事件发生时或发生后，仍能保持必需的整体稳定性。

上述①和④通常指结构的承载力和稳定性，即安全性；②和③分别指结构的适用性和耐久性。

安全性、适用性和耐久性总称为“结构的可靠性”，即结构在规定的时间内、在规定的条件下完成预定功能的能力。结构可靠度则是指结构在规定的时间内，在规定的条件下完成预定功能的概率，即结构可靠度是结构可靠性的概率度量。其中，“规定的时间”是指“设计使用年限”，即设计规定的结构或构件不需进行大修即可按其预定目的使用的年限。设计使用年限并不等同于建筑结构的实际寿命或耐久年限，当结构的实际使用年限超过设计使用年限后，其可靠度可能较设计时的预期值减小，但结构仍可继续使用或经大修后可继续使用。“规定的条件”是指结构的正常设计、正常施工、正常使用的条件（人为过失不在可靠度的考虑范围内）。“预定功能”是指结构的安全性、适用性和耐久性。一个好的设计应做到既保证结构的可靠性，又经济合理，即用较经济的方法来保证结构的可靠性，这是结构设计的基本原则。

3.1.2 结构的设计方法

我国工程结构的设计方法经历了容许应力法、破损阶段法、极限状态设计法和概率极限状态设计法四个阶段。

容许应力法建立在弹性理论基础上，要求混凝土结构构件在荷载作用下，按弹性理论计算的应力不大于规定的容许应力，其中容许应力是由材料强度除以安全系数求得，安全系数则根据经验和主观判断来确定。容许应力法没有考虑材料的非线性性能，忽略了结构实际承载能力与按弹性方法计算结果的差异。破损阶段法是考虑结构在材料破坏阶段的工作状态进行结构设计的方法，使考虑塑性应力分布后的结构构件截面承载力不小于外荷载产生的内力。

破损阶段法比容许应力法有了进步，但其安全系数仍需凭经验确定，且只考虑了承载力，没有考虑构件在正常使用情况下的变形和裂缝。

极限状态设计法明确地将结构的极限状态分成承载能力极限状态和正常使用极限状态，在安全度的表达上，有单一系数和多系数形式，考虑了荷载的变异、材料性能的变异及工作条件的不同。极限状态设计法部分地应用了概率理论以确定荷载、材料强度的特征值和分项系数，这是设计方法上的很大进步。

上述三种方法存在的共同问题是：没有把影响结构可靠性的各类参数都视为随机变量，而是看成定值；在确定各系数取值时，不是用概率的方法，而是用经验或半经验、半统计的方法，因此都属于“定值设计法”。

概率极限状态设计法是以概率理论为基础，以作用效应和影响结构抗力的主要因素为随机变量，根据统计分析确定可靠概率来度量结构可靠性的结构设计方法。该设计方法的特点是有明确的、用概率尺度表达的结构可靠度的定义，通过预先规定的可靠指标 β 值，使结构各构件间以及不同材料组成的结构之间有较为一致的可靠度水准。目前，我国采用的是“基于分项系数表达的以概率理论为基础的极限状态设计法”，即用可靠指标 β 度量结构可靠度，用分项系数的设计表达式进行设计，各分项系数的取值是根据目标可靠指标及基本变量的统计参数用概率方法确定的。

3.2 概率极限状态设计法

3.2.1 结构的极限状态

整个结构或结构的一部分超过某一特定状态就不能满足设计规定的某一功能要求，此特定状态被称为该功能的极限状态。工程设计中，结构的各种极限状态是指结构由可靠转为失效的临界状态。极限状态设计法以结构的承载力、变形、裂缝宽度、材料性能退化等超过相应规定的标志为依据进行设计。极限状态可分为承载能力极限状态、正常使用极限状态和耐久性极限状态三类。

1) 承载能力极限状态

这种极限状态对应于结构或结构构件达到最大承载能力或不适于继续承载的变形。当结构或结构构件出现下列状态之一时,就认为超过了承载能力极限状态:

①整个结构或结构的一部分作为刚体失去平衡,如倾覆、漂浮、滑移等。

②结构构件或连接因达到材料强度而破坏(包括疲劳破坏),或因过度的塑性变形而不适于继续承载。

③结构转变为机动体系。

④结构或构件丧失稳定,如压屈等。

⑤地基因丧失承载力而破坏。

⑥结构因局部破坏而发生连续倒塌。

2) 正常使用极限状态

这种极限状态对应于结构或结构构件达到正常使用或耐久性能的某项规定限值。当结构或结构构件出现下列状态之一时,则认为超过了正常使用极限状态:

①影响正常使用或外观的变形。

②影响正常使用的局部破坏(包括裂缝)。

③影响正常使用的振动。

④影响正常使用的其他特定状态,如相对沉降量过大等。

3) 耐久性极限状态

这种极限状态对应于结构或结构构件在环境影响下出现的劣化(材料性能随时间的逐渐衰减)达到耐久性的某项规定限值或标志的状态。当结构或结构构件出现下列状态之一时,认为超过了耐久性极限状态:

①影响承载能力和正常使用的材料性能劣化,如钢筋、混凝土的强度降低等。

②影响耐久性的裂缝、变形、缺口、外观、材料削弱等。

③影响耐久性的其他特定状态,如构件的金属连接件出现锈蚀、阴极或阳极保护措施失去作用等。

承载能力极限状态主要考虑有关结构安全性的功能,出现的概率应该很低。对于任何承载的结构或构件,都需要按承载能力极限状态进行设计。正常使用极限状态主要考虑有关结构适用性的功能,其失效对财产和生命的危害较小,故出现的概率允许稍高一些,但仍应予以足够的重视。通常对结构构件先按承载能力极限状态进行承载力计算,然后根据使用要求按正常使用极限状态进行变形、裂缝宽度或抗裂等验算。结构构件的耐久性极限状态设计,应使结构构件出现耐久性极限状态标志或限值的年限不小于其设计使用年限,包括保证构件质量的预防性处理措施、减小侵蚀作用的局部环境改善措施、延缓构件出现损伤的表面防护措施和延缓材料性能劣化速度的保护措施。

3.2.2 结构的功能函数和极限状态方程

1)效应与抗力

结构上的作用是指施加在结构上的力,以及引起结构外加变形或约束变形的原因(如地震、基础差异沉降、温度变化、混凝土收缩等)。前者以力的形式作用于结构上,称为“直接作用”,习惯上称为“荷载”;后者以变形的形式作用在结构上,称为“间接作用”。结构上的作用按时间的变化,可分为三类:

①永久作用:在结构使用期间,其值不随时间变化,或其变化与平均值相比可以忽略不计,或其变化是单调的并能趋于限值的作用,如结构的自身重力、土压力、预应力等。这种作用一般为直接作用,通常称为“永久荷载”或“恒荷载”。

②可变作用:在结构使用期间,其值随时间变化,且变化与平均值相比不可忽略的作用,如楼面活荷载、桥面或路面上的行车荷载、风荷载和雪荷载等。这种作用如为直接作用,则通常称为“可变荷载”或“活荷载”。

③偶然作用:在结构使用期间不一定出现,一旦出现,其量值很大且持续时间很短的作用,如爆炸、撞击等引起的作用。这种作用多为间接作用,当为直接作用时,通常称为“偶然荷载”。

直接作用或间接作用作用在结构构件上,由此在结构内产生内力和变形(如轴力、剪力、弯矩、扭矩以及挠度、转角和裂缝等),称为“作用效应”。当为直接作用(即荷载)时,其效应也称为“荷载效应”,用符号 S 表示。荷载与荷载效应之间一般近似按线性关系考虑,二者均为随机变量或随机过程。

结构抗力是指结构或结构构件承受作用效应(即内力和变形)的能力,如结构构件的承载力、刚度和抗裂能力。混凝土结构构件的截面尺寸、混凝土强度等级、钢筋的种类、配筋的数量及方式等确定后,构件截面便具有一定的抗力。抗力可以按一定的计算模式确定。影响抗力的主要因素有材料性能(强度、变形模量等)、几何参数(构件尺寸等)和计算模式的精确性(抗力计算所采用的基本假设和计算公式是否精确等),这些因素都是随机变量,因此这些因素综合而成的结构抗力也是一个随机变量。

工程结构设计的目的是保证结构具有足够的抵抗环境中各种作用的能力,满足预定的功能要求。这就需要确定荷载的大小,计算其产生的结构效应,再按照一定的组合规则进行组合,然后通过设计使得结构或构件的抗力不小于可能产生的效应且具有必要的可靠度。

2)结构的功能函数和极限状态方程

结构的可靠度通常受结构上的各种作用、材料性能、几何参数、计算公式精确性等因素的影响。这些因素一般具有随机性,称为“基本变量”,记为 $X_i(i=1,2,\cdots,n)$。

按极限状态设计方法设计建筑结构时,要求所设计的结构具有一定的预定功能,如承载能力、刚度、抗裂性能等,可用下面的结构功能函数来表示:

$$Z=g(X_1,X_2,\cdots,X_n) \tag{3-1}$$

当 $Z=g(X_1,X_2,\cdots,X_n)=0$ 时,称为"极限状态方程"。

当功能函数中仅包括作用效应 S 和结构抗力 R 两个基本变量时,可得:

$$Z=g(R,S)=R-S \tag{3-2}$$

通过功能函数 Z 可以判别结构所处的状态(图 3-1):

①当 $Z>0$ 时,结构处于可靠状态;

②当 $Z<0$ 时,结构处于失效状态;

③当 $Z=0$ 时,结构处于极限状态。

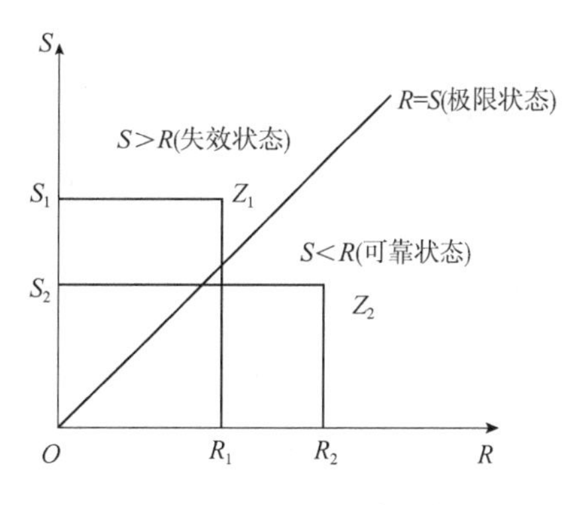

图 3-1 结构的工作状态

3.2.3 可靠指标

1) 可靠度与可靠指标

结构的功能函数是一随机变量,结合其概率密度函数可以构造出可靠概率或失效概率来反映结构的可靠性。结构完成预定功能的概率称为"可靠概率"(P_s),而结构不能完成预定功能的概率称为"失效概率"(P_f)。

已知随机变量 $Z=R-S$ 的概率密度函数为 $f_z(Z)$,如图 3-2 所示。由图可见,失效概率为概率密度函数 $f_z(Z)$ 的尾部与 OZ 轴所围成的面积,可靠概率为概率密度函数 $f_z(Z)$ 的 $Z>0$ 部分与 OZ 轴所围成的面积。按概率论,P_s 和 P_f 值上可以分别按式(3-3)和式(3-4)计算求得:

$$P_f = P(Z < 0) = \int_{Z<0} \cdots \int f_x(x_1,x_2,\cdots,x_n)\,\mathrm{d}x_1\mathrm{d}x_2\cdots\mathrm{d}x_n \tag{3-3}$$

$$P_s = P(Z > 0) = \int_{Z>0} \cdots \int f_x(x_1,x_2,\cdots,x_n)\,\mathrm{d}x_1\mathrm{d}x_2\cdots\mathrm{d}x_n \tag{3-4}$$

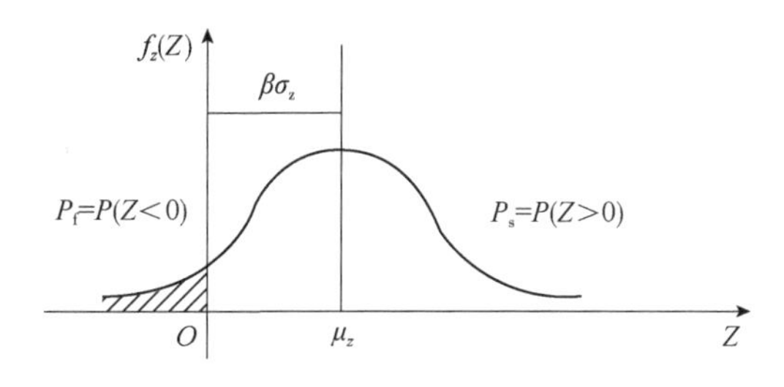

图 3-2 可靠指标 β 与失效概率 P_f 的关系

用 P_s 或 P_f 来度量结构可靠度,具有明确的物理意义,能较好地反映问题的实质。但是,计算 P_f 一般要通过多维积分,数学上比较复杂,甚至难以求解。因此,常采用可靠指标来度量结构的可靠度。

设结构的功能函数为 Z,其均值、标准差和变异系数分别为 μ_z、σ_z 和 δ_z,可靠指标 β 定义为 δ_z 的倒数,即:

$$\beta=1/\delta_z=\mu_z/\sigma_z \tag{3-5}$$

由图 3-2 可知,可靠指标 β 也可以反映 $f_z(Z)$ 的尾部面积大小。β 值与 P_f 值一一对应(表 3-1),β 值大则对应的 P_f 值小,即可靠度高。因此,β 和 P_f 一样,可以作为度量结构可靠度的尺度。

可靠指标 β 与失效概率 P_f 的对应关系 **表 3-1**

β	1.0	1.5	2.0	2.5	2.7	3.2	3.7	4.2
P_f	1.59×10^{-1}	6.68×10^{-2}	2.28×10^{-2}	6.21×10^{-3}	3.5×10^{-3}	6.9×10^{-4}	1.1×10^{-4}	1.3×10^{-5}

2) 设计可靠指标和安全等级

解决可靠性的定量尺度(可靠指标)后,必须解决的另一个重要问题是如何选取结构的最优失效概率或设计可靠指标,以达到安全与经济上的最佳平衡。设计可靠指标可根据各种结构的重要性及失效后果,通过优化方法分析确定,限于目前统计资料不完备,并考虑到标准规范的现实继承性,一般采用校准法确定。校准法的实质是在总体上吸纳原有的各设计规范规定的反映我国长期工程经验的可靠度水准,通过对原有规范的反演计算和综合分析,确定各种结构相应的可靠指标,从而确定设计可靠指标。

根据校准法的确定结果,《建筑结构可靠度设计统一标准》(GB 50068—2018)给出了结构构件承载能力极限状态的可靠指标,如表 3-2 所示。对于一般结构或构件,延性破坏的危害相对较小,目标可靠指标[β]值相对低一些,而脆性破坏的危害较大,目标可靠指标[β]值相对高一些。此外,根据建筑物重要性的不同,即结构失效时对生命财产的危害程度以及对社会影响的不同,将建筑结构划分为 3 个安全等级,并对其设计可靠指标做适当调整。这三个安全等级分别是:

一级——重要的工业与民用建筑,破坏后果很严重;

二级——一般的工业与民用建筑,破坏后果严重;

三级——次要的建筑物,破坏后果不严重。

结构构件承载能力极限状态的设计可靠指标[β] **表 3-2**

破 坏 类 型	安 全 等 级		
	一级	二级	三级
延性破坏	3.7	3.2	2.7
脆性破坏	4.2	3.7	3.2

结合近年来对我国建筑结构构件正常使用极限状态可靠度所做的分析研究的成果,对结构构件正常使用极限状态的设计可靠指标[β]值,可根据结构效应的可逆程度选取 0~1.5。不可逆极限状态指产生超越状态的作用被移掉后,仍将永久保持超越状态的一种极限状态,其可靠指标取 1.5;可逆极限状态指产生超越状态的作用被移掉后,将不再保持超越状态的一种极限状态,其可靠指标取 0。当可逆程度介于可逆与不可逆两者之间时,[β]取在 0~1.5 范围内取值,可逆程度较高的结构构件取较低值,可逆程度较低的结构构件取较高值。

3.2.4 概率极限状态设计法

确定了设计可靠指标后,即可按结构可靠度的概率分析方法进行结构设计。结构概率可靠度设计法主要包括直接概率法、基于分项系数表达的概率极限状态设计法。直接概率法是将影响结构安全的各种因素分别采用随机变量的概率模型来描述,得出各种基本变量的统计特性,然后依据既定的设计可靠指标来求解极限状态方程,从而进行结构设计。此方法概念较清晰,但计算烦琐,目前主要应用在核电站、压力容器、海上采油平台等特别重要的结构中。基于分项系数表达的概率极限状态设计法,是在保证结构构件具有比较一致的可靠度的前提下,根据设计可靠指标及基本变量的统计参数,用概率方法确定分项系数,进而用分项系数的设计表达式进行设计。其中,分项系数包括荷载分项系数、结构抗力分项系数及结构重要性系数。虽然分项系数不仅与设计可靠指标有关,而且与结构极限状态方程中的统计参数有关,但为了便于工程应用,我国规范结合统计特征将分项系数取为不同的定值。

此外,在进行结构设计时,应结合所考虑的极限状态进行不同的荷载效应组合,最后根据荷载效应的最不利组合进行结构可靠度设计。

3.3 极限状态设计表达式

采用结构可靠度的概率分析方法进行结构设计时,为了便于工程技术人员的应用,并使计算结果近似地满足设计可靠指标的要求,我国规范采用以基本变量(荷载和材料强度)标准值和相应的分项系数来表示的以概率理论为基础的极限状态设计方法的设计表达式,其中的分项系数是按照设计可靠指标[β]并考虑工程经验优选确定的。

3.3.1 荷载与材料强度

1) 荷载代表值与荷载分项系数

荷载标准值是结构在使用期间,正常情况下可能出现的最大荷载值,是建筑结构设计时采用的荷载基本代表值。

建筑结构中的屋面、楼面、墙体、梁柱等构件以及找平层、保温层、防水层等的自重,桥梁结构中的梁、板、桥墩、耐磨面层、人行道和路缘石等的自重,以及土压力、预应力等,都是永久荷载,通常称为"恒荷载",其值不随时间变化或变化很小。永久荷载的标准值可按照结构设计尺寸和标准容积密度计算得到。可变荷载的标准值是根据观察资料和试验数据,并考虑工程实践经验,由其设计基准期(统一规定为50年)最大荷载概率分布的某一分位值确定的(图3-3),即取比统计平均值大的某一荷载值。例如,若取荷载标准值 P_k 为

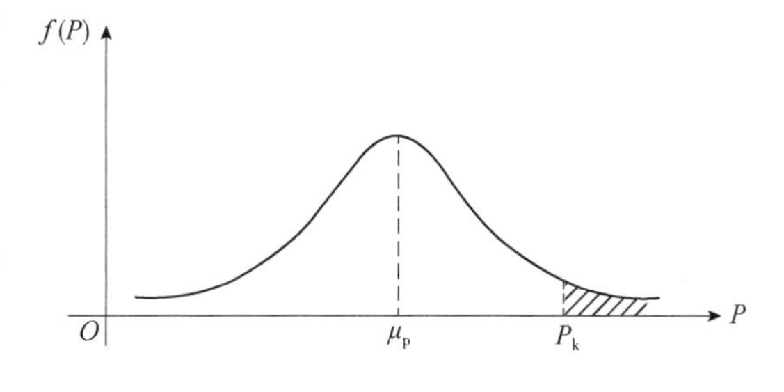

图3-3 荷载标准值的概率含义

$$P_k = \mu_p + 1.645\sigma_p \tag{3-6}$$

则 P_k 具有 95%的保证率,亦即在设计基准期内超过此标准值的荷载出现的概率为 5%。其中,μ_p 是荷载平均值,σ_p 是荷载标准差。

建筑结构的楼面活荷载、屋面活荷载和积灰荷载、吊车荷载,桥梁结构的车辆荷载,以及风荷载和雪荷载等,属于可变荷载,其数值随时间而变化。民用房屋楼面活荷载一般分为持久性活荷载(家具等产生的荷载)和临时性活荷载(人员临时聚会的荷载等)两种。根据统计分析和长期使用的经验,现行《建筑结构荷载规范》(GB 50009)对风荷载、雪荷载、楼面使用活荷载以及其他荷载均给出了荷载标准值,设计时可直接查用。

在承载能力极限状态中,为了充分考虑荷载的变异性以及计算内力时简化所带来的不利影响,通过可靠度的校准,需要对荷载标准值乘以荷载分项系数(永久荷载分项系数 γ_G 和可变荷载分项系数 γ_Q)。考虑到可变荷载的变异性比永久荷载要大,因而可变荷载的分项系数的取值要比永久荷载大一些,如表 3-3 所示。荷载分项系数与荷载标准值的乘积,称为"荷载设计值"。

房屋建筑结构作用的分项系数 **表 3-3**

作用分项系数	当作用效应对承载力不利时	当作用效应对承载力有利时
γ_G	1.3	≤1.0
γ_Q	1.5	0

一般情况下,可变荷载分项系数 γ_Q 取 1.5;对工业建筑楼面结构,当活荷载标准值大于 $4kN/m^2$ 时,从经济角度考虑,可取 1.4。

当结构上作用几个可变荷载时,各可变荷载最大值在同一时刻出现的概率较小,若设计中仍采用各荷载效应设计值进行叠加,则可能造成结构可靠度不一致,因而需要将可变荷载设计值再乘以调整系数,即荷载组合值系数 ψ_{ci}。现行《建筑结构荷载规范》(GB 50009)给出了各类可变荷载的组合值系数。

2)材料强度与材料分项系数

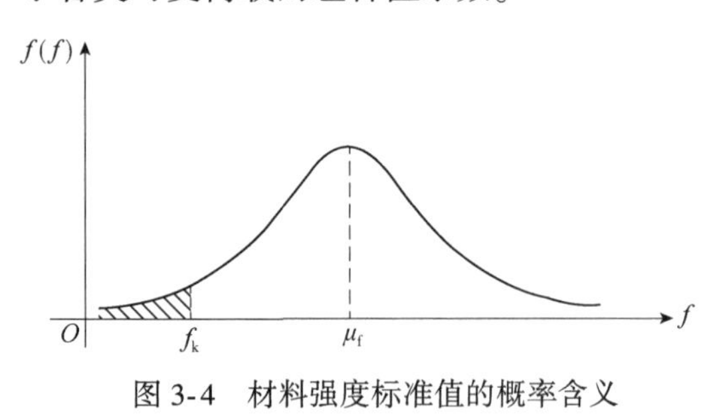

图 3-4 材料强度标准值的概率含义

钢筋和混凝土的强度标准值是混凝土结构按极限状态设计时所采用的材料强度基本代表值。材料强度标准值应根据符合规定质量的材料强度的概率分布的某一分位值确定,如图 3-4 所示。由于钢筋和混凝土强度均基本服从正态分布,故它们的强度标准值 f_k 可统一表示为:

$$f_k = \mu_f - \alpha\sigma_f \tag{3-7}$$

式中:μ_f——材料强度平均值;

α——与材料实际强度 f 低于材料强度标准值 f_k 的概率有关的保证率系数;

σ_f——材料强度标准差。

由此可见,材料强度标准值是材料强度概率分布中具有一定保证率的偏低的材料强度值。

混凝土强度标准值具有95%的保证率,是由混凝土各强度的平均值减去1.645倍的标准差得到的,即式(3-7)中的保证率系数 $\alpha=1.645$。例如,混凝土立方体抗压强度标准值为 $f_{cu,k}=f_{cu,m}-1.645\sigma_{f_{cu}}=f_{cu,m}(1-1.645\delta_{f_{cu}})$,其中,下标 m 表示平均。

对于有明显屈服点的热轧钢筋,取国家现行有关钢筋的标准规定的屈服强度特征值作为屈服强度标准值,钢筋强度特征值的保证率大于95%;取钢筋拉断前相应于最大力的强度作为极限强度标准值,用于结构的抗倒塌设计。对于无明显屈服点的钢筋、钢丝及钢绞线,取国家现行有关钢筋的标准规定的极限抗拉强度 σ_b 作为强度标准值,但对消除应力钢丝和钢绞线取 $0.85\sigma_b$ 作为条件屈服点;对中强度预应力钢丝和螺纹钢筋的强度标准值都有所调整。在结构的抗倒塌设计中,均采用极限强度标准值。

考虑到材料的变异性、几何参数和抗力计算模式的不确定性都会使抗力进一步降低,采用材料分项系数来考虑这一影响。钢筋和混凝土强度的分项系数是根据轴心受拉构件和轴心受压构件按照设计可靠指标经过可靠度分析而确定的。混凝土材料分项系数 $\gamma_c=1.4$;HPB300 级、HRB335 级、HRB400 级、HRBF400 级钢筋的材料分项系数 $\gamma_s=1.1$,HRB500 级、HRBF500 级钢筋的材料分项系数 $\gamma_s=1.15$;预应力筋(包括钢绞线、中强度预应力钢丝、消除应力钢丝和预应力螺纹钢筋)的材料分项系数 $\gamma_s=1.2$。混凝土和各类钢筋的强度设计值分别为其强度标准值除以各自的材料分项系数。

3.3.2 结构的设计状况

结构的设计状况是结构从施工到使用的全过程中,代表一定时段内实际情况的一组设计条件,设计时必须做到使结构在该时段内不超越有关极限状态。设计结构或构件时,应根据结构在施工和使用中的环境条件和影响,区分下列4种设计状况:

①持久设计状况。在结构使用过程中一定出现,持续期很长的状况。持续期一般与设计使用年限为同一数量级。如房屋结构承受家具和正常人员荷载的状况。

②短暂设计状况。在结构施工和使用过程中出现概率较大,而与设计使用年限相比,持续时间很短的状况。如结构施工和维修时承受堆料和施工荷载的状况。

③偶然设计状况。在结构使用过程中出现概率很小,且持续期很短的状况。如结构遭受火灾、爆炸、撞击等作用的状况。

④地震设计状况。结构使用过程中遭受地震作用时的状况。

对于上述4种设计状况,均应进行承载能力极限状态设计,以确保结构的安全性。对持久设计状况,还应进行正常使用极限状态设计,以保证结构的适用性和耐久性;对短暂设计状况和地震设计状况,可根据需要进行正常使用极限状态设计;对偶然设计状况,可不进行正常使用极限状态设计。

3.3.3 承载能力极限状态设计表达式

1)基本表达式

对持久设计状况、短暂设计状况和地震设计状况,当用内力的形式表达时,混凝土结构构件应采用下列承载能力极限状态设计表达式：

$$\gamma_0 S \leqslant R \tag{3-8}$$

$$R = R(f_c, f_s, a_k, \cdots)/\gamma_R \tag{3-9}$$

式中：γ_0——结构重要性系数。在持久设计状况和短暂设计状况下，对安全等级为一级的结构构件不应小于 1.1，对安全等级为二级的结构构件不应小于 1.0，对安全等级为三级的结构构件不应小于 0.9；在地震设计状况下应取 1.0；

S——承载能力极限状态下作用组合的效应设计值。对持久设计状况和短暂设计状况，按作用的基本组合计算；对地震设计状况，按作用的地震组合计算；

R——结构构件的抗力设计值；

$R(\cdot)$——结构构件的抗力函数；

f_c——混凝土的强度设计值；

f_s——钢筋的强度设计值；

a_k——几何参数的标准值，当几何参数的变异性对结构性能有明显的不利影响时，可增、减一个附加值；

γ_R——结构构件的抗力模型不定性系数：静力设计取 1.0，对不确定性较大的结构构件根据具体情况取大于 1.0 的数值；抗震设计时，应使用承载力抗震调整系数 γ_{RE} 代替 γ_R。

2）基本组合

结构设计时，应根据所考虑的设计状况，选用不同的组合：对持久和短暂设计状况，应采用基本组合；对偶然设计状况，应采用偶然组合；对地震设计状况，应采用作用效应的地震组合。

对于基本组合，作用组合的效应设计值 S 应按下式确定：

$$S = \sum_{i \geqslant 1} \gamma_{G_i} S_{G_{ik}} + \gamma_{Q_1} S_{Q_{1k}} + \sum_{j > 1} \gamma_{Q_j} \psi_{c_j} S_{Q_{jk}} \tag{3-10}$$

式中：γ_{G_i}——第 i 个永久作用的分项系数；

$S_{G_{ik}}$——第 i 个永久作用标准值的效应；

γ_{Q_1}——第 1 个可变作用（主导可变作用）的分项系数；

$S_{Q_{1k}}$——第 1 个可变荷载（主导可变作用）标准值的效应；

γ_{Q_j}——第 j 个可变作用的分项系数；

ψ_{c_j}——第 j 个可变作用的组合值系数；

$S_{Q_{jk}}$——第 j 个可变荷载标准值的效应。

当对 $S_{Q_{1k}}$ 无法明显判断时，依次以各可变荷载效应为 $S_{Q_{1k}}$，选择最不利的荷载效应组合。

3.3.4 正常使用极限状态设计表达式

1）设计表达式

对于正常使用极限状态，结构构件应分别按荷载效应的标准组合、频遇组合、准永久组合

或标准组合并考虑长期作用影响,采用下列极限状态设计表达式:

$$S \leqslant C \tag{3-11}$$

式中:S——正常使用极限状态荷载组合的效应设计值(如变形、裂缝宽度、应力等的效应设计值);

C——为使结构构件达到正常使用要求所规定的变形、裂缝宽度和应力等的限值。

2) 荷载效应组合

①标准组合的效应设计值 S 可按下式确定:

$$S = \sum_{i \geqslant 1} S_{G_{ik}} + S_{Q_{1k}} + \sum_{j > 1} \psi_{c_j} S_{Q_{jk}} \tag{3-12}$$

这种组合主要用于当一个极限状态被超越时将产生严重的永久性损害的情况,即标准组合一般用于不可逆正常使用极限状态。

②频遇组合的效应设计值 S 可按下式确定:

$$S = \sum_{i \geqslant 1} S_{G_{ik}} + \psi_{f_1} S_{Q_{1k}} + \sum_{j > 1} \psi_{q_j} S_{Q_{jk}} \tag{3-13}$$

式中:ψ_{f_1}、ψ_{q_j}——分别为可变荷载 Q_1 的频遇值系数、可变荷载 Q_j 的准永久值系数,可由现行《建筑结构荷载规范》(GB 50009)查取。

这种组合主要用于当一个极限状态被超越时将产生局部损害、较大变形或短暂振动等的情况,即频遇组合一般用于可逆正常使用极限状态。

③准永久组合的效应设计值 S 可按下式确定:

$$S = \sum_{i \geqslant 1} S_{G_{ik}} + \sum_{j \geqslant 1} \psi_{q_j} S_{Q_{jk}} \tag{3-14}$$

这种组合主要用于荷载的长期效应是决定性因素的情况。

小结及学习指导

1.我国工程结构的设计方法经历了容许应力法、破损阶段法、极限状态设计法和概率极限状态设计法四个阶段。目前,我国采用"基于分项系数表达的以概率理论为基础的极限状态设计方法",用可靠指标 β 度量结构可靠度,用分项系数的设计表达式进行设计。其中,各分项系数的取值是根据目标可靠指标及基本变量的统计参数用概率方法确定的。

2.结构的极限状态分为三类:承载能力极限状态、正常使用极限状态和耐久性极限状态。对于承载能力极限状态的荷载效应组合,应采用基本组合(持久和短暂设计状况)、偶然组合(偶然设计状况)或地震组合(地震设计状况)。对正常使用极限状态的荷载效应组合,按荷载的持久性和不同设计要求采用三种组合:标准组合、频遇组合和准永久组合。对持久设计状况,应进行正常使用极限状态设计;对短暂设计状况,可根据需要进行正常使用极限状态设计。

思考题

1.结构有哪些功能要求?什么是结构的功能函数和极限状态方程?

2.什么是可靠度和可靠指标?

3.什么是结构的极限状态? 极限状态分几类?

4.说明承载能力极限状态设计表达式中各符号的意义,并分析该表达式是如何保证结构可靠度的。

5.对正常使用极限状态,如何根据不同设计要求确定荷载组合的效应设计值?

第 4 章　受弯构件正截面承载力

本章要点

【知识点】

梁、板的一般构造，适筋梁正截面受弯的三个受力阶段，正截面受弯的三种破坏形态，单筋矩形截面、双筋矩形截面和两类 T 形截面受弯构件正截面承载力的计算方法。

【重点】

理解适筋梁正截面受弯的三个受力阶段以及正截面受弯的三种破坏形态，理解最小配筋率的应用，掌握单筋矩形截面、双筋矩形截面和两类 T 形截面受弯构件正截面承载力计算方法。

【难点】

双筋矩形截面和两类 T 形截面受弯构件正截面承载力计算方法。

4.1　概　　述

受弯构件是指受弯矩和剪力共同作用的构件，是工程中应用最广泛的一类构件，梁和板是其中的典型。

在荷载作用下，受弯构件可能发生两种破坏形式。一种是沿弯矩最大截面的破坏，由于破坏截面与构件的轴线垂直，故称为"受弯构件的正截面破坏"，如图 4-1a）所示。另一种是沿剪力最大截面或剪力和弯矩都较大截面的破坏，由于破坏截面与构件的轴线斜交，故称为"受弯构件的斜截面破坏"，如图 4-1b）所示。

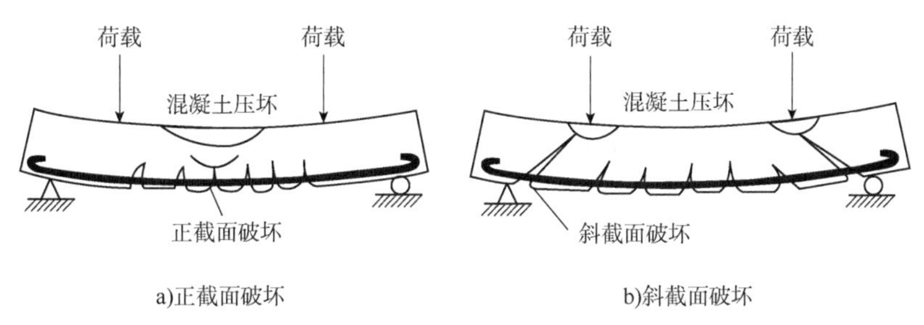

图 4-1　受弯构件的破坏形式

混凝土受弯构件在外荷载作用下，其截面内将产生弯矩和剪力。弯矩的作用将使受弯构件的截面存在受拉区和受压区。由于混凝土的抗拉强度很低，故往往先在受拉区出现法向裂缝，也称为"正裂缝"或"竖向裂缝"，如图 4-1a）所示。正裂缝出现后，受拉区纵向钢筋将负担由截面弯矩引起的拉力。当荷载增大到一定数值时，最大弯矩截面处的纵向受拉钢筋屈服，接着受压区混凝土被压碎,该正裂缝所在的正截面(即与构件计算轴线相垂直的截面)因受弯而发生破坏,这时的状态就是截面的受弯承载力极限状态,截面所承受的弯矩即为受弯构件正截面受弯承载力。

受弯构件截面在弯矩和剪力的共同作用下,因主拉应力作用还会产生斜裂缝。斜裂缝出现后,主拉应力一般由箍筋负担。当外荷载增加到一定数值后,可能在梁的剪力最大处发生沿斜裂缝所在的斜截面(即斜交于构件轴线截面)的破坏,这时的状态就是受弯构件斜截面承载力极限状态。

对于钢筋混凝土梁,为了防止垂直裂缝引起的正截面受弯破坏,在梁的底部布置纵向受力钢筋;为了防止斜裂缝引起的斜截面受剪破坏,在梁的弯剪段布置箍筋和弯起钢筋;在非受力区的截面角部还配有架立钢筋,如图 4-2 所示。对于钢筋混凝土板,由于板的厚度较小、截面宽度较大,一般总是发生弯曲破坏,很少发生剪切破坏,因此,在钢筋混凝土板中仅配有纵向受力钢筋和固定受力钢筋的分布钢筋,如图 4-3 所示。

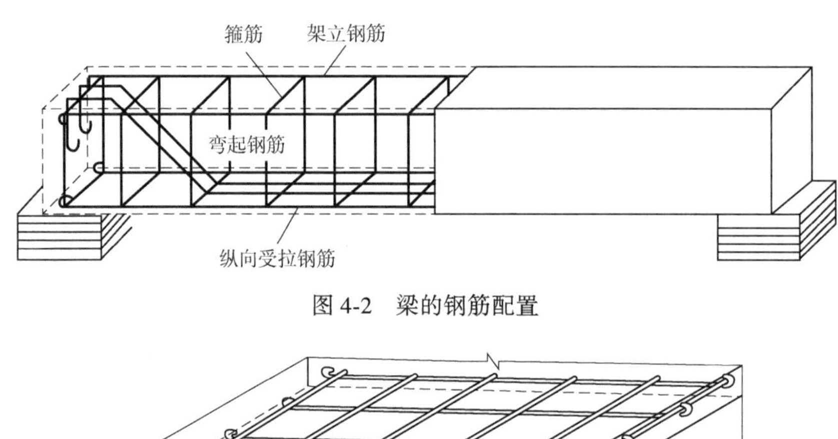

图 4-2　梁的钢筋配置

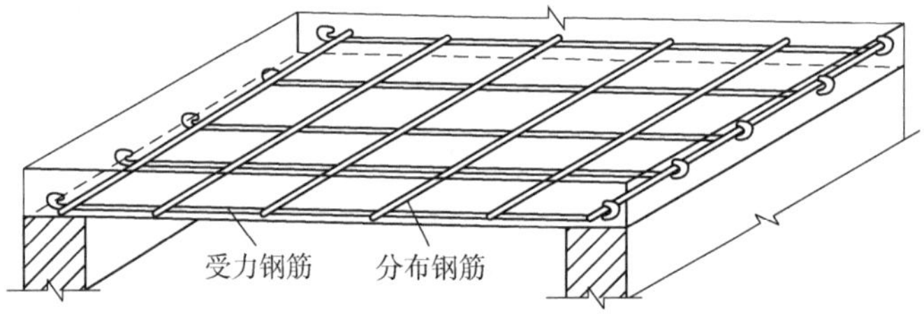

受力钢筋　分布钢筋

图 4-3　板的钢筋配置

设计受弯构件时,既要保证构件不发生正截面破坏,又要保证构件不发生斜截面破坏。本章只介绍受弯构件正截面的受力性能、受弯承载力设计计算方法和相关的构造措施,以保证设计的构件不发生正截面受弯破坏。受弯构件在弯矩和剪力共同作用下斜截面的受力性能和承载力计算将在第 5 章中讨论。

结构和构件要满足承载能力极限状态和正常使用极限状态的要求。受弯构件正截面受弯承载力计算就是从满足承载能力极限状态出发的,即要求满足:

$$M \leqslant M_u$$

式中:M——受弯构件正截面的弯矩设计值,是由荷载设计值经内力计算给出的已知值;

M_u——受弯构件正截面受弯承载力设计值,是由正截面材料提供的抗力。下标 u 指极限值。

4.2 梁、板的一般构造

4.2.1 梁的一般构造

1) 梁截面及材料

(1) 梁的截面形式

受弯构件中,梁的截面形式一般有矩形、T 形、I 形和箱形等(图 4-4),圆形和环形截面受弯构件在实际工程中的应用较少。

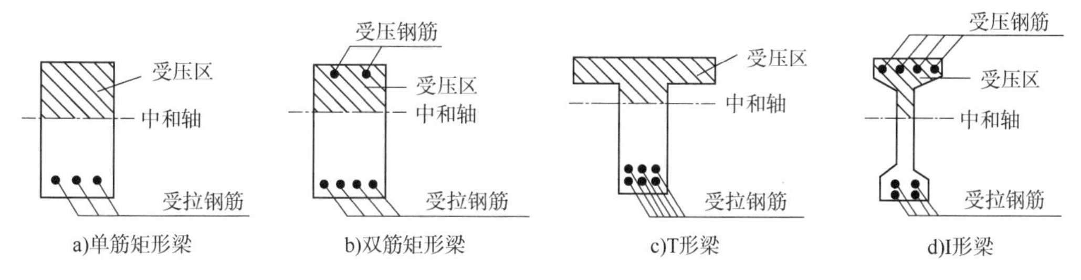

图 4-4 常用梁的截面形式

(2) 梁的截面尺寸

梁的截面尺寸主要由支承条件、跨度和荷载大小等因素决定。为满足刚度等的要求,梁的截面高度 h 可按表 4-1 中的经验数据选取。

钢筋混凝土截面尺寸的一般规定 **表 4-1**

梁的种类	截面高度	梁的种类	截面高度
多跨连续主梁	$h=l/14\sim l/10$	单跨简支梁	$h=l/16\sim l/10$
多跨连续次梁	$h=l/18\sim l/14$	悬臂梁	$h=l/8\sim l/5$

注:l 为梁的跨度。

矩形截面梁的高宽比 h/b 一般取 2.0~3.0;T 形截面梁的高宽比 h/b 一般取 2.5~4.0(此处 b 为梁肋宽)。

此外,为了方便施工,梁的截面尺寸还应满足下列模数尺寸的要求:

①梁的截面宽度 b = 200mm、220mm、250mm、300mm、350mm 等。截面宽度为 200mm 以上时,应为 50 的倍数。

②梁的截面高度 h = 300mm、350mm……700mm、750mm、800mm、900mm、1000mm 等。截面高度为 800mm 以下时,应为 50 的倍数;截面高度为 800mm 以上时,应为 100 的倍数。

(3) 梁的混凝土强度等级

梁常用的混凝土强度等级是 C25、C30,一般不超过 C40,这是为防止混凝土收缩过大。此外,通过后续章节可知,提高混凝土强度等级对增大受弯构件正截面受弯承载力的作用不显著。

(4)梁中纵向钢筋

梁内一般配置以下几种钢筋,如图4-5所示:

①纵向受力钢筋(纵筋):承受梁截面弯矩所引起的拉力或压力。在梁受拉区布置的钢筋称为“纵向受拉钢筋”,用于承担拉力。有时由于弯矩较大,在受压区亦布置纵筋,协助混凝土共同承担压力。

②弯起钢筋:将纵向受拉钢筋在支座附近弯起而成,用以承受弯起区段截面的剪力。弯起后钢筋顶部的水平段可以承受支座处的负弯矩所引起的拉力。

③架立钢筋:设置在梁受压区,与纵筋、箍筋一起形成钢筋骨架,并能承受梁内因收缩和温度变化而产生的内应力。

④箍筋:承受梁的剪力,此外能固定纵向钢筋。

⑤侧向构造钢筋:增加梁内钢筋骨架的刚性及梁的抗扭能力,并承受梁侧向发生的温度及收缩变形所引起的应力。

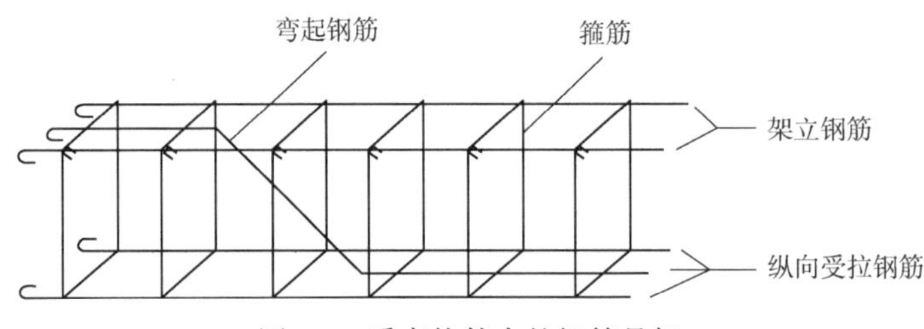

图4-5 受弯构件中的钢筋骨架

2)梁配筋构造

(1)纵向受力钢筋的强度等级、直径和根数

钢筋级别:纵向受力钢筋一般采用HRB400级和HRB500级。

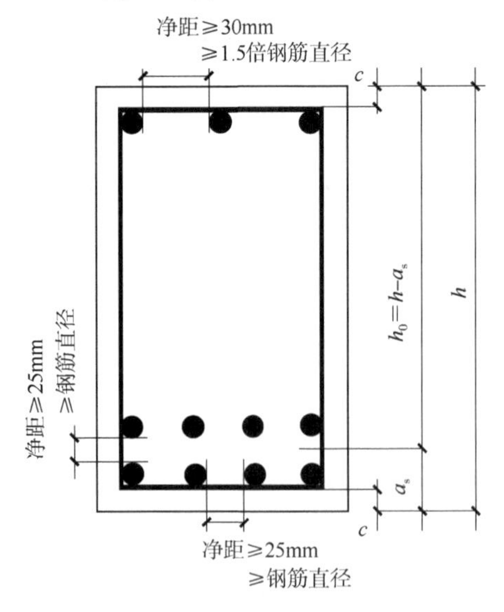

图4-6 纵筋的净间距

钢筋直径:当梁高$h \geq 300$mm时,不应小于10mm;当梁高$h<300$mm时,不应小于8mm。常用直径为12mm、14mm、16mm、18mm、20mm、22mm、25mm。当采用两种不同直径时,相差至少2mm,以便于施工时肉眼识别。

钢筋间距:为了便于浇筑混凝土,保证钢筋周围混凝土的密实性,纵向钢筋的净间距应满足图4-6所示的要求。

纵向受力钢筋不得少于2根。伸入梁支座范围内的纵向受力钢筋也不应少于2根。

在梁的配筋密集区域可采用并筋的配筋形式。直径≤28mm的钢筋,并筋数量不应超过3根;直径=32mm的钢筋,并筋数量宜为2根;直径≥36mm的钢筋,不应采用并筋。

在满足钢筋净间距的前提下,当纵筋数量较多时,纵筋可能配置2排或多于2排。当梁的下部纵向钢筋配置多于2排时,2排以上钢筋在水平方向的中距应比下面2排的中距增大1倍。钢筋应上下对齐,不能错列,以便混凝土能浇捣密实。

(2)纵向构造钢筋

①架立钢筋。

架立钢筋的直径应符合下列要求:当梁的跨度小于4m时,不宜小于8mm;当梁的跨度为4~6m时,不应小于10mm;当梁的跨度大于6m时,不宜小于12mm。

②梁侧纵向构造钢筋(也称"腰筋")。

当梁的截面较高时,常在梁侧面产生垂直于梁轴线的收缩裂缝。因此,当梁的腹板高度$h_w \geq 450$mm时,应在梁的两个侧面沿高度方向配置纵向构造钢筋。每侧纵向构造钢筋(不包括梁上、下部受力钢筋及架立钢筋)的间距不宜大于200mm,截面面积不应小于腹板截面面积bh_w的0.1%。

③支座区域上部纵向构造钢筋。

当梁端实际受到部分约束但按简支计算时,应在支座区域上部设置纵向构造钢筋,其截面面积不应小于梁跨中、下部纵向受力钢筋所需截面面积的1/4,不应少于2根;该纵向构造钢筋自支座边缘向跨内伸出的长度不应小于$l_0/5$(l_0为梁的计算跨度)。

(3)纵向钢筋的净间距

为了便于浇筑混凝土,保证钢筋周围混凝土的密实性,保证钢筋与混凝土黏结在一起共同工作,纵筋的净间距应满足:梁上部纵向钢筋水平方向的净间距不应小于30mm和$1.5d$(d为钢筋的最大直径,本段下同);梁下部纵向钢筋水平方向的净间距不应小于25mm和d;当下部钢筋多于2层时,2层以上钢筋在水平方向的中距应比下面2层的中距增大1倍;各层钢筋之间的净间距不应小于25mm和d。上述要求如图4-6所示。

(4)梁中混凝土保护层厚度

从最外层钢筋的外表面至截面边缘的垂直距离,称为"混凝土保护层厚度",用c表示,最外层钢筋包括箍筋、构造筋、分布筋(图4-7)。

混凝土保护层主要有三个作用:防止纵筋锈蚀;在火灾等情况下,使钢筋的温度上升缓慢;使纵向钢筋与混凝土有较好的黏结。

为保证结构的耐久性、耐火性和钢筋与混凝土的黏结性能,梁中纵向受力钢筋的混凝土保护层厚度应满足附表17中的相关要求,且受力钢筋的保护层厚度不应小于钢筋的直径。梁的最小混凝土保护层厚度是20mm。

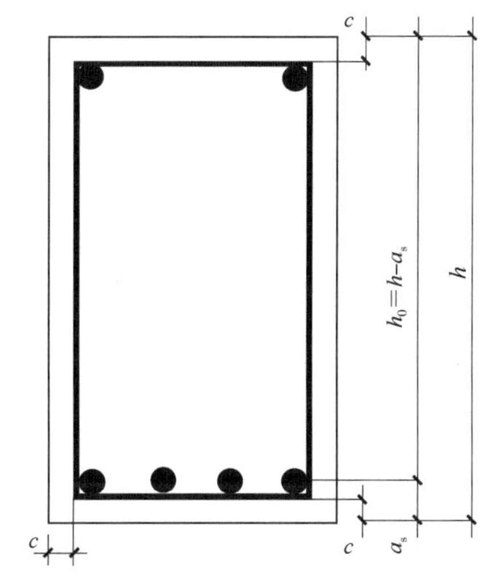

图4-7 混凝土保护层厚度

(5)纵向受拉钢筋的配筋率

纵向受拉钢筋的相对数量对钢筋混凝土梁的受力性能有着重要的影响,一般用配筋率 ρ 来表示纵向受拉钢筋的相对数量。

纵向受拉钢筋的总截面面积与截面有效面积的比值,称为纵向受拉钢筋的“配筋百分率”,简称“配筋率”,用 ρ 表示,按下式计算:

$$\rho = A_s/(bh_0) \tag{4-1}$$

式中:A_s——纵向受拉钢筋截面面积;

b——梁截面宽度;

h_0——梁截面有效高度(图 4-7),$h_0=h-a_s$;

a_s——纵向受拉钢筋合力点至截面受拉边缘的距离,如图 4-6 和图 4-7 所示。当为一排钢筋时,$a_s=c+d_v+d/2$;当为两排钢筋时,$a_s=c+d_v+d+e/2$。其中,c 为混凝土保护层最小厚度(按附表 17 查),d_v 为箍筋直径,d 为受拉纵筋直径,e 为各层受拉纵筋之间的净间距,取 25mm 和 d 二者之中的较大值。

4.2.2 板的一般构造

1)板的截面形式

板的常用截面形式有实心板、槽形板、空心板等(图 4-8)。

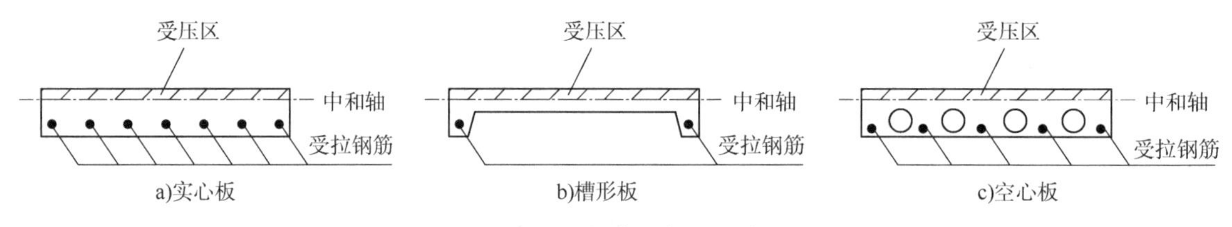

图 4-8 板的常用截面形式

2)板的混凝土强度等级

板常用的混凝土强度等级是 C25、C30、C35、C40 等。

3)板的最小厚度

板厚度首先要满足刚度的要求,即单跨简支板的厚度不小于 $l/35$;多跨连续板的厚度不小于 $l/40$;悬臂板的厚度不小于 $l/12$(l 为板的短边尺寸)。预应力板可适当增加厚度;当板的荷载、跨度较大时宜适当减小厚度。

现浇板还应满足表 4-2 的最小厚度要求。现浇板的宽度一般较大,设计时可取单位宽度($b=1000$mm)进行计算。

4)板的受力钢筋

板的纵向受力钢筋常用 HPB300、HRB400、HRBF400、RRB400 级钢筋,直径通常采用 8~14mm。为了防止施工时钢筋被踩下,现浇板的板面钢筋直径不宜小于 8mm。

现浇钢筋混凝土板的最小厚度 **表 4-2**

板的类别		最小厚度(mm)	板的类别		最小厚度(mm)
单向板	屋面板	80	密肋楼盖	面板	50
	民用建筑楼板	60		肋高	250
	工业建筑楼板	70	悬臂板（根部）	悬臂长度不大于 500mm	80
	行车道下的楼板	80		悬臂长度 1200mm	100
双向板		80	无梁楼板		150
			现浇空心楼盖		200

注：当采取有效措施时，预制板面板的最小厚度可取 40mm。

为了便于浇筑混凝土，保证钢筋周围混凝土的密实性，板内钢筋间距不宜太密；为了使板内钢筋能正常地分担荷载，也不宜过稀。板内受力钢筋的间距一般为 70~200mm。同时，当板厚 $h\leq$ 150mm 时，间距不宜大于 200mm；当板厚 $h>150$mm 时，间距不宜大于 $1.5h$，且不宜大于 250mm。

5）板的分布钢筋

当板按单向板设计时，分布钢筋是指在垂直于板的受力钢筋方向上布置的构造钢筋，如图 4-9 所示。分布钢筋的作用是：

①与受力钢筋绑扎或焊接在一起形成钢筋骨架，固定受力钢筋的位置。

②将板面的荷载更均匀地传递给受力钢筋。

③抵抗温度应力和混凝土收缩应力等。

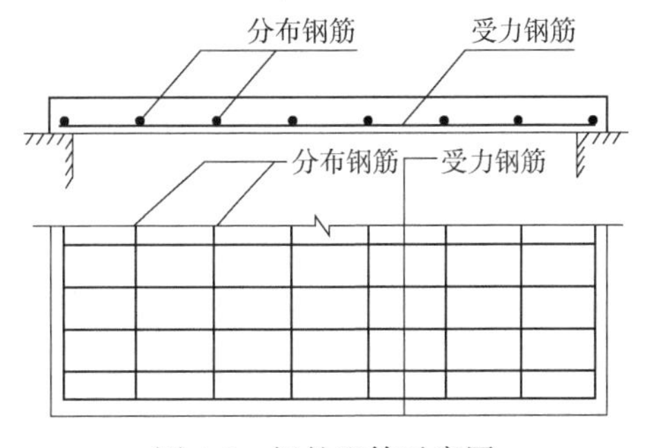

图 4-9 板的配筋示意图

分布钢筋宜采用 HPB300 和 HRB400 钢筋。常用直径是 6mm 和 8mm。单位宽度上分布钢筋的截面面积不宜小于单位宽度上受力钢筋截面面积的 15%，且其配筋率不宜小于0.15%；分布钢筋的直径不宜小于 6mm，间距不宜大于 250mm；对集中荷载较大或温度变化较大的情况，分布钢筋的截面面积应适当增加，其间距不宜大于 200mm。

6）板中混凝土保护层厚度

板中受力钢筋的混凝土保护层厚度的概念和作用与梁的相同。其取值与梁类似，即除应满足受力钢筋的保护层厚度不小于钢筋的直径之外，还应符合：对设计使用年限为 50 年的混凝土结构，最外层钢筋的保护层厚度应符合附表 17 有关板的混凝土保护层最小厚度的规定；对设计使用年限为 100 年的混凝土结构，最外层钢筋的保护层厚度不应小于附表 17 中数值的 1.4 倍；板的最小混凝土保护层厚度是 15mm。

4.3 受弯构件正截面受弯性能

4.3.1 适筋梁正截面受弯的三个受力阶段

受弯构件正截面受弯破坏形态与纵向受拉钢筋配筋率有关。当受弯构件正截面内配置的纵向受拉钢筋能使其正截面受弯破坏形态属于延性破坏类型时,称为“适筋梁”。

图 4-10 所示为一简支的钢筋混凝土适筋梁,设计的混凝土强度等级为 C25。为消除剪力对正截面受弯的影响,进行适筋梁的正截面受弯性能试验时,通常采用两点对称加载。在长度为 $l_0/3$(l_0为梁长)的纯弯段沿截面高度布置应变计或粘贴电阻应变片,以量测混凝土的纵向应变;在梁跨中部位的纵向受拉钢筋上布置应变片,以量测钢筋的受拉应变;在梁的跨中和支座处布置位移计或百分表,以量测梁的挠度。试验中还要记录裂缝的出现、发展和分布情况。

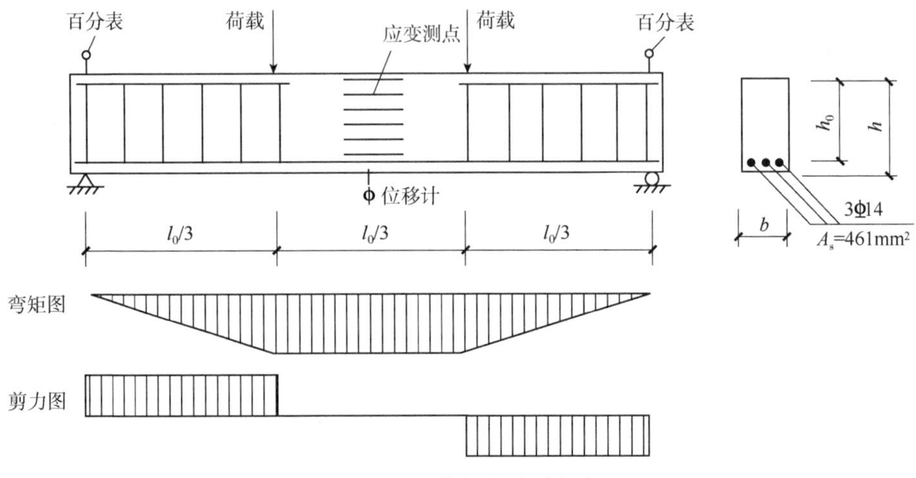

图 4-10 适筋梁的试验方案

试验时采用荷载值由小到大的逐级加载试验方法,直至正截面受弯破坏。在整个试验过程中,不仅要注意观察裂缝的出现、扩展以及分布等情况,还要根据各级荷载作用下所测得的仪表读数,经过计算分析后得出梁在各个不同加载阶段时的受力与变形情况。图 4-11 为试验梁的跨中挠度f、钢筋纵向应力 σ_s 随截面弯矩增加而变化的关系。由 M-f 曲线可知,钢筋混凝土适筋梁正截面受弯从加载到破坏经历了三个工作阶段——未裂阶段、裂缝阶段、破坏阶段。

1) 阶段Ⅰ:混凝土开裂前的未裂阶段

刚开始加载时,由于弯矩很小,混凝土处于弹性工作阶段,正截面上各点的应力及应变均很小,应变沿梁截面高度呈直线变化,即截面应变分布符合平截面假定,受压区和受拉区混凝土应力图形为三角形,如图 4-12a)所示。在该阶段,由于整个截面参与受力,截面抗弯刚度较大,梁的挠度和截面曲率很小,受拉钢筋应力也很小,且与弯矩近似呈正比。

当荷载继续增大,由于混凝土的抗拉强度远小于其抗压强度,故受拉区边缘混凝土首先表现出应变增长比应力增长速度快的塑性特征,应变增长速度加快,受拉区混凝土发生塑性变形。当构件受拉区边缘混凝土拉应力达到混凝土的抗拉强度时,受拉区拉应力图形呈曲线分布,构件处于即将开裂的临界状态为Ⅰ阶段末,以I_a表示,如图 4-12b)所示,相应的弯矩为开裂弯矩。此时受压区混凝土仍处于弹性阶段工作,受压区应力图形接近三角形。

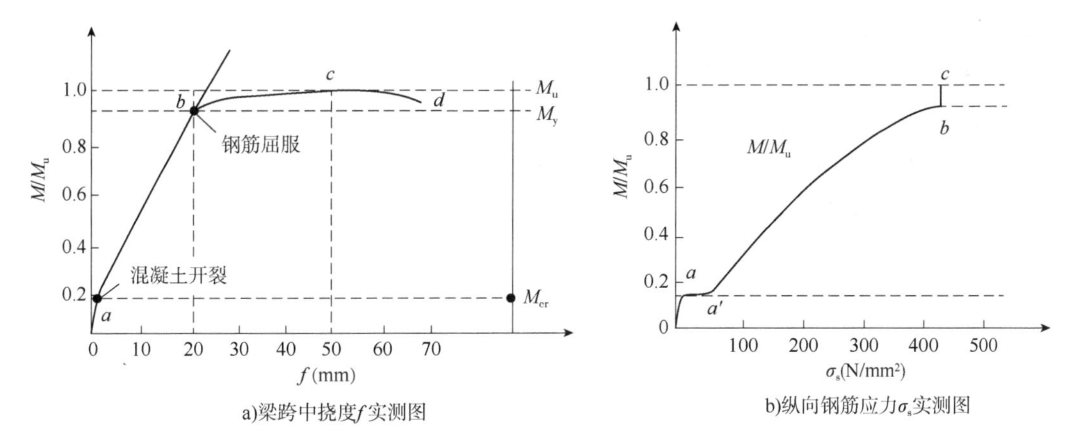

图 4-11 适筋梁挠度、纵筋拉应力试验曲线

阶段Ⅰ结束的标志是构件受拉区边缘混凝土拉应力刚好达到混凝土的抗拉强度，为构件即将开裂的临界状态。因此，可将Ⅰ_a状态作为受弯构件抗裂计算的依据。

阶段Ⅰ的特点是：

①混凝土没有开裂。

②受压区混凝土的应力图形是直线，受拉区混凝土的应力图形在第Ⅰ阶段前期是直线，在后期是曲线。

③弯矩与截面曲率基本上是直线关系。

2）阶段Ⅱ：混凝土开裂后至钢筋屈服前的裂缝阶段

梁达到开裂状态的瞬间，其纯弯段中抗拉能力最薄弱的某一截面处首先出现一条垂直于梁轴线的竖向裂缝，进入带裂缝工作的阶段Ⅱ。

在裂缝截面处，受拉区混凝土一开裂就退出工作，原来承担的拉应力由钢筋承担，使钢筋拉应力突然增大很多，截面中和轴上移。此后，随着荷载的增加，梁受拉区不断出现新的裂缝，受拉区混凝土逐步退出工作，钢筋的应力、应变增加速度明显加快，截面的抗弯刚度降低。当应变量测标距较大，跨越了几条裂缝时，实测的平均应变沿梁截面高度的变化规律仍能符合平截面假定。

受压区混凝土压应力随着荷载的增加而不断增大，混凝土塑性变形有了明显的发展，压应力图形逐渐呈现出曲线特征。弯矩再增加，截面曲率加大，主裂缝开展越来越宽，当截面弯矩增大到纵向受拉钢筋应力刚刚达到其屈服强度f_y时，阶段Ⅱ结束，即阶段Ⅱ末，以Ⅱ_a表示，如图 4-12d）所示。阶段Ⅱ是一般混凝土梁的正常使用工作阶段，因此可作为梁在正常使用阶段变形和裂缝开展宽度验算的依据。

阶段Ⅱ的受力特点是：

①在裂缝截面处，受拉区大部分混凝土退出工作，拉力主要由纵向受拉钢筋承担，但钢筋没有屈服。

②受压区混凝土已有塑性变形，但不充分，压应力图形为只有上升段的曲线。

③弯矩与截面曲率是曲线关系，截面曲率与挠度的增长加快。

3)阶段Ⅲ:钢筋开始屈服至截面破坏的破坏阶段

纵向受力钢筋屈服后,正截面进入阶段Ⅲ。

在此阶段,纵向受拉钢筋进入屈服状态后,截面曲率和梁的挠度将突然增大,裂缝宽度随之迅速扩展并沿梁高向上延伸,中和轴继续上移,受压区高度进一步减小,如图 4-12e)所示。这时受压区边缘混凝土边缘纤维压应变迅速增长,其塑性特征将表现得更为充分,压应力图形更为丰满。

当弯矩增加至受压边缘混凝土压应变达到极限压应变 ε_{cu},混凝土被压碎,截面破坏时的状态为阶段Ⅲ末,以Ⅲ$_a$表示,如图 4-12f)所示,此时的弯矩为极限弯矩。

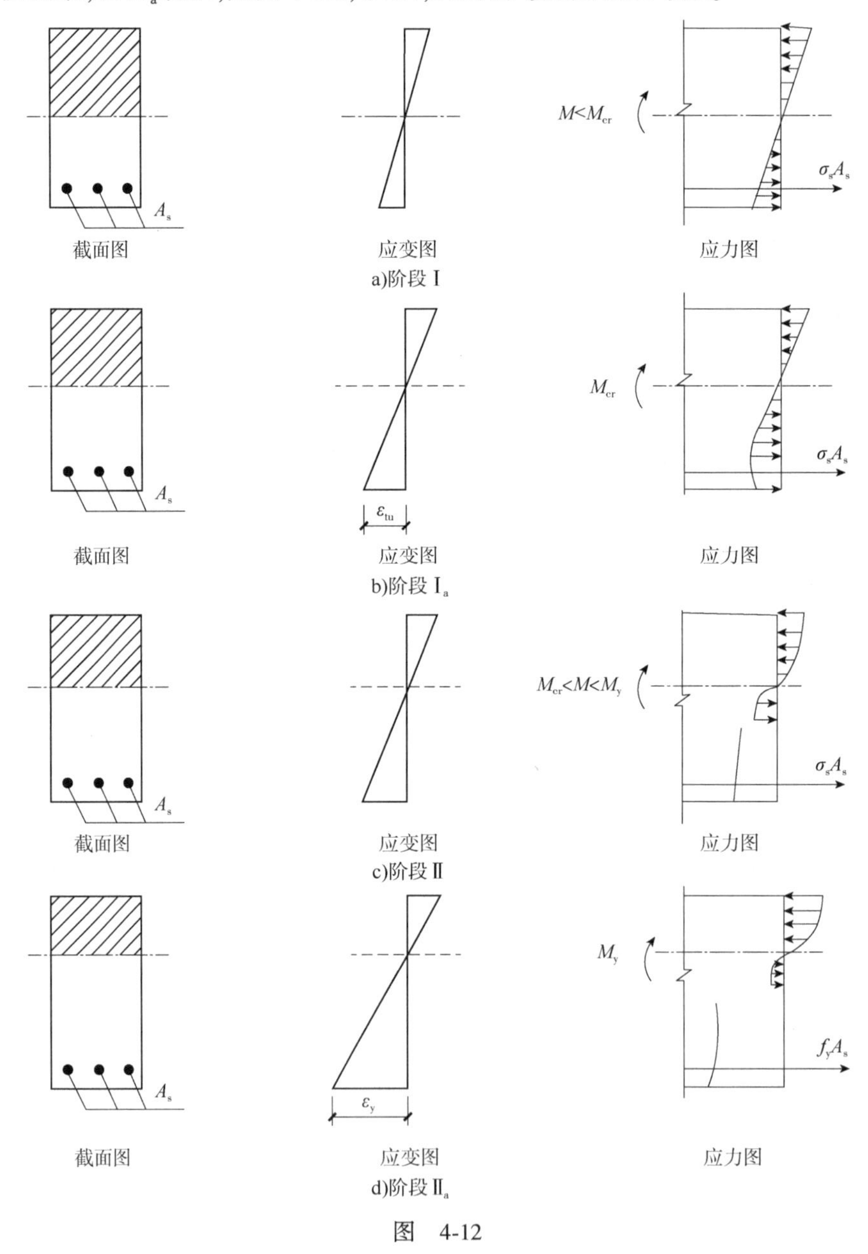

图 4-12

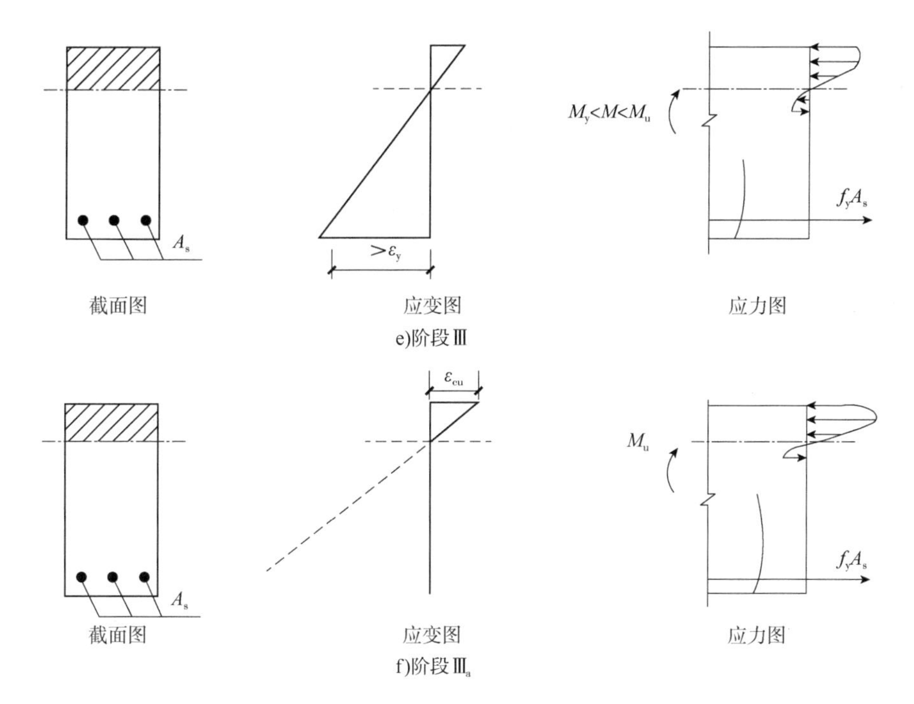

图 4-12 三个工作阶段梁截面的应力、应变分布

阶段Ⅲ的破坏标志是受压区外边缘混凝土的压应变达到极限压应变 ε_{cu}，混凝土被压碎，构件破坏。因此，可将$Ⅲ_a$状态作为受弯构件正截面承载能力的计算依据。

截面破坏始于纵向受拉钢筋屈服，终结于受压区边缘混凝土压碎。

阶段Ⅲ的受力特点是：

①纵向受拉钢筋屈服，应力保持为常值；裂缝截面处，受拉区大部分混凝土已退出工作，受压区混凝土压应力曲线图形比较丰满，有上升段曲线，也有下降段曲线。

②由于受压区混凝土合压力作用点外移，使内力臂增大，故弯矩还略有增加。

③受压区边缘混凝土压应变达到其极限压应变 ε_{cu} 时，混凝土被压碎，截面破坏。

④弯矩-曲率关系为接近水平的曲线。

4)适筋梁的破坏特征

由上述试验可见，适筋梁的破坏始于纵向受拉钢筋屈服，终结于受压区边缘混凝土压碎。其破坏特征为：钢筋屈服处的临界裂缝显著开展，顶部压区混凝土产生很大局部变形，形成集中的塑性变形区域，在这个区域内截面转角急剧增大(表现为梁的挠度激增)，预示着梁的破坏即将到来，其破坏形态具有“塑性破坏”的特征，即破坏前有明显的预兆——裂缝和变形的急剧发展。表 4-3 简要地列出了适筋梁正截面受弯的三个工作阶段的主要特征。

适筋梁正截面受弯的三个工作阶段的主要特征 **表 4-3**

主要特点	阶段Ⅰ	阶段Ⅱ	阶段Ⅲ
习　称	弹性工作阶段(或未裂阶段)	带裂缝工作阶段	破坏阶段
外观特征	没有裂缝，挠度很小	有裂缝，挠度不明显	钢筋屈服，裂缝宽，挠度大

续上表

主要特点		阶段Ⅰ	阶段Ⅱ	阶段Ⅲ
弯矩-挠度关系曲线		大致呈直线	曲线	接近水平的曲线
混凝土应力图形	受压区	直线	受压区高度减小,混凝土压应力图形为上升段的曲线,应力峰值在受压区边缘	受压区高度进一步减小,混凝土压应力图形为较丰满的曲线;后期为有上升段和下降段的曲线,应力峰值不在受压区边缘而在边缘的内侧
	受拉区	前期为直线,后期为有上升段和下降段的曲线,应力峰值不在受拉区边缘	大部分退出工作	绝大部分退出工作
纵向受拉钢筋应力		$\sigma_s \leq (20 \sim 30)\text{N/mm}^2$	$(20 \sim 30)\text{N/mm}^2 < \sigma_s < f_y$	$\sigma_s = f_y$
在设计计算中的作用		I_a状态用于抗裂验算	用于裂缝宽度及变形验算	III_a状态用于正截面受弯承载力计算

4.3.2 正截面受弯的三种破坏形态

试验表明,受弯构件正截面的破坏形态主要同配筋率ρ、钢筋与混凝土的强度等级、截面形式等因素有关,其中,配筋率ρ对破坏形态的影响最为显著。根据配筋率ρ的不同,受弯构件正截面破坏形态可分为适筋破坏、超筋破坏和少筋破坏三种,如图4-13所示。相应的弯矩-挠度曲线(M-f曲线)如图4-14所示。

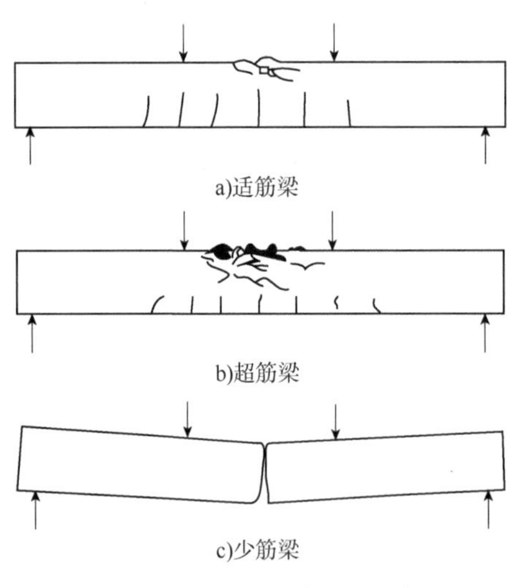

图4-13　梁的三种破坏形态

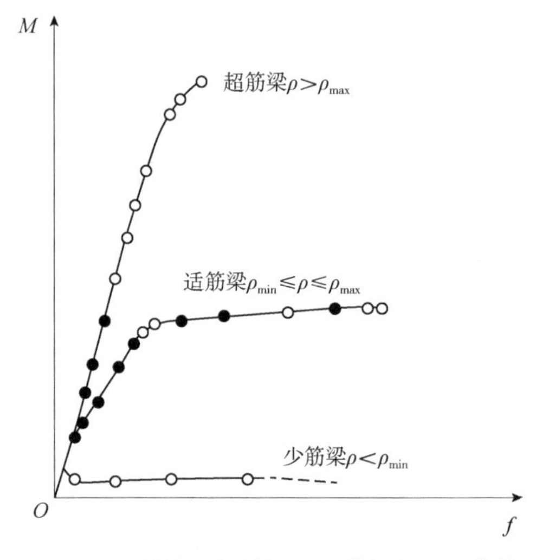

图4-14　适筋梁、超筋梁和少筋梁的M-f曲线

1)适筋破坏

当配筋率ρ适中时,梁发生适筋破坏形态,即在整个加载过程中梁经历了比较明显的三

个受力阶段,其主要特点是纵向受拉钢筋先屈服,受压区混凝土随后才压碎。

在适筋破坏形态中,由于纵向受拉钢筋从屈服到梁发生完全破坏要产生较大的塑性变形,所以梁的挠度和裂缝宽度较大,给人以明显的破坏预兆,说明这种破坏形态在其截面承载力没有明显变化的情况下具有良好的承载变形的能力,即具有较好的延性,因此属于延性破坏。适筋梁破坏是梁正截面受弯设计的依据。

2)超筋破坏

当截面纵向受拉钢筋的配筋率过大时,发生超筋梁破坏。其主要特点是受压区混凝土先压碎而纵向受拉钢筋不屈服。

梁发生超筋破坏时,受拉钢筋尚处于弹性阶段,因此裂缝宽度较小且延伸不高,不能形成一条开裂较大的主裂缝,梁的挠度也相对较小,其破坏过程短暂,并无明显预兆,属于脆性破坏。这种破坏没有充分利用受拉钢筋的作用,而且破坏突然,故从安全与经济角度考虑,在实际工程设计中应避免采用超筋梁。超筋梁正截面受弯承载力取决于混凝土抗压强度。

3)少筋破坏

当截面纵向受拉钢筋的配筋率过小时,发生少筋破坏。

少筋破坏的特点是受拉区混凝土达到抗拉强度、出现裂缝后,裂缝截面的混凝土退出工作,拉应力全部转移给受拉钢筋,由于钢筋配置过少,受拉钢筋会立即屈服,并很快进入强化阶段,甚至拉断,梁的变形和裂缝宽度急剧增大,而受压区混凝土可能被压碎,也可能未被压碎,其破坏性质与素混凝土梁类似,属于脆性破坏。破坏时受压区混凝土的抗压性能没有得到充分发挥,承载力极低,因此设计时禁止采用少筋梁。少筋梁正截面受弯承载力取决于混凝土抗拉强度。

4.4 正截面受弯承载力计算原理

4.4.1 正截面承载力计算的基本假定

正截面受弯承载力计算时,应以Ⅲ$_a$状态的受力为依据,如图4-12f)所示。由于Ⅲ$_a$状态的截面应力分布复杂,为便于工程应用,《混凝土结构设计规范》规定,包括受弯构件在内的各种混凝土构件的正截面承载力应按下列基本假定进行计算:

①截面应变保持平面,即认为截面应变符合平截面假定。构件正截面在梁弯曲变形后保持平面,即截面上的应变沿截面高度为线性分布。

②不考虑混凝土的抗拉强度。对于承载能力极限状态下的裂缝截面,受拉区混凝土的绝大部分因开裂而退出工作;而中和轴以下的小部分尚未开裂的混凝土,因离中和轴很近,抗弯作用很小。因此,为简化计算,不考虑混凝土抗拉强度的影响。

③混凝土受压的应力-应变关系曲线(图4-15)按下列规定取用:

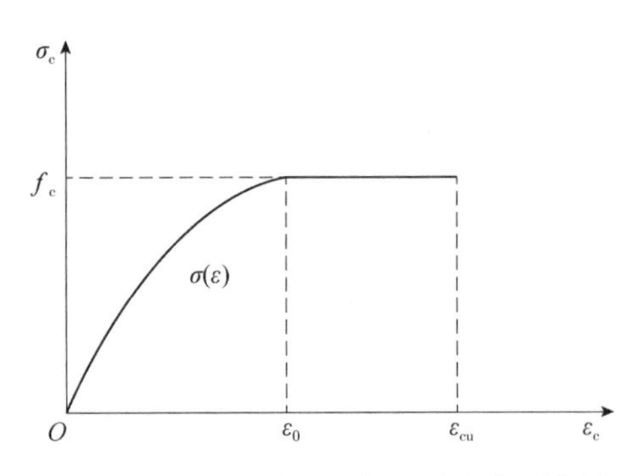

图 4-15　混凝土受压的应力-应变关系曲线

当 $\varepsilon_c \leqslant \varepsilon_0$ 时(上升段)：

$$\sigma_c = f_c\left[1-\left(1-\frac{\varepsilon_c}{\varepsilon_0}\right)^n\right] \quad (4\text{-}2)$$

$$n = 2-\frac{1}{60}(f_{cu,k}-50) \leqslant 2.0 \quad (4\text{-}2a)$$

$$\varepsilon_0 = 0.002+0.5(f_{cu,k}-50)\times10^{-5} \geqslant 0.002 \quad (4\text{-}2b)$$

$$\varepsilon_{cu} = 0.0033-(f_{cu,k}-50)\times10^{-5} \leqslant 0.0033 \quad (4\text{-}2c)$$

当 $\varepsilon_0 < \varepsilon_c \leqslant \varepsilon_{cu}$ 时(水平段)：

$$\sigma_c = f_c \quad (4\text{-}2d)$$

式中：σ_c——混凝土压应变为 ε_c 时的混凝土压应力；

f_c——混凝土轴心抗压强度设计值；

ε_0——混凝土压应力达到 f_c 时的混凝土压应变，当计算的 ε_0 值小于 0.002 时，取 0.002；

ε_{cu}——正截面的混凝土极限压应变，当处于非均匀受压时，按式(4-2c)计算。计算值大于 0.0033 时，取 0.0033；当处于轴心受压时，取 ε_0；

$f_{cu,k}$——混凝土立方体抗压强度标准值；

n——系数，当计算的 n 值大于 2.0 时，取 2.0。

对于各强度等级的混凝土，按上面的计算公式所得的 n、ε_0、ε_{cu} 列于表 4-4。

混凝土应力-应变曲线参数　　**表 4-4**

混凝土强度等级	≤C50	C60	C70	C80
n	2	1.83	1.67	1.5
ε_0	0.002	0.00205	0.0021	0.00215
ε_{cu}	0.0033	0.0032	0.0031	0.003

④纵向钢筋的应力值等于钢筋应变与其弹性模量的乘积，但其绝对值不应大于其相应的强度设计值。纵向受拉钢筋的极限拉应变取 0.01。

Ⅲ$_a$状态的截面应变和应力分布，按上述四个基本假定进行简化后，得到如图 4-16b)、图 4-16c)所示的截面应变和应力分布。

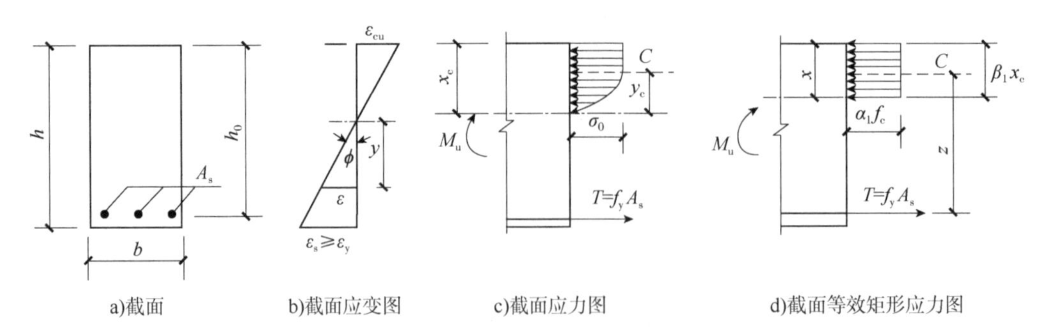

图 4-16　符合四个基本假定的截面应变、应力分布图及其等效矩形应力图

得到的等效矩形应力图的应力值为 $\alpha_1 f_c$，受压区高度为 $\beta_1 x_c$，其中，α_1、β_1 称为“受压区混凝土的等效矩形应力图系数”。系数 α_1 是等效矩形应力图中受压区混凝土的应力值与混凝土轴心抗压强度设计值 f_c 的比值；系数 β_1 是等效矩形应力图的受压区高度 x 与中和轴高度 x_c 的比值，即 $\beta_1 = x/x_c$。

4.4.2 等效矩形应力图

经过四个基本假定简化后，得到如图 4-16c）所示的截面应力分布图。但工程设计时，求受压区混凝土合力 C 的大小及作用位置仍不够简便。考虑到截面的极限受弯承载力 M_u 仅与合力 C 的大小及作用位置有关，而与受压区混凝土应力的具体分布无关。因此，《混凝土结构设计规范》采用等效矩形应力图[图 4-16d）]作为正截面受弯承载力的计算简图。两个应力图形[图 4-16c）与图 4-16d）]的等效条件是：

①受压区混凝土合力 C 的大小相等。

②受压区混凝土合力 C 的作用位置不变。

根据上述两个等效条件可求得等效矩形应力图系数 α_1、β_1 的值。α_1 的取值为：当混凝土强度等级≤C50 时，$\alpha_1 = 1.0$；当混凝土强度等级为 C80 时，$\alpha_1 = 0.94$；其间，按线性内插法确定。β_1 的取值为：当混凝土强度等级≤C50 时，$\beta_1 = 0.8$；当混凝土强度等级为 C80 时，$\beta_1 = 0.74$；其间，按线性内插法确定。α_1、β_1 的取值见表 4-5。

受压区混凝土的等效矩形应力图系数 α_1、β_1 　　**表 4-5**

混凝土强度等级	≤C50	C55	C60	C65	C70	C75	C80
α_1	1.00	0.99	0.98	0.97	0.96	0.95	0.94
β_1	0.80	0.79	0.78	0.77	0.76	0.75	0.74

4.4.3 适筋破坏与超筋破坏的界限条件

1）界限破坏

对比适筋梁和超筋梁的破坏，两者的差异在于：前者破坏始于受拉钢筋屈服；后者则始于受压区边缘混凝土压碎。显然，存在一个界限配筋率 ρ_b，这时钢筋应力达到屈服强度，同时受压区边缘纤维应变也恰好达到混凝土受弯时的极限压应变值。这种破坏形态称为“界限破坏”，也是适筋梁与超筋梁的界限。

2）相对受压区高度

相对受压区高度是指截面换算受压区高度 x 与有效高度 h_0 的比值，用 ξ 表示。即：

$$\xi = x/h_0 \tag{4-3}$$

3）相对界限受压区高度 ξ_b

相对界限受压区高度是指截面发生界限破坏时的相对受压区高度，用 ξ_b 表示，即 $\xi_b = x_b/h_0$，x_b 为界限破坏时的受压区高度，即受拉钢筋和受压区混凝土同时达到其强度设计值时的混凝土受压区高度。

如图 4-17 所示，在平截面假定的基础上，根据相对受压区高度 ξ 的大小即可判别受弯构件正截面的破坏类型：

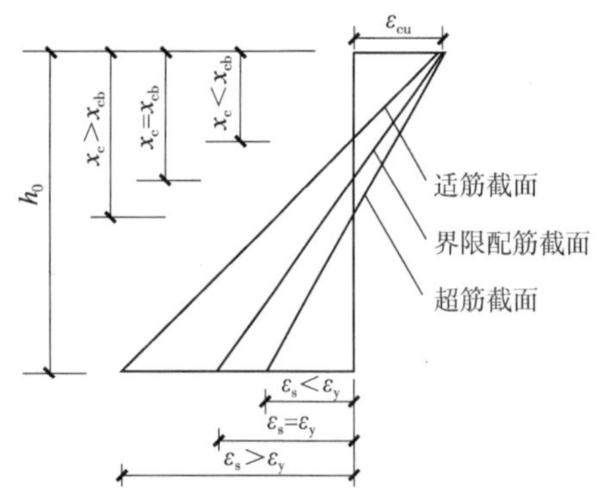

图 4-17 适筋梁、超筋梁、界限配筋梁破坏时的正截面平均应变图

①若 $\xi>\xi_b$，即受拉区钢筋未达到屈服，受压区混凝土先达到极限压应变，为超筋破坏。

②若 $\xi<\xi_b$，即受拉区钢筋先屈服，然后受压区混凝土达到极限压应变，为适筋破坏。

③若 $\xi=\xi_b$，即受拉区钢筋屈服的同时受压区混凝土刚好达到其极限压应变，发生界限破坏。

设钢筋屈服时的应变为 ε_y，界限破坏截面实际受压区高度为 x_{cb}，则有：

$$\frac{x_{cb}}{h_0}=\frac{\varepsilon_{cu}}{\varepsilon_{cu}+\varepsilon_y} \tag{4-4}$$

将 $x_b=\beta_1 x_{cb}$ 代入式(4-4)，得：

$$\frac{x_b}{\beta_1 h_0}=\frac{\varepsilon_{cu}}{\varepsilon_{cu}+\varepsilon_y} \tag{4-5}$$

将 $\xi_b=\frac{x_b}{h_0}, \varepsilon_y=\frac{f_y}{E_s}$ 代入式(4-5)，得：

$$\xi_b=\frac{\beta_1}{1+\frac{f_y}{\varepsilon_{cu}E_s}} \tag{4-6}$$

由式(4-6)计算得到的 ξ_b 值见表 4-6。

相对界限受压区高度 ξ_b 值 **表 4-6**

混　凝　土	钢　　筋	ξ_b
≤C50	HPB300	0.576
	HRB400、HRBF400、RRB400	0.518
	HRB500、HRBF500	0.482
C60	HPB300	0.557
	HRB400、HRBF400、RRB400	0.499
	HRB500、HRBF500	0.464
C70	HPB300	0.537
	HRB400、HRBF400、RRB400	0.481
	HRB500、HRBF500	0.447
C80	HPB300	0.518
	HRB400、HRBF400、RRB400	0.463
	HRB500、HRBF500	0.429

4）适筋破坏与超筋破坏的界限条件

由图4-17可以看出，根据相对受压区高度ξ与相对界限受压区高度ξ_b的比较，可以判断出适筋破坏与超筋破坏的界限条件为：

①当$\xi \leqslant \xi_b$时，发生适筋破坏或少筋破坏。

②当$\xi > \xi_b$时，发生超筋破坏。

当用配筋率来表示两种破坏的界限条件时，则：

①当$\rho \leqslant \rho_b$时，发生适筋破坏或少筋破坏。

②当$\rho > \rho_b$时，发生超筋破坏。

其中，ρ_b为界限破坏时的配筋率，称为“界限配筋率”或“最大配筋率”，ρ_b也常用ρ_{max}表示。

5）最大配筋率ρ_b

当纵向受拉钢筋配筋率ρ大于最大配筋率ρ_b时，截面发生超筋破坏。

根据式（4-1），并由图4-16d）建立的力平衡方程式$\alpha_1 f_c bx = f_y A_s$得：

$$\rho = \frac{A_s}{bh_0} = \frac{x}{h_0} \frac{\alpha_1 f_c}{f_y} = \xi \alpha_1 f_c / f_y \tag{4-7}$$

当$\xi = \xi_b$时，与之相对应的配筋率即最大配筋率，即：

$$\rho_{max} = \xi_b \alpha_1 f_c / f_y \tag{4-8}$$

在受弯承载力计算中，应满足：

$$\rho = \frac{A_s}{bh_0} \leqslant \rho_{max} = \xi_b \alpha_1 f_c / f_y \tag{4-9}$$

4.4.4 最小配筋率

少筋破坏的特点是一裂即坏。确定纵向受拉钢筋最小配筋率ρ_{min}的原则是：按Ⅲ$_a$阶段计算钢筋混凝土受弯构件的正截面受弯承载力，与由素混凝土受弯构件计算得到的正截面受弯承载力相等。按后者计算时，混凝土还没开裂，所以规范规定的最小配筋率是按h而不是按h_0计算的。考虑到混凝土抗拉强度的离散性，以及收缩等因素影响的复杂性，《混凝土结构设计规范》规定的最小配筋率ρ_{min}主要是根据工程经验得出的，规定：受弯构件、偏心受拉、轴心受拉构件一侧的受拉钢筋的最小配筋率为0.20%和$0.45f_t/f_y$中的较大值，具体取值详见附表18。

为防止梁“一裂就坏”，适筋梁的配筋率应不小于$\rho_{min} h/h_0$。

4.5 单筋矩形截面受弯构件正截面受弯承载力计算

4.5.1 基本公式及适用条件

1）基本公式

单筋矩形截面受弯构件的正截面受弯承载力计算简图如图4-18所示。

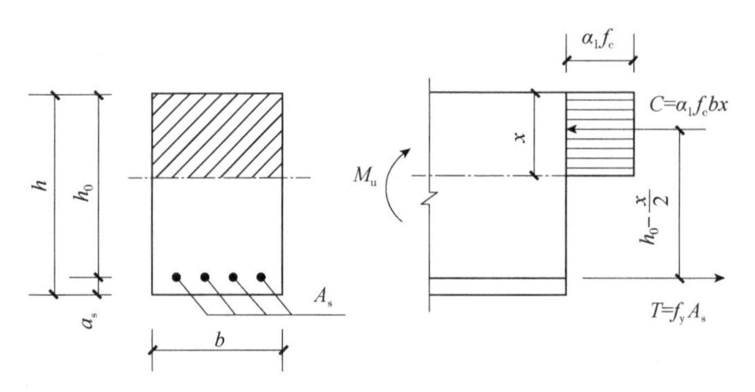

图 4-18　单筋矩形截面受弯构件正截面受弯承载力计算简图

由力的平衡条件,得:

$$\alpha_1 f_c bx = f_y A_s \tag{4-10}$$

由力矩平衡条件,得:

$$M \leqslant M_u = \alpha_1 f_c bx(h_0 - x/2) \tag{4-11}$$

或

$$M \leqslant M_u = f_y A_s(h_0 - x/2) \tag{4-12}$$

式中:M——弯矩设计值;

M_u——正截面受弯承载力设计值;

α_1——受压区混凝土等效矩形压力图的应力值与混凝土轴心抗压强度设计值的比值,按表 4-5 取值;

f_c——混凝土轴心抗压强度设计值,按附表 10 取值;

f_y——钢筋的抗拉强度设计值,按附表 3 取值;

b——截面宽度;

A_s——受拉区纵向钢筋的截面面积;

x——按等效矩形应力图形计算的受压区高度,简称为"混凝土受压区高度"或"受压区计算高度";

h_0——截面有效高度,即受拉钢筋合力点至截面受压区边缘之间的距离。

由图 4-7 可知:

$$h_0 = h - a_s \tag{4-13}$$

式中:h——截面高度;

a_s——受拉钢筋合力点至截面受拉边缘的距离。当为一排钢筋时,$a_s = c + d_v + d/2$;当为两排钢筋时,$a_s = c + d_v + d + e/2$。其中,c 为混凝土保护层最小厚度(见附表 17);d_v 为箍筋直径;d 为受拉纵筋直径;e 为各层受拉纵筋之间的净间距,取 25mm 和 d 中的较大值。

在正截面受弯承载力设计中,钢筋直径、数量和层数等参数尚未知,因此纵向受拉钢筋合力点到截面受拉边缘的距离 a_s 往往需要预先估计。当环境类别为乙类时(即室内环境),一般取:

①梁内有 1 层钢筋时，$a_s = 40\text{mm}$。

②梁内有 2 层钢筋时，$a_s = 65\text{mm}$。

③对于板，$a_s = 20\text{mm}$。

2) 适用条件

基本公式是根据适筋梁的破坏模式建立的。因此，基本公式尚须有避免超筋破坏和少筋破坏的条件。

①为防止超筋破坏，应满足：

$$\xi \leqslant \xi_b \tag{4-14}$$

或

$$x \leqslant x_b = \xi_b h_0 \tag{4-15}$$

根据 $\alpha_1 f_c bx = f_y A_s$，得 $A_s = \alpha_1 f_c bx / f_y$，将 $\rho = A_s / (bh_0)$ 代入，得：

$$\rho = \frac{\alpha_1 f_c x}{f_y h_0} = \xi \alpha_1 f_c / f_y \tag{4-16}$$

或

$$\rho = \frac{A_s}{bh_0} \leqslant \rho_{max} = \xi_b \alpha_1 f_c / f_y \tag{4-17}$$

按式(4-17)计算得到的常用混凝土和钢筋的最大配筋率 ρ_{max} 的值见表 4-7。

受弯构件截面的最大配筋率 ρ_{max} **表 4-7**

钢筋等级	混凝土的强度等级						
	C20	C25	C30	C35	C40	C45	C50
HPB300	2.05%	2.54%	3.05%	3.56%	4.07%	4.50%	4.93%
HRB400、HRBF400、RRB400	1.38%	1.71%	2.06%	2.40%	2.75%	3.04%	3.32%
HRB500、HRBF500	1.06%	1.32%	1.58%	1.85%	2.12%	2.34%	2.56%

若将 $x = \xi_b h_0$ 代入公式，则得单筋矩形截面适筋梁最大承载力 $M_{u,max}$ 为：

$$M_{u,max} = \alpha_1 f_c bh_0^2 \xi_b (1 - 0.5\xi_b) \tag{4-18}$$

②为防止少筋破坏，应满足：

$$\rho \geqslant \rho_{min} h / h_0\text{，或近似的 } \rho \geqslant \rho_{min} \tag{4-19}$$

应当指出，配筋率 ρ 以 bh_0 为基准，而最小配筋率 ρ_{min} 以 bh 为基准。但因 bh 与 bh_0 相差甚小，故一般可用 ρ 和 ρ_{min} 直接判别，当然也可采用 A_s 与 $A_{s,min}$ 的对比来判别。

4.5.2 基本公式的应用

基本公式的应用有两类情况：截面设计和截面复核。截面设计的核心是已知 M，求 A_s；截面复核的核心是已知 A_s，求 M_u。

1)截面设计

已知:弯矩设计值 M,材料强度等级及截面尺寸可由设计者选用。

求:受拉钢筋面积 A_s。

设计步骤如下:

(1)选择材料强度等级

可按第 4.2 节的一般构造要求选用混凝土和钢筋的强度等级。

(2)确定截面尺寸

截面尺寸除应符合第 4.2 节有关梁的跨高比、梁截面的高宽比、板截面的最小厚度、模数尺寸等构造要求外,还应考虑经济配筋率的要求。

当 M 为定值时,选择的截面尺寸 $b \times h$ 越大,则混凝土用量和模板费用越多,而所需的钢筋量 A_s 越少,反之亦然。因此,必然存在一个经济配筋率,使得包括材料及施工费用在内的总造价最省。根据我国的设计经验,受弯构件的经济配筋率范围是:板为 0.3%~0.8%,矩形截面梁为 0.6%~1.5%,T 形截面梁为 0.9%~1.8%。

按经济配筋率 ρ 确定截面尺寸时,可先假定截面宽度 b,再按式(4-16)计算 ξ,然后按由式(4-11)变换得到的下式计算截面有效高度 h_0:

$$h_0 = \sqrt{\frac{M}{\alpha_1 f_c b\xi(1-0.5\xi)}} \tag{4-20}$$

则 $h=h_0+a_s$,最后按模数取整后确定截面高度。

需要说明的是,由于 α_1、f_c、f_y、b、h 可由设计者自行选定,因此可能出现各种不同的组合,所以,截面设计问题没有唯一的答案。

(3)求 A_s,并选配钢筋

可由式(4-10)和式(4-11)联立求解 A_s。两个方程,两个未知数 x 和 A_s,可唯一求解 A_s。求解时,应先由式(4-11)解二次方程式求 x,并判别是否满足适用条件 $x \leqslant \xi_b h_0$:若 $x > \xi_b h_0$,则要增大截面尺寸,或提高混凝土强度等级,或改用双筋矩形截面重新计算;若 $x \leqslant \xi_b h_0$,则由式(4-10)求 A_s。并判别是否满足另一适用条件 $A_s \geqslant \rho_{min} bh$:若 $A_s < \rho_{min} bh$,取 $A = \rho_{min} bh$ 选配钢筋;若 $A_s \geqslant \rho_{min} bh$,按计算面积 A_s 选配钢筋。

需要注意的是,根据计算得到的 A_s 选配钢筋时,应满足第 4.2 节有关钢筋的构造要求。例如,对于梁,其纵向钢筋的选配要注意:

①钢筋的实配面积与计算面积之间的误差一般为−5%~+5%。

②钢筋的直径宜粗,根数宜少,但不得少于 2 根,且钢筋的直径 d 必须小于或等于混凝土保护层厚度 c,常用直径为 12~25mm。

③钢筋的布置必须满足第 4.2.1 节有关纵向钢筋净间距的构造要求。

【例 4-1】 已知某钢筋混凝土矩形截面简支梁,安全等级为二级,处于一类环境,截面尺寸 $b \times h = 250\text{mm} \times 600\text{mm}$,弯矩设计值 $M = 280\text{kN} \cdot \text{m}$。混凝土强度等级为 C35,纵筋为 HRB400 级钢筋,试求该梁所需受拉钢筋面积。

【解】(1)确定基本参数

查附表3、附表10、表4-5、表4-6可知:C35混凝土,$f_c=16.7\text{N/mm}^2$,$f_t=1.57\text{N/mm}^2$;HRB400级钢筋,$f_y=360\text{N/mm}^2$;$\alpha_1=1.0$,$\xi_b=0.518$。

查附表17,一类环境,C35混凝土,假定受拉钢筋单排布置,若箍筋直径$d_v=6\text{mm}$,则$a_s=35+5=40(\text{mm})$,$h_0=h-40=560(\text{mm})$。

查附表18,$\rho_{min}=0.2\%>0.45f_t/f_y=0.45\times1.57/360=0.196\%$。

(2)计算钢筋截面面积

由式(4-11)解x的一元二次方程式,求得:

$$x=136.4(\text{mm})<\xi_b h_0=0.518\times560=290(\text{mm})$$

由式(4-10)可得:

$$A_s=\alpha_1 f_c bx/f_y=1.0\times16.7\times250\times136.4/360=1582(\text{mm}^2)$$

$$>\rho_{min}bh=0.2\%\times250\times600=300(\text{mm}^2)$$

(3)选配钢筋

查附表21,选用3⏀28($A_s=1847\text{mm}^2$)。

2)截面复核

已知材料强度等级、构件截面尺寸及纵向受拉钢筋面积A_s,求该截面所能负担的极限弯矩M_u。主要计算步骤如下:

(1)验算公式下限条件

$$A_s\geqslant A_{min}=\rho_{min}bh$$

若不满足,其极限弯矩M_u应按素混凝土截面和钢筋混凝土截面分别计算并取较小者。

(2)根据式(4-10),计算相对受压区高度

$$\xi=\frac{f_y A_s}{\alpha_1 f_c b h_0}$$

(3)讨论ξ,求出受弯承载力M_u

若$\xi\leqslant\xi_b$,则:

$$M_u=\alpha_1 f_c b h_0^2\xi(1-0.5\xi)$$

若$\xi>\xi_b$,则取$\xi=\xi_b$,代入得:

$$M_u=\alpha_1 f_c b h_0^2\xi_b(1-0.5\xi_b)$$

(4)验算截面是否安全

若满足$M\leqslant M_u$,认为截面满足受弯承载力要求,截面安全;否则为不安全。

若M_u大于M过多,该截面设计不经济。

【例4-2】 已知某钢筋混凝土矩形截面梁，安全等级为二级，处于二(a)类环境，截面尺寸为 $b\times h=200\text{mm}\times500\text{mm}$，选用C35混凝土和HRB400级钢筋，受拉纵筋为3⌀20($A_s=942\text{mm}^2$)，该梁承受的最大弯矩设计值 $M=120\text{kN}\cdot\text{m}$，复核该截面是否安全。

【解】(1)确定基本参数

查附表3、附表10、表4-5、表4-6可知：C35混凝土，$f_c=16.7\text{N/mm}^2$，$f_t=1.57\text{N/mm}^2$；HRB400级钢筋，$f_y=360\text{N/mm}^2$；$\alpha_1=1.0$，$\xi_b=0.518$。

查附表17，二(a)类环境，C35混凝土，$c=25\text{mm}$，若箍筋直径 $d_v=8\text{mm}$，则 $a_s=c+d_v+d/2=25+8+20/2=43(\text{mm})$，$h_0=h-43=457(\text{mm})$。

查附表18，$\rho_{min}=0.2\%>0.45f_t/f_y=0.45\times1.57/360=0.196\%$。

钢筋净间距 $s_n=\dfrac{200-2\times25-2\times8-3\times20}{2}=37(\text{mm})>d=20(\text{mm})$，且 $s_n>25\text{mm}$，符合构造要求。

(2)公式适用条件判断

检查是否少筋：

$$A_s=942(\text{mm}^2)>\rho_{min}bh=0.2\%\times200\times500=200(\text{mm}^2)$$

因此，截面不会发生少筋破坏。

检查是否超筋：

由式(4-10)计算受压区高度，可得：

$$x=\frac{f_yA_s}{\alpha_1f_cb}=\frac{360\times942}{1.0\times16.7\times200}=101.5(\text{mm})<\xi_bh_0=0.518\times457=236.7(\text{mm})$$

因此，截面不会发生超筋破坏。

计算截面所能承受的最大弯矩并复核截面：

$$M_u=\alpha_1f_cbx\left(h_0-\frac{x}{2}\right)=1.0\times16.7\times200\times101.5\times\left(457-\frac{101.5}{2}\right)$$

$$=137.7\times10^6(\text{N}\cdot\text{mm})=137.7(\text{kN}\cdot\text{m})>M=120(\text{kN}\cdot\text{m})$$

因此，该截面安全。

4.5.3 正截面受弯承载力的计算系数法

应用基本公式进行截面设计时，一般需求解二次方程式，计算过程比较麻烦。为了简化计算，可根据基本公式给出一些计算系数，并加以适当演变从而使计算过程得到简化。

取计算系数

$$\alpha_s=\xi(1-0.5\xi) \tag{4-21}$$

$$\gamma_s=1-0.5\xi \tag{4-22}$$

根据 $\xi=x/h_0$，则基本公式可改写为：

$$\alpha_1 f_c b\xi h_0 = f_y A_s \tag{4-23}$$

$$M \leqslant M_u = \alpha_1 f_c bx(h_0 - 0.5x) = \alpha_1 f_c bh_0^2[\xi(1-0.5\xi)] = \alpha_1 f_c \alpha_s bh_0^2 \tag{4-24}$$

或

$$M \leqslant M_u = f_y A_s(h_0 - 0.5x) = f_y A_s h_0(1-0.5\xi) = f_y A_s h_0 \gamma_s \tag{4-25}$$

式(4-24)中的 $\alpha_s bh_0^2$ 可认为是受弯承载力极限状态时的截面抵抗矩,因此可将 α_s 称为"截面抵抗矩系数";式(4-25)中的 $h_0\gamma_s$ 是截面受弯承载力极限状态时拉力合力与压力合力之间的距离,故称 γ_s 为"截面内力臂系数"。此外,对于材料强度等级给定的截面,配筋率 ρ 越大,则 ξ 和 α_s 越大,但 γ_s 越小。

根据式(4-21)及式(4-22),ξ、α_s 及 γ_s 之间的关系也可写成:

$$\xi = 1 - \sqrt{1-2\alpha_s} \tag{4-26}$$

$$\gamma_s = \frac{1+\sqrt{1-2\alpha_s}}{2} \tag{4-27}$$

从式(4-21)及式(4-22)或者式(4-26)及式(4-27)可以看出,计算系数 α_s 及 γ_s 仅与相对受压区高度 $\xi = x/h_0$ 有关,并且三者之间存在着一一对应的关系。在应用中,可直接使用上述公式进行计算。

【例 4-3】 已知一钢筋混凝土简支梁的截面尺寸 $b=200\text{mm}$,$h=500\text{mm}$,环境类别为一类,安全等级为二级,混凝土强度等级为 C35,钢筋采用 HRB400 级,弯矩设计值 $M=150\text{kN}\cdot\text{m}$,假设钢筋为一排布置,确定受拉钢筋面积。

【解】(1)确定计算参数

查附表 3、附表 10、表 4-5、表 4-6 可知:C35 混凝土,$f_c=16.7\text{N/mm}^2$,$f_t=1.57\text{N/mm}^2$;HRB400 级钢筋:$f_y=360\text{N/mm}^2$;$\alpha_1=1.0$,$\xi_b=0.518$。钢筋为一排布置,取 $a_s=40\text{mm}$,则 $h_0=500-40=460(\text{mm})$。

(2)采用系数法计算钢筋截面面积

$$\alpha_s = \frac{M}{\alpha_1 f_c bh_0^2} = \frac{150\times10^6}{1.0\times16.7\times200\times460^2} = 0.212$$

$$\xi = 1-\sqrt{1-2\alpha_s} = 0.241 < \xi_b = 0.518$$

$$\gamma_s = \frac{1+\sqrt{1-2\alpha_s}}{2} = 0.879$$

$$A_s = \frac{M}{f_y\gamma_s h_0} = \frac{150\times10^6}{360\times0.879\times460} = 1030(\text{mm}^2)$$

选用 3⌀22($A_s=1140\text{mm}^2$)。

(3)检查是否少筋

$$\rho_{min} = 0.2\% > 0.45\frac{f_t}{f_y} = 0.45\times\frac{1.57}{360} = 0.196\%$$

$A_{s,min} = \rho_{min}bh = 0.2\%\times250\times500 = 250(\text{mm}^2) < A_s = 1140(\text{mm}^2)$,满足要求。

4.6 双筋矩形截面受弯构件正截面受弯承载力计算

4.6.1 概述

双筋截面是指同时在受拉区和受压区配置受力钢筋的截面。截面上的压力由混凝土和受压钢筋一起承担,拉力由受拉钢筋承担。由于双筋截面受压区纵向钢筋的截面面积较大,计算承载力时应考虑其作用。双筋截面梁可以提高构件截面的承载力与延性,相应地可以减小梁截面高度,并可以减小构件在荷载长期作用下的徐变。但一般来说,采用双筋截面梁是不经济的,工程上常在下列情况下采用双筋截面:

①按单筋截面计算出现 $\xi>\xi_b$,而截面尺寸和混凝土强度等级又不能提高时。

②在不同荷载组合作用下(如风荷载、地震作用),梁截面承受异号弯矩时。

③由于构造、延性等方面的需要,在截面受压区已配有截面面积较大的纵向钢筋时。

4.6.2 基本公式及适用条件

1) 纵向受压钢筋的应力

受压钢筋的强度能得到充分利用的充分条件是构件达到承载能力极限状态时,受压钢筋有足够的应变,使其达到屈服强度。

当截面受压区边缘混凝土的极限压应变为 ε_{cu}时,根据平截面假定,可求得受压钢筋合力点处的压应变 ε'_s,即:

$$\varepsilon'_s=(1-\beta_1 a'_s/x)\varepsilon_{cu} \tag{4-28}$$

式中:a'_s——受压钢筋合力点至截面受压区边缘的距离。

若取 $x=2a'_s$,$\varepsilon_{cu}\approx0.0033$,$\beta_1=0.8$,则受压钢筋应变为:

$$\varepsilon'_s=0.0033\times[1-0.8a'_s/(2a'_s)]\approx0.002$$

若取钢筋的弹性模量 $E_s=2\times10^5\text{N/mm}^2$,则有:

$$\sigma'_s=E'_s\varepsilon'_s=2\times10^5\times0.002=400\text{N/mm}^2$$

此时,对于300MPa级、400MPa级钢筋,其应力应能达到屈服强度设计值。由上述分析可知,受压钢筋应力达到屈服强度的充分条件是:

$$x\geqslant2a'_s \tag{4-29}$$

其含义为受压钢筋位置不低于矩形受压区应力图形的重心。当不满足式(4-29)时,则表明受压钢筋的位置离中和轴太近,受压钢筋的应变太小,其应力达不到抗压强度设计值。

在计算中,若考虑受压钢筋作用,箍筋应做成封闭式,其间距不应大于15d(d为受压钢筋最小直径),同时不应大于400mm。否则,纵向受压钢筋可能发生纵向弯曲(压屈)而向外凸出,引起保护层剥落甚至使受压混凝土过早发生脆性破坏。

2) 基本公式

双筋矩形截面受弯构件正截面受弯计算简图如图4-19所示。

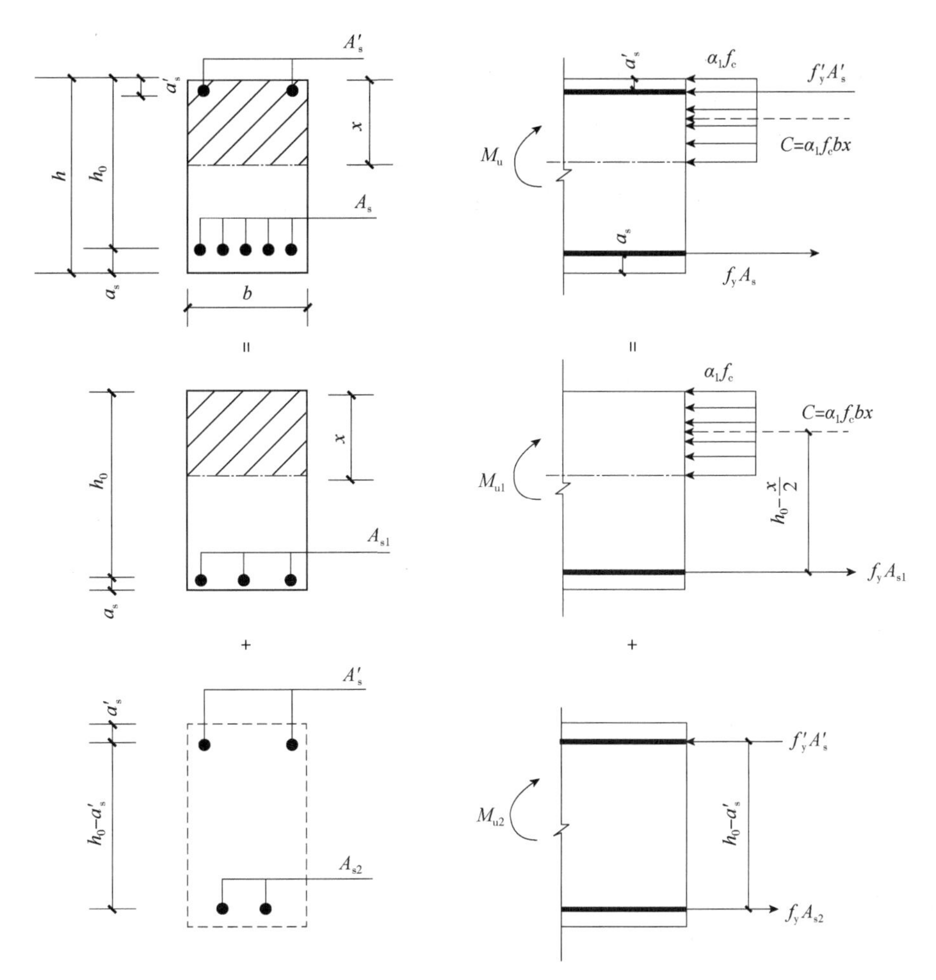

图 4-19　双筋矩形截面受弯构件正截面受弯计算简图

由力的平衡条件$\sum X=0$,可得:

$$\alpha_1 f_c bx+f'_y A'_s=f_y A_s \tag{4-30}$$

式中:f'_y——受压钢筋的抗压强度设计值;

A'_s——受压钢筋的截面面积。

由对受拉钢筋合力点取矩的力矩平衡条件$\sum M=0$,可得:

$$M\leqslant M_u=\alpha_1 f_c bx(h_0-0.5x)+f'_y A'_s(h_0-a'_s) \tag{4-31}$$

式中:a'_s——受压钢筋合力点至截面受压区边缘的距离。

在上述基本公式中,将 $x=\xi h_0$ 代入,同时利用式(4-21)所示的 α_s 与 ξ 的关系,还可将基本公式写成:

$$\alpha_1 f_c b\xi h_0+f'_y A'_s=f_y A_s \tag{4-32}$$

$$M\leqslant M_u=\alpha_1 f_c \alpha_s bh_0^2+f'_y A'_s(h_0-a'_s) \tag{4-33}$$

写成这样的形式,在应用中往往比较方便。

3) 适用条件

在应用基本公式时，必须满足以下适用条件，即

①为防止出现超筋破坏，应满足：

$$\xi \leqslant \xi_b \text{ 或 } x \leqslant x_b = \xi_b h_0 \tag{4-34}$$

②为保证受压钢筋应力能够达到抗压强度设计值，应满足：

$$\xi \geqslant \frac{2a'_s}{h_0} \text{或 } x \geqslant 2a'_s \tag{4-35}$$

当条件 $x \geqslant 2a'_s$ 不能满足，即 $x<2a'_s$ 时，表明受压钢筋没有达到抗压设计强度 f'_y。此时可以偏于安全地取 $x=2a'_s$，即假设受压区混凝土的合力与受压钢筋的合力均作用在受压钢筋位置处，并对受压钢筋合力点取矩，得到下列承载力计算公式：

$$M \leqslant f_y A_s (h_0 - a'_s) \tag{4-36}$$

值得注意的是，当按式(4-36)求得的 A_s 比不考虑受压钢筋而按单筋矩形截面计算的 A_s 还大时，应按单筋矩形截面的计算结果配筋。

由于双筋梁的配筋量往往较大，所以不会发生少筋破坏。

4.6.3 基本公式的应用

1) 截面设计

有两种情况：一种是受压钢筋和受拉钢筋都是未知的；另一种是因构造要求等原因，受压钢筋是已知的，求受拉钢筋。

情形 1：已知：弯矩设计值 M、混凝土和钢筋的强度等级、截面尺寸 $b \times h$。求：受压钢筋面积 A'_s、受拉钢筋面积 A_s。

根据已知条件，分析基本公式[式(4-30)和式(4-31)]知：有 x、A'_s 和 A_s 三个未知数，但只有两个方程，故无法唯一求解，需增加一个条件。从经济角度考虑，应使钢筋用量($A_s+A'_s$)之和最小。

由式(4-31)可得：

$$A'_s = \frac{M - \alpha_1 f_c bx(h_0 - 0.5x)}{f'_y (h_0 - a'_s)} \tag{4-37}$$

由式(4-30)，令 $f_y = f'_y$，可得：

$$A_s = \alpha_1 f_c bx / f_y + A'_s \tag{4-38}$$

式(4-37)与式(4-38)相加，化简可得：

$$A_s + A'_s = \frac{\alpha_1 f_c bx}{f_y} + 2\frac{M - \alpha_1 f_c bx(h_0 - 0.5x)}{f'_y (h_0 - a'_s)}$$

将上式对 x 求导，令 $\frac{\mathrm{d}(A_s + A'_s)}{\mathrm{d}x} = 0$，得到：

$$\frac{x}{h_0} = \xi = 0.5(1 + a'_s / h_0) \approx 0.55$$

为满足适用条件，由表 4-6 可知，当混凝土强度等级不超过 C50 时，对于 400MPa 级钢筋，$\xi_b = 0.518$，故可直接取 $\xi = \xi_b$。对于 300MPa 级钢筋，当混凝土强度等级不超过 C50 时，$\xi_b =$

0.576，当混凝土强度等级等于C60时，$\xi_b=0.556$，都大于0.55，故宜取$\xi=\xi_b$进行计算。

综上，为简化计算，可直接取$\xi=\xi_b$，根据$x_b=\xi_b h_0$，令$M=M_u$，由式(4-37)可得：

$$A'_s=\frac{M-\alpha_1 f_c b x_b(h_0-0.5x_b)}{f'_y(h_0-a'_s)}=\frac{M-\alpha_1 f_c b h_0^2\xi_b(1-0.5\xi_b)}{f'_y(h_0-a'_s)} \tag{4-39}$$

由式(4-32)可得：

$$A_s=\frac{\alpha_1 f_c b\xi_b h_0+f'_y A'_s}{f_y} \tag{4-40}$$

当$f_y=f'_y$时，有：

$$A_s=\frac{\alpha_1 f_c b\xi_b h_0}{f_y}+A'_s \tag{4-41}$$

取$\xi=\xi_b$的意义是充分利用混凝土受压区对正截面受弯承载力的贡献。

情形2：已知：弯矩设计值M、混凝土强度等级、钢筋等级、截面尺寸$b\times h$、受压钢筋截面面积A'_s，求：受拉钢筋截面面积A_s。

未知数为ξ和A_s，可用式(4-32)、式(4-33)求解。

(1)计算相对受压区高度ξ

由式(4-33)可得：

$$\alpha_s=\frac{M-A'_s f'_y(h_0-a'_s)}{\alpha_1 f_c b h_0^2} \tag{4-42}$$

则$\xi=1-\sqrt{1-2\alpha_s}$。

(2)讨论ξ，计算受拉钢筋截面面积A_s

①若$\frac{2a'_s}{h_0}\leqslant\xi\leqslant\xi_b$，满足基本公式的适用条件，用基本公式求解$A_s$。

$$A_s=\frac{\alpha_1 f_c b\xi h_0+A'_s f'_y}{f_y} \tag{4-43}$$

②若$\xi<2a'_s/h_0$，表明受压钢筋A'_s在破坏时不能达到屈服强度，此时不能用基本公式求解A_s。此时，取$\xi=2a'_s/h_0$，即近似认为混凝土压应力合力作用点通过受压钢筋合力作用点，这样计算误差小。对混凝土压应力合力作用点取矩，得：

$$M\leqslant M_u=f_y A_s(h_0-a'_s) \tag{4-44}$$

$$A_s=\frac{M}{f_y(h_0-a'_s)} \tag{4-45}$$

③若$\xi>\xi_b$，则表明给定的受压钢筋A'_s不足，仍会出现超筋截面，此时按A'_s未知的情形1进行计算。

【例4-4】 已知梁的截面尺寸为$b\times h=200\text{mm}\times500\text{mm}$，混凝土强度等级为C35，钢筋采用HRB400，弯矩设计值$M=300\text{kN}\cdot\text{m}$，环境类别为一类，安全等级为二级，求截面所需配置的纵向受力钢筋。

【**解**】(1)确定计算参数

查附表3、附表10、表4-5、表4-6可知:C35混凝土 $f_c=16.7\text{N/mm}^2$,$f_t=1.57\text{N/mm}^2$;HRB400级钢筋 $f_y=f'_y=360\text{N/mm}^2$;$\alpha_1=1.0$,$\xi_b=0.518$。假定受拉钢筋双排布置,取 $a_s=65\text{mm}$,则 $h_0=h-a_s=435\text{mm}$。

(2)判断是否采用双筋截面

$$\alpha_s=\frac{M}{\alpha_1 f_c b h_0^2}=\frac{300\times10^6}{1.0\times16.7\times200\times435^2}=0.475$$

$$\xi=1-\sqrt{1-2\alpha_s}=0.776>\xi_b=0.518$$

此时,如果按单筋矩形截面设计,将会出现 $\xi>\xi_b$ 的超筋情况。在不加大截面尺寸、不提高混凝土强度等级的情况下,应按双筋矩形截面进行设计。

(3)计算钢筋面积

取 $\xi=\xi_b$,受压区钢筋单排布置,取 $a'_s=40\text{mm}$,则:

$$A'_s=\frac{M-\alpha_1 f_c b h_0^2\xi_b(1-0.5\xi_b)}{f'_y(h_0-a'_s)}$$

$$=\frac{300\times10^6-1.0\times16.7\times200\times435^2\times0.518(1-0.5\times0.518)}{360\times(435-40)}=404(\text{mm}^2)$$

$$A_s=\frac{\alpha_1 f_c b h_0\xi_b}{f_y}+A'_s\frac{f'_y}{f_y}=\frac{1.0\times16.7\times200\times435\times0.518}{360}+404=2495(\text{mm}^2)$$

(4)选配钢筋

受拉钢筋选用2⌀25+4⌀22,$A_s=2502\text{mm}^2$;受压钢筋选用2⌀18,$A'_s=628\text{mm}^2$。

【**例4-5**】 某民用建筑钢筋混凝土矩形截面梁,截面尺寸为 $b\times h=200\text{mm}\times450\text{mm}$,安全等级为二级,处于一类环境。选用C35混凝土和HRB400级钢筋,承受弯矩设计值 $M=240\text{kN}\cdot\text{m}$,由于构造等原因,该梁在受压区已经配有受压钢筋2⌀20($A'_s=628\text{mm}^2$),试求所需受拉钢筋的面积。

【**解**】(1)确定基本参数

查附表3和附表10可知:C35混凝土 $f_c=16.7\text{N/mm}^2$,$f_t=1.57\text{N/mm}^2$;HRB400级钢筋 $f_y=f'_y=360\text{N/mm}^2$。查表4-5及表4-6可知:$\alpha_1=1.0$,$\xi_b=0.518$。

查附表17,一类环境,C35混凝土,$c=20\text{mm}$,假定受拉钢筋双排布置,若箍筋直径 $d_v=6\text{mm}$,则 $a_s=60\text{mm}$,$a'_s=20+6+20/2=36(\text{mm})$,$h_0=h-a_s=450-60=390(\text{mm})$。

(2)求 x,并判断公式适用条件

由式(4-31)解 x 的一元二次方程式,求得:

$$x=152.7(\text{mm})<\xi_b h_0=0.518\times390=202.0(\text{mm}),\text{且 } x>2a'_s=2\times36=72(\text{mm})$$

(3)计算受拉钢筋截面面积

由式(4-30)可得：

$$A_s=\frac{\alpha_1 f_c bx+f'_y A'_s}{f_y}=\frac{1.0\times16.7\times200\times152.7+360\times628}{360}=2045(\mathrm{mm}^2)$$

(4)选配钢筋

查附表21,受拉钢筋选用6Φ22($A_s=2281\mathrm{mm}^2$)。

2)截面复核

已知:弯矩设计值M、混凝土强度等级、钢筋等级、截面尺寸$b\times h$、受压钢筋截面面积A'_s、受拉钢筋截面面积A_s,求:正截面受弯承载力M_u。

(1)求相对受压区高度ξ

由式(4-30)可得：

$$\xi=\frac{f_y A_s-f'_y A'_s}{\alpha_1 f_c bh_0}$$

(2)讨论ξ,求截面承载力M_u

①若$\frac{2a'_s}{h_0}\leqslant\xi\leqslant\xi_b$,用式(4-31)求解$M_u$:

$$M_u=\alpha_1 f_c bh_0^2\xi(1-0.5\xi)+f'_y A'_s(h_0-a'_s)$$

②若$\xi<\frac{2a'_s}{h_0}$,用式(4-36)求解M_u:

$$M_u=f_y A_s(h_0-a'_s)$$

③若$\xi>\xi_b$,取$\xi=\xi_b$,用式(4-31)求解M_u:

$$M_u=\alpha_1 f_c bh_0^2\xi_b(1-0.5\xi_b)+f'_y A'_s(h_0-a'_s)$$

【例4-6】 已知某矩形钢筋混凝土梁,截面尺寸$b\times h=200\mathrm{mm}\times500\mathrm{mm}$,安全等级为二级,处于二a类环境。选用C35混凝土和HRB400级钢筋,受拉钢筋为6Φ20,受压钢筋为3Φ20。如果该梁承受弯矩设计值$M=240\mathrm{kN\cdot m}$,复核截面是否安全。

【解】(1)确定基本参数

查附表3和附表10可知:C35混凝土,$f_c=16.7\mathrm{N/mm^2}$,$f_t=1.57\mathrm{N/mm^2}$;HRB400级钢筋,$f_y=f'_y=360\mathrm{N/mm^2}$。查表4-5及表4-6可知:$\alpha_1=1.0$,$\xi_b=0.518$。

查附表17,二(a)类环境,C35混凝土,$c=25\mathrm{mm}$,受拉钢筋双排布置,若箍筋直径$d_v=8\mathrm{mm}$,则

$$a_s=c+d_v+d+e/2=25+8+20+25/2=65.5(\mathrm{mm})$$

$$a'_s=c+d_v+d/2=25+8+20/2=43(\mathrm{mm})$$

$$h_0=h-a_s=500-67.5=432.5(\mathrm{mm})$$

查附表21可知:$A_s=1884\mathrm{mm}^2$,$A'_s=942\mathrm{mm}^2$。

(2)计算 x

$$x=\frac{f_yA_s-f'_yA'_s}{\alpha_1 f_c b}=\frac{360\times1884-360\times942}{1.0\times16.7\times200}=101.5(\mathrm{mm})$$

$$<\xi_b h_0=0.518\times432.5=224.0(\mathrm{mm}),且\ x>2a'_s=2\times43=86(\mathrm{mm})$$

满足公式适用条件。

(3)计算极限承载力,复核截面

由式(4-31)得:

$$\begin{aligned}M_u&=\alpha_1 f_c bx(h_0-0.5x)+f'_yA'_s(h_0-a'_s)\\&=1.0\times16.7\times200\times101.5\times(432.5-101.5\div2)+360\times942\times(432.5-43)\\&=244.3(\mathrm{kN\cdot m})>240(\mathrm{kN\cdot m})\end{aligned}$$

该截面安全。

4.7 T形截面受弯构件正截面受弯承载力计算

4.7.1 概述

由矩形截面受弯构件的受力分析可知,矩形截面梁正截面破坏时,大部分受拉区混凝土因开裂而退出工作。计算正截面承载力时可不考虑受拉区混凝土的抗拉作用,因此,可以将受拉区混凝土的一部分去掉,并将原有纵向受拉钢筋集中布置在梁肋中,形成如图4-20所示的T形截面梁。图中:b'_f、h'_f分别为翼缘的宽度、高度;b、h分别为梁肋(也称“腹板”)的宽度和高度。与原矩形截面梁相比,T形截面梁的正截面受弯承载力不受影响,还能减轻自重、节省混凝土,产生一定的经济效益。

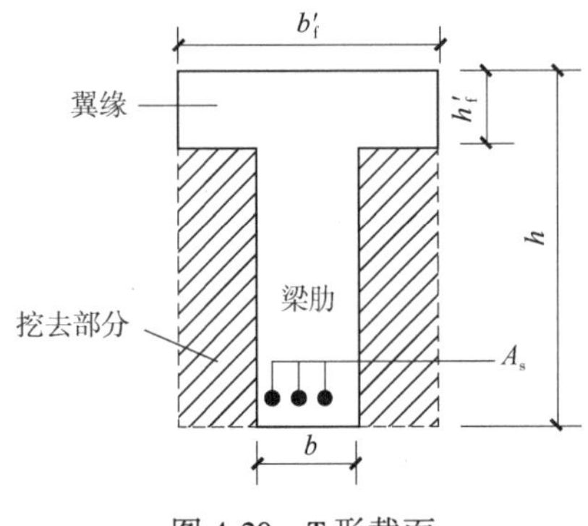

图4-20 T形截面

T形截面受弯构件广泛应用于实际工程中。对于现浇肋梁楼盖中的连续梁[图4-21a)],跨中截面(1-1截面)承受正弯矩,截面上部受压、下部受拉,所以按T形截面计算;支座截面(2-2截面)承受负弯矩,截面上部受拉、下部受压,所以按矩形截面计算。工程中的吊车梁常采用T形截面,如图4-21b)所示。有时为了布置钢筋等的需要,将T形截面的下部扩大而形成I形截面,如图4-21c)所示;破坏时,I形截面下翼缘(受拉翼缘)混凝土开裂,对受弯承载力没有贡献,所以I形截面的正截面受弯承载力按T形截面计算。工程中常用的箱梁[图4-21d)]、空心板与槽形板[图4-21e)、图4-21f)],也按T形截面计算正截面受弯承载力。

试验表明,T形截面受弯构件受压翼缘上的压应力沿翼缘宽度方向的分布是不均匀的,离梁肋越远压应力越小。由弹性力学知,其压应力的分布规律取决于截面与跨度的相对尺寸、加载形式。但构件达到破坏时,由于塑性变形的发展,实际压应力分布比弹性分析的更均匀些，如图 4-22a）、c）所示。在工程中，对于现浇 T 形截面梁，有时翼缘很宽，考虑到远离梁肋处的压应力很小，在设计时把翼缘限制在一定范围内，称为“有效翼缘计算宽度”（b_f'），并假定在 b_f'范围以内的压应力均匀分布，b_f'范围以外的混凝土不受力，如图 4-22b）、图 4-22d）所示。

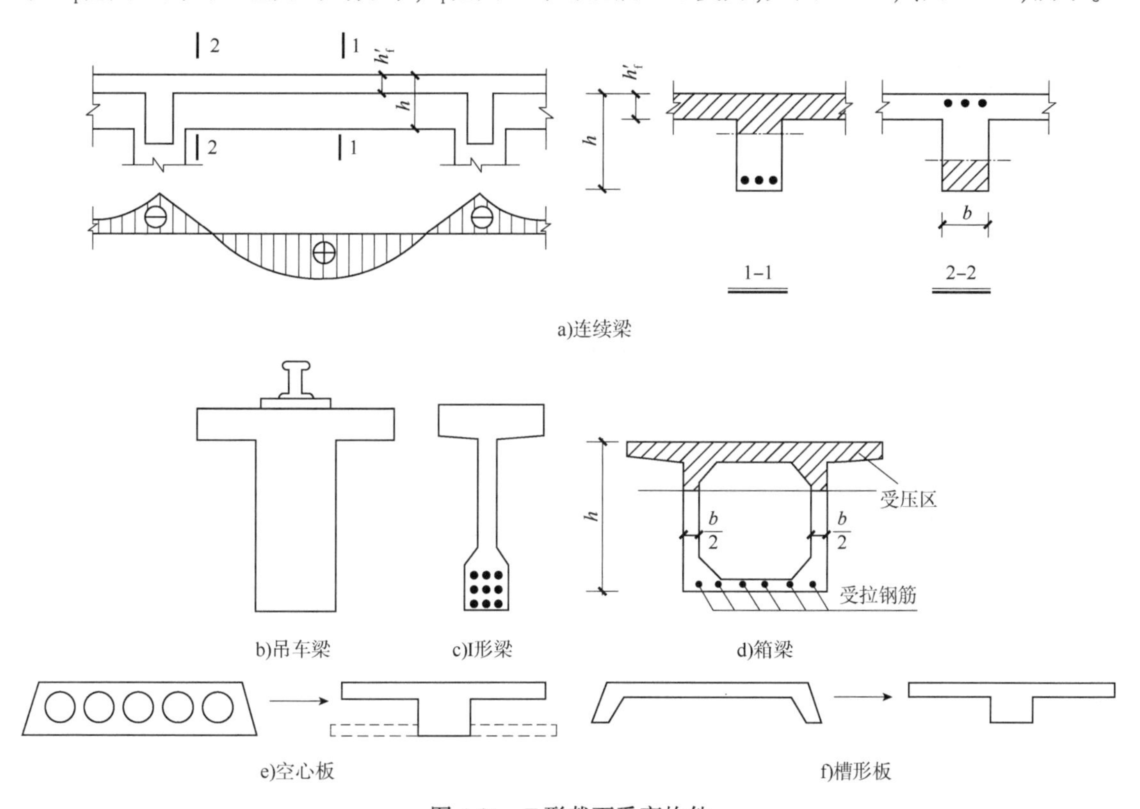

图 4-21 T 形截面受弯构件

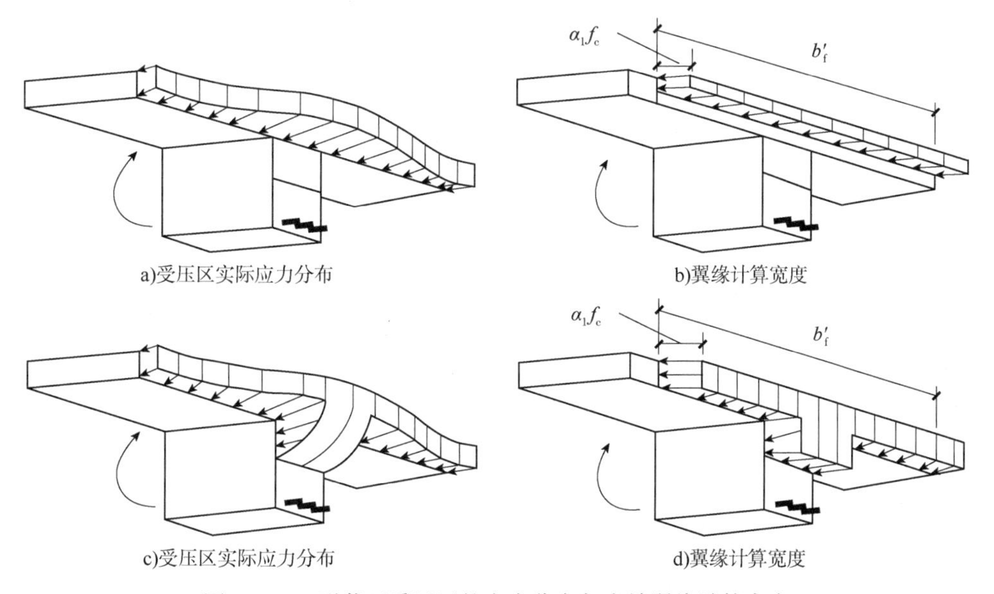

图 4-22 T 形截面受压区的应力分布与有效翼缘计算宽度

试验与理论分析还表明，有效翼缘计算宽度 b'_f 的取值与梁的形式（独立梁还是现浇肋形楼盖梁）、梁的计算跨度 l_0、梁（肋）净距 S_n 和翼缘高度 h'_f 等因素有关。《混凝土结构设计规范》规定：T 形、I 形及倒 L 形截面受弯构件的受压区有效翼缘计算宽度 b'_f 应取表 4-8 中有关各项中的最小值。

T 形、I 形、倒 L 形截面受弯构件翼缘计算宽度取值 表 4-8

考虑情况			T 形截面		倒 L 形截面
			肋形板、梁	独立梁	肋形板、梁
1	按计算跨度考虑		$l_0/3$	$l_0/3$	$l_0/6$
2	按梁（肋）净距考虑		$b+S_n$	—	$b+S_n/2$
3	按翼缘高度 h'_f 考虑	$h'_f/h_0 \geqslant 0.1$	—	$b+12h'_f$	—
		$0.1>h'_f/h_0 \geqslant 0.05$	$b+12h'_f$	$b+6h'_f$	$b+5h'_f$
		$h'_f/h_0<0.05$	$b+12h'_f$	b	$b+5h'_f$

注：1. b 为腹板宽度，S_n 为梁（肋）净距。

2. 如肋形梁在梁跨内设有间距小于纵肋间距的横肋，可不遵守情况 3 的规定。

3. 对加腋的 T 形、I 形、倒 L 形截面，当受压区加腋的高度 $h_h \geqslant h'_f$ 且加腋的宽度 $b_h \leqslant 3h_h$ 时，其翼缘计算宽度可按情况 3 的规定分别增加 $2b_h$（T 形、I 形截面）、b_h（倒 L 形截面）。

4. 独立梁受压区的翼缘板在荷载作用下，经验算认为沿纵肋方向可能产生裂缝时，其计算宽度应取腹板宽度 b。

4.7.2 T 形截面的两种类型及判别条件

T 形截面受弯构件正截面受弯承载力的计算方法与矩形截面的基本相同，计算简图也是采用等效矩形应力图；不同之处在于 T 形截面需要考虑受压翼缘的作用。

根据等效矩形应力图中和轴位置的不同，可将 T 形截面分成以下两种类型：

①第一类 T 形截面［图 4-23a)］：中和轴在翼缘内，即 $x \leqslant h'_f$。

②第二类 T 形截面［图 4-23b)］：中和轴在梁肋内，即 $x>h'_f$。

当中和轴位置刚好位于翼缘的下边缘，即 $x=h'_f$ 时，如图 4-23c) 所示，为两类 T 形截面的分界情况。此时，根据截面力的平衡条件和力矩平衡条件可得：

$$f_y A_s = \alpha_1 f_c b'_f h'_f \tag{4-46}$$

$$M_u \leqslant \alpha_1 f_c b'_f h'_f (h_0 - 0.5h'_f) \tag{4-47}$$

上述两个界限条件［即式(4-46)及式(4-47)］，是判别两类 T 形截面的基础。显然，对于截面设计的问题：

①$M \leqslant \alpha_1 f_c b'_f h'_f (h_0-0.5h'_f)$，属第一类 T 形截面。

②$M>\alpha_1 f_c b'_f h'_f (h_0-0.5h'_f)$，属第二类 T 形截面。

对截面复核问题：

①$\alpha_1 f_c b'_f h'_f \geqslant f_y A_s$，属第一类 T 形截面。

②$\alpha_1 f_c b'_f h'_f < f_y A_s$，属第二类 T 形截面。

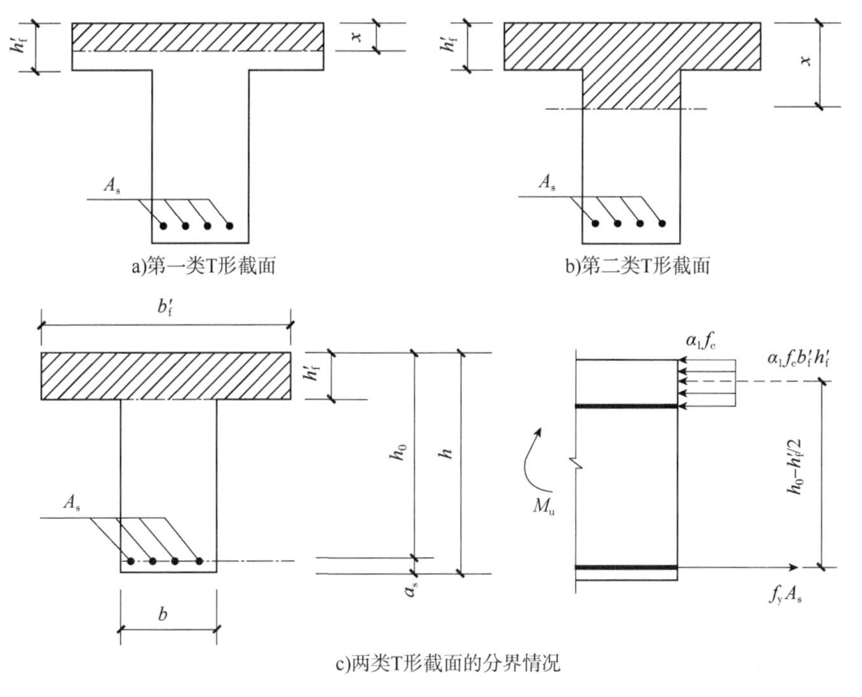

图 4-23　两类 T 形截面

4.7.3 基本公式及适用条件

T 形截面受弯构件通常采用单筋 T 形截面。但如果截面承受的弯矩大于单筋 T 形截面所能承受的极限弯矩,而截面尺寸和混凝土强度等级又不能提高时,也可设计成双筋 T 形截面。

下文提及的“T 形截面”均是指单筋 T 形截面。

1) 第一类 T 形截面

第一类 T 形截面的中和轴在翼缘内,即 $x \leqslant h'_f$,受压区形状为矩形,所以第一类 T 形截面的承载力计算与截面尺寸为 $b'_f \times h$ 的矩形截面承载力计算完全相同,计算简图如图 4-24 所示。

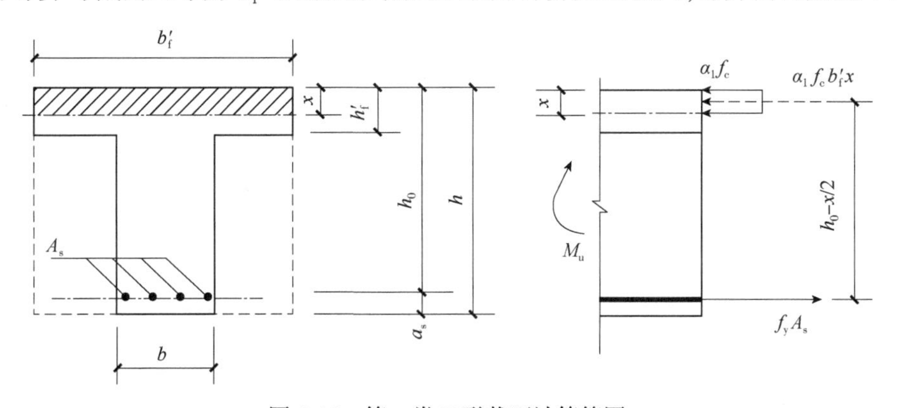

图 4-24　第一类 T 形截面计算简图

(1)计算公式

$$\alpha_1 f_c b'_f x = f_y A_s \tag{4-48}$$

$$M \leqslant M_u = \alpha_1 f_c b'_f x(h_0 - 0.5x) \tag{4-49}$$

引入计算系数后,上式改写为:

$$\alpha_1 f_c b'_f h_0 \xi = f_y A_s \tag{4-50}$$

$$M \leqslant M_u = \alpha_s \alpha_1 f_c b'_f h_0^2 \tag{4-51}$$

(2)适用条件

①为了防止超筋破坏,要求:

$$\xi < \xi_b \text{ 或 } x \leqslant x_b = \xi_b h_0 \tag{4-52}$$

由于第一类 T 形截面的 $\xi = x/h_0 \leqslant h'_f/h_0$,而一般 T 形截面的 h'_f/h 又较小,故适用条件式(4-52)通常都能满足,实用中不必验算。

②为了防止少筋破坏,要求:

$$A_s \geqslant A_{s,\min} = \rho_{\min} bh \tag{4-53}$$

对于单筋 T 形截面,适用条件(4-53)也可写成:

$$\rho \geqslant \rho_{\min} h/h_0 \tag{4-54}$$

其中,配筋率 ρ 是相对于梁肋部分而言的,即 $\rho = A_s/bh_0$,而不是相对于 $b'_f h_0$。这是因为最小配筋率是根据钢筋混凝土截面与同样大小的素混凝土截面梁的极限弯矩相等这一原则确定的,而后者主要取决于截面受拉区的形状。因此,在验算适用条件时,采用肋宽 b 来确定 T 形截面的配筋率是合理的。

对于 I 形截面梁或箱形截面梁,应按式(4-55)计算 $A_{s,\min}$;对于现浇整体式肋形楼盖中的梁,其支座处的截面在受弯承载力计算时应取矩形截面,而实际形状为倒 T 形截面,因此该截面的 $A_{s,\min}$ 也应按式(4-55)计算。

$$A_{s,\min} = \rho_{\min}[bh + (b_f - b)h_f] \tag{4-55}$$

2)第二类 T 形截面

第二类 T 形截面梁的中和轴位置在其梁肋内,即受压区高度 $x > h'_f$。此时,受压区形状为 T 形,其计算简图如图 4-25 所示。

(1)计算公式

$$\alpha_1 f_c bx + \alpha_1 f_c (b'_f - b)h'_f = f_y A_s \tag{4-56}$$

$$M \leqslant M_u = \alpha_1 f_c bx(h_0 - 0.5x) + \alpha_1 f_c (b'_f - b)h'_f(h_0 - 0.5h'_f) \tag{4-57}$$

引入计算系数后,上式写为:

$$\alpha_1 f_c bh_0 \xi + \alpha_1 f_c (b'_f - b)h'_f = f_y A_s \tag{4-58}$$

$$M \leqslant M_u = \alpha_s \alpha_1 f_c bh_0^2 + \alpha_1 f_c (b'_f - b)h'_f(h_0 - 0.5h'_f) \tag{4-59}$$

(2)适用条件

①为了防止超筋破坏,要求:

$$\xi<\xi_{\mathrm{b}} \text{ 或 } x\leqslant x_{\mathrm{b}}=\xi_{\mathrm{b}}h_0 \tag{4-60}$$

②为了防止少筋破坏,要求:

$$A_{\mathrm{s}}\geqslant A_{\mathrm{s,min}}=\rho_{\min}bh \tag{4-61}$$

在第二类T形截面中,因受压区面积较大,故所需的受拉钢筋面积亦较多,因此一般可不验算第二个适用条件。

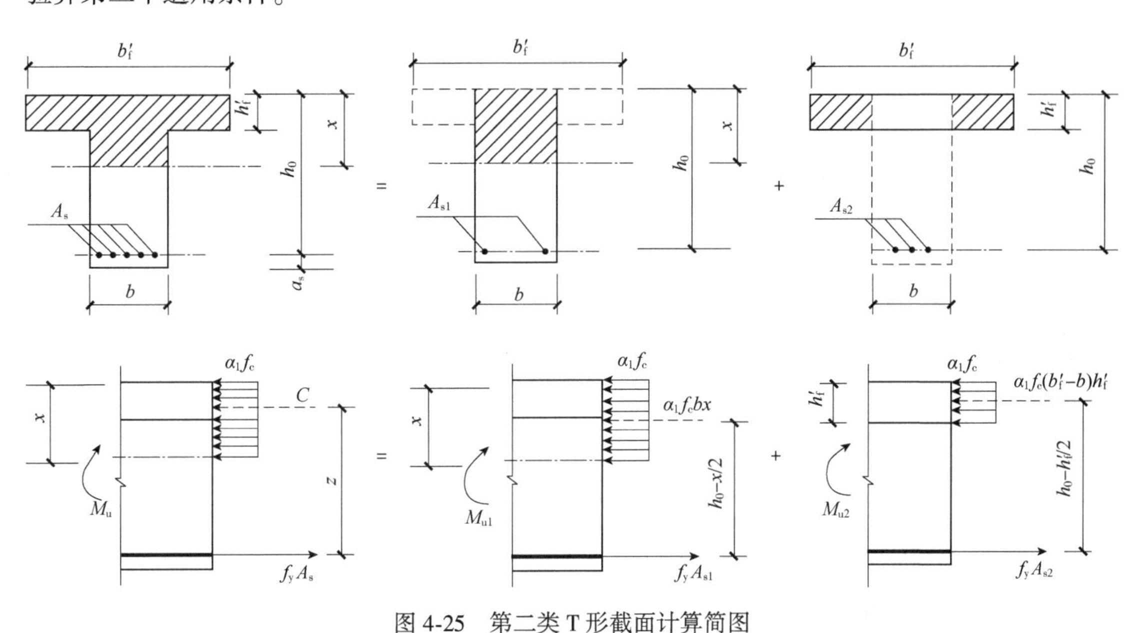

图4-25 第二类T形截面计算简图

4.7.4 T形截面梁的计算方法

1)截面设计

截面设计问题通常已知材料强度等级、截面尺寸及弯矩设计值M,求所需的受拉钢筋面积A_{s}。设计步骤如下:

(1)判断T形截面类型

①如果$M\leqslant\alpha_1 f_{\mathrm{c}}b_{\mathrm{f}}'h_{\mathrm{f}}'(h_0-0.5h_{\mathrm{f}}')$,属第一类T形截面。

②如果$M>\alpha_1 f_{\mathrm{c}}b_{\mathrm{f}}'h_{\mathrm{f}}'(h_0-0.5h_{\mathrm{f}}')$,属第二类T形截面。

(2)第一类T形截面

其计算方法与$b_{\mathrm{f}}'\times h$的单筋矩形截面承载力计算完全相同。

①计算系数α_{s}:

$$\alpha_{\mathrm{s}}=\frac{M}{\alpha_1 f_{\mathrm{c}}bh_0^2} \tag{4-62}$$

②计算系数ξ:

$$\xi=1-\sqrt{1-2\alpha_{\mathrm{s}}} \tag{4-63}$$

③计算钢筋截面面积：

$$A_s=\alpha_1 f_c b_f' h_0 \xi / f_y \tag{4-64}$$

④验算实配 $A_s \geq A_{s,min}=\rho_{min}bh$；若不满足，取 $A_s=\rho_{min}bh$。

(3)第二类T形截面

①计算受压区高度 ξ：

$$\alpha_s=\frac{M-\alpha_1 f_c(b_f'-b)h_f'(h_0-0.5h_f')}{\alpha_1 f_c b h_0^2} \tag{4-65}$$

$$\xi=1-\sqrt{1-2\alpha_s} \tag{4-66}$$

②讨论 ξ，计算钢筋截面面积，若 $\xi \leq \xi_b$，由式(4-58)计算钢筋截面面积：

$$A_s=\alpha_1 f_c b_f' h_0 \xi / f_y+\alpha_1 f_c(b_f'-b)h_f'/f_y \tag{4-67}$$

若 $\xi>\xi_b$，可采用增加梁高、提高混凝土强度等级、改为双筋T形截面等措施后重新计算。

【例4-7】 已知某钢筋混凝土T形截面梁，$b_f'=500$mm，$h_f'=100$mm，$b=250$mm，$h=600$mm，安全等级为二级，处于一类环境，混凝土强度等级为C30，纵筋为HRB400级，弯矩设计值 $M=450$kN·m。试求截面所需的受力钢筋截面面积。

【解】(1)确定计算参数

查附表3、附表10可知：C30混凝土，$f_c=14.3$N/mm^2，$f_t=1.43$N/mm^2；HRB400级钢筋，$f_y=f_y'=360$N/mm^2。查表4-5、表4-6可知：$\alpha_1=1.0$，$\xi_b=0.518$。

由于弯矩较大，假定受拉钢筋双排布置，$a_s=65$mm，$h_0=h-a_s=535$mm。

(2)判断截面类型

当 $x=h_f'$ 时：

$$\begin{aligned}\alpha_1 f_c b_f' h_f'(h_0-0.5h_f') &= 1.0\times14.3\times500\times100\times(535-0.5\times100)\\ &=346.8\times10^6(\mathrm{N\cdot mm})=346.8(\mathrm{kN\cdot m})<M=450(\mathrm{kN\cdot m})\end{aligned}$$

属于第二类T形截面。

(3)计算受拉钢筋的面积 A_s

由式(4-57)解 x 的一元二次方程式，求得：

$$x=172.4(\mathrm{mm})<\xi_b h_0=0.550\times635=349.3(\mathrm{mm})$$

由式(4-56)得：

$$\begin{aligned}A_s &= \frac{\alpha_1 f_c b x+\alpha_1 f_c(b_f'-b)h_f'}{f_y}\\ &= \frac{1.0\times14.3\times250\times172.4+1.0\times14.3\times(500-250)\times100}{360}\\ &= 2705(\mathrm{mm}^2)\end{aligned}$$

(4)选配钢筋

受拉钢筋选用6⌀25($A_s=2945$mm^2)。

2)截面复核

已知T形截面截面尺寸、混凝土强度等级、钢筋级别、截面配筋,求正截面受弯承载力M_u。计算步骤如下:

(1)判别T形截面类型

①如果$\alpha_1 f_c b_f' h_f' \geqslant f_y A_s$,为第一类T形截面。

②如果$\alpha_1 f_c b_f' h_f' < f_y A_s$,为第二类T形截面。

(2)第一类T形截面

若为第一类T形截面,按$b_f' \times h$的矩形截面验算承载力,此处不再赘述。

(3)第二类T形截面

①利用式(4-58)求出ξ:

$$\xi = \frac{f_y A_s - \alpha_1 f_c (b_f' - b) h_f'}{\alpha_1 f_c b h_0}$$

②计算受弯承载力M_u:

a.若$\xi \leqslant \xi_b$,则采用式(4-57)计算M_u。

b.若$\xi > \xi_b$,则

$$M_u = \alpha_1 f_c b h_0^2 \xi_b (1 - 0.5\xi_b) + \alpha_1 f_c (b_f' - b) h_f' (h_0 - 0.5h_f')$$

【例4-8】 已知T形截面梁$b=300\text{mm}$,$h=600\text{mm}$,$b_f'=700\text{mm}$,$h_f'=100\text{mm}$,截面受拉区配有8⌀22的钢筋,混凝土强度等级为C35,梁截面承受的最大弯矩设计值$M=550\text{kN}\cdot\text{m}$,验算此截面是否安全。

【解】(1)确定计算参数

查附表3、附表10可知:C35混凝土,$f_c=16.7\text{N/mm}^2$;HRB400级钢筋,$f_y=360\text{N/mm}^2$,$A_s=3041\text{mm}^2$。查表4-5、表4-6得:$\alpha_1=1.0$,$\xi_b=0.518$。

(2)确定截面有效高度

据题意,受拉钢筋排成两排,故

$$h_0 = h - a_s = 600 - 65 = 535(\text{mm})$$

(3)判断截面类型

$$\alpha_1 f_c b_f' h_f' = 1.0 \times 16.7 \times 600 \times 100 = 1002.0(\text{kN}) < f_y A_s = 360 \times 3041 = 1094.8(\text{kN})$$

故属于第二类T形截面梁。

(4)计算受压区高度ξ,并验算适用条件

$$\xi = \frac{f_y A_s - \alpha_1 f_c (b_f' - b) h_f'}{\alpha_1 f_c b h_0}$$

$$= \frac{360 \times 3041 - 1.0 \times 16.7 \times (600 - 300) \times 100}{1.0 \times 16.7 \times 300 \times 535} = 0.222 < \xi_b = 0.518$$

(5)计算受弯承载力 M_u

$$M_u = \alpha_1 f_c (b'_f - b) h'_f (h_0 - 0.5h'_f) + \alpha_1 f_c b \xi h_0^2 (1 - 0.5\xi)$$

$$= 1.0 \times 16.7 \times (600-300) \times 100 \times (535 - 100/2) + 1.0 \times 16.7 \times 300 \times 0.222 \times 535^2 \times (1 - 0.5 \times 0.222)$$

$$= 526(\mathrm{kN \cdot m}) < M = 550(\mathrm{kN \cdot m})$$

故截面安全。

小结及学习指导

1.受弯构件是指受弯矩和剪力共同作用的构件,梁和板是典型的受弯构件,其可能发生两种破坏形式:正截面破坏和斜截面破坏。

2.适筋梁正截面受弯的三个受力阶段的特点:

阶段Ⅰ:①混凝土没有开裂;②受压区混凝土的应力图形是直线,受拉区混凝土的应力图形在第Ⅰ阶段前期是直线,后期是曲线;③弯矩与截面曲率基本上是直线关系。I_a 状态可作为构件抗裂要求的控制阶段。

阶段Ⅱ:①在裂缝截面处,受拉区大部分混凝土退出工作,拉力主要由纵向受拉钢筋承担,但钢筋没有屈服;②受压区混凝土压应力图形为只有上升段的曲线;③弯矩与截面曲率是曲线关系,截面曲率与挠度的增长加快。阶段Ⅱ是构件变形裂缝的控制阶段。

阶段Ⅲ的受力特点是:①纵向受拉钢筋屈服,裂缝截面处受拉区大部分混凝土已退出工作;②受压区混凝土压应力曲线图形有上升段曲线,也有下降段曲线;③弯矩-曲率关系为接近水平的曲线。III_a 状态是进行构件正截面承载力计算的依据。

3.根据配筋率不同,可将钢筋混凝土构件正截面受弯分为三种破坏形态:

①适筋梁的延性破坏,其主要特点是纵向受拉钢筋先屈服,受压区混凝土随后才压碎。

②超筋梁的脆性破坏,其主要特点是受压区混凝土先压碎而纵向受拉钢筋不屈服。超筋梁正截面受弯承载力取决于混凝土抗压强度。

③少筋梁的脆性破坏,其主要特点受拉区混凝土一开裂,受拉钢筋就屈服,并很快进入强化阶段,甚至拉断,而受压区混凝土可能被压碎,也可能未被压碎。少筋梁正截面受弯承载力取决于混凝土抗拉强度。

4.受弯构件正截面受弯承载力计算采用四个基本假定,可确定截面应力图形。采用受压区等效矩形应力图形,由截面内力中的拉力与压力平衡、截面的弯矩平衡,建立基本公式。对于截面设计问题,可先确定 x,后计算钢筋截面面积 A_s;对于截面复核问题,可先求出 x,后计算 M_u。双筋截面还应考虑受压钢筋的作用;T 形截面还应考虑受压区翼缘悬臂部分的作用。

5.在进行计算时,应注意各不同公式的适用条件。单筋矩形截面:$\xi \leqslant \xi_b$ 或 $x \leqslant x_b = \xi_b h_0$ 和 $\rho > \rho_{min}$。双筋矩形截面:$\xi \leqslant \xi_b$ 或 $x \leqslant x_b = \xi_b h_0$ 和 $\xi \geqslant 2a'_s/h_0$ 或 $x \geqslant 2a'_s$。第一类 T 形截面:$A_s \geqslant A_{smin} = \rho_{min} bh$。第二类 T 形截面:$\xi < \xi_b$ 或 $x \leqslant x_b = \xi_b h_0$。

思考题

1.什么是混凝土保护层厚度?为什么要规定混凝土保护层厚度?混凝土保护层厚度的

取值与哪些因素有关？

2.梁、板应满足哪些截面尺寸和配筋构造要求？

3.板中分布钢筋的作用是什么？如何布置分布钢筋？

4.混凝土弯曲受压时的极限压应变取多少？

5.适筋梁从开始受荷到破坏需经历哪几个受力阶段？各阶段的主要受力特征是什么？

6.什么叫配筋率？配筋率对梁的正截面承载力和破坏形态有什么影响？

7.适筋梁、超筋梁、少筋梁的破坏各有什么特征？在设计中如何防止超筋破坏和少筋破坏？

8.受弯构件正截面承载力计算中引入了哪些基本假定？为什么要引入这些基本假定？

9.等效矩形应力图的等效原则是什么？

10.什么是相对受压区高度？什么是相对界限受压区高度？ξ_b的取值仅与哪些因素有关？

11.单筋矩形截面受弯构件正截面受弯承载力的基本计算公式是如何建立的？为什么要规定公式适用条件？

12.在截面复核时，当实际纵向受拉钢筋的配筋率小于最小配筋率或大于最大配筋率时，应分别如何计算截面所能承担的极限弯矩值？

13.什么是双筋矩形截面梁？双筋矩形截面梁中的受压钢筋起什么作用？什么情况下采用双筋矩形截面梁？

14.双筋梁的基本计算公式为什么要有适用条件 $x \geqslant 2a'_s$？$x<2a'_s$的双筋梁出现在什么情况下？这时应当如何计算？

15.为什么规定T形截面受压翼缘的计算宽度？受压翼缘计算宽度 b'_f的确定应考虑哪些因素？

16.T形截面梁受弯承载力计算公式与单筋矩形截面梁受弯承载力计算公式有何异同点？

习 题

1.已知钢筋混凝土矩形梁，安全等级为二级，处于一类环境，其截面尺寸 $b \times h = 200\text{mm} \times 500\text{mm}$，承受弯矩设计值 $M = 280\text{kN} \cdot \text{m}$，采用C35混凝土和HRB400级钢筋，试配置截面钢筋。

2.已知某钢筋混凝土矩形截面梁，安全等级为二级，处于一类环境，其截面尺寸 $b \times h = 250\text{mm} \times 500\text{mm}$，采用C30混凝土，钢筋为HRB400级，配有受拉纵筋4⌀20。验算此梁承受弯矩设计值 $M = 200\text{kN} \cdot \text{m}$ 时，该截面是否安全？

3.已知某矩形截面钢筋混凝土简支梁，安全等级为二级，处于二a类环境，计算跨度 $l_0 = 5100\text{mm}$，截面尺寸 $b \times h = 200\text{mm} \times 500\text{mm}$。承受均布线荷载为：活荷载标准值10kN/m，恒荷载标准值9kN/m（不包括梁的自重）。选用C35混凝土和HRB400级钢筋，采用系数法求该梁所需受拉钢筋截面面积，并画出截面配筋简图。

4.已知某钢筋混凝土双筋矩形截面梁，安全等级为二级，处于一类环境，截面尺寸 $b \times h = 250\text{mm} \times 600\text{mm}$，采用C35混凝土和HRB400级钢筋，截面弯矩设计值 $M = 450\text{kN} \cdot \text{m}$。试求纵向受拉钢筋和纵向受压钢筋截面面积。

5.某钢筋混凝土矩形截面梁,安全等级为二级,处于一类环境,截面尺寸为 $b\times h=200\text{mm}\times500\text{mm}$,选用 C30 混凝土和 HRB400 级钢筋,承受弯矩设计值 $M=270\text{kN}\cdot\text{m}$,由于构造等原因,该梁在受压区已经配有受压钢筋 3 ⌀ 20($A'_s=942\text{mm}^2$),试求所需受拉钢筋截面面积。

6.已知钢筋混凝土矩形截面梁,安全等级为二级,处于一类环境,截面尺寸 $b\times h=200\text{mm}\times450\text{mm}$,采用 C30 混凝土和 HRB400 级钢筋。在受压区配有 3 ⌀ 20 钢筋,在受拉区配有 5 ⌀ 22 钢筋。试验算此梁承受弯矩设计值 $M=200\text{kN}\cdot\text{m}$ 时是否安全?

7.已知 T 形截面梁,安全等级为二级,处于一类环境,截面尺寸为 $b\times h=250\text{mm}\times600\text{mm}$,$b'_f=500\text{mm}$,$h'_f=100\text{mm}$,承受弯矩设计值 $M=600\text{kN}\cdot\text{m}$,采用 C35 混凝土和 HRB400 级钢筋。试求该截面所需的纵向受拉钢筋截面面积。

8.已知 T 形截面梁,安全等级为二级,处于二类 a 环境,截面尺寸为 $b\times h=250\text{mm}\times650\text{mm}$,$b'_f=600\text{mm}$,$h'_f=100\text{mm}$,承受弯矩设计值 $M=520\text{kN}\cdot\text{m}$,采用 C35 混凝土和 HRB400 级钢筋,配有 8 ⌀ 22 受拉钢筋,该梁是否安全?

第5章　受弯构件斜截面承载力

本章要点

【知识点】

受弯构件斜截面的破坏形态和影响斜截面受剪承载力的主要因素，受弯构件斜截面承载力的计算公式及其适用条件，防止斜截面破坏的主要构造措施，抵抗弯矩图及其在截面设计中的应用。

【重点】

深刻理解受弯构件斜截面受剪的三种破坏形态及其防止对策，熟练掌握梁的斜截面受剪承载力的计算。

【难点】

受弯构件斜截面受剪承载力的计算及其适用条件。

5.1　概　　述

工程中常见的梁、柱、剪力墙等构件，其截面上除作用弯矩(梁)或弯矩和轴力(柱和剪力墙)外，通常还作用有剪力。在弯矩和剪力或弯矩、轴力、剪力共同作用的区段内常出现斜裂缝，并可能沿斜截面发生破坏。斜截面破坏往往带有脆性破坏性质，没有明显预兆，在工程设计中应予以避免。因此，对梁、柱、剪力墙等构件，除应保证正截面承载力外，还必须进行斜截面承载力计算。

斜截面承载力包括斜截面受剪承载力和斜截面受弯承载力。其中，斜截面受剪承载力通过计算来保证，而斜截面受弯承载力则通常由满足构造要求来保证。

为了保证构件的斜截面受剪承载力，应使构件具有合适的截面尺寸和适宜的混凝土强度等级，并配置必要的箍筋。箍筋除能增强斜截面的受剪承载力外，还与纵向钢筋(包括梁中的架立钢筋)绑扎在一起，形成刚劲的钢筋骨架，使各种钢筋在施工时保持正确的位置。柱中的箍筋还能防止纵筋受压后过早压屈而失稳，并对核心混凝土形成一定的约束作用，改善柱的受力性能。当梁承受的剪力较大时，也可增设弯起钢筋(柱中不设弯起钢筋)。弯起钢筋也称"斜钢筋"，一般由梁内的部分纵向受力钢筋弯起形成，如图5-1所示。箍筋和弯起钢筋统称为"腹筋"或"横向钢筋"。

本章主要讨论受弯构件斜截面受剪承载力的计算问题，同时对保证斜截面受弯承载力的有关构造规定做必要的说明。

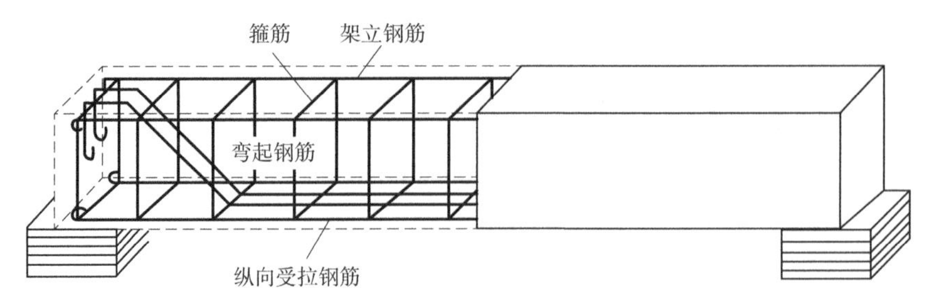

图 5-1　梁的箍筋

5.2　受弯构件的受剪性能

5.2.1　斜裂缝的形成

图 5-2 所示为一钢筋混凝土简支梁 AD，在 B、C 截面作用有对称集中荷载，其中 BC 段仅有弯矩 M 作用，称为"纯弯区段"，纯弯区段截面仅产生正应力(受拉和受压)。而 AB 段和 CD 段，截面上既有弯矩 M 又有剪力 V 的作用，称为"剪弯区段"。

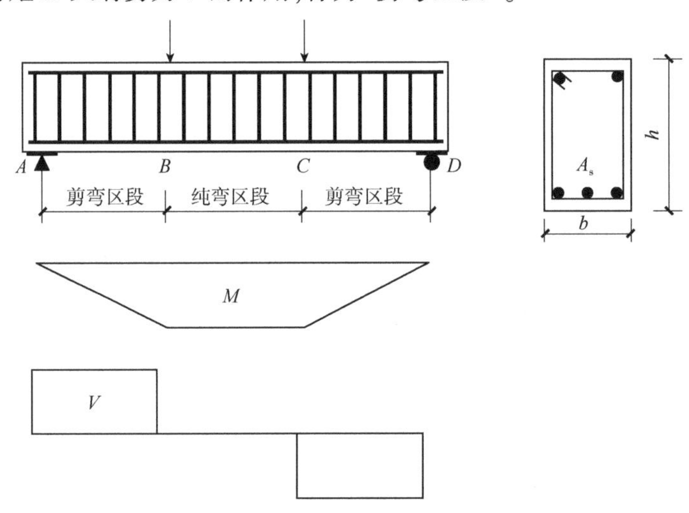

图 5-2　钢筋混凝土简支梁剪弯区段及纯弯区段

随着荷载不断增加，梁内各点的主应力也随之增大，当拉应力 σ_{tp} 超过混凝土抗拉强度 f_t 时，梁的剪弯区段混凝土将开裂，裂缝方向垂直于主拉应力轨迹线方向，即沿主压应力轨迹线方向发展，形成斜裂缝。

由于弯矩和剪力共同作用，弯矩使截面产生正应力 σ，剪力使截面产生剪应力 τ，两者合成在梁截面上任意点的两个相互垂直的截面上，形成主拉应力 σ_{tp} 和主压应力 σ_{cp}。对钢筋混凝土梁，在裂缝出现前梁基本处于弹性阶段。在中和轴处正应力 $\sigma=0$(图 5-3 中的①点)，仅有剪应力作用，主拉应力 σ_{tp} 和主压应力 σ_{cp} 与梁轴线成 45°角；在受压区内(图 5-3 中的②点)，由于正应力 σ 为压应力，使 σ_{tp} 减小，σ_{cp} 增大，主拉应力 σ_{tp} 与梁轴线的夹角大于 45°；

在受拉区(图 5-3 中的③点),由于正应力 σ 为拉应力,使 σ_{tp}增大,σ_{cp}减小,主拉应力 σ_{tp}与梁轴线的夹角小于 45°。各点主拉应力方向连成的曲线即为主拉应力轨迹线,如图 5-3 中所示的实线;图 5-3 中的虚线则为主压应力轨迹线。主拉应力轨迹线与主压应力轨迹线是正交的。

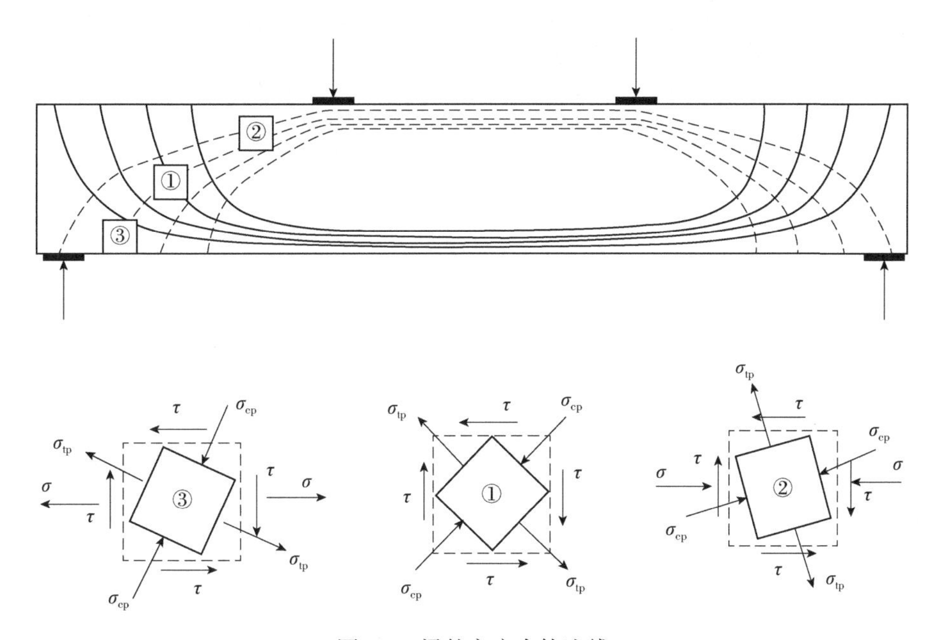

图 5-3 梁的主应力轨迹线

梁的斜裂缝形式主要有两种:一种是弯剪斜裂缝[图 5-4a)],因受弯正截面拉应力较大,梁底先出现垂直弯曲裂缝,然后向上沿主压应力轨迹线发展而形成;另一种是腹剪斜裂缝[图 5-4b)],通常出现在梁腹部剪应力较大处,是由于梁腹因主拉应力 σ_{tp}超过混凝土的抗拉强度 f_t 而开裂,然后分别向上、向下沿主压应力轨迹线发展而形成。斜裂缝出现并不断延伸,将会导致沿斜裂缝截面的受剪承载力不足,随荷载继续增加,当斜截面承载力小于正截面承载力时,梁将发生斜截面破坏。

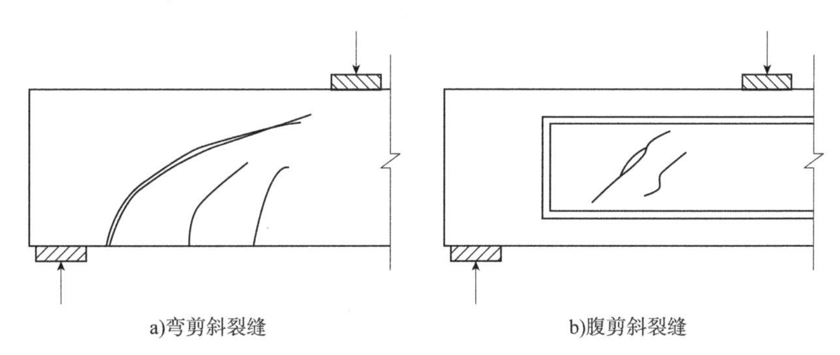

图 5-4 斜裂缝的形式

为防止斜截面破坏,通常需要在梁中配置垂直箍筋,或将梁内按正截面受弯计算配置的纵向钢筋弯起,形成弯起钢筋来提高斜截面受剪承载力。箍筋和弯起钢筋统称为“腹筋”。配置了箍筋、弯起钢筋和纵筋的梁称为“有腹筋梁”,仅有纵筋而未配置腹筋的梁称为“无腹筋梁”。如图5-5所示，受弯构件梁中，腹筋、纵筋以及架立钢筋一起构成梁的钢筋骨架。

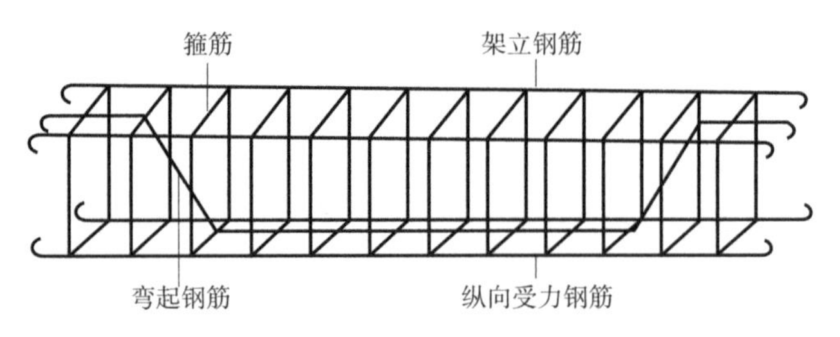

图5-5　纵筋、腹筋以及架立钢筋构成的钢筋骨架

5.2.2　无腹筋梁的受剪性能

无腹筋梁出现斜裂缝后，梁的应力状态发生了很大变化，即发生了应力重分布。此时材料力学的计算方法已不再适用。

将一无腹筋简支梁沿斜裂缝 $AA'B$ 切开，取斜裂缝顶点左边部分为脱离体，如图5-6所示。在该脱离体上，荷载在斜截面 $AA'B$ 上产生的弯矩为 M_A，产生的剪力为 V_A。斜截面 $AA'B$ 上的抗力有以下几部分：斜裂缝上端混凝土残余面（AA'）上的压力 D_c 和剪力 V_c；纵向钢筋的拉力 T_s；因斜裂缝两边有相对的上、下错动而使纵向钢筋受到一定的剪力 V_d（称为“销栓作用”）；斜裂缝两侧混凝土发生相对错动产生的骨料咬合力的竖向分力 V_a 等。由于纵向钢筋外侧混凝土保护层厚度不大，在销栓力 V_d 作用下产生了沿纵筋的劈裂裂缝，使销栓作用大大减弱，而且随斜裂缝的增大，骨料咬合力和摩擦力 V_a 逐渐减弱以至消失。因此，为了简化分析，V_a 和 V_d 都不予以考虑。故该脱离体的平衡条件为：

$$\begin{cases} \sum X = 0 \quad D_c = T_s \\ \sum Y = 0 \quad V_c = V_A \\ \sum M = 0 \quad V_A a = T_s z \end{cases} \tag{5-1}$$

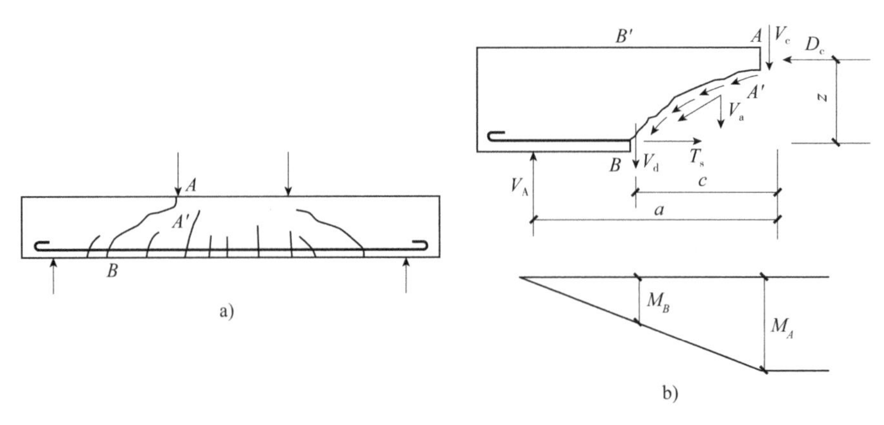

图5-6　斜裂缝形成后的受力状态

在斜裂缝出现前后,梁内的应力状态发生了以下变化:

①在斜裂缝出现前,剪力 V_A 由全截面承受,在斜裂缝形成后,剪力 V_A 则主要由斜裂缝上端混凝土截面承担。同时,由 V_A 和 V_c 所组成的力偶须由纵筋的拉力 T_s 和混凝土压力 D_c 组成的力偶来平衡。因此,剪力 V_A 在斜截面上不仅引起 V_c,还引起 T_s 和 D_c,致使斜裂缝上端混凝土残余面既受剪又受压,故称“剪压区”。由于剪压区的截面面积远小于全截面面积,因此斜裂缝出现后,剪压区的剪应力 τ 和压应力 σ 都显著增大。

②在斜裂缝出现前,截面 BB' 处纵筋的拉应力由该截面处的弯矩 M_B 决定。但在斜裂缝形成后,截面 BB' 处的纵筋拉应力由截面 AA' 处的弯矩 M_A 决定。由于 $M_A>M_B$,所以斜截面形成后,穿过斜裂缝的纵筋的拉应力将突然增大。

随着荷载的增大,剪压区混凝土在剪力和压力的共同作用下,达到剪压复合受力状态下的极限状态时,梁失去承载能力。由于这种破坏是沿斜裂缝发生的,故称为“斜截面破坏”。

5.2.3 有腹筋梁的受剪性能

1) 箍筋的作用

梁中配置腹筋后,斜裂缝出现前,腹筋的应力很小,故其对阻止斜裂缝出现的作用不大。而在斜裂缝出现后,腹筋可使梁的斜截面抗剪承载力大大提高,这主要取决于腹筋对梁受剪性能的影响:

①斜裂缝出现后,斜裂缝间的拉应力由箍筋承担,与斜裂缝相交的腹筋中的应力会突然增大,增强了梁对剪力的传递能力。

②箍筋能抑制斜裂缝的发展,增加斜裂缝顶端混凝土剪压区面积,使 V_c 增大。

③箍筋可减小斜裂缝的宽度,加大斜裂缝间的骨料咬合作用,使 V_u 增加(V_u 为斜截面受剪承载力)。

④箍筋吊住纵筋,限制了纵筋的竖向位移,从而阻止了混凝土沿纵筋的撕裂裂缝发展,增强了纵筋销栓作用 V_d。

⑤箍筋参与了斜截面的受弯,使出现斜裂缝的截面纵筋应力 σ_s 增量减小。

综上所述,箍筋对梁受剪承载力的影响是综合的。

2) 剪跨比

试验研究表明,梁的受剪性能同梁截面上弯矩 M 和剪力 V 的相对大小有很大关系。对矩形截面梁,弯曲正应力 σ 和剪应力 τ 可按下式计算:

$$\begin{cases}\sigma=\alpha_1 M/(bh_0^2)\\ \tau=\alpha_2 V/(bh_0)\end{cases} \tag{5-2}$$

式中:α_1、α_2——计算系数;

b、h_0——分别为梁截面宽度、截面有效高度。

σ 与 τ 的比值为:

$$\frac{\sigma}{\tau}=\frac{\alpha_1}{\alpha_2}\cdot\frac{M}{Vh_0} \tag{5-3}$$

由于 α_1/α_2 为一常数,所以 σ/τ 实际上仅与 $M/(Vh_0)$ 有关。如果定义:

$$\lambda = M/(Vh_0) \tag{5-4}$$

则 λ 称为“广义剪跨比”,简称“剪跨比”。它实质上反映了截面上正应力和剪应力的相对关系,影响梁的剪切破坏形态和斜截面受剪承载力。

对于集中荷载作用下的简支梁,如图 5-7 所示,式(5-4)还可以进一步简化。如截面1-1的剪跨比 λ_2、截面 2-2 的剪跨比 λ_2 可分别表示为:

$$\lambda_1 = \frac{M_1}{V_1 h_0} = \frac{V_A a_1}{V_A h_0} = \frac{a_1}{h_0}, \quad \lambda_2 = \frac{M_2}{V_2 h_0} = \frac{V_B a_2}{V_B h_0} = \frac{a_2}{h_0}$$

式中:a_1、a_2——分别为集中荷载 p_1、p_2 作用点至相邻支座的距离,称为“剪跨”。

剪跨 a 与截面有效高度 h_0 的比值,称为“计算剪跨比”,即:

$$\lambda = a/h_0 \tag{5-5}$$

应当注意,式(5-4)可用于计算承担分布荷载或其他任意荷载作用下的梁,是一个普遍适用的剪跨比计算公式,故称为“广义剪跨比”。如图 5-7 中的截面 3-3 和图 5-8 中的截面 1-1,不适用式(5-5),只能采用式(5-4)计算其剪跨比。

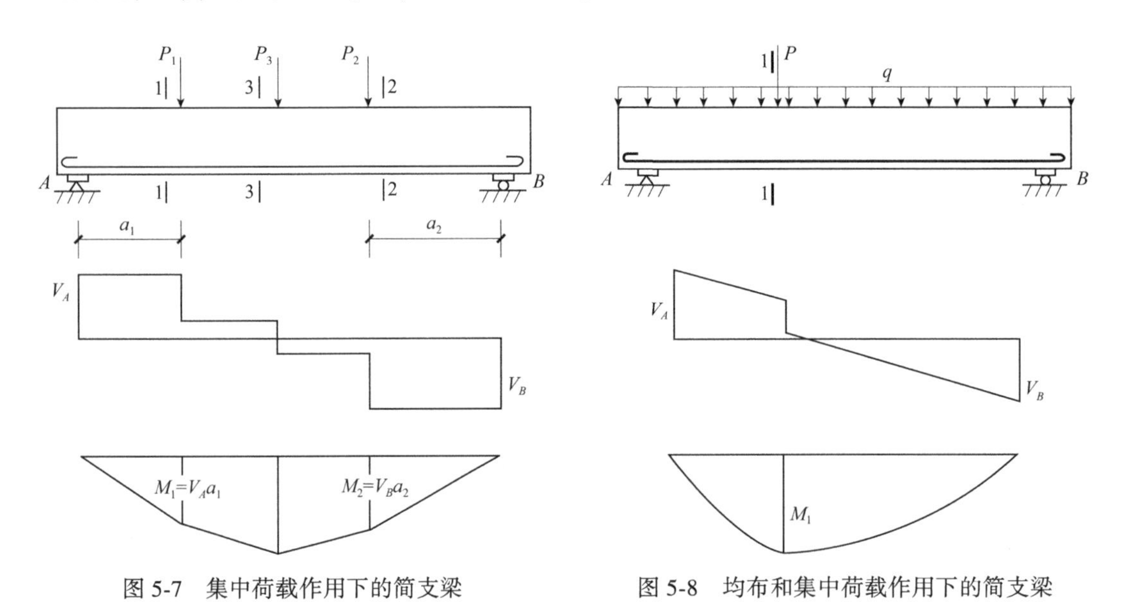

图 5-7　集中荷载作用下的简支梁

图 5-8　均布和集中荷载作用下的简支梁

3)斜截面的三种破坏形态

试验研究表明,受弯构件出现斜裂缝后,根据剪跨比和腹筋数量的不同,沿斜截面的破坏形态主要有以下三种。

(1)斜压破坏($\lambda<1$)

当梁的剪跨比较小($\lambda<1$),或剪跨比适当($1<\lambda<3$)但其截面尺寸过小而腹筋数量过多时,常发生斜压破坏。这种破坏首先在梁腹部出现若干条大致相互平行的斜裂缝,随着荷载的增大,斜裂缝一端朝支座、另一端朝荷载作用点发展,梁腹部被这些斜裂缝分割成若干个倾斜的受压柱体,梁最终由于斜压柱体被压碎而破坏,故称为“斜压破坏”,如图 5-9a)所示。发

生斜压破坏时,与斜裂缝相交的箍筋应力达不到屈服强度,其受剪承载力主要取决于混凝土斜压柱体的抗压强度。

(2)剪压破坏($1<\lambda<3$)

当梁的剪跨比适当($1<\lambda<3$)且梁中腹筋数量不过多,或梁的剪跨比较大($\lambda>3$)但腹筋数量不过少时,常发生剪压破坏。这种破坏首先在剪跨区段的下边缘出现数条短的竖向裂缝。随着荷载的增大,它们大体向集中荷载作用点延伸,在几条斜裂缝中将形成一条延伸最长、开展较宽的主要斜裂缝,称为“临界斜裂缝”。临界斜裂缝出现后,梁仍能继续承受荷载。最后,与斜裂缝相交的腹筋应力达到屈服强度,斜裂缝上端的残余截面减小,剪压区混凝土在剪压复合受力状态下达到混凝土的复合受力强度而破坏,梁丧失受剪承载力。这种破坏称为“剪压破坏”,如图5-9b)所示。

(3)斜拉破坏($\lambda>3$)

当梁的剪跨比较大($\lambda>3$)、梁内配置的腹筋数量过少时,将发生斜拉破坏。在荷载作用下,首先在梁的下边缘出现竖向的弯曲裂缝,然后其中一条竖向裂缝很快沿垂直于主拉应力方向斜向发展到梁顶的集中荷载作用点处,形成临界斜裂缝。因腹筋数量过少,故腹筋应力很快达到屈服强度,变形剧增,梁被斜向拉裂成两部分而突然破坏,如图5-9c)所示,斜截面承载力随之丧失。由于这种破坏是混凝土在正应力和剪应力共同作用下发生的主拉应力破坏,故称为“斜拉破坏”。有时,在斜裂缝的下端还会出现沿纵向钢筋的撕裂裂缝。发生斜拉破坏的梁,其斜截面受剪承载力主要取决于混凝土的抗拉强度。

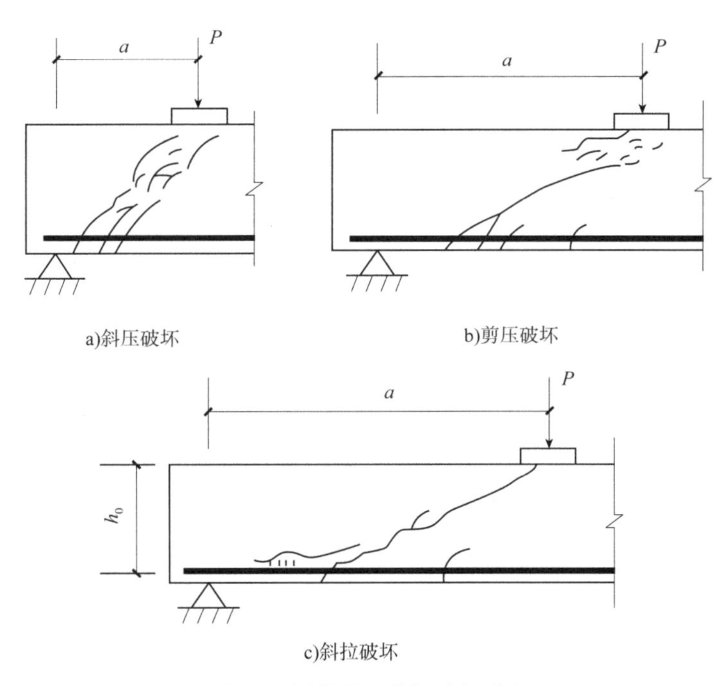

图5-9 梁斜截面剪切破坏形态

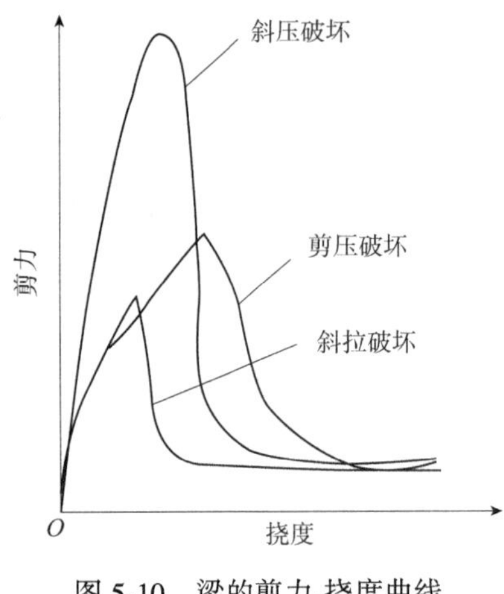

图 5-10　梁的剪力-挠度曲线

针对上述三种剪切破坏所测得的梁的剪力-跨中挠度曲线如图 5-10 所示。由图可见,梁斜压破坏时受剪承载力大而变形很小,破坏突然,曲线形状较陡;剪压破坏时,梁的受剪承载力较小而变形稍大,曲线形状较平缓;斜拉破坏时,受剪承载力最小,破坏很突然。所以这三种破坏均为脆性破坏,其中斜拉破坏最为突出,斜压破坏次之,剪压破坏稍好。

除上述三种主要的破坏形态外,也有可能出现其他破坏情况:集中荷载离支座很近时可能发生纯剪破坏,荷载作用点及支座处可能发生局部受压破坏以及纵向钢筋的锚固破坏等。

5.2.4　影响斜截面受剪承载力的主要因素

影响梁斜截面受剪承载力的因素很多。试验表明,主要因素有剪跨比、混凝土强度、纵筋的配筋率、箍筋的配筋率和配筋的强度等。

1) 剪跨比

剪跨比 λ 实质上反映了截面上正应力和剪应力的相对关系,它是影响梁破坏形态和受剪承载力的主要因素之一。图 5-11 是我国进行的几组集中荷载作用下简支梁的试验结果,由图可见:剪跨比 λ 越大,梁的受剪承载力越低;但当 $\lambda>3$ 时,剪跨比的影响并不明显。

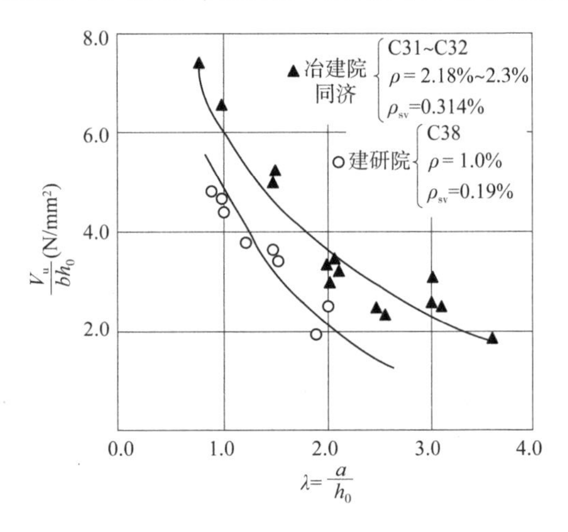

图 5-11　剪跨比对有腹筋梁受剪承载力的影响

2) 混凝土强度

由于梁斜截面剪切破坏时混凝土达到相应受力状态下的极限强度,故混凝土强度对斜截面受剪承载力影响很大。梁斜压破坏时,受剪承载力取决于混凝土的抗压强度;斜拉破坏时,受剪承载力取决于混凝土的抗拉强度;剪压破坏时,受剪承载力与混凝土的压剪复合受力强度有关。

3) 纵筋配筋率

纵向钢筋能抑制斜裂缝的发展,使斜裂缝上端剪压区混凝土的面积增大,从而提高了混凝土的受剪承载力。同时,纵筋能通过销栓作用而产生剪力,故纵筋配筋率增大,受剪承载力会相应增大。

4) 箍筋的配筋率和箍筋强度

有腹筋梁出现斜裂缝之后,箍筋不仅直接承担相当部分剪力,还能有效地抑制斜裂缝的开展和延伸,对提高剪压区混凝土的受剪承载力和增强纵筋的销栓作用均有一定的作用。试验表明,在合适的配筋量范围内,箍筋越多,箍筋强度越高,梁的受剪承载力也越大。箍筋的配筋率ρ_{sv}和箍筋强度f_{yv}对梁受剪承载力的影响见图5-12。由该图可见,在其他条件相同时,两者大致呈线性关系。

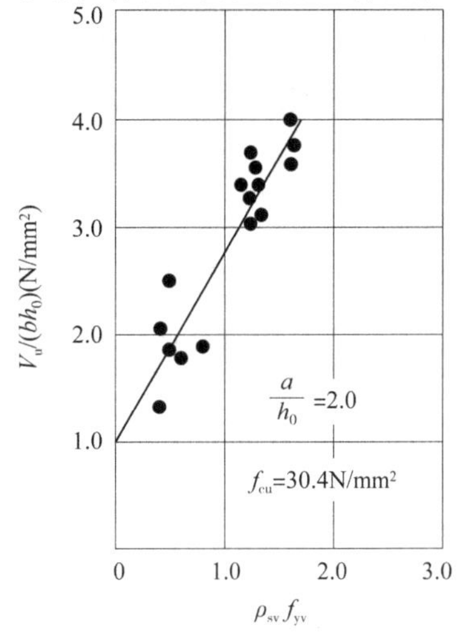

图5-12 箍筋配筋率及箍筋强度对梁受剪承载力的影响

箍筋的配筋率ρ_{sv}按下式计算:

$$\rho_{sv}=\frac{A_{sv}}{bs}=\frac{nA_{sv1}}{bs} \tag{5-6}$$

式中:b——构件截面的肋宽;

s——沿构件长度方向箍筋的间距;

A_{sv}——配置在同一截面内箍筋各肢的全部截面面积,$A_{sv}=nA_{sv1}$;

n——在同一个截面内箍筋的肢数;

A_{sv1}——单肢箍筋的截面面积。

5.3 受弯构件斜截面受剪承载力计算

有腹筋梁发生斜截面剪切破坏时,可能出现三种主要破坏形态。其中,斜压破坏是因腹筋数量过多或梁截面尺寸过小而发生的,故可以用控制梁截面尺寸不致过小的方式加以防止;斜拉破坏则是由于腹筋数量过少而引起的,因此用满足最小配箍率及构造要求来防止;对于剪压破坏,则通过受剪承载力的计算予以保证。我国规范给出的受剪承载力计算公式就是根据剪压破坏形态建立的。

对于配有箍筋和弯起钢筋的简支梁,发生剪压破坏时,取出如图5-13所示的被斜裂缝所分割的一段梁为脱离体,该脱离体上作用的外剪力为V,斜截面上的抗力有混凝土剪压区的剪力和压力、箍筋和弯起钢筋的抗力、纵筋的抗力、纵筋的销栓力、骨料咬合力等。

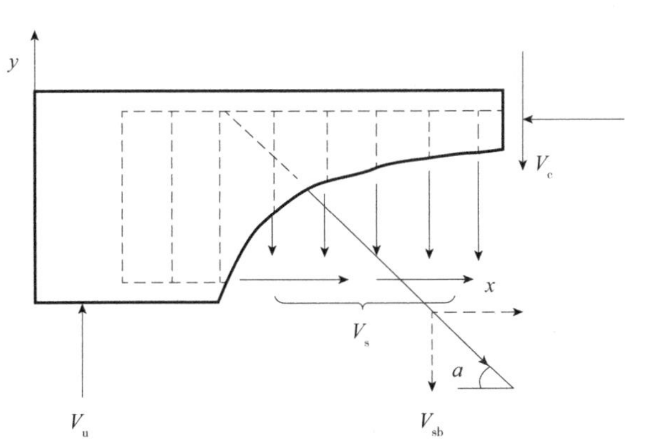

图5-13 斜截面受剪承载力

斜截面受剪承载力由下列各项组成:

$$V_u=V_c+V_{sv}+V_{sb}+V_d+V_a \tag{5-7}$$

式中:V_u——斜截面受剪承载力;

V_c——剪压区混凝土所承担的剪力;

V_{sv}——与斜裂缝相交的箍筋所承担剪力的总和;

V_{sb}——与斜裂缝相交的弯起钢筋所承担拉力的竖向分力总和;

V_d——纵筋的销栓力总和;

V_a——斜截面上混凝土骨料咬合力的竖向分力总和。

裂缝处混凝土骨料的咬合力和纵筋的销栓力，在无腹筋梁中的作用较大。但在有腹筋梁中，由于腹筋的存在，其抗剪作用变得不显著。因此，为了计算简便，可将其忽略或合并到其他抗力项中加以考虑。于是式(5-7)可简化为：

$$V_u = V_{cs} + V_{sb} \tag{5-8}$$

$$V_{cs} = V_c + V_{sv} \tag{5-9}$$

式中：V_{cs}——仅配有箍筋的梁的斜截面受剪承载力。

5.3.1 仅配置箍筋时的斜截面受剪承载力计算

1）矩形、T形和I形截面的一般受弯构件

对于矩形、T形和I形截面的一般受弯构件，当仅配有箍筋时，其斜截面受弯承载力应按下式计算：

$$V \leqslant V_u = V_{cs} = 0.7 f_t b h_0 + f_{yv} \frac{A_{sv}}{s} h_0 \tag{5-10}$$

式中：V——构件斜截面上的最大剪力设计值；

b——矩形截面的宽度，T形截面或I形截面的腹板宽度；

h_0——截面的有效高度；

s——沿构件长度方向箍筋的间距；

A_{sv}——配置在同一截面内箍筋各肢的全部截面面积；

f_t——混凝土轴心抗拉强度设计值；

f_{yv}——箍筋抗拉强度设计值。

2）承受集中荷载的矩形、T形和I形截面独立梁

承受集中荷载（包括作用多种荷载，其中集中荷载对支座或节点边缘所产生的剪力值占总剪力值的75%以上的情况）的矩形、T形和I形截面独立梁，当仅配有箍筋时，其斜截面受剪承载力应按下式计算：

$$V \leqslant V_u = V_{cs} = \frac{1.75}{\lambda + 1} f_t b h_0 + f_{yv} \frac{A_{sv}}{s} h_0 \tag{5-11}$$

式中：λ——计算截面的剪跨比，可取 $\lambda = a/h_0$；当 $\lambda < 1.5$ 时，取 $\lambda = 1.5$，当 $\lambda > 3$ 时，取 $\lambda = 3$；

a——集中荷载作用点至支座截面或节点边缘的距离；集中荷载作用点至支座之间的箍筋，应均匀配置。

所谓独立梁，是指不与楼板整体浇筑的梁。当剪跨比 λ 值为 1.5~3.0 时，式(5-11)中第一项的系数 $1.75/(\lambda+1)$ 在 0.7~0.44 范围内变化，说明随着剪跨比的增大，梁的受剪承载力降低；第二项的系数为 1.0，小于式(5-10)中的系数 1.25。可见，对于相同截面的梁，承受集中荷载作用时的斜截面受剪承载力比承受均布荷载时的低。

应当指出，式(5-10)和式(5-11)求得的 V_u 均为受剪承载力试验结果的偏下限值，这样做是为了保证安全。

5.3.2 同时配置箍筋和弯起钢筋时的斜截面受剪承载力计算

当梁中配有箍筋和弯起钢筋时,弯起钢筋所能承担的剪力为弯起钢筋的拉力在垂直梁轴方向的分力,如图 5-13 所示。此外,弯起钢筋与斜裂缝相交时,有可能已接近斜裂缝顶端的剪压区,其应力可能达不到屈服强度,计算时应考虑这一不利因素。于是,弯起钢筋的受剪承载力可按下式计算:

$$V_{sb}=0.8f_yA_{sb}\sin\alpha_s \tag{5-12}$$

式中:A_{sb}——配置在同一弯起平面内的弯起钢筋的截面面积;

α_s——弯起钢筋与梁纵轴的夹角,一般取 $\alpha_s=45°$;当梁截面较高时,可取 $\alpha_s=60°$;

f_y——弯起钢筋的抗拉强度设计值;

0.8——应力不均匀折减系数。

因此,对矩形、T 形和 I 形截面的受弯构件,当配置箍筋和弯起钢筋时,其斜截面的受剪承载力应按下式计算:

$$V\leqslant V_u=V_{cs}+V_{sb}=0.7f_tbh_0+f_{yv}\frac{A_{sv}}{s}h_0+0.8f_yA_{sb}\sin\alpha_s \tag{5-13}$$

对集中荷载作用下(包括作用有多种荷载,且其中集中荷载对支座或节点边缘所产生的剪力值占总剪力值的 75%以上的情况)的独立梁,当配置箍筋和弯起钢筋时,其斜截面受剪承载力应按下式计算:

$$V\leqslant V_{cs}+V_{sb}=\frac{1.75}{\lambda+1}f_tbh_0+f_{yv}\frac{A_{sv}}{s}h_0+0.8f_yA_{sb}\sin\alpha_s \tag{5-14}$$

式中:V——配置弯起钢筋处的剪力设计值,当计算第一排(对支座而言)弯起钢筋时,取支座边缘处的剪力设计值;计算以后的每一排弯起钢筋时,取前一排(对支座而言)弯起钢筋弯起点处的剪力设计值。

5.3.3 适用条件

通过斜截面受剪承载力的计算配置合适的腹筋,可避免受弯构件发生斜截面的剪压破坏。而对于斜压破坏和斜拉破坏,应通过截面限制条件及最小配箍率来避免。

1)截面尺寸限制条件

当梁承受的剪力较大,而截面尺寸较小或腹筋数量较多时,会发生斜压破坏,此时箍筋应力达不到屈服强度,梁的受剪承载力取决于混凝土的抗压强度和梁的截面尺寸。因此,设计时为避免斜压破坏,也为了防止梁在使用阶段斜裂缝过宽,对于矩形、T 形和 I 形截面的受弯构件,其受剪截面应符合下列条件:

当 $h_w/b\leqslant4$ 时:

$$V\leqslant0.25\beta_cf_cbh_0 \tag{5-15}$$

当 $h_w/b\geqslant6$ 时:

$$V\leqslant0.2\beta_cf_cbh_0 \tag{5-16}$$

当 $4 \leq h_w/b \leq 6$ 时，按线性内插法确定，即：

$$V \leq 0.025\left(14-\frac{h_w}{b}\right)\beta_c f_c b h_0 \tag{5-17}$$

式中：V——构件斜截面上的最大剪力设计值；

β_c——混凝土强度影响系数。当混凝土强度等级不超过C50时，取 $\beta_c=1.0$；当混凝土强度等级为C80时，取 $\beta_c=0.8$；其间按线性内插法确定；

f_c——混凝土轴心抗压强度设计值；

b——矩形截面的宽度，T形截面或I形截面的腹板宽度；

h_0——截面的有效高度；

h_w——截面的腹板高度。对矩形截面，取有效高度；对T形截面，取有效高度减翼缘高度；对I形截面，取腹板净高。

对T形或I形截面的简支受弯构件，由于受压翼缘对抗剪有利，因此，当有实践经验时，式(5-15)中的系数可改用0.3；同样，对受拉边倾斜的构件，其受剪截面的控制条件可适当放宽。

2)最小配箍率

如果梁内箍筋配置过少，斜裂缝一旦出现，箍筋应力就会突然增大而达到屈服强度，甚至被拉断，导致发生脆性很大的斜拉破坏。为了避免这类破坏，梁箍筋的配筋率 ρ_{sv} 应不小于箍筋的最小配筋率 $\rho_{sv,min}$，即：

$$\rho_{sv}=\frac{A_{sv}}{bs} \geq \rho_{sv,min}=0.24\frac{f_t}{f_{yv}} \tag{5-18}$$

3)构造配箍要求

如果梁内箍筋的间距过大，则可能出现斜裂缝不与箍筋相交的情况，使箍筋无法发挥作用。此时，应对箍筋最大间距进行限制。根据试验结果和设计经验，梁内的箍筋数量还应满足下列要求：

①对矩形、T形和I形截面梁，当符合：

$$V \leq 0.7 f_t b h_0 \tag{5-19}$$

对集中荷载作用下的矩形、T形和I形截面独立梁，当符合：

$$V \leq \frac{1.75}{\lambda+1} f_t b h_0 \tag{5-20}$$

虽按计算不需配置箍筋，但应按构造配置箍筋，即箍筋的最大间距和最小直径应满足表5-1的构造要求。

梁中箍筋的最大间距和最小直径(单位：mm) **表5-1**

梁截面高度 h	最大间距		最小直径
	$V>0.7f_t b h_0$	$V \leq 0.7 f_t b h_0$	
$150<h \leq 300$	150	200	6
$300<h \leq 500$	200	300	6

续上表

梁截面高度 h	最大间距		最小直径
	$V>0.7f_t bh_0$	$V\leqslant0.7f_t bh_0$	
$500<h\leqslant800$	250	350	6
$h>800$	300	400	8

②当不满足式(5-19)或式(5-20)时,应按式(5-13)或式(5-14)计算腹筋数量,箍筋的配筋率应满足式(5-18)的要求,选用的箍筋直径和箍筋间距还应符合表5-1的构造要求。

5.3.4 受弯构件的斜截面设计方法

1)计算截面的确定

控制梁斜截面受剪承载力的应该是那些剪力设计值较大而受剪承载力较小或截面抗力变化处的斜截面。据此,设计中一般取下列斜截面作为梁受剪承载力的计算截面:

①支座边缘处的截面,如图5-14a)、b)中的截面1-1。

②受拉区弯起钢筋弯起点处的截面,如图5-14a)中的截面2-2、截面3-3。

③箍筋截面面积或间距改变处的截面,如图5-14b)中的截面4-4。

④腹板宽度改变处的截面。

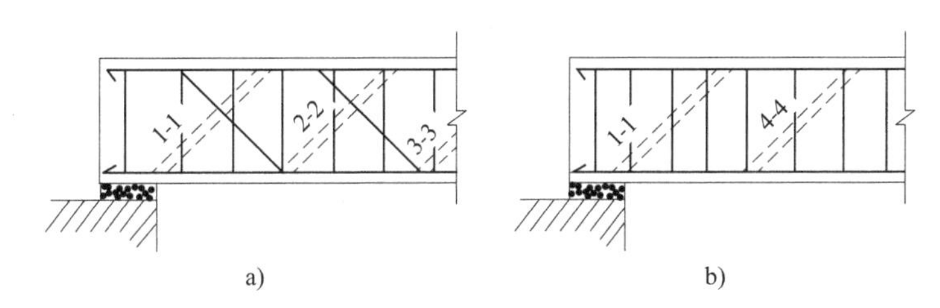

图5-14 斜截面受剪承载力的计算位置

计算截面处的剪力设计值按下述方法采用:计算支座边缘处的截面时,取该处的剪力设计值;计算箍筋数量(间距或截面面积)改变处的截面时,取箍筋数量开始改变处的剪力设计值;计算第一排(从支座算起)弯起钢筋时,取支座边缘处的剪力设计值,计算以后每一排弯起钢筋时,取前一排弯起钢筋弯起点处的剪力设计值。

2)截面设计

已知构件的截面尺寸b、h_0,材料强度设计值f_t、f_{yv},荷载设计值(或内力设计值)和跨度等,要求确定箍筋和弯起钢筋的数量。

对这类问题,一般可按下列步骤进行计算:

(1)确定计算斜截面及其剪力设计值,必要时画剪力图

(2)确定计算参数

(3)验算构件的截面尺寸是否满足要求

根据构件斜截面上的最大剪力设计值V,按式(5-15)或式(5-16)、式(5-17)验算由正截面

受弯承载力计算所选定的截面尺寸是否合适;如不合适,应加大截面尺寸或提高混凝土强度等级。

(4)验算是否需按计算配置腹筋

当某一计算斜截面的剪力设计值满足式(5-19)或式(5-20)时,可不进行斜截面受剪承载力计算,而按表 5-1 的构造要求配置箍筋。否则,应按计算要求配置腹筋。

(5)计算腹筋数量

①仅配箍筋而不配弯起钢筋时。

对矩形、T 形和 I 形截面的一般受弯构件,由式(5-10)可得:

$$\frac{A_{sv}}{s} \geqslant \frac{V-0.7f_t bh_0}{f_{yv}h_0} \tag{5-21}$$

对集中荷载作用下的矩形、T 形和 I 形截面独立梁,由式(5-11)可得:

$$\frac{A_{sv}}{s} \geqslant \frac{V-\frac{1.75}{\lambda+1}f_t bh_0}{f_{yv}h_0} \tag{5-22}$$

计算出 A_{sv}/s 值后,一般采用双肢箍筋,即取 $A_{sv}=2A_{sv1}$(A_{sv1}为单肢箍筋的截面面积),便可选用箍筋直径,并求出箍筋间距 s。注意选用的箍筋直径和间距应满足表 5-1 的构造要求。

②既配箍筋又配弯起钢筋时。

当计算截面的剪力设计值较大、箍筋配置数量较多但仍不满足截面抗剪要求时,可配置弯起钢筋与箍筋一起抗剪。此时,可先按经验选定箍筋的直径和间距,并按式(5-10)或式(5-11)计算出 V_{cs},然后按下式计算弯起钢筋截面面积 A_{sb}:

$$A_{sb} \geqslant \frac{V-V_{cs}}{0.8f_y \sin\alpha_s} \tag{5-23}$$

也可先选定弯起钢筋的截面面积 A_{sv}(可由正截面受弯承载力计算所得纵向受拉钢筋截面面积确定),然后由式(5-13)或式(5-14)计算箍筋数量。

3)截面复核

已知构件截面尺寸 b、h_0,材料强度设计值 f_c、f_t、f_y、f_{yv},箍筋数量,弯起钢筋数量及位置等,要求复核构件斜截面所能承受的剪力设计值。

此时,应先验算计算公式的适用范围;满足后,可将有关数据直接代入式(5-13)或式(5-14),即可得到解答。

【例 5-1】 如图 5-15 所示的矩形截面简支梁,截面尺寸为 $b\times h=250\,\text{mm}\times600\,\text{mm}$,混凝土强度等级为 C30,纵筋为 HRB400 级钢筋,箍筋为 HPB300 级钢筋。梁承受均布荷载设计值为80kN/m(包括梁自重)。根据正截面受弯承载力计算所配置的纵筋为 4 ⏀25。确定腹筋数量。

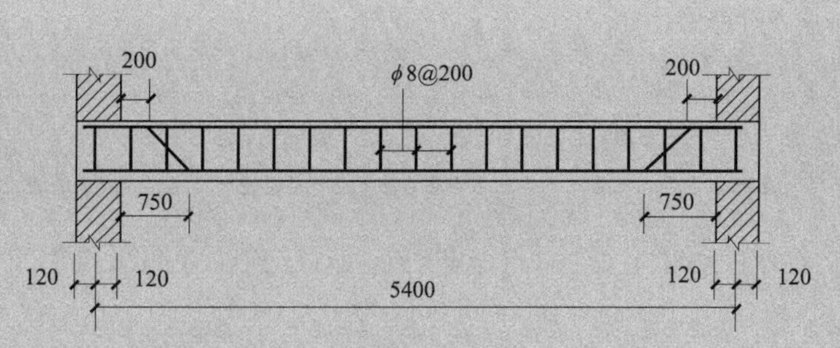

图5-15 例5-1图(尺寸单位:mm)

【解】(1)计算剪力设计值

支座边缘截面的剪力设计值 V 为:

$$V=0.5\times80\times(5.4-0.24)=206.400(\text{kN})$$

(2)确定计算参数

查附表2、附表4得:C30混凝土,$f_c=14.3\text{N/mm}^2$,$f_t=1.43\text{N/mm}^2$。查附表11得:HRB400级钢筋,$f_y=360\text{N/mm}^2$;HPB300级钢筋,$f_{yv}=270\text{N/mm}^2$。

(3)验算截面尺寸

$h_w=h_0=565\text{mm}$,$h_w/b=565/250=2.26<4$,应按式(5-15)验算;因为混凝土强度等级为C30,低于C50,故 $\beta_c=1.0$,则:

$$0.25\beta_c f_c bh_0=0.25\times1.0\times14.3\times250\times565=504969(\text{N})=504.969(\text{kN})>V$$

截面尺寸满足要求。

(4)验算是否按计算配置腹筋

$$0.7f_t bh_0=0.7\times1.43\times250\times565=141391(\text{N})=141.391(\text{kN})<206.400(\text{kN})$$

故应按计算配置腹筋。

(5)计算腹筋数量

①若只配箍筋

由式(5-21)得:

$$\frac{A_{sv}}{s}\geqslant\frac{206400-141391}{270\times565}=0.426$$

选用双肢 $\phi8$ 箍筋,$A_{sv}=101\text{mm}^2$,则:

$$s\leqslant\frac{A_{sv}}{0.426}=\frac{101}{0.426}=237(\text{mm})$$

取 $s=200\text{mm}$,相应的箍筋的配筋率为:

$$\rho_{sv}=\frac{A_{sv}}{bs}=\frac{101}{250\times200}=0.202\%>\rho_{sv,\min}=0.24\frac{f_t}{f_{yv}}=0.24\times\frac{1.43}{270}=0.127\%$$

故所配双肢 $\phi8$@200箍筋满足要求。

②若既配箍筋又配弯起钢筋

可先选用双肢 ϕ6@250 箍筋(满足表 5-1 的构造要求),然后由式(5-23)得:

$$A_{sb} \geqslant \frac{206400-\left(141391+270\times\frac{57}{250}\times565\right)}{0.8\times360\times\sin 45°}=148(\text{mm}^2)$$

将跨中正弯矩钢筋弯起 1 Φ 25($A_{sb}=490.9\text{mm}^2$)。钢筋弯起点至支座边缘的距离为 200mm+550mm=750mm,如图 5-15 所示。

再验算弯起点的斜截面。弯起点处对应的剪力设计值 V_1 和该截面的受剪承载力设计值 V_{cs} 如下:

$$V_1=0.5\times80\times(5.4-0.24-1.5)=146.400(\text{kN})$$

$$V_{cs}=141391+270\times57\times565\div250=176172.4(\text{N})=176.172(\text{kN})>V_1$$

该截面满足受剪承载力要求,所以该梁只需配置一排弯起钢筋。

【例 5-2】 某矩形截面简支梁,梁截面尺寸为 $b\times h=200\text{mm}\times500\text{mm}$,梁计算跨度 $l=5_{\text{m}}$,梁支承在厚 240mm 的砌体墙上,梁的净跨 $l_n=4.76\text{m}$,梁承受集中荷载设计值 $P=160\text{kN}$,作用于离支承中心 1m 处,承受均布荷载设计值 $q=18\text{kN/m}$(包括梁自重),详见图 5-16。混凝土强度等级为 C30 级,纵筋采用 HRB400 级钢筋,箍筋采用 HPB300 级钢筋。混凝土保护层厚度为 25mm(二 a 类环境),已按正截面受弯承载力计算配置 6 Φ 18 纵向钢筋,试确定所需要配置的箍筋和弯起钢筋。

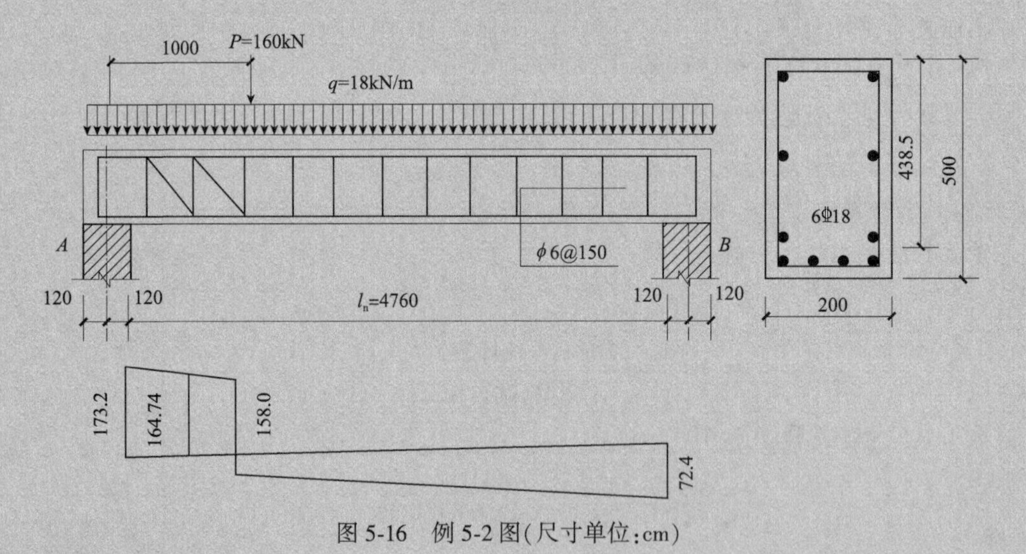

图 5-16 例 5-2 图(尺寸单位:cm)

【解】(1)基本参数

混凝土抗压强度设计值 $f_c=14.3\text{N/mm}^2$,混凝土抗拉强度设计值 $f_t=1.43\text{N/mm}^2$,$\beta_c=1.0$。

箍筋抗拉强度设计值 $f_{yv}=270\text{N/mm}^2$，弯起钢筋抗拉强度设计值 $f_y=360\text{N/mm}^2$，$A_s=1527\text{mm}^2$。

(2)确定截面有效高度

初选直径为6mm的双肢箍，则截面有效高度取 $h_0=500-25-6-18-25/2=438.5(\text{mm})$，考虑施工偏差可取 $h_0=435\text{mm}$。

(3)计算支座边剪力设计值

$$V_A=0.5\times18\times4.76+\frac{4.76-(1.0-0.12)}{4.76}\times160=42.8+130.4=173.2(\text{kN})$$

$$V_B=0.5\times18\times4.76+\frac{1.0-0.12}{4.76}\times160=42.8+29.6=72.4(\text{kN})$$

(4)验算截面尺寸

$$h_w/b=435/200=2.18\leqslant4$$

$$0.25\beta_c f_c bh_0=0.25\times1.0\times14.3\times200\times435=311.0(\text{kN})>V_A=173.2(\text{kN})$$

截面尺寸满足要求。

(5)按构造要求确定箍筋

根据构造要求确定箍筋为 $\phi6@150$（查附表24得 $A_{sv}=28.3\text{mm}^2$），验算最小配箍率：

$$\rho_{sv}=\frac{A_{sv}}{bs}=\frac{2\times28.3}{200\times150}=0.189\%>\rho_{sv,\min}=0.24\frac{f_t}{f_{yv}}=\frac{0.24\times1.43}{270}=0.127\%$$

满足要求。

(6)计算所需弯起钢筋

因为A支座边集中荷载产生的剪力与总剪力的比值为130.4/173.2=0.753>75%，故应考虑剪跨比的影响。又由剪跨比 $\lambda=a/h_0=(1000-120)/435=2.023$，则有：

$$V_{cs}=\frac{1.75}{\lambda+1.0}f_t bh_0+f_{yv}\frac{A_{sv}}{s}h_0=\frac{1.75}{2.023+1.0}\times1.43\times200\times435+270\times\frac{56.6}{150}\times435=116.34(\text{kN})$$

弯起钢筋的弯起角度 α 取45°，则第一排弯起钢筋所需面积为：

$$A_{sb1}=\frac{V_A-V_{cs}}{0.8f_y\sin\alpha}=\frac{(173.2-116.34)\times10^3}{0.8\times360\times0.707}=279.25(\text{mm}^2)$$

查附表24，选2Φ18，$A_{sb1}=509\text{mm}^2$。取第一排弯起钢筋弯终点至支座中线的距离为170mm，弯起段水平投影长度为 $500-25\times2-6\times2-18=420(\text{mm})$，如图5-17所示，则第一排弯起钢筋弯起点处的剪力为：

$$V_2=173.2-18\times(0.420+0.170-0.120)=164.74(\text{kN})$$

$V_2>V_{cs}=116.34\text{kN}$，故须弯起第二排弯起钢筋：

$$A_{sb2}=\frac{V_A-V_{cs}}{0.8f_y\sin\alpha}=\frac{(164.74-116.34)\times10^3}{0.8\times360\times0.707}=237.70(\text{mm}^2)$$

仍选2Φ18,$A_{sb2}=509mm^2$。

将第二排弯起钢筋弯终点与第一排弯起钢筋弯起点对齐,第二排弯起钢筋弯起段的水平投影长度为500−25×2−6×2−18−25−18=377(mm),如图5-17所示,则第二排钢筋弯起点距集中荷载作用位置距离为1000−170−420−377=33(mm)<s_{max}=200(mm),因此,不必设置第三排弯起钢筋。

B支座边缘处集中荷载产生的剪力占总剪力的比值为29.6/72.4=0.41,小于75%,不必考虑剪跨比的影响。

$$0.7f_tbh_0=0.7\times1.43\times200\times435=87087(N)=87.09(kN)>V_B=72.4(kN)$$

不需要按计算配箍筋,按构造要求仍选ϕ6@150箍筋。

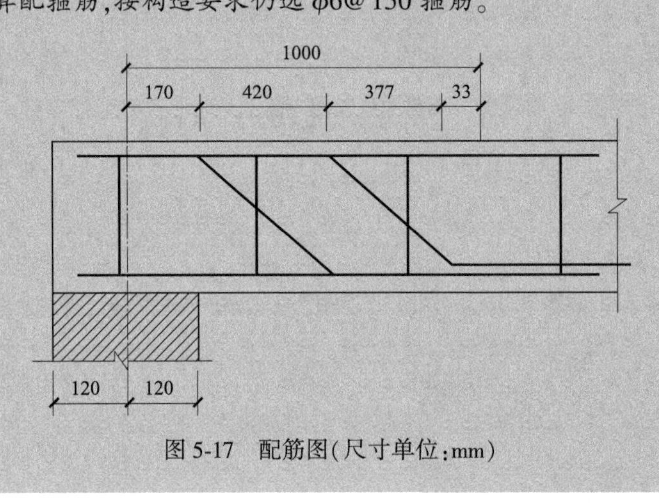

图5-17 配筋图(尺寸单位:mm)

5.4 受弯构件受力钢筋的构造要求

钢筋的构造要求是保证钢筋混凝土构件受力及其计算模型和计算方法成立的必要条件,没有可靠的钢筋构造,材料强度不能充分发挥,承载力的计算模型就不可能成立。在受弯构件正截面受弯承载力和斜截面受剪承载力的计算中,钢筋强度的充分发挥应建立在可靠的配筋构造基础上。因此,在钢筋混凝土结构的设计中,钢筋构造与计算设计同等重要。

通常,为节约钢材,在受弯构件设计中,可根据设计弯矩图的变化将钢筋截断或弯起用作受剪钢筋。但将钢筋弯起或截断时,应确保构件受弯承载力、受剪承载力不出现问题。针对保证受弯构件截面承载力的要求,本节主要讨论钢筋的配筋构造原理以及钢筋的弯起、截断和锚固要求,并综合考虑受弯构件中受弯、受剪等钢筋的配筋构造要求进行钢筋布置。

5.4.1 抵抗弯矩图

由支承条件和荷载作用形式得出弯矩,并沿构件轴线方向绘出的弯矩分布图形,称为"设计弯矩图”,如图 5-18 中所示 M 图,可由力学方法求出。

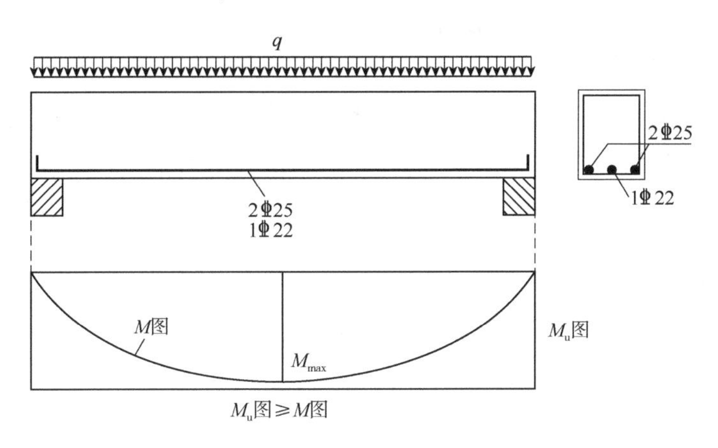

图 5-18 纵筋通长伸入支座的 M_u 图

按受弯构件正截面计算所得实际截面尺寸、纵向受力钢筋配置情况,沿构件轴线方向绘出的各截面 M_u 图,称为“抵抗弯矩图”,如图 5-18 所示。

如图 5-18 所示,对于均布荷载作用下的钢筋混凝土简支梁,按跨中截面最大设计弯矩 M_{max} 计算,须配置 2 Φ 25+1 Φ 22 纵向受拉钢筋。如将 2 Φ 25+1 Φ 22 钢筋全部伸入支座并可靠锚固,则该梁沿跨度方向纵向受拉钢筋 A_s 保持不变,抵抗弯矩 M_u 保持不变,抵抗弯矩 M_u 图为一矩形框,且任何截面均有 $M \leqslant M_u$。

这种钢筋布置方式显然满足受弯承载力的要求,但 M_u 图与 M 图相比,M_u 有很多的富余,且仅在跨中截面全部钢筋得到充分利用,而其他截面钢筋的应力均未达到抗拉设计强度 f_y。为节约钢材,可根据设计弯矩 M 图的变化将钢筋弯起或截断。因此,需要研究钢筋弯起或截断时 M_u 图的变化和有关配筋构造要求,以使钢筋弯起或截断后的任何截面始终保持 M_u 图包住 M 图,即 $M_u \geqslant M$,满足受弯承载力的要求。

5.4.2 纵向钢筋的弯起、截断与锚固

1) 纵向钢筋的弯起

(1) 纵向钢筋弯起需要满足的要求

①保证正截面受弯承载力:纵筋弯起后,剩下的纵筋数量减少,正截面受弯承载力降低。为了保证正截面受弯承载力能够满足要求,纵筋的始弯点必须位于按正截面受弯承载力计算所得的该纵筋强度被充分利用截面(充分利用点)以外,使抵抗弯矩图全部位于设计弯矩图之外,不得切入设计弯矩图以内。

②保证斜截面受剪承载力:纵筋弯起的数量由斜截面受剪承载力计算确定。当有集中荷载作用并按计算须配置弯起钢筋时,弯起钢筋应覆盖计算斜截面的始点至相邻集中荷载作用点之间的范围,因为在此范围内剪力值大小不变。弯起钢筋的布置,从支座起前一排弯起钢筋弯起点至后一排弯起钢筋的距离,以及第一排弯起钢筋距支座边的距离,均应小于箍筋的

最大间距,其值见表 5-1。

③保证斜截面受弯承载力:为了保证梁斜截面受弯承载力,弯起钢筋在受拉区的弯起点应设在该钢筋的充分利用点以外,该弯起点至充分利用点间的距离 s_1 应大于或等于 $h_0/2$;同时,弯筋与梁纵轴的交点应位于按计算不需要该钢筋的截面(不需要点)以外。在设计中,当满足上述规定时,梁斜截面受弯承载力就能得到保证。

下面说明为什么 $s_1 \geqslant h_0/2$ 就能保证斜截面受弯承载力。如图 5-19a)所示,在截面 CC',按正截面受弯承载力计算需配置纵筋 A_s,CC'处为钢筋 A_s 的充分利用截面。现拟在 K 处弯起一根(或一排)纵筋,其面积为 A_{sb},剩余钢筋面积为(A_s-A_{sb}),并伸入梁支座。

以 $ABCC'$为脱离体,如图 5-19b)所示,对 O 点取矩,可得正截面 CC'的力矩平衡条件为:

$$Va=f_yA_sz \tag{5-24}$$

再以 $ABCHJ$ 部分梁为脱离体,如图 5-19c)所示,亦对 O 点取矩,并忽略箍筋的作用,可得斜截面 CHJ 的力矩平衡条件为:

$$Va=f_y(A_s-A_{sb})z+f_yA_{sb}z_{sb}=f_yA_sz+f_yA_{sb}(z_{sb}-z) \tag{5-25}$$

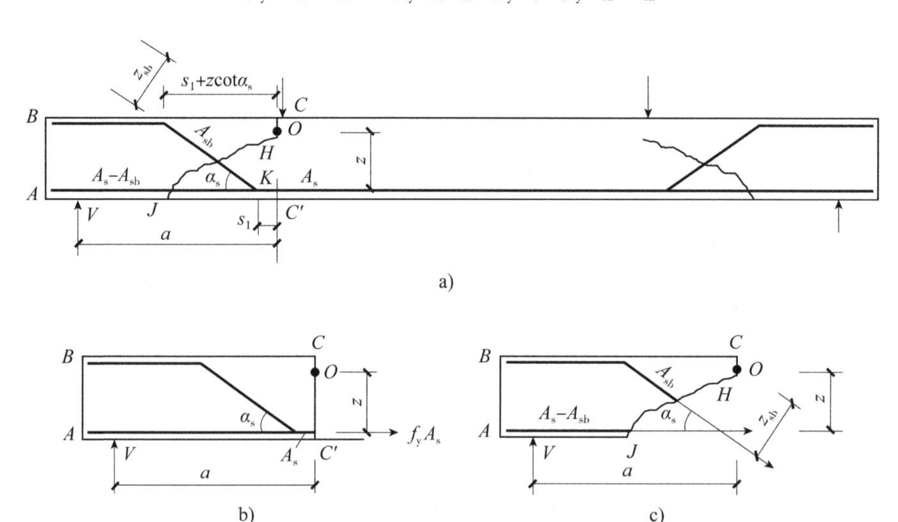

图 5-19 有弯筋时的正截面及斜截面受弯承载力

从上述分析可知,斜截面 CHJ 和正截面 CC'承受的外弯矩相同(均等于 Va)。显然,只有使斜截面受弯承载力大于或等于正截面受弯承载力,才能保证斜截面受弯承载力满足要求。比较式(5-24)和式(5-25)可见,这相当于使 $z_{sb} \geqslant z$。

由图 5-19a)的几何关系得:

$$z_{sb}=(s_1+z\cot\alpha_s)\sin\alpha_s=s_1\sin\alpha_s+z\cos\alpha_s$$

由条件 $z_{sb} \geqslant z$,有:

$$s_1 \geqslant (\csc\alpha_s-\cot\alpha_s)z$$

如果取 $z=0.9h_0$,$\alpha_s=45°$,得 $s_1 \geqslant 0.37h_0$;如果取 $\alpha_s=60°$时,则 $s_1 \geqslant 0.52h_0$。在设计中,简单地取 $s_1 \geqslant h_0/2$ 时,就基本上能保证 $z_{sb} \geqslant z$,从而保证了斜截面受弯承载力。

(2)弯起钢筋的构造要求

①弯起钢筋的间距:当设置的弯起钢筋抗剪时,前一排(相对于支座而言)弯起钢筋的始弯点至次一排弯起钢筋始弯点的距离不得大于表5-1规定的箍筋最大间距要求。

②弯起钢筋的弯起角度:梁中弯起钢筋的弯起角度宜取45°;当梁截面高度大于700 mm时,宜采用60°。位于梁底层两侧的钢筋不应弯起,位于梁顶层钢筋中的角部钢筋不应弯下。

③抗剪弯起钢筋的终弯点:弯起钢筋在终弯点应有一直线锚固段,其长度在受拉区不应小于20d,在受压区不应小于10d;光面钢筋的末端应设置弯钩,如图5-20所示。

④弯起钢筋的形式:当不能弯起纵向受力钢筋抗剪时,可放置单独的抗剪弯筋。此时应将弯筋布置成"鸭筋"形式[图5-21a)],不能采用"浮筋"形式[图5-21b)]。因浮筋在受拉区只有一小段水平长度,锚固性能不如两端均锚固在受压区的鸭筋可靠。

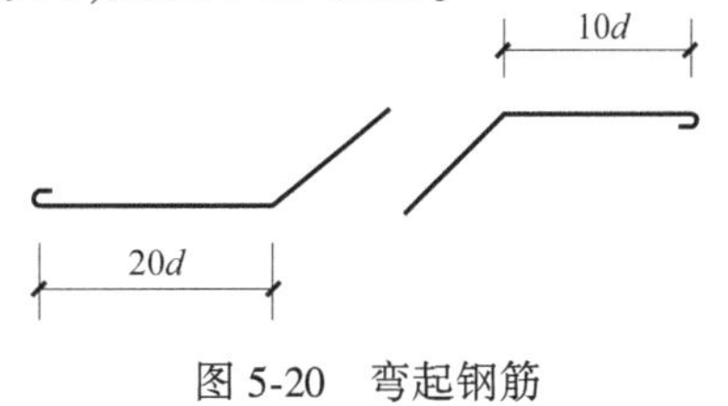

图5-20 弯起钢筋

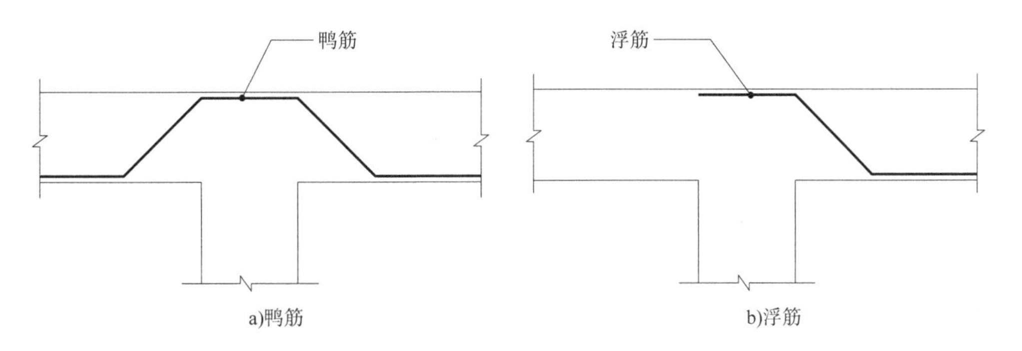

图5-21 中间支座设置单独抗剪钢筋的构造

2)纵向钢筋的截断

(1)支座负弯矩钢筋的截断

梁正弯矩区段内的纵向受拉钢筋不宜在跨中截断,而应伸入支座或弯起以抵抗负弯矩及抗剪。支座负弯矩处配置的受拉钢筋在向跨内延伸时,可根据弯矩图在适当部位截断,以减少纵筋的数量。纵筋截断时应符合下列规定:

①当$V \leqslant 0.7f_tbh_0$时,应延伸至按正截面受弯承载力计算不需要该钢筋的截面以外不小于20d处截断,且从该钢筋强度充分利用截面伸出的长度不应小于$1.2l_a$,如图5-22a)所示。

②当$V > 0.7f_tbh_0$时,应延伸至按正截面受弯承载力计算不需要该钢筋的截面以外不小于h_0且不小于20d处截断,且从该钢筋强度充分利用截面伸出的长度不应小于$1.2l_a+h_0$,如图5-22b)所示。

做出上述两项规定,主要是由于当$V \leqslant 0.7f_tbh_0$时,梁弯剪区在使用阶段一般不会出现斜裂缝,这时纵筋的延伸长度取20d或者$1.2l_a$;当$V > 0.7f_tbh_0$时,梁在使用阶段有可能出现斜裂缝,而斜裂缝出现后,由于斜裂缝顶端处的弯矩增大,有可能使未截断纵筋的拉应力超过屈服强度而发生斜弯破坏。因此,纵筋的延伸长度应考虑斜裂缝水平投影长度,其值可近似取h_0

或取 $1.2l_a+h_0$。

③若负弯矩区长度较大，按上述两项确定的截断点仍位于负弯矩受拉区内，则应延伸至按正截面受弯承载力计算不需要该钢筋的截面以外不小于 $1.3h_0$ 且不小于 $20d$ 处截断，且从该钢筋强度充分利用截面伸出的延伸长度不应小于 $1.2l_a+1.7h_0$，如图 5-22c）所示。

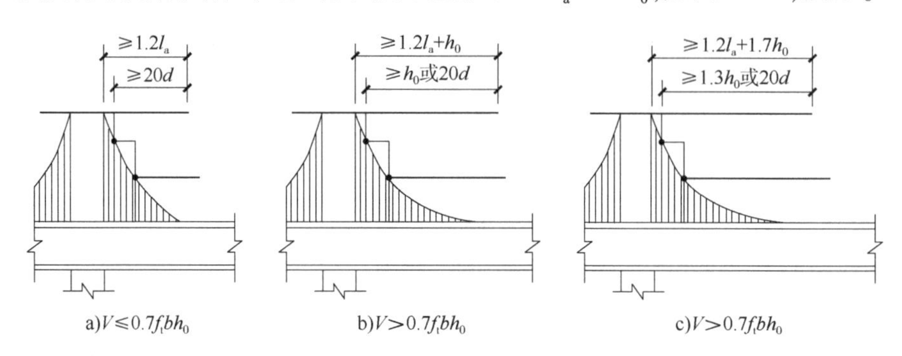

图 5-22　纵筋截断时的延伸长度

（2）悬臂梁的负弯矩钢筋

悬臂梁全部为负弯矩，其根部弯矩最大，悬臂端弯矩最小。因此，理论上来讲，负弯矩钢筋数量可根据弯矩图的变化，由根部向悬臂端逐渐减少。但是，由于悬臂梁中存在着比一般梁更为严重的斜弯作用和黏结退化而引起的应力延伸，所以在梁中截断钢筋会引起斜弯破坏。根据试验研究和工程经验，对悬臂梁中负弯矩钢筋的配置做如下规定：

①对较短的悬臂梁，将所有上部钢筋（负弯矩钢筋）伸至悬臂梁外端，并向下弯折锚固，锚固段的长度不小于 $12d$。

②对较长的悬臂梁，应有不少于 2 根上部钢筋伸至悬臂梁外端，并按上述规定向下弯折锚固；其余钢筋不应在梁的上部截断，可分批向下弯折，锚固在梁的受压区内。弯折点位置可根据弯矩图确定，弯折角度为 45°或 60°，在受压区的锚固长度为 $10d$。

综上所述，钢筋弯起和截断均须绘制抵抗弯矩图。实际上这是一种图解设计过程，它可以帮助设计者看出钢筋的布置是否经济合理。因为对同一根梁、同一个设计弯矩图，可以画出不同的抵抗弯矩图，得到不同的钢筋布置方案和相应的纵筋弯起、截断位置，它们都可能满足正截面和斜截面承载力计算及有关构造要求，但经济合理程度有所不同，设计者应综合考虑各方面的因素给出判断，做到安全经济，且施工方便。

3）纵向钢筋的锚固

伸入梁支座范围内的纵向受力钢筋根数应满足当梁宽 $b\geqslant100$mm 时，不宜少于 2 根；当梁宽 $b<100$mm 时，可为 1 根。

在简支梁和连续梁的简支端附近，弯矩接近于零。但当支座边缘截面出现斜裂缝时，该处纵筋的拉力会突然增加，如无足够的锚固长度，纵筋会因锚固不足而发生滑移，造成锚固破坏，降低梁的承载力。如图 5-23 所示，为防止这种破坏，简支梁和连续梁简支端的下部纵向受力钢筋伸入梁支座范围内的锚固长度 l_{as} 应符合下列规定：

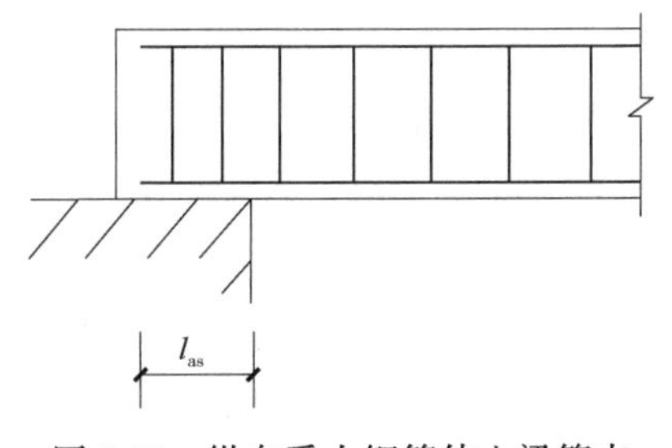

图 5-23 纵向受力钢筋伸入梁简支支座的锚固

①当 $V\leqslant 0.7f_tbh_0$ 时，$l_{as}\geqslant 5d$。

②当 $V>0.7f_tbh_0$ 时，对于带肋钢筋，$l_{as}\geqslant 12d$；对于光面钢筋，$l_{as}\geqslant 15d$（d 为纵向受力钢筋的直径）。

③对混凝土强度等级为 C25 的简支梁和连续梁的简支端，当距支座边 1.5h 范围内作用有集中荷载且 $V>0.7ftbh_0$ 时，对带肋钢筋宜采取附加锚固措施，或取锚固长度 $l_{as}\geqslant 15d$。

④如果纵向受力钢筋伸入梁支座范围内的锚固长度不符合上述要求，应采取在钢筋上加焊锚固钢板或将钢筋端部焊接在梁端预埋件上等有效锚固措施。

⑤在砌体结构中的独立简支梁支座处，由于约束较小，故应在锚固长度范围内加强配箍，其数量不应少于 2 个，直径不宜小于纵筋最大直径的 1/4，间距不宜大于纵筋最小直径的 10 倍；当采取机械锚固措施时，箍筋间距不宜大于纵筋最小直径的 5 倍。

连续梁或框架梁上部纵向钢筋应贯穿中间节点或中间支座范围，如图 5-24 所示。下部纵筋在中间支座或中间节点处应满足下列锚固要求：

①当计算中不利用该钢筋的强度时，其伸入支座或节点的锚固长度应符合简支支座 $V>0.7f_tbh_0$ 时对锚固长度的规定。

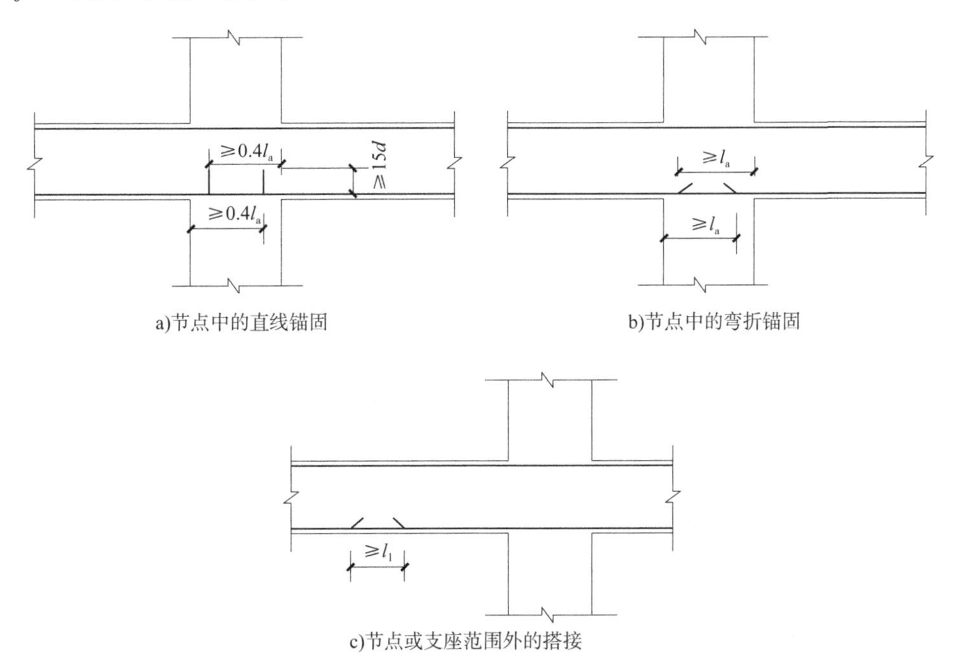

图 5-24 梁下部纵向钢筋在中间支座或中间节点范围的锚固与搭接（当计算中充分利用钢筋的抗拉强度时）

②当计算中充分利用钢筋的抗拉强度时，下部纵向钢筋应锚固在支座或节点内。可根据具体情况采取下述锚固方法：采用直线锚固形式，如图 5-24a）所示，锚固长度不小于受拉钢筋

的锚固长度 l_a；下部纵向钢筋也可采用带90°弯折的锚固形式，如图5-24b）所示，其中，竖向直段应向上弯折，锚固段包括弯弧段在内的水平投影长度不应小于 $0.4l_a$，竖直投影长度应取 $15d$。如果采用上述两种方法都有困难，可将下部纵筋伸过支座或节点范围，并在梁中弯矩较小处（如反弯点附近）设置搭接接头，如图5-24c）所示。

③当计算中充分利用钢筋的抗压强度时，下部纵筋应按受压钢筋锚固在中间支座或中间节点或中间支座范围内，其直线锚固长度不应小于 $0.7l_a$；下部纵向钢筋可伸过结点或支座范围，并在跨中弯矩较小处设搭接接头。

5.4.3 箍筋的构造要求

1）箍筋的形式和肢数

箍筋在梁内除承受剪力以外，还起着固定纵筋位置、使梁内钢筋形成钢筋骨架、连接梁的受拉区和受压区、增强受压区混凝土的延性等作用。箍筋的形式有封闭式和开口式两种［图5-25d）、e）］，一般采用封闭式，既方便固定纵筋又对梁的抗扭有利。对于现浇T形梁，当不承受扭矩和动荷载时，在跨中截面上部受压区的区段内可采用开口式。当梁中配有经计算的纵向受压钢筋时，均应做成封闭式，箍筋端部弯钩通常为135°，不宜采用90°弯钩。

箍筋有单肢、双肢和复合箍等，如图5-25所示。一般按以下情况选用：当梁宽不大于400mm时，可采用双肢箍筋；当梁的宽度大于400mm且一层内的纵向受压钢筋多于3根时，或当梁的宽度不大于400mm但一层内的纵向受压钢筋多于4根时，应设置复合箍筋，如图5-25c）所示；当梁宽度小于100mm时，可采用单肢箍筋。

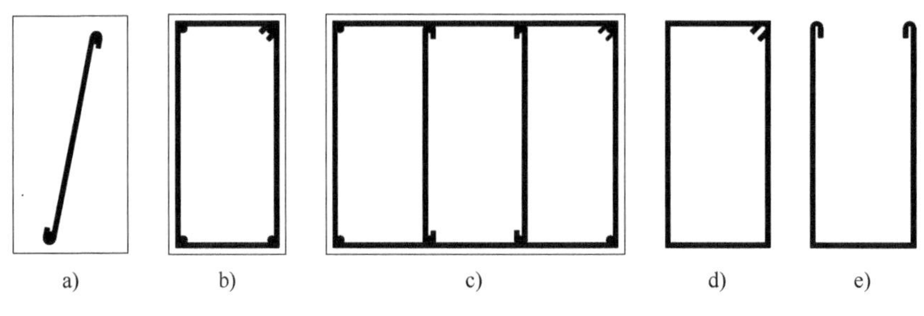

图5-25　箍筋的形式和肢数

2）箍筋的直径和间距

为了使钢筋骨架具有一定的刚性且便于制作安装，箍筋直径不应太小，《混凝土结构设计规范》规定的箍筋最小直径见表5-1。当梁中配有经计算的受压钢筋时，箍筋直径应不小于受压钢筋最大直径的1/4。

箍筋间距除应满足计算要求外，其最大间距应符合表5-1的规定；当梁中配有经计算的纵向受压钢筋时，箍筋的间距不应大于 $15d$，同时不应大于400mm；当一层内的纵向受压钢筋多于5根且直径大于18mm时，箍筋间距不应大于 $10d$。

3）箍筋的布置

按计算不需要设置箍筋抗剪的梁，当截面高度大于300mm时，应沿梁全长设置箍筋；当截面高度为150~300mm时,可仅在构件端部1/4跨度范围内设置箍筋,但当在构件中部1/2跨度范围内有集中荷载作用时,则应沿梁全长设置箍筋;当截面高度为150mm以下时,可不设置箍筋。

小结及学习指导

1.梁弯剪区段出现斜裂缝的主要原因是荷载作用下梁内产生的主拉应力超过了混凝土的抗拉强度。斜裂缝的开展方向大致沿着主压应力轨迹线(垂直于主拉应力)。斜裂缝有两类:弯剪斜裂缝(出现于一般梁中),腹剪斜裂缝(出现于薄腹梁中)。

2.受弯构件斜截面剪切破坏的主要形态有斜压、剪压和斜拉三种。剪跨比$\lambda<1$时发生斜压破坏,$1<\lambda<3$时常发生剪压破坏,$\lambda>3$时发生斜拉破坏。

3.影响受弯构件斜截面承载力的因素很多,主要有剪跨比、混凝土强度、箍筋的配筋率和箍筋强度以及纵向钢筋的配筋率等。

4.受弯构件斜截面承载力有两类问题:一类是斜截面受剪承载力,对此问题应通过计算配置箍筋或同时配置箍筋和弯起钢筋来解决;另一类是斜截面受弯承载力,主要是纵向受力钢筋的弯起、截断位置以及相应的锚固问题,规范规定用相应的构造措施来保证,无须进行计算。

5.抵抗弯矩图是按照受弯构件实配的纵向钢筋的数量画出的各截面所能抵抗的弯矩图,要掌握利用抵抗弯矩图并根据正截面和斜截面的受弯承载力来确定纵筋的弯起点、截断位置的方法,要了解保证受力钢筋在支座处的有效锚固的构造措施。

思考题

1.在荷载作用下,钢筋混凝土梁为什么会出现斜裂缝?

2.在无腹筋钢筋混凝土梁中,斜裂缝出现后梁的应力状态发生了哪些变化,为什么会发生这些变化?

3.影响梁斜截面受剪承载力的主要因素有哪些,影响规律如何?

4.钢筋混凝土梁斜截面剪切破坏有哪几种主要类型?发生的条件和破坏特征各是什么?

5.什么是广义剪跨比?什么是计算剪跨比?二者的区别与联系是什么?

6.受弯构件斜截面破坏的主要形态有几种?各发生在什么情况下?设计中如何避免破坏的发生?

7.腹筋在哪些方面改善了梁的斜截面受剪性能?箍筋的配筋率是如何定义的?它与斜截面受剪承载力的关系怎样?

8.对于仅配箍筋的梁,斜截面受剪承载力计算公式[式(5-10)和式(5-11)]各适用于哪些情况?

9.斜截面受剪承载力计算公式的适用范围为什么要规定上、下限?为什么要对截面尺寸加以限制?薄腹梁与一般梁的限制条件为何不同?为什么要规定箍筋的最小配筋率?

10.为什么要控制箍筋和弯筋的最大间距?为什么箍筋的直径不得小于最小直径?当箍

筋满足最小直径和最大间距要求时,是否必然满足最小配筋率的要求?

11.什么是抵抗弯矩图?它与设计弯矩图的关系是怎样的?

12.什么是纵筋的充分利用点和理论截断点?

习 题

1.一矩形截面简支梁,截面尺寸为 $b\times h=200\text{mm}\times500\text{mm}$,两端支承在砖墙上,净跨为5.74m,梁承受均布荷载设计值 $p=38\text{kN/m}$(包括梁自重)。混凝土强度等级为C30,箍筋采用HPB300级。若此梁只配箍筋,试确定箍筋直径和间距。

2.承受均布荷载的矩形截面简支梁的截面尺寸为 $b\times h=200\text{mm}\times500\text{mm}$,支座边缘截面剪力设计值 $V=130\text{kN}$。混凝土强度等级为C30,环境类别为一类。试配置箍筋。

3.一钢筋混凝土矩形截面外伸梁,支承于砖墙上。梁跨度、截面尺寸及均布荷载设计值(包括梁自重)如图5-26所示,$h_0=640\text{mm}$。混凝土强度等级为C30。混凝土保护层厚度为25mm,纵向钢筋采用HRB400级,箍筋为HPB300级。根据正截面受弯承载力计算,应配置纵筋3Φ22+3Φ20。求箍筋和弯起钢筋的数量。

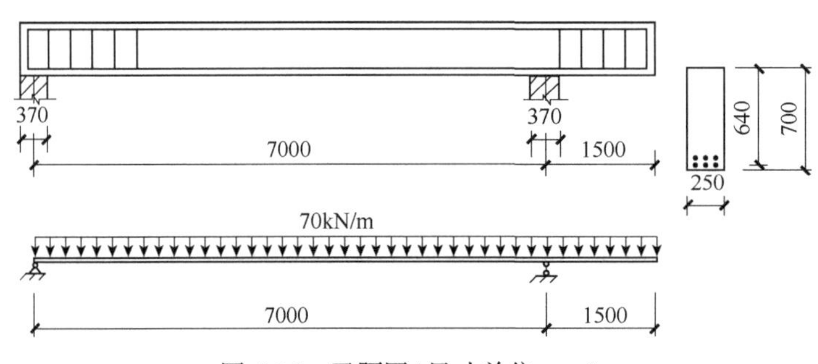

图5-26 习题图(尺寸单位:mm)

第6章 受压构件承载力

本章要点

【知识点】

轴心受压构件正截面承载力的计算方法及构造要求，偏心受压构件正截面的破坏形态，矩形截面非对称配筋与对称配筋大、小偏心受压构件正截面承载力的计算方法，偏心受压构件斜截面受剪承载力的计算。

【重点】

掌握轴心受压构件正截面承载力的计算方法，偏心受压构件正截面破坏形态的判别方法，大、小偏心受压构件正截面承载力的计算方法。

【难点】

矩形截面大、小偏心受压构件正截面承载力的计算方法。

6.1 概　　述

受压构件是指以承受轴向压力为主的构件，它可以充分发挥混凝土材料的强度优势，因而在工程结构中应用较为普遍。例如多层和高层建筑中的框架柱、剪力墙、筒体，单层厂房结构中的排架柱，屋架上弦杆和受压腹杆，烟囱的筒壁，拱，桥梁结构中的桥墩、桩等，都属于受压构件（图6-1）。

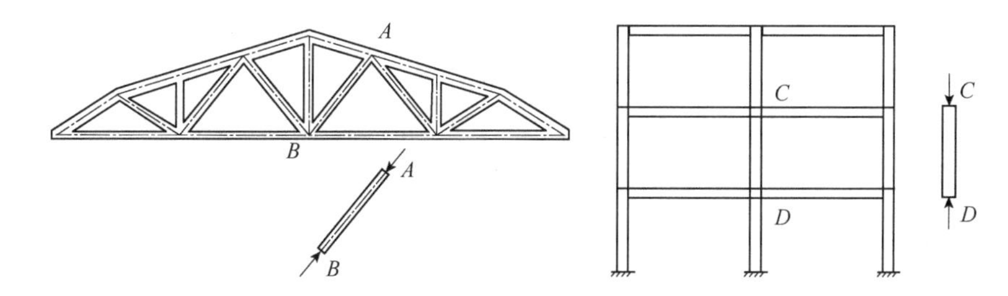

图6-1　轴心受压构件

受压构件按受力情况可分为轴心受压构件、单向偏心受压构件及双向偏心受压构件三类。对于单一均质材料的构件，当轴向压力的作用线与构件截面形心线重合时为轴心受压，否则为偏心受压。对于钢筋混凝土构件，情况较为复杂，一是混凝土为非均质材料，二是钢筋未必对称布置，要准确地确定截面的物理形心比较困难。工程上为了方便，一般不考虑上述两点的影响，近似地用轴向压力作用点与构件正截面形心的相对位置划分构件类型。当轴向压力作用点位于正截面形心时为轴心受压构件；当轴向压力作用点对正截面的一个主轴有偏心距时为单向偏心受压构件；当轴向压力作用点对构件正截面的两个主轴都有偏心距时为双向偏心受压构件。

6.2 轴心受压构件正截面受压承载力计算

在实际工程中，理想的轴心受压构件是不存在的。但对于某些构件，如以承受恒载为主的框架中柱、桁架的受压腹杆，构件截面上的弯矩很小，以承受轴向压力为主，可以近似按轴心受压构件计算。

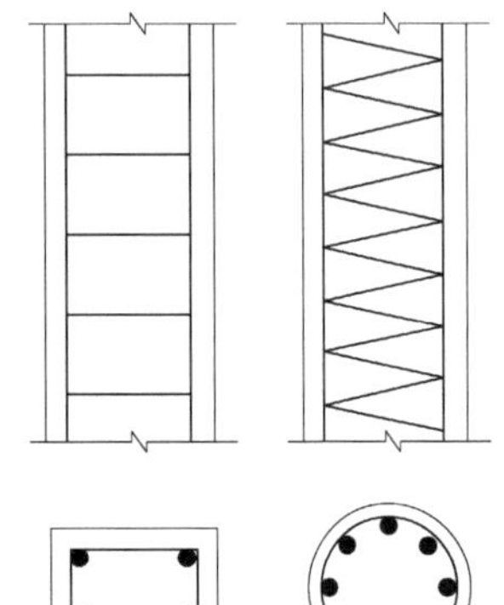

图 6-2　两种箍筋柱

按照柱中箍筋配置方式的不同，轴心受压构件可分为两种：普通箍筋柱和螺旋箍筋柱。由于构造简单且施工方便，普通箍筋柱是工程中最常见的轴心受压构件，截面形式多为矩形或正方形。当柱承受很大的轴心压力，并且柱截面尺寸受到建筑上和使用上的限制不能加大时，若设计成普通箍筋柱，即使提高混凝土强度等级、增加纵筋配筋量也不足以承受该压力，可考虑采用螺旋筋或焊接环筋以提高柱的承载力。这种柱的截面形式多为圆形或多边形，如图 6-2所示。

6.2.1　普通箍筋柱的正截面承载力计算

根据构件长细比不同，《混凝土结构设计规范》将轴心受压构件分为短柱和长柱两种情况。当长细比 $l_0/b \leq 8$（矩形截面，b 为截面较短边长）或 $l_0/d \leq 7$（圆形截面，d 为直径）时为短柱，否则为长柱。

1) 轴心受压短柱的破坏形态

短柱在轴心压力作用下，整个截面的应变基本上是均匀分布的，由于纵筋与混凝土之间存在黏结力，两者的应变基本相同。当荷载较小时，构件基本处于弹性阶段，此时纵筋和混凝土的应力值可根据应变协调条件由弹性理论求得。当荷载较大时，混凝土出现塑性变形，其应力增长较慢而纵筋的应力增长较快，纵筋与混凝土的应力比值不再符合弹性关系而是逐渐变大，这种现象被称为“截面的应力重分布”，如图 6-3 所示。随着荷载继续增加，柱中开始出现纵向微细裂缝，在临近破坏荷载时，柱四周裂缝明显加宽，箍筋间的纵筋首先压屈而外鼓，混凝土达到极限压应变而被压碎，柱破坏，如图 6-4 所示。

试验表明，钢筋混凝土短柱在混凝土压碎时的压应变值比混凝土棱柱体的极限压应变略高，其主要原因是纵向钢筋起到了调整混凝土应力的作用，改善了其脆性性质。计算时，对普通混凝土取极限压应变 0.002，这时混凝土达到了棱柱体抗压强度 f_c，相应的纵筋最大应力约为 $\sigma'_s = E_s \times 0.002 = 2 \times 10^5 \times 0.002 = 400\text{N/mm}^2$，对于 HRB400 级、HRBF400 级和 RRB400 级热轧钢筋已达到其抗压屈服强度，但对于屈服强度或条件屈服强度高于 400N/mm^2 的钢筋，其抗压强度设计值最大只能取 $f'_y = 400\text{N/mm}^2$。

2)轴心受压长柱的破坏形态

对于长细比较大的柱,试验表明,由各种因素造成的初始偏心对构件的受压承载力影响较大,不可忽略。它将使构件产生附加弯矩和弯曲变形。随着荷载的增加,构件在压力和弯矩的共同作用下破坏。对于长细比很大的细长柱,还可能发生丧失稳定的破坏。长柱破坏的特征是凸侧混凝土出现水平裂缝,凹侧出现纵向裂缝直至混凝土压碎,纵筋被压屈而外鼓,如图 6-5 所示。

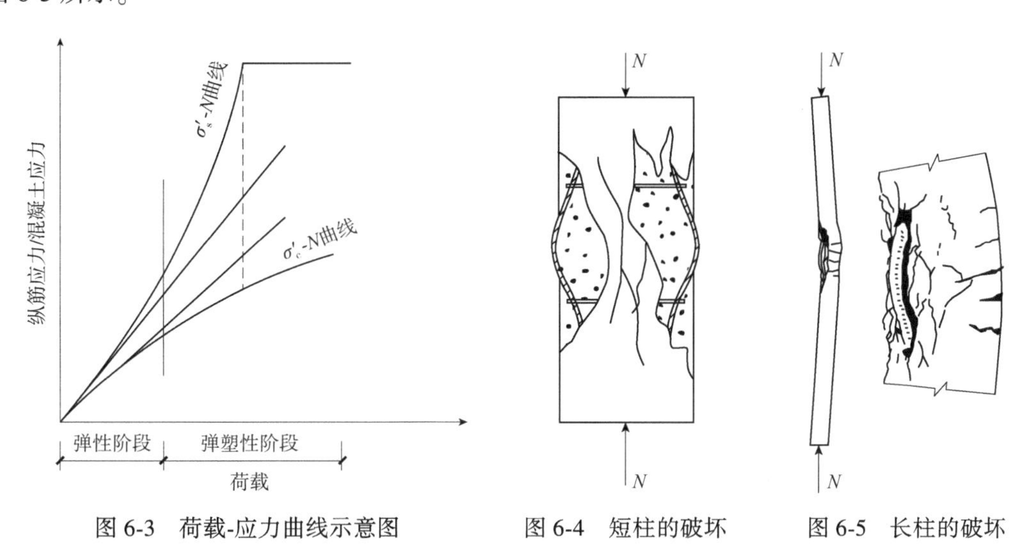

图 6-3 荷载-应力曲线示意图　　图 6-4 短柱的破坏　　图 6-5 长柱的破坏

试验结果表明,长柱的破坏荷载低于相同条件下短柱的破坏荷载,而且长细比越大,承载能力降低越多。此外,在荷载的长期作用下,由于混凝土的徐变,构件的侧向挠度还将继续增加,对构件的受压承载力有一定的不利影响。《混凝土结构设计规范》采用稳定系数来表示长柱承载力的降低程度,即:

$$\varphi = N_u^l / N_u^s$$

式中:N_u^l,N_u^s——分别为长柱、短柱的承载力。

稳定系数 φ 主要与柱的长细比 l_0/b 有关,表 6-1 给出了稳定系数 φ 的取值。

钢筋混凝土轴心受压构件的稳定系数　　**表 6-1**

l_0/b	≤8	10	12	14	16	18	20	22	24	26	28
l_0/d	≤7	8.5	10.5	12	14	15.5	17	19	21	22.5	24
l_0/i	≤28	35	42	48	55	62	69	76	83	90	97
φ	1.00	0.98	0.95	0.92	0.87	0.81	0.75	0.70	0.65	0.60	0.56
l_0/b	30	32	34	36	38	40	42	44	46	48	50
l_0/d	26	28	29.5	31	33	34.5	36.5	38	40	41.5	43
l_0/i	104	111	118	125	132	139	146	153	160	167	174
φ	0.52	0.48	0.44	0.40	0.36	0.32	0.29	0.26	0.23	0.21	0.19

注:l_0 为构件计算长度;b 为矩形截面的短边尺寸;d 为圆形截面的直径;i 为截面最小回转半径。

3) 正截面受压承载力计算公式

根据试验分析，配置普通箍筋的钢筋混凝土轴心受压构件破坏时，正截面的计算应力图形如图6-6所示，截面上钢筋应力达到屈服强度，混凝土的压应力为f_c，则轴心受压承载力计算公式为：

$$N \leqslant N_u = 0.9\varphi(f_cA + f'_yA'_s) \tag{6-1}$$

式中：N——轴向压力设计值；

φ——钢筋混凝土构件的稳定系数，见表6-1；

f_c——混凝土轴心抗压强度设计值；

A——构件截面面积，当纵向受压钢筋的配筋率大于3%时，A应改用$(A-A'_s)$代替；

A'_s——全部纵向钢筋的截面面积；

f'_y——纵向钢筋的抗压强度设计值；

0.9——轴心受压构件的可靠度调整系数。

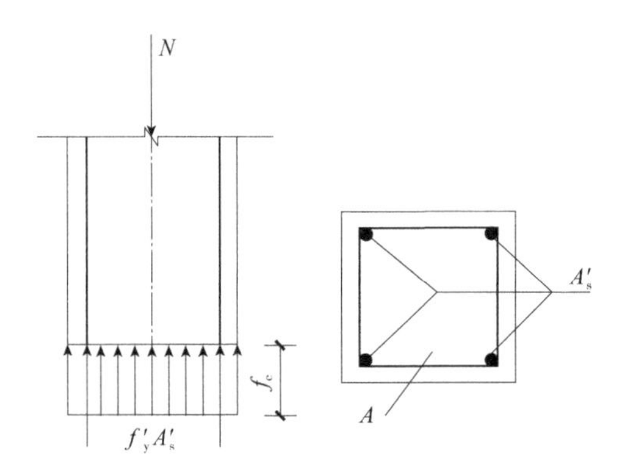

图6-6　普通箍筋柱截面应力计算图形

当现浇钢筋混凝土轴心受压构件截面的长边或直径小于300mm时，式(6-1)中混凝土的强度设计值应乘以系数0.8；当构件质量(如混凝土成型、截面和轴线尺寸等)确有保证时，可不受此限制。

实际工程中有截面设计和截面复核两类问题。截面设计时，一般先根据经验及构造要求等拟定截面尺寸、选用材料，再按已知的轴向力N由式(6-1)计算出A'_s，然后进行配筋。截面复核时，根据已知条件由式(6-1)计算出构件的受压承载力N_u，将其与该构件实际作用的轴向压力N的设计值相比，验算其是否安全。

【例6-1】 某现浇多层钢筋混凝土框架结构，底层中柱按轴心受压构件计算，柱的计算长度$l_0 = 5.8$m，截面尺寸为$b \times h = 400\text{mm} \times 400\text{mm}$，承受轴心压力设计值2500kN，混凝土强度等级为C30，钢筋为HRB400级。确定纵筋截面面积A'_s，并配置钢筋。

【解】(1) 确定计算参数

查附表2得：C30混凝土$f_c = 14.3\text{N/mm}^2$。查附表11得：HRB400级钢筋$f'_y = 360\text{N/mm}^2$。

(2)求稳定系数 φ

$l_0/b=5800/400=14.5$,查表6-1,得:$\varphi=0.9075$。

(3)计算纵筋截面面积 A_s'

$A_s'=(N/0.9\varphi-f_cA)/f_y'=[2500\times10^3/(0.9\times0.9075)-14.3\times400\times400]/360=2147(\text{mm}^2)$

(4)验算配筋率 ρ'

$\rho'=A_s'/A=2147/(400\times400)=0.0134=1.34\%<3\%$,同时大于最小配筋率0.55%,满足要求。选用4Φ28,$A_s'=2463\text{mm}^2$。

6.2.2 螺旋箍筋柱正截面承载力计算

1)螺旋箍筋柱的受力特点

试验表明,加载初期,当混凝土压应力较小时,螺旋箍筋或焊接环形箍筋对核心混凝土的横向变形约束作用并不明显;随着轴向压力的增大,混凝土的侧向变形逐渐增大,并在螺旋筋或焊接环筋中产生较大的环向拉力,从而对核心混凝土形成间接的被动侧压力;当混凝土的压应变达到无约束混凝土的极限压应变时,螺旋筋或焊接环形箍筋外面的保护层混凝土开始剥落,这时构件并未达到破坏状态,还能继续增加轴向压力,直至最后螺旋筋或焊接环形箍筋的应力达到抗拉屈服强度,不能再有效地约束混凝土的侧向变形,构件即宣告破坏。

螺旋筋或焊接环形箍筋的作用是使核心混凝土处于三向受压状态,从而提高混凝土的抗压强度和抗变形能力。虽然螺旋筋或焊接环形箍筋水平放置,但其间接地起到了提高构件纵向承载力的作用,所以也称这种钢筋为"间接钢筋"。

2)正截面受压承载力计算公式

螺旋筋或焊接环形箍筋所包围的核心截面混凝土处于三轴受压状态,其纵向抗压强度 f_{c1} 为:

$$f_{c1}=f_c+4\alpha\sigma_r \tag{6-2}$$

式中:f_{c1}——被约束后混凝土的轴心抗压强度;

f_c——混凝土轴心抗压强度设计值;

α——间接钢筋对混凝土约束的折减系数。当混凝土强度等级不超过C50时取1.0,当混凝土强度等级为C80时取0.85,其间按线性内插法确定;

σ_r——间接钢筋的应力达到屈服强度时,对核心混凝土的被动侧向压应力。

一个螺旋箍筋间距 s 范围内 σ_r 在水平方向上的合力为 $\sigma_r s d_{cor}$,见图6-7,由水平方向上的平衡条件可得:

$$2f_{yv}A_{ss1}=\sigma_r d_{cor}s \tag{6-3}$$

于是

$$\sigma_r=\frac{2f_{yv}A_{ss1}}{sd_{cor}}=\frac{2f_{yv}A_{ss1}\pi d_{cor}}{4\dfrac{\pi d_{cor}^2}{4}s}=\frac{f_{yv}A_{ss0}}{2A_{cor}} \tag{6-4}$$

$$A_{ss0}=\pi d_{cor}A_{ss1}/s \tag{6-5}$$

式中:f_{yv}——间接钢筋的抗拉强度设计值;

A_{ss1}——单根间接钢筋的截面面积;

s——间接钢筋沿构件轴线方向的间距;

d_{cor}——构件的核心截面直径,即间接钢筋内表面之间的距离;

A_{ss0}——间接钢筋的换算截面面积;

A_{cor}——构件的核心截面面积。

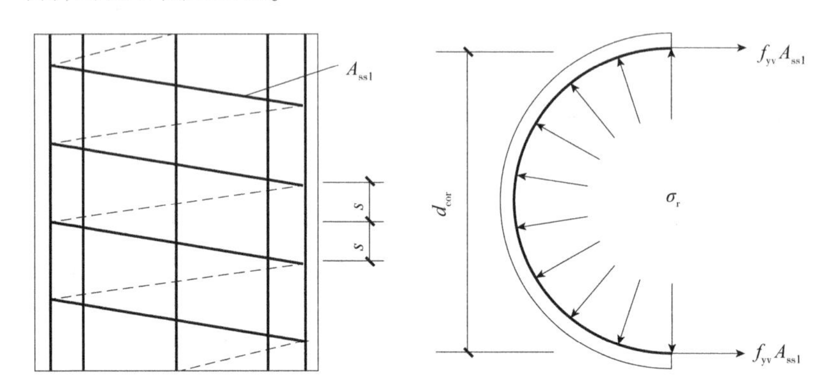

图 6-7　螺旋箍筋柱的构造和约束应力

根据内外力平衡条件,同时考虑可靠度调整系数为 0.9,可得出螺旋箍筋柱的正截面受压承载力计算公式:

$$N_u=0.9(f_{c1}A_{cor}+f'_yA'_s) \tag{6-6}$$

将式(6-4)代入,得:

$$N_u=0.9\left(f_cA_{cor}+4\alpha\times\frac{f_{yv}}{2A_{cor}}A_{ss0}A_{cor}+f'_yA'_s\right) \tag{6-7}$$

《混凝土结构设计规范》规定螺旋式或焊接环式间接钢筋柱的承载力计算公式为:

$$N\leqslant N_u=0.9(f_cA_{cor}+2\alpha f_{yv}A_{ss0}+f'_yA'_s) \tag{6-8}$$

为保证在正常使用阶段箍筋外围的混凝土不过早剥落,按式(6-8)算得的构件受压承载力不应大于按式(6-1)算得的受压承载力的 1.5 倍。当遇到下列任意一种情况时,不应计入间接钢筋的影响,而按式(6-1)进行计算:

①当 $l_0/d>12$ 时,因构件长细比较大,可能由于轴向压力及初始偏心引起纵向弯曲,降低构件的承载能力,使得间接钢筋不能发挥作用。

②按式(6-8)算得的构件受压承载力小于按式(6-1)算得的受压承载力,是因为式(6-6)只考虑混凝土的核心截面面积,当外围混凝土相对较厚而间接钢筋用量较少时,就有可能出现上述情况,实际上,构件所能达到的承载力等于按式(6-1)的计算结果。

③当间接钢筋的换算截面面积 A_{ss0} 小于纵向钢筋全部截面面积的 25%时,可以认为间接钢筋配置得太少,它对核心混凝土的约束作用不明显。

6.2.3 构造要求

1)材料强度

混凝土强度等级对受压构件的承载能力影响较大。为减小柱截面尺寸及节约钢材,应采用较高强度等级的混凝土。一般柱中采用C30~C40;对于高层建筑的底层柱,必要时可采用高强度等级的混凝土。纵向钢筋通常采用HRB400级或HRBF400级。箍筋一般采用HRB400级,也可采用HPB300级。

2)截面形式及尺寸

轴心受压构件一般采用方形或矩形截面,因其构造简单,便于施工。有时,考虑建筑要求,也可采用圆形截面或其他多边形截面。方形柱的截面尺寸一般不宜小于300mm×300mm。为避免矩形截面轴心受压构件的长细比过大、承载力降低过多,一般选用截面的长边h与短边b的比值为$h/b=1.5\sim3.0$。此外,为施工支模方便,柱截面尺寸宜取整数,800mm及以下时以50mm为模数,800mm以上时以100mm为模数。

3)纵筋

当采用强度级别为400MPa、500MPa的钢筋时,柱中全部纵向钢筋最小配筋率分别不应小于0.55%、0.50%;当采用强度级别为300MPa的钢筋时,柱中全部纵向钢筋最小配筋率不应小于0.6%;当混凝土强度等级为C60及以上时,柱中全部纵向钢筋最小配筋率应增加0.1%;同时,一侧纵向钢筋的最小配筋率不应小于0.2%。柱中纵向钢筋宜沿截面四周均匀布置,直径不宜小于12mm,数量不得少于4根。圆柱中纵筋的数量不宜少于8根,且不应少于6根。纵筋净距不应小于50mm且不宜大于300mm。对于水平浇筑混凝土的预制柱,最小净距不应小于30mm和$1.5d$(d为钢筋的最大直径)。纵筋的中距不应大于300mm。

纵筋的连接接头宜设置在受力较小处,同一钢筋上宜少设接头。钢筋的接头可采用机械连接接头,也可采用焊接接头和绑扎搭接接头。当纵筋直径$d>32$mm时,不宜采用绑扎搭接接头。绑扎搭接接头和机械连接接头宜相互错开,焊接接头应相互错开。采用绑扎搭接时,受压搭接长度不应小于纵向受拉钢筋搭接长度的0.7倍,且在任何情况下不应小于200mm。

4)箍筋

柱的周边箍筋应做成封闭式,箍筋也可焊成封闭环式,如图6-8a)所示,其间距不应大于400mm及构件截面的短边尺寸,且不应大于$15d$(d为纵筋的最小直径)。箍筋直径不应小于$d/4$(d为纵筋的最大直径)且不应小于6mm。

当柱中全部纵向钢筋的配筋率大于3%时,箍筋直径不应小于8mm。间距不应大于纵向受力钢筋最小直径的10倍,且不应大于200mm。箍筋末端应做成135°弯钩且弯钩末端平直段长度不应小于箍筋直径的10倍。

当柱截面短边尺寸大于400mm且各边纵向钢筋多于3根时,或当柱截面短边尺寸不大于400mm但各边纵向钢筋多于4根时,应设置复合箍筋,如图6-8b)所示。

柱中纵向钢筋搭接长度范围内的箍筋间距不应大于搭接钢筋较小直径的5倍,且不应大于100mm。当受压钢筋直径 $d>25$mm 时,应在搭接接头两个端面外100mm 范围内各设置2个箍筋。

对于截面形状复杂的构件,不可采用具有内折角的箍筋,以免产生向外的拉力致使折角处的混凝土崩落,如图6-8c)、d)所示。

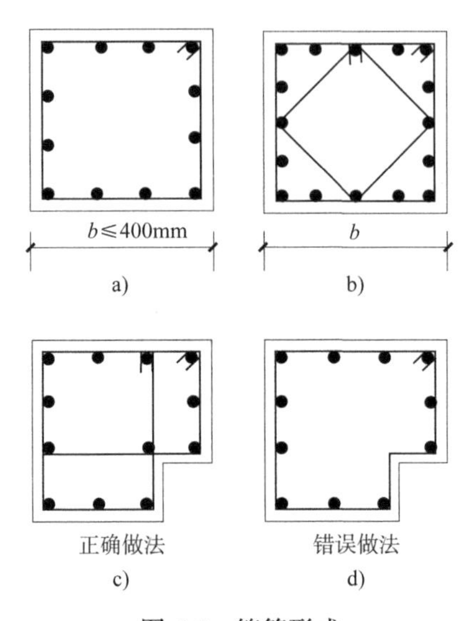

图6-8　箍筋形式

在配有螺旋式或焊接环式间接钢筋的柱中,如计算中考虑间接钢筋的作用,则间接钢筋的间距不应大于80mm 及 $d_{cor}/5$(d_{cor}为按间接钢筋内表面确定的核心截面直径),且不宜小于40mm。间接钢筋的直径按普通箍筋的有关规定采用。

6.3　偏心受压构件正截面破坏形态

一般的偏心受压构件截面上除作用有轴向压力和弯矩外,还作用有剪力。因此,对偏心受压构件既要计算正截面受压承载力,又要计算斜截面受剪承载力,有时还要进行裂缝的宽度验算。本章主要解决偏心受压构件的承载力计算问题。

工程中的偏心受压构件大部分是按单向偏心受压进行截面设计的,但也有一部分双向偏心受压构件,例如多层框架房屋的角柱,其轴向压力同时沿截面的两个主轴方向有偏心作用,应按双向偏心受压构件进行设计。本章内容如无特别说明,均指单向偏心受压构件。

6.3.1　偏心受压构件的破坏形态

从正截面受力性能来看,偏心受压是处于轴心受压与受弯之间的受力状态。当弯矩 M 很小或轴向压力 N 的偏心距接近于零时,可视为轴心受压状态;当弯矩 M 很大而轴向压力 N 很小时,则视为受弯状态。根据大量试验研究结果,偏心受压构件按破坏形态可划分为以下两种情况,如图6-9所示。

1)受拉破坏

当轴向压力 N 的相对偏心距 e_0/h_0 较大且受拉侧钢筋 A_s 配置不太多时,会出现受拉破坏。习惯上称受拉破坏为“大偏心受压破坏”。

当纵向压力 N 增大到一定数值时,首先在受拉边出现水平裂缝,N 继续增大,受拉边出现一条或几条主要横向裂缝。随着纵向压力 N 的逐渐增大,主要横向裂缝扩展较快,裂缝宽度增大,并且裂缝的深度逐渐向受压区方向延伸,使受压区高度逐渐减小。当 N 接近破坏荷载时,受拉钢筋的应力首先达到屈服强度,受拉区横向裂缝迅速开展并向受压区延伸,使受压区混凝土面积减小,最后靠近轴向压力一侧的受压区边缘混凝土达到其极限压应变而被压碎,此时受压钢筋一般能达到其屈服强度。试验所得的典型破坏形态如图 6-9a)所示,破坏阶段截面的应力、应变状态见图 6-10a)。

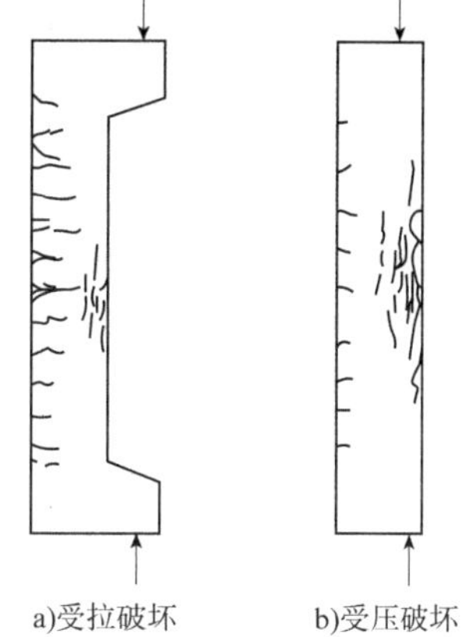

图 6-9 偏心受压构件的破坏形态

受拉破坏的主要特征是:破坏始于受拉钢筋的屈服,而后受压区混凝土被压碎。这种破坏形态有明显的预兆,与适筋梁的破坏形态相似,属于延性破坏。

2)受压破坏

当纵向压力 N 的相对偏心距 e_0/h_0 较大但受拉钢筋 A_s 数量多,或者纵向压力 N 的相对偏心距 e_0/h_0 较小,构件会出现受压破坏,习惯上称受压破坏为“小偏心受压破坏”。受压破坏的典型破坏形态见图 6-9b)。

①当纵向压力 N 的相对偏心距 e_0/h_0 较大但受拉钢筋 A_s 数量过多,或者纵向压力 N 的相对偏心距 e_0/h_0 较小,构件截面大部分受压而小部分受拉。当纵向压力 N 增大到一定数值时,截面受拉边边缘出现水平裂缝,但是水平裂缝的开展与延伸并不显著,未形成明显的主裂缝,而受压区边缘的压应变却增加较快。临近破坏时,受压边出现纵向裂缝。破坏比较突然,缺乏明显预兆,压碎区段较长。破坏时,受压钢筋的应力一般能够达到屈服强度,但受拉钢筋并不屈服,截面受压区边缘混凝土的压应变比受拉破坏时小。构件破坏时的截面应力、应变状态如图 6-10b)所示。

②当纵向压力 N 的相对偏心距 e_0/h_0 很小时,构件全截面受压。破坏从压应力较大边开始,该侧的受压钢筋一般都能达到屈服强度,而压力较小一侧钢筋的应力达不到屈服强度。构件全截面受压,破坏时截面的应力、应变状态如图 6-10c)所示。相对偏心距 e_0/h_0 更小时,由于截面的实际形心和构件的几何中心不重合,也可能出现离纵向力较远一侧的混凝土先压坏的情况。

受压破坏的主要破坏特征是:破坏始于受压区混凝土的压碎,远离轴压力一侧的钢筋应力一般都达不到屈服强度。这种破坏形态在破坏前无明显预兆,属脆性破坏。

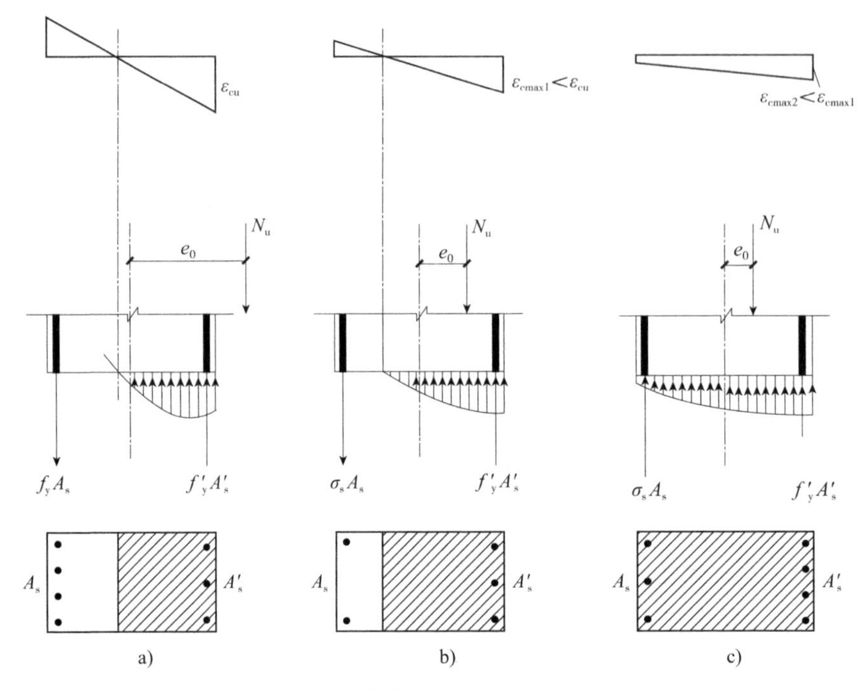

图 6-10　偏心受压构件破坏时截面的应力、应变

6.3.2　两类偏心受压破坏的界限

大偏心受压破坏和小偏心受压破坏之间存在着一个界限状态,称为“界限破坏”。其主要特征为,在受拉钢筋屈服的同时($\varepsilon_s=\varepsilon_y$),受压区边缘混凝土达到极限压应变而被压碎($x_c=x_{cb}$)。试验表明,从开始加荷到构件破坏,截面平均应变的平截面假定都能较好地满足。

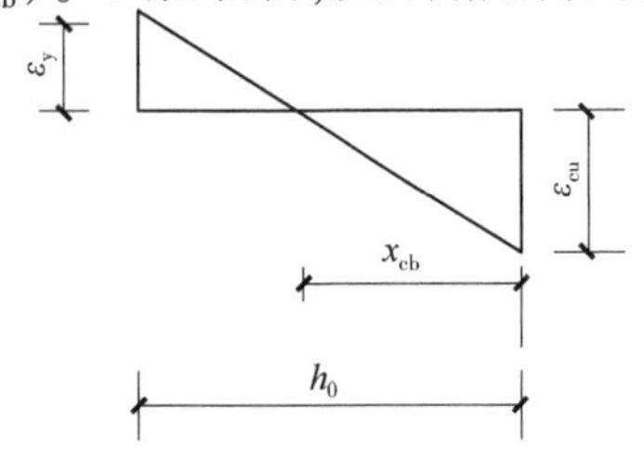

图 6-11　界限状态时的截面应变

由图 6-11 可以看出:对于大偏心受压构件,破坏时,受拉钢筋的应变大于界限状态时的钢筋应变,也就是钢筋屈服时的应变,即 $\varepsilon_s>\varepsilon_y$,则混凝土受压区高度小于界限状态时的混凝土受压区高度,即 $x_c<x_{cb}$。将受压区混凝土曲线应力图形换算成矩形应力图形后,则有 $x<x_b$。对于小偏心受压构件,由于构件破坏时受拉钢筋受拉不屈服或者受压不屈服,则有 $x_c>x_{cb}$,即 $x>x_b$。

因此,大、小偏心受压构件的判别条件为:$\xi\leqslant\xi_b$ 或 $x\leqslant\xi_bh_0$,为大偏心受压;$\xi>\xi_b$ 或 $x>\xi_bh_0$,为小偏心受压(其中,ξ 为偏心受压构件正截面承载力极限状态时截面的计算相对受压区高度)。

6.4　偏心受压构件的二阶效应

6.4.1　附加偏心距

考虑到实际工程中竖向荷载作用位置的不确定性、混凝土质量的不均匀性、配筋的不对称性以及施工偏差等因素,《混凝土结构设计规范》规定:在偏心受压构件受压承载力计算中,必须计入轴向压力在偏心方向的附加偏心距 e_a,其值取20mm和偏心方向截面尺寸的1/30两者中的较大值。则正截面计算时所取的初始偏心距 e_i 应为:

$$e_i = e_0 + e_a \tag{6-9}$$

式中:e_0——轴向压力的偏心距,按式(6-10)计算。

$$e_0 = M/N \tag{6-10}$$

式中:M、N——分别为偏心受压构件弯矩、轴力设计值。

6.4.2 偏心受压长柱的二阶弯矩

试验表明,偏心受压构件会产生纵向弯曲,如图6-12所示。对于长细比小的柱来讲,其纵向弯曲很小,可以忽略不计。但对于长细比大的柱来讲,其较大的纵向弯曲会引起二阶弯矩(也称为“附加弯矩”,即轴力与侧向挠度的乘积),降低柱的承载力,设计时应予以考虑。这种由构件挠曲产生的二阶效应被称为“挠曲二阶效应”(P-δ效应),本书将重点介绍。此外,需要了解到,结构的侧移也会产生二阶效应,通常称为“侧移二阶效应”(P-Δ效应),属于结构整体层面的问题,一般在结构整体分析中考虑,本书不做重点介绍。图6-13中的曲线 abd 为偏心受压构件截面破坏时的承载力 N 与 M 的关系曲线。

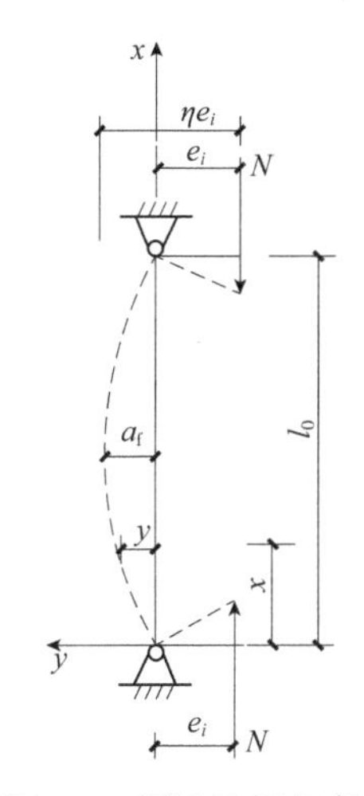

图6-12 标准柱侧向弯曲

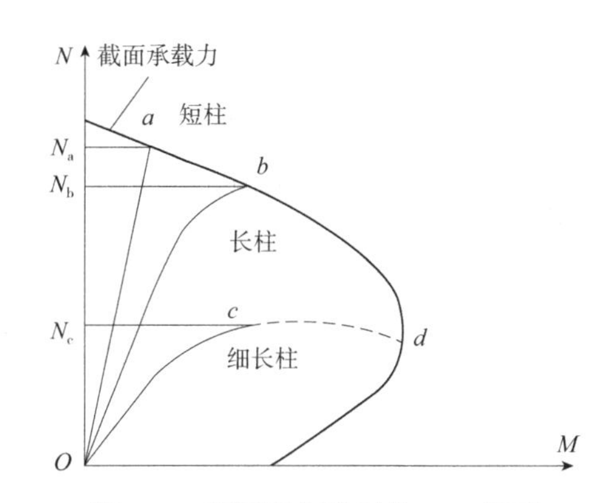

图6-13 不同长细比时的 N-M 关系

①对于短柱,侧向挠度 f 很小,可认为偏心距从开始加载到破坏始终不变,M 与 N 成比例增加,构件的破坏属于“材料破坏”,所能承受的压力为 N_a,如图6-13中的直线 Oa。

②对于长柱,侧向挠度 f 产生的附加弯矩对构件承载力的影响已不能忽略。随着 N 的增大,M 的增长速度越来越快,当 N 达到 N_b 时构件破坏,仍属于材料破坏,但构件所能承担的压力比其他条件相同的短柱要小,如图6-13中的曲线 Ob。

③对于长细比过大的细长柱,在轴向力为 N_c,还没有达到 N、M 的材料破坏关系曲线 abd 以前,构件由于失稳而破坏,此时截面内的钢筋应力并未达到屈服强度,混凝土也未达到其极限压应变值,因此设计中应避免采用。

6.4.3 偏心距调节系数 C_m 和弯矩增大系数 η_{ns}

《混凝土结构设计规范》规定，对弯矩作用平面内截面对称的偏心受压构件，当同一主轴方向的杆端弯矩比 $M_1/M_2 \leqslant 0.9$ 且 $N/(f_cA) \leqslant 0.9$ 时，若构件的长细比 l_c/i 满足式(6-11)的要求，则不考虑轴向压力在该方向挠曲杆件中产生的附加弯矩影响：

$$l_c/i \leqslant 34-12M_1/M_2 \tag{6-11}$$

式中：i——偏心方向的截面回转半径；

M_1、M_2——偏心受压构件两端截面按结构分析确定的对同一主轴的弯矩设计值，绝对值较大端为 M_2，绝对值较小端为 M_1。当构件按单曲率弯曲时，M_1/M_2 为正；按双曲率弯曲时，M_1/M_2 为负。

也即，只有杆端弯矩比、设计轴压比、长细比三个指标均不大于规定的限值时，才不需要考虑附加弯矩的影响；反之，只要有一个条件不满足，就需要考虑附加弯矩的影响。需要考虑附加弯矩影响时，《混凝土结构设计规范》针对偏心受压柱的设计弯矩，将原柱端最大弯矩 M_2 乘以偏心距调节系数 C_m 和弯矩增大系数 η_{ns} 来考虑挠曲二阶效应的影响。

由于混凝土偏心受压构件在承载力极限状态下具有显著的非弹性性能，且构件两端截面的弯矩也不一定相等，因此需要考虑偏心距调节系数 C_m 来考虑构件两端截面弯矩差异的影响，偏心距调节系数 C_m 的计算公式如下：

$$C_m = 0.7+0.3M_1/M_2 \geqslant 0.7 \tag{6-12}$$

式中：C_m——偏心距调节系数，当小于 0.7 时取 0.7。

《混凝土结构设计规范》将 η_{ns} 转换为理论上完全等效的“曲率表达式”，但是由于大、小偏心受压构件承载力极限状态时截面的曲率并不相同，故根据大量试验和理论分析引入偏心受压构件的截面曲率修正系数 ζ_c 对界限状态时的截面曲率加以修正，则弯矩增大系数 η_{ns} 可按下式计算：

$$\eta_{ns} = 1+\frac{a_f}{M_2/N+e_a} = 1+\frac{1}{1300(M_2/N+e_a)/h_0}\left(\frac{l_c}{h}\right)^2\zeta_c \tag{6-13}$$

$$\zeta_c = 0.5f_cA/N \tag{6-14}$$

式中：η_{ns}——弯矩增大系数；

a_f——偏心受压柱控制截面的最大侧向挠度；

l_c——构件的计算长度，可近似取偏心受压构件相应主轴方向上、下支撑点之间的距离；

h——截面高度。对于环形截面，取外直径；对于圆形截面，取直径；

h_0——截面有效高度。对于环形截面，取 $h_0=r_2+r_s$；对圆形截面，取 $h_0=r+r_s$（其中，r_2、r、r_s 分别表示环形截面的外半径、圆形截面半径及纵筋重心所在圆周的半径）；

A——构件的截面面积。对 T 形、I 形截面，均取 $A=bh+2(b_f'-b_0)h_f'$；

ζ_c——截面曲率的修正系数，当 $\zeta_c>1.0$ 时取 $\zeta_c=1.0$；

N——与弯矩设计值 M_2 相应的轴向压力设计值。

《混凝土结构设计规范》规定，除排架结构柱外，其他偏心受压构件考虑轴向压力在挠曲构件中产生的二阶效应后的弯矩设计值 M 及偏心距 e_i 的计算式如下：

$$M = C_m \eta_{ns} M_2 \tag{6-15}$$

$$e_i = M/N + e_a \tag{6-16}$$

其中，当 $C_m\eta_{ns}<1.0$ 时取 1.0；对剪力墙及核心筒墙，取 $C_m\eta_{ns}=1.0$。

排架结构柱考虑二阶效应的弯矩设计值的计算公式如下：

$$M = \eta_s M_0 \tag{6-17}$$

$$\eta_s = 1 + \frac{a_f}{M_2/N+e_a} = 1 + \frac{1}{1500(M_0/N+e_a)/h_0}\left(\frac{l_0}{h}\right)^2 \zeta_c \tag{6-18}$$

式中：M_0——一阶弹性分析柱端弯矩设计值；

l_0——排架柱计算长度。

6.5 矩形截面非对称配筋偏心受压构件正截面承载力计算

6.5.1 基本计算公式及适用条件

与受弯构件相似，偏心受压构件正截面承载力计算也采用下列基本假定：

①截面应变符合平截面假定。

②不考虑混凝土的受拉作用。

③混凝土受压区的应力图形等效为矩形，其设计强度为 $\alpha_1 f_c$，受压区高度 x 与由平截面假定所确定的实际中和轴高度 x_c 的比值同样取 β_1。α_1 和 β_1 值可同样按表 4-3 确定。

1）大偏心受压破坏构件

大偏心受压构件的正截面受压承载力的计算简图如图 6-14 所示。

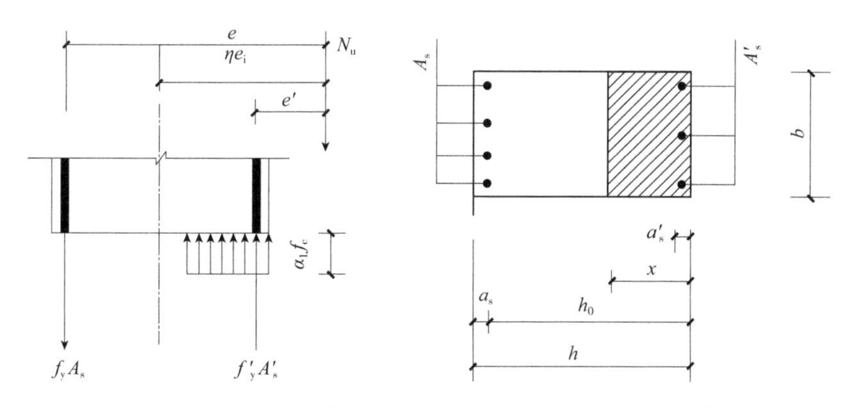

图 6-14 矩形截面非对称配筋大偏心受压构件截面应力计算图形

由纵向力的平衡条件及各力对受拉钢筋合力点取距的力矩平衡条件，可得出非对称配筋矩形截面大偏心受压构件的受压承载力计算公式。

由力的平衡条件$\sum Y=0$,得:

$$N \leqslant N_{\mathrm{u}} = \alpha_1 f_{\mathrm{c}} bx + f'_{\mathrm{y}} A'_{\mathrm{s}} - f_{\mathrm{y}} A_{\mathrm{s}} \tag{6-19}$$

由力矩平衡条件$\sum M_{A_s}=0$,得:

$$Ne \leqslant N_{\mathrm{u}} e = \alpha_1 f_{\mathrm{c}} bx(h_0 - x/2) + f'_{\mathrm{y}} A'_{\mathrm{s}}(h_0 - a'_{\mathrm{s}}) \tag{6-20}$$

式中:e——轴向压力作用点至受拉钢筋合力点之间的距离,按下式计算:

$$e = e_i + h/2 - a_{\mathrm{s}} \tag{6-21}$$

将 $x=\xi h_0$ 代入基本公式,并令 $\alpha_{\mathrm{s}}=\xi(1-0.5\xi)$,则上面公式可写成如下形式:

$$N \leqslant \alpha_1 f_{\mathrm{c}} bh_0 \xi + f'_{\mathrm{y}} A'_{\mathrm{s}} - f_{\mathrm{y}} A_{\mathrm{s}} \tag{6-22}$$

$$Ne \leqslant \alpha_1 f_{\mathrm{c}} bh_0^2 \alpha_{\mathrm{s}} + f'_{\mathrm{y}} A'_{\mathrm{s}}(h_0 - a'_{\mathrm{s}}) \tag{6-23}$$

以上两个公式是以大偏心受压破坏模式建立的,所以在应用公式时,应保证构件破坏时受拉钢筋的应力能够达到钢筋受拉强度设计值,受压钢筋的应力也能够达到钢筋受压强度设计值,即应满足:

$$x \leqslant \xi_{\mathrm{b}} h_0 \quad \text{或} \quad \xi \leqslant \xi_{\mathrm{b}}$$

$$x \geqslant 2a'_{\mathrm{s}} \quad \text{或} \quad \xi \geqslant 2a'_{\mathrm{s}}/h_0$$

当计算中考虑受压钢筋的作用,且 $\xi<2a'_{\mathrm{s}}/h_0$ 时,可偏安全地取 $\xi=2a'_{\mathrm{s}}/h_0$,并对受压钢筋合力点取矩,得:

$$Ne' \leqslant N_{\mathrm{u}} e' = f_{\mathrm{y}} A_{\mathrm{s}}(h_0 - a'_{\mathrm{s}}) \tag{6-24}$$

式中:e'——轴向压力作用点至受压钢筋合力点之间的距离,计算公式为:

$$e' = e_i - h/2 + a'_{\mathrm{s}} \tag{6-25}$$

2)小偏心受压破坏构件

小偏心受压构件的正截面受压承载力的计算简图如图 6-15 所示。

小偏心受压构件破坏时,受压钢筋的压力总能达到屈服强度,而远离轴压力一侧的钢筋可能受拉,也可能受压,但均达不到屈服强度,所以 A_{s} 的应力用 σ_{s} 表示。由纵向力的平衡条件、各力对 A_{s} 合力点及对 A'_{s}合力点取距的力矩平衡条件,可得出非对称配筋矩形截面小偏心受压构件的受压承载力计算公式。

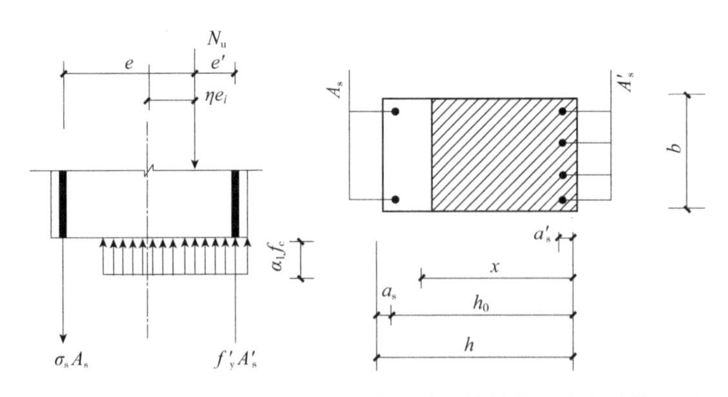

图 6-15　矩形截面非对称配筋小偏心受压构件截面应力计算图形

由力的平衡条件$\sum Y=0$,得:

$$N \leqslant \alpha_1 f_c bx + f'_y A'_s - \sigma_s A_s \tag{6-26}$$

由力矩平衡条件 $\sum M_{A_s}=0$，$\sum M_{A'_s}=0$，得：

$$Ne \leqslant N_u e = \alpha_1 f_c bx(h_0 - x/2) + f'_y A'_s(h_0 - a'_s) \tag{6-27}$$

$$Ne' \leqslant N_u e' = \alpha_1 f_c bx(x/2 - a'_s) - \sigma_s A_s(h_0 - a'_s) \tag{6-28}$$

$$e = e_i + h/2 - a_s \tag{6-29}$$

$$e' = h/2 - e_i - a'_s \tag{6-30}$$

式中：σ_s——受拉钢筋的应力值，其与 ξ 之间为直线关系，如图 6-16 所示，可近似按下式计算：

$$\sigma_s = \frac{\xi - \beta_1}{\xi_b - \beta_1} f_y \tag{6-31}$$

式中：β_1——混凝土受压区高度同截面中和轴高度的比值。

σ_s 为正值时表示拉应力，为负值时表示压应力，且应满足：

$$-f'_y \leqslant \sigma_s \leqslant f_y \tag{6-32}$$

将 $x=\xi h_0$ 代入基本公式，并令 $\alpha_s=\xi(1-0.5\xi)$，则上面公式可写成如下形式：

$$N \leqslant \alpha_1 f_c b\xi h_0 + f'_y A'_s - \sigma_s A_s \tag{6-33}$$

$$Ne \leqslant N_u e = \alpha_1 f_c bh_0^2 \xi(1 - \xi/2) + f'_y A'_s(h_0 - a'_s) \tag{6-34}$$

$$Ne' \leqslant N_u e' = \alpha_1 f_c bh_0^2 \xi\left(\frac{\xi}{2} - \frac{a'_s}{h_0}\right) - \sigma_s A_s(h_0 - a'_s) \tag{6-35}$$

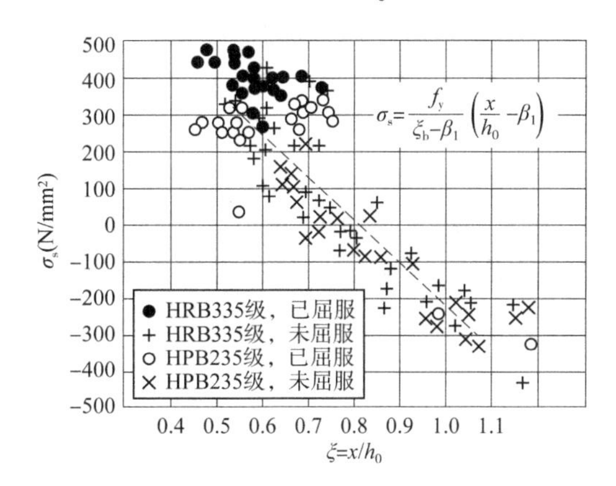

图 6-16 纵向钢筋 A_s 的应力 σ_s 与 ξ 之间的关系

对于非对称配筋的小偏心受压构件，当 $N>f_c bh$ 时，远离轴压力一侧的钢筋 A_s 配得不够多，则有可能由于附加偏心距 e_a 的负偏差等原因，使远离轴压力一侧的混凝土反而先被压碎，此时钢筋 A_s 受压，其应力可达到抗压强度设计值 f'_y（图 6-17）。为避免这种反向破坏的发生，还应按下式进行验算：

$$Ne' \leqslant N_u e' = f_c bh(h'_0 - h/2) + f'_y A_s(h'_0 - a_s) \tag{6-36}$$

$$e' = h/2 - a'_s - (e_0 - e_a) \tag{6-37}$$

式中：e'——轴向压力作用点至受压区纵向钢筋合力点的距离；

h'_0——受压钢筋 A_s 合力点至截面远边的距离，即：

$$h_0' = h - a_s' \tag{6-38}$$

《混凝土结构设计规范》规定，对采用非对称配筋的小偏心受压构件，当轴向压力设计值 $N>f_c bh$ 时，为了防止 A_s 发生受压破坏，A_s 应满足式(6-36)的要求。按反向受压破坏计算时，不考虑偏心距增大系数 η，并取初始偏心距 $e_i = e_0 - e_a$，这是考虑了不利方向的附加偏心距，偏于安全。式(6-37)仅适用于式(6-36)。

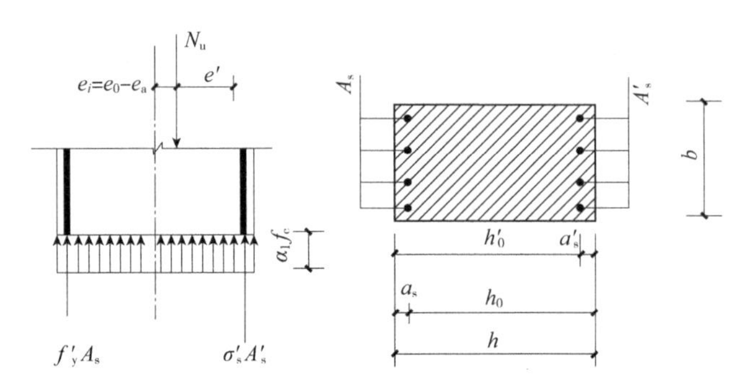

图 6-17　矩形截面小偏心反向受压构件截面应力计算图形

6.5.2　大、小偏心受压破坏的设计判别

进行偏心受压构件截面设计时，应首先确定偏心类型。如果根据大、小偏心受压构件的界限条件 $\xi=\xi_b$ 来判别，则须计算出混凝土相对受压区高度 ξ。而在设计之前，由于钢筋面积尚未确定，无法求出 ξ，因此必须另外寻求一种间接的判别方法。

当构件的材料、截面尺寸和配筋为已知，且配筋量适当时，纵向力的偏心距 e_0 是影响受压构件破坏特征的主要因素。当纵向力的偏心距 e_0 从大到小变化到某一数值 e_{0b} 时，构件从受拉破坏转化为受压破坏。e_{0b} 随配筋率 ρ、ρ' 的变化而变化，如果能找到 e_{0b} 的最小值，则可以此作为大、小偏心受压构件的划分条件；当 $e_0<e_{0b}$ 时，肯定为小偏心受压构件。

现对界限破坏时的应力状态进行分析。大偏心受压构件计算公式中，取 $\xi=\xi_b$，即得到与界限状态对应的平衡方程：

$$N_u = \alpha_1 f_c b h_0 \xi_b + f'_y A'_s - f_y A_s \tag{6-39}$$

$$N_u \left(e_{ib} + 0.5h - a_s \right) = \alpha_1 f_c \alpha_{sb} b h_0^2 + f'_y A'_s (h_0 - a'_s) \tag{6-40}$$

式中：e_{ib}——界限破坏时纵向力的偏心距；

α_{sb}——截面最大的抵抗矩系数。

由上两式解得：

$$\begin{aligned} e_{ib} &= \frac{\alpha_1 f_c \alpha_{sb} b h_0^2 + f'_y A'_s (h_0 - a'_s)}{\alpha_1 f_c b h_0 \xi_b + f'_y A'_s - f_y A_s} - \frac{h}{2} + a_s \\ &= \frac{\alpha_{sb} + \rho' \dfrac{f'_y}{\alpha_1 f_c} \left(1 - \dfrac{a'_s}{h_0} \right)}{\xi_b + \rho' \dfrac{f'_y}{\alpha_1 f_c} - \rho \dfrac{f_y}{\alpha_1 f_c}} h_0 - \frac{1}{2} \left(1 - \frac{a_s}{h_0} \right) h_0 \end{aligned} \tag{6-41}$$

当截面尺寸和材料确定后，ηe_{ib}主要与配筋率ρ、ρ'有关。ηe_{ib}的最小值可由第一项的最小值确定。当ρ'取最小值$\rho'_{\min}$时，分子最小，此时ρ取最小值$\rho_{\min}$，则分母最大。因此有：

$$(e_{ib})_{\min}=\frac{\alpha_{sb}+\rho'_{\min}\dfrac{f'_y}{\alpha_1 f_c}\left(1-\dfrac{a'_s}{h_0}\right)}{\xi_b+\rho'_{\min}\dfrac{f'_y}{\alpha_1 f_c}-\rho_{\min}\dfrac{f_y}{\alpha_1 f_c}}h_0-\frac{1}{2}\left(1-\frac{a_s}{h_0}\right)h_0 \tag{6-42}$$

对于偏心受压构件，受拉和受压钢筋的最小配筋率相同，$\rho_{\min}=\rho'_{\min}=0.002$，同一构件中受拉和受压钢筋的种类通常也相同，对于HPB300级、HRB400级和RRB400级热轧钢筋，$f_y=f'_y$，所以上式可写为：

$$(e_{ib})_{\min}=\frac{1}{\xi_b}\left[\alpha_{sb}+\rho'_{\min}\frac{f'_y}{\alpha_1 f_c}\left(1-\frac{a'_s}{h_0}\right)\right]h_0-\frac{1}{2}\left(1-\frac{a_s}{h_0}\right)h_0 \tag{6-43}$$

将常用的钢筋、混凝土材料强度代入上式，并取a'_s/h_0、a_s/h_0分别等于0.05、0.1代入上式，求出相应的$(e_{ib})_{\min}/h_0$，结果列于表6-2。

$(e_{ib})_{\min}/h_0$ 取值 **表6-2**

混凝土	C20	C25	C30	C35	C40	C50	C55	C60	C65	C70	C75	C80
HRB400、RRB400	0.404	0.377	0.358	0.345	0.335	0.323	0.325	0.326	0.328	0.331	0.334	0.337

从表6-2可以看出，对于常用材料，取$e_{ib}=0.3h_0$作为大、小偏心受压的界限偏心距是合适的。因此，设计时可按下列条件进行判别：当$e_{ib}>0.3h_0$时，可能为大偏心受压，也可能为小偏心受压；当$e_{ib}\leqslant 0.3h_0$时，按小偏心受压设计。

6.5.3 截面设计

已知构件所采用的混凝土强度等级和钢筋种类、截面尺寸$b\times h$、截面上作用的轴向压力设计值N和弯矩设计值M以及构件的计算长度l_0，要求确定钢筋截面面积A_s和A'_s。

如前所述，区分两种偏心受压破坏的标准为：$\xi\leqslant\xi_b$，为大偏心受压破坏；$\xi>\xi_b$，为小偏心受压破坏。但在截面配筋设计时，A_s及A'_s尚未确定，从而ξ值也为未知，故无法采用上面界限条件进行判别。

理论分析可知，对实际工程中可能遇到的一般情况，当$e_i<0.3h_0$时，截面总是发生小偏压破坏。因此，当$e_i<0.3h_0$时，可按小偏心受压公式进行设计；当$e_i>0.3h_0$时，视A_s的大小存在两种情况：当A_s适量时，受拉钢筋在破坏时能够达到屈服，为大偏心受压；当A_s过大导致受拉钢筋达不到屈服时，则为小偏心受压。但不论大、小偏心受压构件，在计算弯矩作用平面受压承载力之后，均应按轴心受压构件验算垂直于弯矩作用平面的受压承载力，验算公式见式(6-1)。

1)大偏心受压构件

(1)A_s和A'_s均未知，求A_s、A'_s

①计算A'_s。从大偏心受压基本计算公式可以得出，此时共有ξ、A_s和A'_s三个未知量，有多组解。需要补充一个条件，即经济条件，使总用钢量最小，即充分利用混凝土受压性能。可直

接取 $\xi=\xi_b$，代入式(6-23)得：

$$A_s'=\frac{Ne-\alpha_1 f_c bh_0^2\alpha_{sb}}{f_y'(h_0-a_s')} \tag{6-44}$$

$$\alpha_{sb}=\xi_b(1-0.5\xi_b) \tag{6-45}$$

如果 $A_s'<\rho'_{\min}bh$ 且 A_s' 与 $\rho'_{\min}bh$ 数值相差较多，则取 $A_s'=\rho'_{\min}bh$，并改按第二种情况（已知 A_s' 求 A_s）计算 A_s。

②计算 A_s。将 $\xi=\xi_b$ 和 A_s' 及其他条件代入公式(6-22)，得：

$$A_s=\frac{\alpha_1 f_c bh_0\xi_b+f_y'A_s'-N}{f_y}\geqslant\rho_{\min}bh \tag{6-46}$$

③验算。使用式(6-1)验算垂直于弯矩作用平面的受压承载力。

(2)已知 A_s'，求 A_s

①计算 α_s、ξ。将已知条件代入式(6-23)，得：

$$\alpha_s=\frac{Ne-f_y'A_s'(h_0-a_s')}{\alpha_1 f_c bh_0^2} \tag{6-47}$$

$$\xi=1-\sqrt{1-2\alpha_s} \tag{6-48}$$

②讨论 ξ，计算 A_s：

a.如果 $2a_s'/h_0\leqslant\xi\leqslant\xi_b$，则根据式(6-22)得：

$$A_s=\frac{\alpha_1 f_c bh_0\xi+f_y'A_s'-N}{f_y}\geqslant\rho_{\min}bh \tag{6-49}$$

b. 如果 $\xi>\xi_b$，则说明受压钢筋数量不足，应增加 A_s'，按第一种情况（A_s 和 A_s' 均未知）或增大截面尺寸后重新计算。

c. 如果 $\xi<2a_s'/h_0$，则应按式(6-24)重新计算 A_s。

③验算。使用式(6-1)验算垂直于弯矩作用平面的受压承载力。

【例 6-2】 钢筋混凝土偏心受压柱，截面尺寸 $b=300\text{mm}$，$h=400\text{mm}$，计算长度 $l_c=3.5\text{m}$。柱承受轴向压力设计值 $N=350\text{kN}$，柱端较大弯矩设计值 $M_2=200\text{kN}\cdot\text{m}$。混凝土强度等级为 C30，纵筋采用 HRB400 级钢筋，混凝土保护层厚度 $c=30\text{mm}$。确定钢筋截面面积 A_s' 和 A_s。按两端弯矩相等的框架柱考虑，即 $M_1/M_2=1$。

【解】：(1)确定计算参数

查附表 2 得：C30 混凝土，$f_c=14.3\text{N/mm}^2$。查附表 11 得：HRB400 级钢筋，$f_y=f_y'=360\text{N/mm}^2$。取 $a_s=a'_s=40\text{mm}$，$h_0=h-a_s=400-40=360(\text{mm})$。

(2)计算框架柱弯矩 M

由于 $M_1/M_2=1$，$i=\sqrt{I/A}=115.5\text{mm}$，则 $l_c/i=3500/115.5=30.3>34-12\times1=22$，所以应考虑二阶弯矩的影响。

$$e_a=\frac{h}{30}=\frac{400}{30}=13(\text{mm})<20(\text{mm})$$

取 $e_a=20\text{mm}$。

$$\zeta_c=\frac{0.5f_cA}{N}=\frac{0.5\times14.3\times300\times400}{350\times10^3}=2.5>1$$

取 $\zeta_c=1$。

$$\eta_{ns}=1+\frac{1}{1300(M_2/N+e_a)/h_0}\left(\frac{l_c}{h}\right)^2\zeta_c=1+\frac{1}{1300\times(200\div350\times1000+20)\div360}\times\left(\frac{3500}{400}\right)^2\times1=1.0358$$

$$C_m=0.7+0.3M_1/M_2=1$$

$$M=C_m\eta_{ns}M_2=1\times1.0358\times200=207.16(\text{kN}\cdot\text{m})$$

(3)判别偏压受压类型

$$e_0=\frac{M}{N}=\frac{207.16\times10^6}{350\times10^3}=591.89(\text{mm})$$

$$e_i=e_0+e_a=591.89+20=611.89(\text{mm})$$

$$e_i=611.89(\text{mm})>0.3h_0=0.3\times360=108(\text{mm})$$

故按大偏心受压构件计算。

$$e=e_i+0.5h-a_s=611.89+0.5\times400-40=771.89(\text{mm})$$

(4)计算 A'_s 和 A_s

取 $\zeta=\zeta_b=0.518$,则

$$\alpha_{sb}=\zeta_b(1-0.5\zeta_b)=0.518\times(1-0.5\times0.518)=0.384$$

用式(6-22)和式(6-23)分别计算 A'_s 和 A_s:

$$\begin{aligned}A'_s&=\frac{Ne-\alpha_1f_c\alpha_{sb}bh_0^2}{f'_y(h_0+\alpha'_s)}\\&=\frac{350\times10^3\times771.89-1\times14.3\times0.384\times300\times360^2}{360\times(360-40)}\\&=491.87(\text{mm}^2)>A'_{s,\min}=\rho'_{\min}bh=0.002\times300\times400=240(\text{mm}^2)\end{aligned}$$

$$\begin{aligned}A_s&=\frac{\alpha_1f_cbh_0\zeta_b+f_y'A'_s-N}{f_y}\\&=\frac{1\times14.3\times300\times360\times0.518+360\times491.87-350\times10^3}{360}\\&=1741.9(\text{mm}^2)>A_{s,\min}=\rho_{\min}bh=0.002\times300\times400=240(\text{mm}^3)\end{aligned}$$

A'_s 和 A_s 均满足最小配筋率的要求。

(5)配筋验算

受压钢筋选2 Φ18($A'_s=509\text{mm}^2$),受拉钢筋选3 Φ28($A_s=1847\text{mm}^2$)。混凝土保护层

厚度为 30mm,纵筋最小净距为 50mm。$30\times2+28\times3+50\times2=244(\text{mm})<b=300(\text{mm})$,一排布置 3⏀28 可以满足纵筋净距的要求。

截面总配筋率:

$$\rho=\frac{A_s+A'_s}{bh}=\frac{509+1847}{300\times400}=0.0196>0.005$$

满足要求。垂直于弯矩作用平面的承载力经验算满足要求,此处略。

2)小偏心受压构件

从式(6-33)和式(6-34)可以看出,此时共有 ξ、A_s 和 A'_s三个未知数,如果仍以($A_s+A'_s$)总量最小为补充条件,则计算过程非常复杂。试验研究表明,当构件发生小偏心受压破坏时,A_s 受拉或受压,一般均不能达到屈服强度,实用上通常将 A_s 按最小配筋率配置。设计步骤如下:

①按最小配筋率初步拟定 A_s 值,取 $A_s=\rho_{\min}bh$。对于矩形截面非对称配筋率小偏心受压构件,当 $N>f_cbh$ 时,应再按式(6-36)验算 A_s,即:

$$A_s=\frac{Ne'-f_cbh(h'_0-h/2)}{f'_y(h'_0-a_s)} \tag{6-50}$$

$$e'=h/2-a'_s-(e_0-e_a) \tag{6-51}$$

取两者中的较大值选配钢筋,并应符合钢筋的构造要求。

②计算 ξ。将实际选配的 A_s 数值代入式(6-35)并利用 $\sigma_s=\dfrac{\xi-\beta_1}{\xi_b-\beta_1}f_y$,得到关于 ξ 的一元二次方程,则可按下式:

$$\xi=A+\sqrt{A^2+B} \tag{6-52}$$

其中

$$A=\frac{a'_s}{h_0}+\left(1-\frac{a'_s}{h_0}\right)\frac{f_yA_s}{(\xi_b-\beta_1)\alpha_1f_cbh_0} \tag{6-53}$$

$$B=\frac{2Ne'}{\alpha_1f_cbh_0^2}-2\beta_1\left(1-\frac{a'_s}{h_0}\right)\frac{f_yA_s}{(\xi_b-\beta_1)\alpha_1f_cbh_0} \tag{6-54}$$

计算 ξ。也可将实际选配的 A_s 数值代入式(6-33)和式(6-34)解出 ξ,但需要解联立方程。如果 $\xi\leqslant\xi_b$,应按大偏心受压构件重新计算。出现这种情况是由于截面尺寸过大。

③按照解出的 ξ 计算 σ_s。根据 σ_s 和 ξ 的不同情况:

a.如果 $-f'_y\leqslant\sigma_s<f_y$ 且 $\xi<h/h_0$,表明 A_s 可能受拉未达到屈服强度,也可能受压未达到受压强度或者恰好达到受压屈服强度,且混凝土受压区计算高度未超出截面高度。则第②步求得的 ξ 值有效,代入式(6-34)可得:

$$A'_s=\frac{Ne-\alpha_1f_cbh_0^2\xi(1-0.5\xi)}{f'_y(h_0-a'_s)} \tag{6-55}$$

b.如果 $\sigma_s<-f'_y$ 且 $\xi\leqslant h/h_0$，说明 A_s 的应力已经达到受压屈服强度，混凝土受压区计算高度未超出截面高度，第②步计算的 ξ 值无效，应重新计算。取 $\sigma_s=-f'_y$，则式(6-33)和式(6-34)成为：

$$N\leqslant N_u=\alpha_1 f_c bh_0\xi+f'_yA'_s+f'_yA_s \tag{6-56}$$

$$Ne'\leqslant N_ue'=\alpha_1 f_c bh_0^2\xi(\xi/2-a'_s/h_0)+f'_yA_s(h_0-a'_s) \tag{6-57}$$

两个方程中的未知数是 ξ 和 A'_s，由式(6-57)解出 ξ，再代入式(6-56)求出 A'_s。

c.如果 $\sigma_s<-f'_y$ 且 $\xi>h/h_0$，说明 A'_s 的应力已经达到受压屈服强度，混凝土受压区计算高度超出截面高度，第②步计算的 ξ 值无效，应重新计算。取 $\sigma_s=-f'_y$，$\xi=h/h_0$，则式(6-33)和式(6-34)成为：

$$N\leqslant N_u=f_cbh+f'_yA'_s+f'_yA_s \tag{6-58}$$

$$Ne\leqslant N_ue=f_cbh(h_0-h/2)+f'_yA'_s(h_0-a'_s) \tag{6-59}$$

未知数为 A'_s 和 A_s，用式(6-59)计算 A'_s，再代入式(6-58)求出 A_s，与第①步确定的 A_s 比较，取大者。

d.如果 $-f'_y\leqslant\sigma_s<0$ 且 $\xi>h/h_0$，说明混凝土全截面受压，A_s 未达到或刚达到受压区屈服强度，混凝土受压区计算高度超出截面高度，第②步计算的 ξ 值无效，应重新计算。取 $\xi=h/h_0$，式(6-33)和式(6-34)可写成：

$$N\leqslant N_u=f_cbh+f'_yA'_s-\sigma_sA_s \tag{6-60}$$

$$Ne\leqslant N_ue=f_cbh(h_0-h/2)+f'_yA'_s(h_0-A'_s) \tag{6-61}$$

方程中的未知数是 σ_s 和 A'_s，A_s 仍采用第①步确定的数值。如果由式(6-60)和公式(6-61)解出的 σ_s 仍然满足 $-f'_y\leqslant\sigma_s<0$，则由两式解出的 A'_s 有效。如果 σ_s 超出此范围，则应增大 A_s，返回第②步重新计算。

以上四种情况汇总于表6-3。对于小偏心受压构件，按式(6-35)解出 ξ 后，不必计算出 σ_s 的具体数值即可根据 ξ 与 σ_s 的关系判断受拉钢筋 A_s 的应力状态，其关系见表6-3及图6-18。

小偏心受压构件 σ_s 和 ξ 可能出现的各种情况及计算方法 **表6-3**

情况	a	b	c	d
σ_s	$-f'_y\leqslant\sigma_s<f_y$	$\sigma_s<-f'_y$	$\sigma_s<-f'_y$	$-f'_y\leqslant\sigma_s<0$
与 σ_s 相应的 ξ	$\xi_b<\xi\leqslant2\beta_1-\xi_b$	$\xi>2\beta_1-\xi_b$	$\xi>2\beta_1-\xi_b$	$\beta_1<\xi\leqslant2\beta_1-\xi_b$
ξ	$\xi<h/h_0$	$\xi\leqslant h/h_0$	$\xi>h/h_0$	$\xi>h/h_0$
含义	A_s 受拉未屈服或受压未屈服或刚达到受压屈服；受压区计算高度在截面范围内；ξ 计算值有效	A_s 已受压屈服；受压区计算高度在截面范围内；ξ 计算值无效	A_s 已受压屈服；受压区计算高度超出截面范围；ξ 计算值无效	A_s 受压未屈服或刚达到受压屈服；受压区计算高度超出截面范围；ξ 计算值无效
合并两个 ξ 范围后的表达式	$\xi_b<\xi\leqslant\min(2\beta_1-\xi_b,h/h_0)$	$h/h_0<\xi\leqslant2\beta_1-\xi_b$	$\xi>\max(2\beta_1-\xi_b,h/h_0)$	$h/h_0<\xi\leqslant2\beta_1-\xi_b$

续上表

情况	a	b	c	d
计算方法	式(6-33)或式(6-34)，求 A_s'	式(6-33)及式(6-35)，取 $\sigma_s=-f_y'$，重求 A_s' 和 ξ	式(6-33)及式(6-34)，取 $\sigma_s=-f_y'$，$\xi=h/h_0$，重求 A_s' 和 A_s	式(6-33)及式(6-34)，取 $\sigma_s=-f_y'$，$\xi=h/h_0$，重求 A_s' 和 σ_s

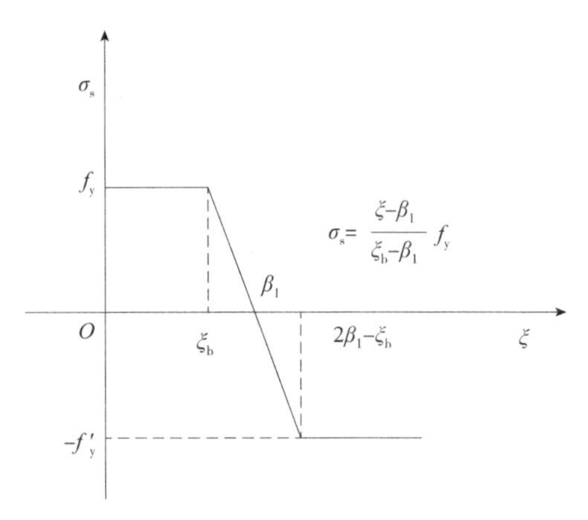

图 6-18　受拉钢筋应力 σ_s 和 ξ 的关系

④验算。按轴心受压构件验算垂直于弯矩作用平面的受压承载力，如果不满足要求，应重新计算。

【例 6-3】 矩形截面偏心受压柱，截面尺寸为 $b\times h=500\text{mm}\times800\text{mm}$，$a_s=a_s'=45\text{mm}$，柱的计算长度 $l_0=7.5\text{m}$，承受轴向压力设计值 $N=4100\text{kN}$，柱端较大弯矩设计值 $M=500\text{kN}\cdot\text{m}$，采用 C30 混凝土，HRB400 级钢筋。试计算所需纵向钢筋的 A_s 和 A_s'。按两端弯矩相等的框架柱考虑，即 $M_1=M_2$。

【解】(1)确定计算参数

查附表 2，得：C30 混凝土 $f_c=14.3\text{N/mm}^2$。查附表 11，得：HRB400 级钢筋 $f_y=f_y'=360\text{N/mm}^2$。查表 4-4 及表 4-3，得：$\xi_b=0.518$，$\beta_1=0.8$；$a_s=a_s'=45\text{mm}$，$h_0=h-a_s=800-45=755(\text{mm})$。

(2)计算柱设计弯矩 M

由于 $M_1/M_2=1$，$i=\sqrt{I/A}=230.94(\text{mm})$，则 $l_c/i=7500/230.94=32.5>34-12\times1=22$，所以应考虑二阶弯矩的影响。

$$e_a=h/30=800/30=26.7(\text{mm})>20(\text{mm})$$

取 $e_a=26.7\text{mm}$。

$$\zeta_c=\frac{0.5f_cA}{N}=\frac{0.5\times14.3\times500\times800}{4100\times10^3}=0.7<1$$

取 $\zeta_c=0.7$。

$$\eta_{ns}=1+\frac{1}{1300(M_2/N+e_a)/h_0}\left(\frac{l_c}{h}\right)^2\zeta_c=1+\frac{1}{1300\times(500\div4100\times1000+26.7)\div755}\times\left(\frac{7500}{800}\right)^2\times1=1.3434$$

$$C_m=0.7+0.3M_1/M_2=1$$

$$M=C_m\eta_{ns}M_2=1\times1.3434\times500=671.7(\text{kN}\cdot\text{m})$$

(3)判断偏心受压类型

$$e_0=M/N=671.7\times10^6\div(4100\times10^3)=163.83(\text{mm})$$

$$e_i=e_0+e_a=163.83+26.7=190.53(\text{mm})$$

$$e_i=190.53(\text{mm})<0.3h_0=0.3\times755=226.5(\text{mm})$$

故按小偏心受压构件设计。

$$e'=0.5h-e_i-a'_s=0.5\times800-45-190.53=164.47(\text{mm})$$

$$e=0.5h-e_i+a'_s=0.5\times800-45+190.53=545.53(\text{mm})$$

(4)确定 A_s

取 $A_s=\rho_{min}bh=0.002\times500\times800=800\text{mm}^2$,由于

$$f_cbh=14.3\times500\times800/10^3=5720(\text{kN})>N=4100(\text{kN})$$

可不进行反向受压破坏验算,故取 $A_s=800\text{mm}^2$,选配4⏀16($A_s=804\text{mm}^2$)。

(5)计算 σ_s 和 ξ,并根据 σ_s 和 ξ 的情况计算 A'_s

按公式(6-52)计算 ξ:

$$\begin{aligned}A&=\frac{a'_s}{h_0}+\left(1-\frac{a'_s}{h_0}\right)\frac{f_yA_s}{(\xi_b-\beta_1)\alpha_1f_cbh_0}\\&=\frac{45}{755}+\left(1-\frac{45}{755}\right)\frac{360\times804}{(0.518-0.8)\times1.0\times14.3\times500\times755}\\&=-0.1192\end{aligned}$$

$$\begin{aligned}B&=\frac{2Ne'}{\alpha_1f_cbh_0^2}-2\beta_1\left(1-\frac{a'_s}{h_0}\right)\frac{f_yA_s}{(\xi_b-\beta_1)\alpha_1f_cbh_0}\\&=\frac{2\times4100\times10^3\times164.47}{1.0\times14.3\times500\times755^2}-2\times0.8\times(-0.1788)\\&=0.6170\end{aligned}$$

$$\xi=A+\sqrt{A^2+B}=-0.1192+\sqrt{(-0.1192)^2+0.6170}=0.675<\frac{h}{h_0}=\frac{800}{755}=1.06$$

$$\sigma_s=\left(\frac{\xi-\beta_1}{\xi_b-\beta_1}\right)f_y=\left(\frac{0.675-0.8}{0.518-0.8}\right)\times360=160(\text{N/mm})^2$$

故,参考表6-3中情况a,直接采用式(6-33)或式(6-34)计算 A'_s:

$$A_s'=\frac{Ne-a_1 f_c b\xi h_0^2(1-0.5\xi)}{f_y'(h_0-a_s')}$$

$$=\frac{4100\times10^3\times545.53-1.0\times14.3\times500\times0.675\times755^2\times(1-0.5\times0.675)}{360\times(755-45)}$$

$$=1620.03(\text{mm}^2)>A'_{s,\min}=\rho'_{\min}bh=800(\text{mm})^2$$

配置 4 Φ 25($A_s'=1964\text{mm}^2$)。

$$\rho=\frac{A_s+A_s'}{bh}=\frac{804+1964}{500\times800}=0.0069>0.005$$

满足要求。

(6)验算垂直于弯矩作用平面的受压承载力

$$\frac{l_0}{b}=\frac{7500}{500}=15$$

查表 6-1 得:$\varphi=0.895$。由式(6-1)得:

$$N\leqslant N_u=0.9\varphi(f_cA+f_y'A_s')$$

$$=0.9\times0.895\times[14.3\times500\times800+360\times(804+1964)]$$

$$=5410.12(\text{kN})>N=4100(\text{kN})$$

满足要求。

6.5.4 截面复核

在进行截面复核时,一般已知截面尺寸 $b\times h$、配筋面积 A_s 和 A_s'、材料强度等级、构件计算长度 l_0、截面所承受的轴向压力 N 和弯矩 M,要求复核截面的承载力是否足够安全。

由大偏心基本计算公式,取 $\xi=\xi_b$,得到界限状态时的偏心距 e_{ib}:

$$e_{ib}=\frac{\alpha_1 f_c\alpha_{sb}bh_0^2+f_y'A_s'(h_0-a_s')}{\alpha_1 f_c bh_0\xi_b+f_y'A_s'-f_yA_s}-\frac{h}{2}+a_s$$

对实际计算出的 e_i 和 e_{ib}进行比较,当 $e_i\geqslant e_{ib}$时,为大偏心受压,用式(6-22)、式(6-23)进行截面复核;当 $e_i\leqslant e_{ib}$时,为小偏心受压,用式(6-33)、式(6-34)、式(6-35)进行截面复核。

6.5.5 构造要求

偏心受压构件除应满足轴心受压构件的构造要求外,还需满足以下构造要求:

①截面尺寸:矩形截面偏心受压构件,截面的长轴应位于弯矩作用方向或压力偏心所在方向。当截面的长边尺寸 h 较大时($h>600\text{mm}$),宜采用 I 形截面。I 形截面的翼缘厚度不宜小于 120mm,腹板厚度不宜小于 100mm。

②纵向钢筋:偏心受压构件的纵向钢筋,应分别配置在弯矩作用方向截面的两端。当偏心受压柱的截面高度≥600mm 时,在柱的侧面上应设置直径为 10~16mm 的纵向构造钢筋,并相应设置复合箍筋或拉筋,以保证钢筋骨架的稳定性,并抵抗次应力。

6.6 矩形截面对称配筋偏心受压构件正截面承载力计算

实际工程中,偏心受压构件在不同荷载的作用下,可能承受变号弯矩作用,如果弯矩相差不多或者虽然相差较大,但按对称配筋设计所得钢筋总量与非对称配筋设计的钢筋总量相比相差不多时,宜采用对称配筋。如:框架柱承受来自相反方向的风荷载时,应设计成对称配筋截面;装配式柱一般也采用对称配筋,以免吊装时发生位置方向的差错,设计和施工也比较简便。所谓对称配筋就是截面两侧的钢筋数量和钢筋种类都相同,即 $A_s=A'_s$,$f_y=f'_y$。

6.6.1 基本计算公式及适用条件

1)大偏心受压构件

将 $A_s=A'_s$,$f_y=f'_y$代入式(6-22)、式(6-23),可得对称配筋大偏心受压构件的基本计算公式:

$$N\leqslant N_u=\alpha_1 f_c b\xi h_0 \tag{6-62}$$

$$Ne\leqslant N_u e=\alpha_1 f_c bh_0^2\xi(1-0.5\xi)+f'_y A'_s(h_0-a'_s) \tag{6-63}$$

式(6-62)和式(6-63)的适用条件仍然是 $x\leqslant\xi_b h_0$ 或 $\xi\leqslant\xi_b$ 和 $x\geqslant 2a'_s$或 $\xi\geqslant 2a'_s/h_0$。

2)小偏心受压构件

将 $A_s=A'_s$代入式(6-33)和式(6-34),得到对称配筋小偏心受压构件的基本计算公式:

$$N\leqslant N_u=\alpha_1 f_c b\xi h_0+f'_y A'_s-\sigma_s A'_s \tag{6-64}$$

$$Ne\leqslant N_u e=\alpha_1 f_c bh_0^2\xi(1-0.5\xi)+f'_y A'_s(h_0-a'_s) \tag{6-65}$$

式中 σ_s 仍按式(6-31)计算,且应满足式(6-31)的要求,其中 $f_y=f'_y$。

应用基本公式时,需要求解 ξ 的三次方程,非常不方便。为了简化计算,经过试验分析,《混凝土结构设计规范》给出 ξ 的近似计算公式:

$$\xi=\frac{N-\alpha_1 f_c b\xi_b h_0}{\dfrac{Ne-0.43\alpha_1 f_c bh_0^2}{(\beta_1-\xi_b)(h_0-a'_s)}+\alpha_1 f_c bh_0}+\xi_b \tag{6-66}$$

6.6.2 大、小偏心受压破坏的设计判别

由于采用对称配筋,所以从大偏心受压构件的基本计算公式可以直接得出 ξ,即:

$$\xi=\frac{N}{\alpha_1 f_c bh_0} \tag{6-67}$$

因此,不论大、小偏心受压构件都可以首先按大偏心受压构件考虑,通过比较 ξ 与 ξ_b 来确定构件的偏心类型,即:

①当 $\xi\leqslant\xi_b$ 时,应按大偏心受压构件计算。

②当 $\xi>\xi_b$ 时,应按小偏心受压构件计算。

实际上,按式(6-67)求得的 ξ 进行大、小偏心受压构件的判别时,有时会出现矛盾的情

况。例如当轴向压力的偏心距很小甚至接近轴心受压时,应该属于小偏心受压。但当截面尺寸较大而轴向压力 N 又较小,由式(6-67)可能求得的 $\xi<\xi_b$,判定为大偏心受压,这显然不符合实际情况。也就是说,会出现 $e_i<0.3h_0$ 而 $\xi<\xi_b$ 的情况。此时,无论用大偏心受压或小偏心受压公式计算,所得的配筋均由最小配筋率控制。

6.6.3 截面设计

1)大偏心受压构件

当按上述方法确定为大偏心受压构件时,将 ξ 代入式(6-63)计算 A'_s,取 $A_s=A'_s$。

如果 $\xi<2a'_s/h_0$,仍可按式(6-24)计算 A_s,然后取 $A_s=A'_s$。

2)小偏心受压构件

当根据大偏心受压基本计算公式计算的 ξ,经判定属于小偏心受压时,应按小偏心受压构件计算。将已知条件代入式(6-66)计算 ξ,然后计算 σ_s。

①如果 $-f'_y<\sigma_s<f_y$,且 $\xi\leqslant h/h_0$,将 ξ 代入式(6-65)计算 A'_s,取 $A_s=A'_s$。

②如果 $\sigma_s<-f'_y$,且 $\xi\leqslant h/h_0$,取 $\sigma_s=-f'_y$,式(6-64)和式(6-65)两式联解可得 ξ 和 A'_s。

③如果 $\sigma_s<-f'_y$,且 $\xi>h/h_0$,取 $\sigma_s=-f'_y$,$\xi=h/h_0$,用式(6-64)和式(6-65)各解一个 A'_s,取大值。

④如果 $-f'_y<\sigma_s<0$,且 $\xi>h/h_0$,取 $\xi=h/h_0$,式(6-64)和式(6-65)两式联解可得 A'_s和 σ_s。

对于矩形对称配筋截面,不论大、小偏心受压构件,在计算弯矩作用平面受压承载力之后,均应按轴心受压构件验算垂直于弯矩作用平面的受压承载力,验算公式为式(6-1)。

【例 6-4】 某柱截面尺寸为 $b\times h=500\text{mm}\times500\text{mm}$,$a_s=a'_s=40\text{mm}$,承受轴向压力设计值 $N=210\text{kN}$,柱端较大弯矩设计值 $M=325\text{kN}\cdot\text{m}$。混凝土强度等级为 C30,钢筋采用 HRB400 级,柱的计算长度 $l_0=4.2\text{m}$。采用对称配筋,求所需纵向钢筋的 A_s 和 A'_s。按两端弯矩相等的框架柱考虑,即 $M_1=M_2$。

【解】(1)确定计算参数

查附表 2,得:C30 混凝土 $f_c=14.3\text{N/mm}^2$。查附表 11,得:HRB400 级钢筋 $f_y=f'_y=360\text{N/mm}^2$。$a_s=a'_s=40\text{mm}$,$h_0=h-a_s=500-40=460(\text{mm})$。

(2)计算柱设计弯矩 M

由于 $M_1/M_2=1$,$i=\sqrt{I/A}=144.34(\text{mm})$,则 $l_c/i=4200/144.34=29.1>34-12\times1=22$,所以应考虑二阶弯矩的影响。

$$e_a=h/30=500/30=16.7(\text{mm})<20(\text{mm})$$

取 $e_a=20\text{mm}$。

$$\zeta_c=0.5f_cA/N=0.5\times14.3\times500\times500\div(210\times10^3)=8.5>1$$

取 $\zeta_c=1$。

$$\eta_{ns}=1+\frac{1}{1300(M_2/N+e_a)/h_0}\left(\frac{l_c}{h}\right)^2\zeta_c=1+\frac{1}{1300\times(325\div210\times1000+20)\div460}\times\left(\frac{4200}{500}\right)^2\times1=1.0159$$

$$C_m=0.7+0.3M_1/M_2=1$$

$$M=C_m\eta_{ns}M_2=1\times1.0159\times325=330.2(\text{kN}\cdot\text{m})$$

$$e_0=M/N=330.2\times10^6\div(210\times10^3)=1572.38(\text{mm})$$

$$e_i=e_0+e_a=1572.38+20=1592.38(\text{mm})$$

$$e'=e_i-0.5h+a'_s=1592.38-0.5\times500+40=1382.38(\text{mm})$$

(3)判断偏心受压类型

$$\xi=N/(\alpha_1 f_c bh_0)=210\times10^3/(1\times14.3\times500\times460)=0.0638<2a_s/h_0=0.1739$$

故为大偏心受压。

(4)计算 A_s 和 A'_s

取 $\xi=2a_s/h_0=0.1739$，得：

$$A'_s=A_s=\frac{Ne'}{f_y(h_0-a'_s)}=\frac{210\times10^3\times1382.38}{360\times(460-40)}=1919.97\text{mm}^2>A_{s,\min}=\rho_{\min}bh=0.002\times500\times500=500(\text{mm}^2)$$

选用 4 Φ 25($A'_s=A_s=1964\ \text{mm}^2$)，截面总配筋率为：

$$\rho=\frac{A'_s+A_s}{bh}=\frac{1964+1964}{500\times500}=0.0157>0.005\text{，满足要求。}$$

(5)验算垂直于弯矩作用平面的受压承载力

$l_0/b=4200/500=8.4$，查表 6-1 得：$\varphi=0.966$。

由式(6-1)得：

$$N\leq N_u=0.9\varphi(f_cA+f'_yA'_s)=0.9\times0.966\times(14.3\times500\times500+360\times1964\times2)=4337.51(\text{kN})>N=325(\text{kN})$$

6.6.4 截面复核

截面承载力复核方法与非对称配筋时相同。构件截面上的轴向压力设计值 N、弯矩设计值 M 以及其他条件已知，要求计算截面所承受的轴向压力设计值 N_u。由式(6-62)～式(6-66)可见，此时无论是大偏心受压还是小偏心受压，其未知量均为两个，故可按基本计算公式直接求解。

6.6.5 矩形截面对称配筋偏心受压构件正截面承载力 N-M 相关关系曲线

如果将大小偏心受压构件的基本计算公式以曲线的形式绘出，则可以直观地了解大小偏心受压构件的 N 和 M 以及与配筋率之间的关系，还可利用这种曲线快速进行截面设计和判断偏心类型。本节根据矩形截面对称配筋大、小偏心受压构件承载力基本计算公式，推导出正截面承载力的 N-M 相关关系曲线。

1)轴心受压构件的 N-M 相关关系曲线

《混凝土结构设计规范》规定，在偏心受压构件的正截面承载力计算中，应计入轴向压力在偏心方向存在的附加偏心距 e_a。也就是说，对于轴心受压构件，截面弯矩不为零。$e_i=e_0+e_a$。下式即为轴心受压时 N 和 M 之间的关系：

$$\overline{M}=\frac{N\eta e_i}{\alpha_1 f_c bh_0^2}=\frac{e_i}{h_0}\ \frac{N}{\alpha_1 f_c bh_0}=\frac{e_i}{h_0}\overline{N} \tag{6-68}$$

或

$$\overline{M}/\overline{N}=e_i/h_0 \tag{6-69}$$

图 6-19 中的斜虚线即为轴心受压时 N 和 M 之间的相关关系曲线。

2) 大偏心受压构件的 *N-M* 相关关系曲线

(1) $2a_s' \leqslant x \leqslant \xi_b h_0$ 时

将式(6-62)及 $x=\xi h_0$ 代入式(6-63),无量纲化后整理得到大偏心受压构件的 N-M 关系式:

$$\overline{M}=-0.5\overline{N}^2+0.5\ \frac{h}{h_0}\overline{N}+\rho'\left(1-\frac{a_s'}{h_0}\right)\frac{f_y'}{\alpha_1 f_c} \tag{6-70}$$

其中,$\overline{M}=\dfrac{Ne_i}{\alpha_1 f_c bh_0^2}$,$\overline{N}=\dfrac{N}{\alpha_1 f_c bh_0}$。

以 $\overline{M}$ 为横坐标,$\overline{N}$ 为纵坐标,对于不同的混凝土强度等级、钢筋级别和 a_s'/h_0,就可以绘制出相应的 N-M 相关关系曲线,即图 6-19 中两条水平虚线之间的曲线。

(2) $x<2a_s'$时

将 $e'=\eta e_i-0.5h+a_s'$代入式(6-24),然后无量纲化,得到 N-M 计算曲线:

$$\overline{M}=0.5\ \frac{h_0'-a_s'}{h_0}\overline{N}+\rho\ \frac{h_0'-a_s'}{h_0}\ \frac{f_y}{\alpha_1 f_c} \tag{6-71}$$

图 6-19 中横坐标到第一水平虚线之间的曲线,就是 $x<2a_s'$时的 N-M 相关关系曲线。

(3) 第一、第二水平虚线

将 $x=2a_s'$、$x=\xi_b h_0$ 分别代入式(6-67),可以得到图 6-19 中第一、第二水平虚线的数学表达公式。第一水平虚线是指图 6-19 中距 x 轴最近的水平虚线,第二水平虚线是指图 6-19 中距 x 轴较远的水平虚线。

第一水平虚线:$N=\alpha_1 f_c b2a_s'$,$\overline{N}=\dfrac{N}{\alpha_1 f_c bh_0}=\dfrac{2a_s'}{h_0}$,其与 $x=2a_s'$相对应。

第二水平虚线:$N=\alpha_1 f_c bh_0\xi_b$,$\overline{N}=\dfrac{N}{\alpha_1 f_c bh_0}=\xi_b$,其与界限破坏相对应,界限破坏以上为小偏心受压,界限破坏以下为大偏心受压。

3) 小偏心受压构件的 *N-M* 相关关系曲线

将 $e=\eta e_i+0.5h-a_s$ 代入式(6-65),无量纲化后整理得到小偏心受压构件的 N-M 相关关系曲线:

$$\overline{M}=\frac{0.5h-a_s}{h_0}\overline{N}+\xi(1-0.5\xi)+\rho'\left(1-\frac{a_s'}{h_0}\right)\frac{f_y'}{\alpha_1 f_c} \tag{6-72}$$

式中的 ξ 可由式(6-66)确定。图 6-19 中第二水平虚线与斜虚线之间的部分是小偏心受

压构件 N 和 M 之间的相关关系曲线。

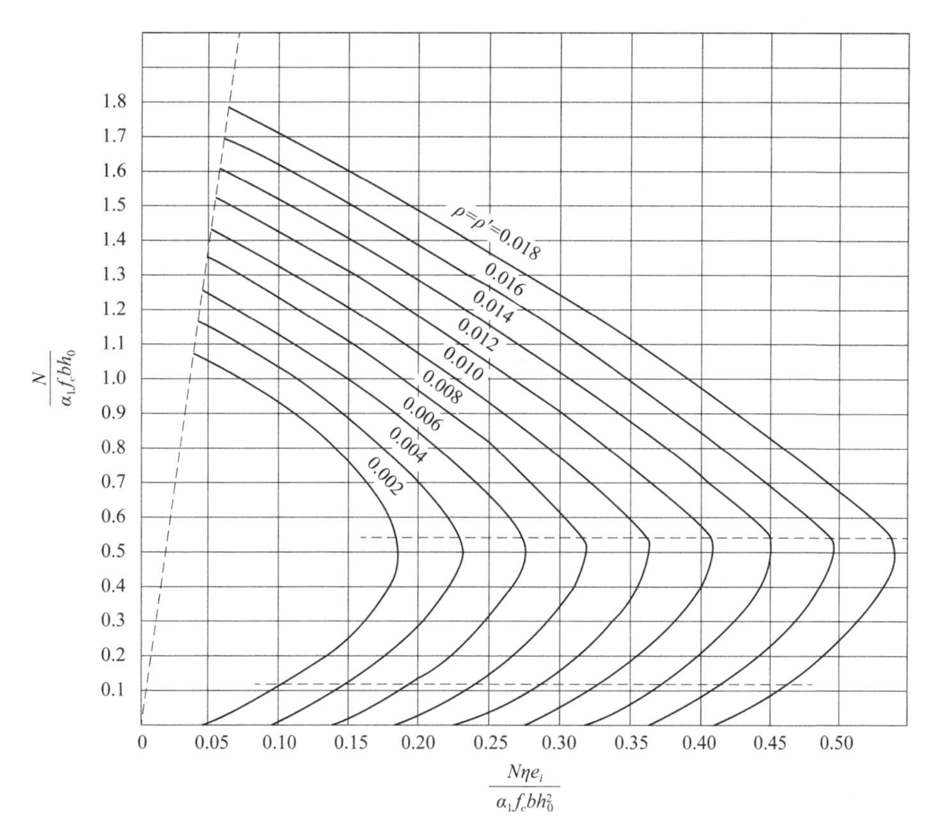

图 6-19 矩形截面对称配筋偏心受压构件计算曲线

4)矩形截面对称配筋偏心受压构件 N 和 M 及配筋率 ρ 之间的关系

从图 6-20 中可以看出,大偏心受压构件的受弯承载力 M 随轴向压力 N 的增大而增大,受压承载力 N 随弯矩 M 的增大而增大。小偏心受压构件的受弯承载力 M 随轴向压力 N 的增大而减小,受压承载力 N 随弯矩 M 的增大而减小。

在进行结构设计时,受压构件的某一个控制截面往往会作用有多组弯矩和轴力值,借助于对图 6-20 的分析,可以方便地筛选出起控制作用的弯矩和轴力值。对于大偏心受压构件,当轴向压力 N 值基本不变时,弯矩 M 值越大,所需纵向钢筋越多;当弯矩 M 值基本不变时,轴向压力 N 值越小,所需纵向钢筋越多。对于小偏心受压构件,当轴向压力 N 值不变时,弯矩 M 值越大,所需纵向钢筋越多;当弯矩 M 值基本不变时,轴向压力 N 值越大,所需纵向钢筋越多。

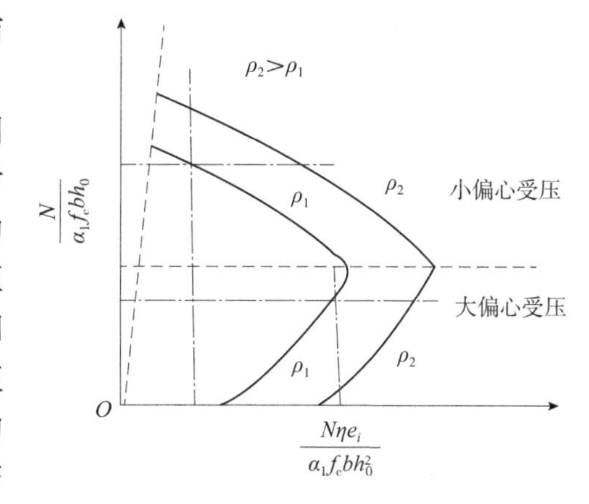

图 6-20 矩形截面对称配筋偏心受压构件截面弯矩 M、轴力 N 和配筋率 ρ 的关系

5)矩形截面对称配筋偏心受压构件 *N-M* 相关关系曲线分区

对于图 6-21 中的任意一点有:

$$\frac{\overline{M}}{\overline{N}}=\frac{\dfrac{Ne_i}{\alpha_1 f_c bh_0^2}}{\dfrac{N}{\alpha_1 f_c bh_0}}=\frac{e_i}{h_0} \tag{6-73}$$

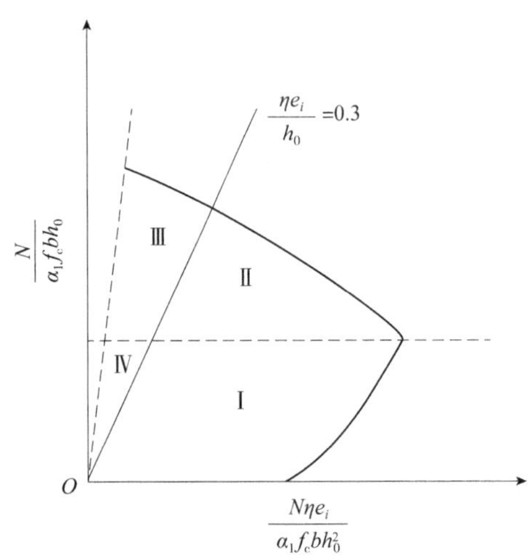

图 6-21　矩形截面对称配筋偏心受压构件计算曲线分区

e_i 是截面设计仅考虑偏心距因素时大、小偏心受压构件的界限条件。在图中做直线 $e_i/h_0=0.3$,这条直线以左,$e_i/h_0<0.3$;直线以右,$e_i/h_0>0.3$。图中水平虚线与界限破坏相对应。$e_i/h_0=0.3$ 和 $\overline{N}=N_b/(\alpha_1 f_c bh_0)$ 两条直线将曲线划分为以下四个区域:

- Ⅰ区:$e_i>0.3h_0$,且 $N\leqslant N_b$,大偏心受压。
- Ⅱ区:$e_i>0.3h_0$,且 $N>N_b$,小偏心受压。
- Ⅲ区:$e_i\leqslant 0.3h_0$,且 $N>N_b$,小偏心受压。
- Ⅳ区:$e_i\leqslant 0.3h_0$,且 $N\leqslant N_b$。

在Ⅰ、Ⅱ区内 $e_i>0.3h_0$,仅从偏心距角度看,可能为大偏心受压。用 N 与 N_b 比较:当 $N\leqslant N_b$ 时,为大偏心受压;当 $N>N_b$ 时,为小偏心受压。

在Ⅲ区内 $e_i\leqslant 0.3h_0$,且 $N>N_b$,两个判别条件所得的结论是一致的,为小偏心受压。

在Ⅳ区内 $e_i\leqslant 0.3h_0$,由此判断属于小偏心受压;但是由 $N\leqslant N_b$,由此判断属于大偏心受压范围。这两个判别条件所得的结论是矛盾的。出现这种情况的原因是:虽然轴向压力的偏心距较小,实际应为小偏心受压构件,但由于截面尺寸比较大,N 与 $\alpha_1 f_c bh_0$ 相比偏小,所以又出现了 $N\leqslant N_b$ 的情况。从图中可以很清楚地看出,Ⅳ区内的 N 和 M 均很小,此时,不论按大偏心受压还是小偏心受压构件计算,都在构造配筋范围内。

6.7　偏心受压构件斜截面受剪承载力计算

6.7.1　轴向压力对柱受剪承载力的影响

框架结构在竖向和水平荷载共同作用下,柱截面上不仅有轴力和弯矩,还有剪力。因此,对偏心受压构件还应计算斜截面受剪承载力。

试验研究表明,轴向压力对构件的受剪承载力有提高作用。这主要是轴向压力能够阻滞斜裂缝的出现和开展,加大了混凝土剪压区高度,从而提高混凝土所承担的剪力。轴向压力对箍筋所承担的剪力没有明显影响。根据框架柱截面受剪承载力与轴压比的关系可见:当轴压比 $N/(f_c bh)=0.3\sim0.5$ 时,受剪承载力达到最大值。但轴向压力对受剪承载力的有利作用是有限度的,当轴压比增大到一定程度时,受剪承载力会随着轴压比的增大而降低。因此,在计算偏压构件斜截面受剪承载力时,除了考虑轴向压力的有利影响,还应对轴压比的范围予以限制。

6.7.2 矩形、T形截面偏心受压构件的斜截面受剪承载力

根据试验研究,矩形、T形截面偏心受压构件的斜截面受剪承载力应按下式计算:

$$V \leqslant V_u = \frac{1.75}{\lambda+1} f_t b h_0 + f_{yv} \frac{A_{sv}}{s} h_0 + 0.07N \tag{6-74}$$

式中:λ——偏心受压构件计算截面的剪跨比;

N——与剪力设计值 V 相应的轴向压力设计值,当 $N>0.3f_cA$ 时,取 $N=0.3f_cA$,此处 A 为构件的截面面积。

计算截面的剪跨比应按下列规定取用:

①对各类结构的框架柱,宜取 $\lambda=M/(Vh_0)$;对框架结构中的框架柱,当其反弯点在层高范围内时,可取 $\lambda=H_n/(2h_0)$,$\lambda<1$ 则取 $\lambda=1$,$\lambda>3$ 则取 $\lambda=3$(其中,M 为计算截面上与剪力设计值 V 相应的弯矩设计值,H_n 为柱净高)。

②对其他偏心受压构件:当承受均布荷载时,取 $\lambda=1.5$;当承受集中荷载(包括作用多种荷载,其中集中荷载对支座截面或节点边缘所产生的剪力值占总剪力值的75%以上的情况)时,取 $\lambda=a/h_0$,$\lambda<1.5$ 则取 $\lambda=1.5$,$\lambda>3$ 则取 $\lambda=3$。此处,a 为集中荷载作用点至支座或节点边缘的距离。

与受弯构件类似,为防止出现斜压破坏,偏心受压构件的受剪截面同样应满足式(5-15)和式(5-16)的要求。当符合下式时:

$$V \leqslant \frac{1.75}{\lambda+1} f_t b h_0 + 0.07N \tag{6-75}$$

可不进行斜截面受剪承载力计算,仅须按构造要求配置箍筋。

小结及学习指导

1.普通箍筋轴心受压构件在计算时分为长柱和短柱。短柱的破坏属于材料破坏。对于长柱,须考虑纵向弯曲变形的影响。工程中常见的长柱的破坏仍属于材料破坏,但特别细长的柱会由于失稳而破坏。对于轴心受压构件的受压承载力,短柱和长柱采用一个统一公式计算,采用稳定系数 φ 表示纵向弯曲变形对受压承载力的影响,短柱的 $\varphi=1.0$,长柱的 $\varphi<1.0$。

2.间接钢筋对核心混凝土有约束作用,提高了核心混凝土的抗压强度,从而使构件的受压承载力有所增大,承载力提高的幅度与间接配筋的数量及其抗拉强度有关。

3.偏心受压构件正截面破坏有受拉破坏和受压破坏两种形态。当纵向压力 N 的相对偏心距 e_0/h_0 较大且 A_s 不过多时发生受拉破坏,也称"大偏心受压破坏",属于延性破坏。其特征为受拉钢筋首先屈服,而后受压区边缘混凝土达到极限压应变,受压钢筋应力能达到屈服强度。当纵向压力 N 的相对偏心距 e_0/h_0 较大但受拉钢筋 A_s 过多,或者相对偏心距 e_0/h_0 较

小时，发生受压破坏，也称“小偏心受压破坏”，属于脆性破坏。其特征为受压区混凝土被压坏，压应力较大一侧钢筋应力能够达到屈服强度，另一侧钢筋受拉不屈服或者受压不屈服。

4.偏心受压构件大偏心受压破坏和小偏心受压破坏的区别在于受压混凝土压碎时受拉钢筋是否已经屈服。当 $\xi \leq \xi_b$ 时为大偏心受压，当 $\xi > \xi_b$ 时为小偏心受压。界限破坏指受拉钢筋应力达到屈服强度的同时，受压区边缘混凝土刚好达到极限压应变，此时，受压区混凝土相对计算高度 $\xi = \xi_b$。

5.对于长细比大的偏心受压构件，应使用偏心距调节系数 C_m 和弯矩增大系数 η_{ns} 考虑纵向弯曲引起的二阶效应的影响。计算时构件的偏心距取 $e_i = e_0 + e_a$，e_a 取 20mm 和 $h/30$ 两者中的较大值。

6.大、小偏心受压构件正截面承载力的计算原理是相同的，基本公式都是由两个平衡条件得到的。具体计算时，应根据实际情况进行判断并验算适用条件，必要时还应补充条件。

7.对于各种截面形式的大、小偏心受压构件，非对称和对称配筋、截面设计和截面复核时，应牢牢把握基本公式，根据不同情况，直接运用基本公式进行运算。在计算中，一定注意公式的适用条件，出现不满足适用条件或不正常的情况时，应对基本公式做相应变化后再进行计算，在理解的基础上熟练掌握计算方法和步骤。

8.轴向压力对构件的斜截面受剪承载力有提高作用。但当轴压力超过一定数值时，受剪承载力会随着轴压比的增大而降低。因此，既要考虑轴向压力的有利作用，又应对轴向压力的受剪承载力提高范围予以限制。矩形、T 形截面偏心受压构件的斜截面受剪承载力的计算公式是在受弯构件斜截面受剪承载力公式的基础上，增加了轴向压力对受剪承载力提高的部分。

思考题

1.在轴心受压构件中，受压纵筋应力在什么情况下会达到屈服强度？什么情况下达到屈服强度？设计中如何考虑？

2.轴心受压构件中为什么不宜采用高强度钢筋？

3.轴心受压短柱和长柱的破坏特征有何不同？在长柱的承载力计算中如何考虑长细比的影响？

4.为什么螺旋箍筋柱的受压承载力比同等条件的普通箍筋的承载力提高较大？什么情况下不能考虑螺旋箍筋的作用？

5.说明大、小偏心受压破坏的发生条件和破坏特征。

6.什么是界限破坏？与界限状态对应的 ξ_b 如何计算？

7.为什么要考虑附加偏心距？计算时如何取值？

8.钢筋混凝土偏心受压构件的偏心距调节系数 C_m 和弯矩增大系数 η_{ns} 考虑了哪些因素？分别如何计算？

9.画出矩形截面大、小偏心受压破坏时截面的应力分布图形，并标明钢筋和受压混凝土的应力值。

10.大偏心受压构件和双筋受弯构件的截面应力计算图形和计算公式有何异同？

11.钢筋混凝土小偏心受压构件受压承载力计算公式中，怎样确定离纵向压力较远一侧钢筋的应力 σ_s？

12.对于钢筋混凝土矩形截面非对称配筋偏心受压构件，在截面设计和截面复核时，应如何判别大、小偏心受压？

13.大偏心受压构件非对称配筋设计时，当 A_s 和 A_s' 均未知时如何处理？

14.大偏心受压构件非对称配筋设计时，在 A_s' 已知条件下，如果出现 $\xi>\xi_b$，说明什么问题？这时应如何计算？

15.钢筋混凝土矩形截面小偏心受压构件非对称配筋，当 A_s 和 A_s' 均未知时，为什么可以首先确定 A_s 的数量？如何确定？

16.什么情况下采用复合箍筋？为什么要采用这样的箍筋？

17.对于钢筋混凝土矩形截面大偏心受压构件，在截面设计中出现 $x<2a_s'$，应怎样计算？

18.对于钢筋混凝土矩形截面对称配筋偏心受压构件，在截面设计和截面复核时，应如何判别大、小偏心受压？

19.为什么要对垂直于弯矩作用方向的截面受压承载力进行验算？

20.矩形截面对称配筋计算曲线 N-M 是怎样绘出的？根据这些曲线说明大、小偏心受压构件 N 和 M 与配筋率 ρ 之间的关系。为什么会出现 $e_i \leqslant 0.3h_0$ 且 $N \leqslant N_b$ 的现象？这种情况下怎样计算？

21.轴向压力对偏心受压构件的受剪承载力有何影响？计算时如何考虑？

习 题

1.已知柱的截面尺寸为 $b \times h = 350\text{mm} \times 350\text{mm}$，柱的计算长度 $l_0 = 6\text{m}$，承受轴向压力设计值 $N = 1100\text{kN}$。混凝土强度等级为 C30，钢筋采用 HRB400 级。试计算其纵向钢筋面积。

2.已知矩形截面偏心受压柱，截面尺寸为 $b \times h = 300\text{mm} \times 500\text{mm}$，$a_s = a_s' = 40\text{mm}$。柱的计算长度 $l_0 = 4.2\text{m}$。承受轴向压力设计值 $N = 310\text{kN}$，弯矩设计值 $M = 300\text{kN} \cdot \text{m}$。混凝土强度等级为 C30，纵向钢筋采用 HRB400 级。试计算纵向钢筋的截面面积 A_s 和 A_s'。

3.已知矩形截面偏心受压柱，截面尺寸为 $b \times h = 400\text{mm} \times 500\text{mm}$，计算长度 $l_0 = 8.4\text{m}$。承受轴向压力设计值 $N = 330\text{kN}$，弯矩设计值 $M = 100\text{kN} \cdot \text{m}$。混凝土强度等级为 C30，纵筋采用 HRB400 级。受压区配有 3⌀18（$A_s' = 763\text{mm}^2$），混凝土保护层厚度 $c = 30\text{mm}$。求纵向受拉钢筋截面面积 A_s。

4.矩形截面偏心受压柱，截面尺寸为 $b \times h = 300\text{mm} \times 500\text{mm}$，$a_s = a_s' = 40\text{mm}$，计算长度 $l_0 = 5.2\text{m}$。内力设计值 $N = 1700\text{kN}$，$M = 150\text{kN} \cdot \text{m}$。混凝土强度等级为 C30，纵向钢筋为 HRB400 级。求 A_s 和 A_s'。

5.矩形截面偏心受压柱，截面尺寸为 $b \times h = 400\text{mm} \times 500\text{mm}$，$a_s = a_s' = 40\text{mm}$，计算长度 $l_0 = 4.4\text{m}$。内力设计值 $N = 270\text{kN}$，$M = 346\text{kN} \cdot \text{m}$。混凝土强度等级为 C30，纵向钢筋为 HRB400 级。求 A_s 和 A_s'。

6.矩形截面偏心受压柱,截面尺寸为 $b\times h=500\text{mm}\times650\text{mm}$,$a_s=a_s'=40\text{mm}$,计算长度 $l_0=4.8\text{m}$。混凝土强度等级为 C35,纵向钢筋为 HRB400 级。内力设计值 $N=2000\text{kN}$,$M=580\text{kN}\cdot\text{m}$。采用对称配筋,求 A_s 和 A_s'。

7.矩形截面偏心受压柱,截面尺寸为 $b\times h=500\text{mm}\times600\text{mm}$,$a_s=a_s'=40\text{mm}$,计算长度 $l_0=4.5\text{m}$。混凝土强度等级为 C30,纵向钢筋为 HRB400 级。内力设计值 $N=3800\text{kN}$,$M=551\text{kN}\cdot\text{m}$。采用对称配筋,求 A_s 和 A_s'。

8.矩形截面偏心受压柱,截面尺寸为 $b\times h=300\text{mm}\times500\text{mm}$,$a_s=a_s'=40\text{ mm}$,计算长度 $l_0=4\text{m}$。承受轴向压力设计值 $N=370\text{kN}$,弯矩设计值 $M=164\text{kN}\cdot\text{m}$。混凝土强度等级为 C30,纵筋采用 HRB400 级。按对称配筋,求 A_s 和 A_s'。

第7章　受拉构件承载力

本章要点

【知识点】

轴心受拉构件正截面承载力的计算方法,偏心受拉构件正截面的破坏形态,矩形截面大、小偏心受拉构件正截面承载力的计算方法,偏心受拉构件斜截面受剪承载力的计算。

【重点】

掌握偏心受拉构件正截面破坏形态的判别方法,矩形截面大、小偏心受拉构件正截面承载力的计算方法。

【难点】

矩形截面大、小偏心受拉构件正截面承载力的计算方法。

7.1　概　　述

作用轴向拉力或同时作用轴向拉力和弯矩的构件,称为"受拉构件"。与受压构件类似,受拉构件也分为轴心受拉与偏心受拉两类。在钢筋混凝土结构中,几乎不存在真正的轴心受拉构件。在实际工程中,拱和桁架中的拉杆、有内压力的圆管、圆形水池的环向池壁等,一般均可按照轴心受拉构件计算;单层厂房双肢柱的某些肢杆、矩形水池池壁、浅仓仓壁、带有节间荷载的桁架、拱的下弦杆等,一般可按照偏心受拉构件计算。

7.2　轴心受拉构件正截面承载力计算

轴心受拉构件是指纵向拉力 N 作用在构件截面形心上的构件。轴心受拉构件从加载到破坏经历了混凝土出现裂缝(裂缝出现后,混凝土退出工作)到钢筋屈服,最后拉力全部由钢筋承担。故轴心受拉构件正截面受拉承载力计算公式如下:

$$N \leqslant N_u = f_y A_s \tag{7-1}$$

式中:N——轴向拉力设计值;

N_u——受拉承载力设计值;

f_y——受拉钢筋的抗拉强度设计值;

A_s——受拉钢筋的全部截面面积。

7.3 偏心受拉构件正截面承载力计算

7.3.1 偏心受拉构件正截面的破坏形态

偏心受拉构件是指纵向拉力 N 作用线偏离构件轴线或同时作用轴力及弯矩的构件。根据截面中作用的弯矩和轴向拉力比值的不同,即轴向拉力偏心距 $e_0=M/N$ 的不同,把偏心受拉看作介于受弯($N=0$)和轴心受拉($M=0$)的一种过渡状态。当偏心距很小时,其破坏特点与受弯构件类似。

按照轴向力作用点位置的不同,偏心受拉构件可分为小偏心受拉和大偏心受拉两种,分别如图 7-1a)、b)所示。

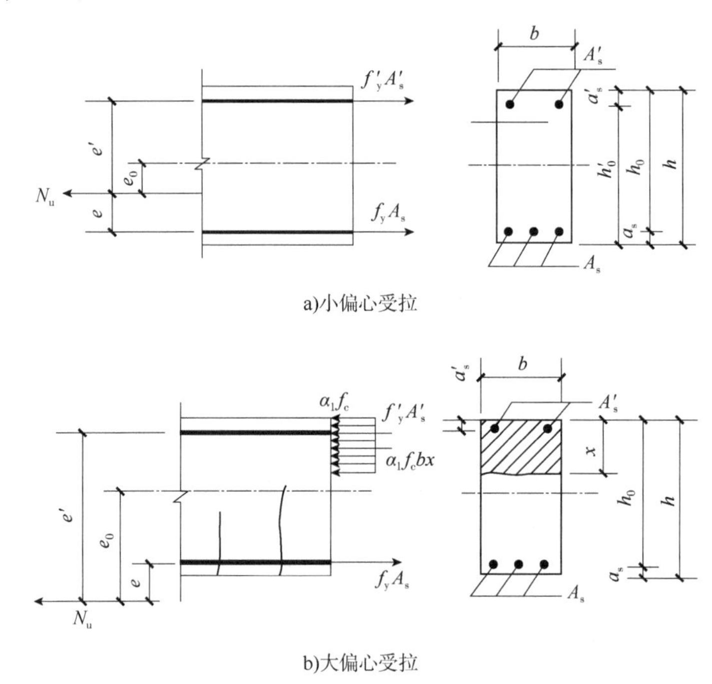

图 7-1 偏心受拉构件正截面承载力计算图形

1)小偏心受拉[$e_0=M/N<(h/2-a_s)$]

当轴向拉力作用于 A_s 合力点与 A'_s 合力点范围以内时,为小偏心受拉破坏。在小偏心拉力作用下,整个截面混凝土都将裂通,混凝土全部退出工作,拉力由左、右两侧纵筋分担。当两侧纵筋达到屈服时,截面达到破坏状态。

2)大偏心受拉[$e_0=M/N>(h/2-a_s)$]

当轴向拉力作用于 A_s 合力点与 A'_s 合力点范围以外时,为大偏心受拉破坏。由于轴向拉力作用于 A_s 与 A'_s 范围以外,因此大偏心受拉构件在整个受力过程中都存在混凝土受压区。破坏时,裂缝不会贯通,离纵向力较远侧保留有受压区。当 A_s 配置适量时,破坏特点与大偏心受压破坏相同,设计时以这种破坏为依据;当 A_s 配置过多时,破坏类似于小偏心受压构件,这种破坏没有预兆,为脆性破坏,设计时应予避免。

7.3.2 矩形截面小偏心受拉构件的正截面承载力计算

计算简图如图 7-1a)所示,分别对 A_s 及 A_s' 的合力点取矩,截面两侧的钢筋 A_s 与 A_s' 可以用以下两式求得:

$$Ne \leqslant N_u e = f_y A_s' (h_0 - a_s') \tag{7-2}$$

$$Ne' \leqslant N_u e' = f_y A_s (h_0' - a_s) \tag{7-3}$$

式中:e——轴向拉力作用点至 A_s 合力点的距离,$e = h/2 - e_0 - a_s$;

e'——轴向拉力作用点至 A_s' 合力点的距离,$e' = h/2 + e_0 - a_s'$;

e_0——轴向力对截面重心的偏心距,$e_0 = M/N$。

对称配筋时,为保持截面内外力的平衡,远离轴向力 N 一侧的钢筋 A_s' 达不到屈服,故设计时可按下式计算配筋:

$$A_s' = A_s = \frac{Ne'}{f_y (h_0' - a_s)} \tag{7-4}$$

7.3.3 矩形截面大偏心受拉构件的正截面承载力计算

计算简图如图 7-1b)所示,由平衡条件得:

$$N \leqslant N_u = f_y A_s - f_y' A_s' - \alpha_1 f_c bx \tag{7-5}$$

$$Ne \leqslant N_u e = \alpha_1 f_c bx (h_0 - 0.5x) + f_y' A_s' (h_0 - a_s') \tag{7-6}$$

式中:e——轴向拉力作用点到 A_s 合力点的距离,$e = e_0 - h/2 + a_s$。

公式适用条件为:

$$\begin{cases} x \leqslant \xi_b h_0 & (7\text{-}7) \\ x \geqslant 2a_s' & (7\text{-}8) \end{cases}$$

大偏心受拉构件的配筋计算方法同大偏心受压情况类似。在设计截面时,若 A_s 与 A_s' 均未知,须补充条件求解,即为使 A_s 和 A_s' 总用钢量最小,可取 $x = \xi_b h_0$ 作为补充条件,然后用式(7-5)和式(7-6)求解。若求得 $A_s' < \rho_{min}' bh_0$ 时,则取 $A_s' = \rho_{min}' bh_0$,然后根据 A_s' 为已知条件再计算 A_s。当求得 $x < 2a_s'$ 时,可近似地取 $x = 2a_s'$,并对受压钢筋合力点取矩,此时 A_s 可直接用下式求出:

$$N_u e' = f_y A_s (h_0 - a_s') \tag{7-9}$$

式中,$e' = h/2 + e_0 + a_s'$。

对称配筋时,由式(7-5)可知,如果 $x < 0$,按 $x < 2a_s'$ 的情况及式(7-9)计算配筋。

以上计算的配筋均应满足受拉钢筋最小配筋率的要求,即:

$$\begin{cases} A_s \geqslant \rho_{min} bh \\ A_s' \geqslant \rho_{min} bh \end{cases} \tag{7-10}$$

其中,$\rho_{min} = \max(0.45 f_t / f_y, 0.002)$。

【例 7-1】 一根钢筋混凝土偏心受拉构件，截面为矩形，$b\times h=250\text{mm}\times 400\text{mm}$，截面所承受的纵向拉力设计值 $N=500\text{kN}$，弯矩设计值 $M=60\text{kN}\cdot\text{m}$。若混凝土强度等级为 C30（$f_c=14.3\text{N/mm}^2$），采用 HRB400 热轧钢筋（$f_y=f'_y=360\text{N/mm}^2$，$\xi_b=0.518$），$a_s=a'_s=35\text{mm}$，试确定截面所需的纵筋数量。

【解】（1）判别大小偏拉情况

$$e_0=M/N=60000000/500000=120(\text{mm})<0.5h-a_s=0.5\times 400-35=165(\text{mm})$$

故属于小偏心受拉。

（2）计算纵向钢筋数量

$$e=h/2-e_0-a_s=400/2-120-35=45(\text{mm})$$

$$e'=h/2+e_0-a'_s=400/2+120-35=285(\text{mm})$$

$$h_0=400-35=365(\text{mm})$$

$$A_s=\frac{Ne'}{f_y(h_0-a_s)}=\frac{500000\times 285}{360\times(365-35)}=1199.5(\text{mm}^2)$$

$$A'_s=\frac{Ne}{f_y(h_0-a'_s)}=\frac{500000\times 45}{360\times(365-35)}=189.4(\text{mm}^2)$$

（3）选择钢筋

在靠近偏心拉力一侧实选纵筋 4⏀20，$A_s=1256\text{mm}^2$。

在远离偏心拉力一侧实选纵筋 2⏀14，$A'_s=308\text{mm}^2$。

$$0.45(f_t/f_y)=0.45\times(1.43/360)=0.0018<0.002$$

$$取\ \rho'_{\min}=\rho_{\min}=0.002，则$$

$$A'_{s,\min}=\rho'_{\min}bh=0.002\times 250\times 400=200(\text{mm}^2)$$

$$A_{s,\min}=\rho_{\min}bh=0.002\times 250\times 400=200(\text{mm}^2)$$

均满足要求。

【例 7-2】 钢筋混凝土矩形截面受拉构件，其截面尺寸为 $b\times h=250\text{mm}\times 140\text{mm}$，$a_s=a'_s=25\text{mm}$，拉力设计值 $N=100\text{kN}$，弯矩设计值 $M=8\text{kN}\cdot\text{m}$。若混凝土强度等级为 C30（$f_c=14.3\text{N/mm}^2$，$f_t=1.43\text{N/mm}^2$），采用 HRB400 热轧钢筋（$f_y=f'_y=360\text{N/mm}^2$，$\xi_b=0.518$），试确定截面所需的纵筋数量。

【解】（1）判别大小偏拉情况

$$e_0=M/N=8000000/100000=80(\text{mm})>h/2-a_s=140/2-25=45(\text{mm})$$

故属于大偏心受拉。

（2）计算纵向钢筋数量

$$e=e_0-h/2+a_s=80-70+25=35(\text{mm})$$

$$e'=e_0+h/2-a'_s=80+70-25=125(\text{mm})$$

$$h_0=140-25=115(\text{mm})$$

(3)为使(A_s+A_s')为最小,取$\xi=\xi_b=0.518$

$$x=\xi_b h_0=0.518\times115=59.57(\text{mm})$$

$$A_s'=\frac{Ne-\alpha_1 f_c bx(h_0-x/2)}{f_y'(h_0-a_s')}=\frac{100000\times35-1.0\times14.3\times200\times59.57\times(115-59.57/2)}{360(115-25)}<0$$

取$A'_{s,\min}=\rho'_{\min}bh=0.002\times250\times140=70(\text{mm}^2)$或$A'_{s,\min}=0.45(f_t/f_y)bh=0.45\times(1.43/360)\times250\times140=62.56(\text{mm}^2)$中的较大值。

故选取的受压钢筋为2⌀12($A_s'=226\text{mm}^2$)。

现在题目变成了已知A_s'求A_s的问题,由

$$N=f_yA_s-f_y'A_s'-\alpha_1 f_c bx$$

$$Ne=\alpha_1 f_c bx(h_0-0.5x)+f_y'A_s'(h_0-a_s')$$

$$x=\xi h_0$$

求得:

$$\xi=1-\sqrt{1-\frac{Ne-f_y'A_s'(h_0-a_s')}{0.5\alpha_1 f_c bh_0{}^2}}=1-\sqrt{1-\frac{100000\times35-360\times226\times(115-25)}{0.5\times1\times14.3\times250\times115^2}}<0$$

即$x<2a_s'$,取$x=2a_s'=50\text{mm}$,对受压钢筋形心取矩,故

$$A_s=\frac{Ne'}{f_y(h_0-a_s')}=\frac{100000\times125}{360\times(115-25)}=385.8(\text{mm}^2)$$

选取的受拉钢筋为3⌀14($A_s=461\text{mm}^2$)。

7.4 偏心受拉构件斜截面受剪承载力计算

在偏心受拉构件截面中,一般也存在剪力作用,特别是在弯矩较大的大偏心受拉构件中,相应的剪力一般也比较大,故偏心受拉构件也须进行斜截面抗剪强度计算。试验表明,由于轴向拉力的存在,构件的抗剪能力将明显降低,而且降低的幅度随轴向拉力的增加而增大。

偏心受拉构件斜截面承载力计算公式为:

$$V\leqslant\frac{1.75}{\lambda+1}f_tbh_0+f_{yv}\frac{A_{sv}}{s}h_0-0.2N \tag{7-11}$$

式中:f_{yv}——箍筋的抗拉强度设计值;

A_{sv}——配置在同一截面内箍筋各肢的全部截面面积;

N——与剪力设计值V相应的轴向拉力设计值;

λ——计算截面剪跨比。

当右边的计算值小于$f_{yv}\frac{A_{sv}}{s}h_0$时,应取$f_{yv}\frac{A_{sv}}{s}h_0$,且$f_{yv}\frac{A_{sv}}{s}h_0$值不得小于$0.36f_tbh_0$。

对于偏心受拉构件,其受剪截面的截面限制条件也与受弯构件的受剪截面的截面限制条件相同。

小结及学习指导

1.轴心受拉构件的特点是裂缝贯穿整个截面,裂缝截面的纵向拉力全部由纵筋承担。受拉构件的纵筋数量有时不由承载力决定,而是由裂缝宽度控制。

2.偏心受拉构件根据轴向拉力作用位置的不同,分为大偏心受拉和小偏心受拉两种破坏情况:当轴向拉力作用于A_s合力点与A_s'合力点范围以内时,为小偏心受拉破坏;当轴向拉力作用于A_s合力点与A_s'合力点范围以外时,为大偏心受拉破坏。大偏心受拉破坏的计算与大偏心受压破坏的计算类似。

思考题

1.如何判别偏心受拉构件的类型?

2.轴向拉力对受剪承载力有何影响?

习　题

钢筋混凝土偏心受拉构件,截面尺寸为$b \times h = 300\text{mm} \times 500\text{mm}$,截面所承受的纵向拉力设计值$N = 200\text{kN}$,弯矩设计值$M = 20\text{kN} \cdot \text{m}$。若混凝土强度等级为C30,采用HRB400热轧钢筋,$a_s = a_s' = 40\text{mm}$,试确定截面所需的纵筋数量。

第8章　受扭构件扭曲截面承载力

本章要点

【知识点】

混凝土构件平衡扭转和约束扭转的概念;纯扭构件的受力性能,截面受扭承载力的计算;弯剪扭构件的受力性能,承载力计算;受扭构件配筋构造要求。

【重点】

掌握纯扭构件的受扭性能和受扭承载力的计算方法;掌握弯剪扭构件的受力性能和承载力计算的原则。

【难点】

弯剪扭构件承载力计算及配筋构造。

8.1　概　　述

钢筋混凝土受扭构件也是一种基本构件。一般来说,在截面中作用有扭矩的构件都属于受扭构件,如现浇框架结构中的边梁、厂房中受横向制动力作用的吊车梁、钢筋混凝土雨棚梁、曲梁等。

受扭构件中的扭矩可分为两类。一类是由于荷载直接作用引起的,扭矩的大小可直接由构件的静力平衡条件确定,与受扭构件的抗扭刚度无关,通常将这类扭矩称为“平衡扭矩”,如吊车梁、雨篷梁[图8-1a)、b)]所受的扭矩属于此类。另一类是在超静定受扭构件中,确定扭矩除了需要静力平衡条件,还必须依赖相邻构件的变形协调条件,扭矩大小与构件的抗扭刚度有关,这类扭矩称为“协调扭矩”。图8-1c)所示的现浇框架边梁的外扭矩即为作用在楼板次梁的支座负弯矩,由次梁支承点处的转角与该处的边梁扭转角的协调条件决定。在扭矩作用下,构件将发生扭转,相应的钢筋混凝土受扭构件的扭转分为平衡扭转和协调扭转两类。

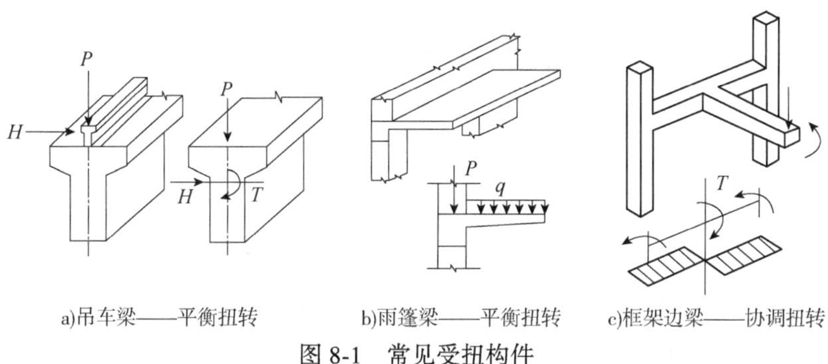

a)吊车梁——平衡扭转　b)雨篷梁——平衡扭转　c)框架边梁——协调扭转

图8-1　常见受扭构件

在这些实际构件中,单纯受扭的情况极少,一般都是受扭、受弯、受剪同时存在,根据其截面上存在的内力情况可分为纯扭、剪扭、弯扭、弯剪扭等多种受力情况,其中,纯扭、剪扭和弯扭受力情况较少,弯剪扭受力情况最多。

8.2 纯扭构件的试验研究

8.2.1 素混凝土纯扭构件的受扭性能

对于纯扭构件,在扭矩作用下截面只产生剪应力,由于剪应力的作用,在与构件轴线成45°角的方向产生主拉应力 σ_{tp}和主压应力 σ_{cp},其值可按材料力学中的公式计算:

$$\frac{\sigma_{tp}}{\sigma_{cp}}=\frac{\sigma}{2}\pm\sqrt{\frac{\sigma^2}{4}+\tau^2} \tag{8-1}$$

对于纯扭构件,正应力 $\sigma=0$,故 $\sigma_{tp}=\sigma_{cp}=\tau$。

试验表明,矩形截面素混凝土纯扭构件在开裂前具有与均质弹性材料相同的性质,在截面长边中点处主拉应力最大,当主拉应力大于混凝土抗拉强度f_t时,构件就会开裂。随着扭矩的增大,形成了与构件长轴成45°角的斜裂缝且向相邻两个面延伸,最后构件三面开裂,一面受压,形成一空间曲裂面,如图8-2所示。素混凝土纯扭构件从裂缝出现到构件破坏的过程比较短暂且破坏突然发生,属于脆性破坏,构件的抗扭能力比较弱,取决于混凝土的抗拉强度。

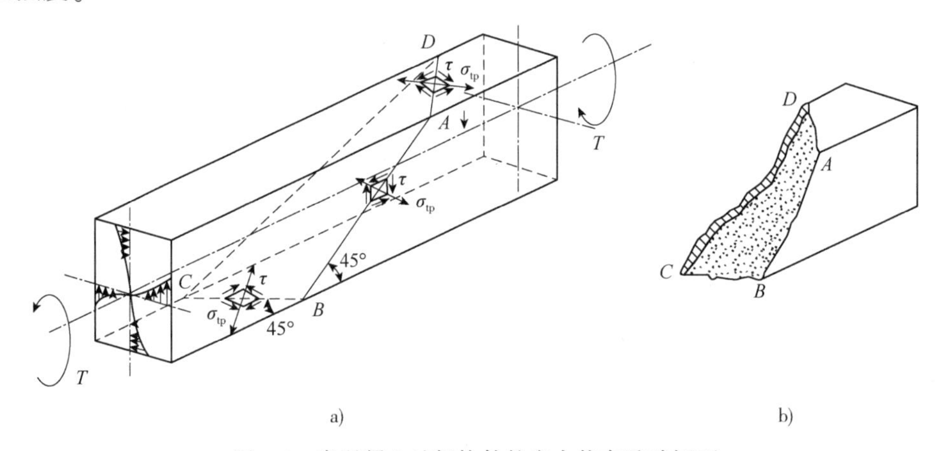

图8-2 素混凝土纯扭构件的应力状态及破坏面

8.2.2 钢筋混凝土纯扭构件的受扭性能

钢筋混凝土纯扭构件在扭矩很小时,混凝土未开裂,纵筋和箍筋的应力都很小,构件受力性能同素筋混凝土纯扭构件基本相同。随着扭矩的增大,在构件某薄弱截面的长边中点附近出现斜裂缝且与构件轴线约呈45°角。裂缝出现后,部分混凝土退出工作,钢筋应力明显增大,构件抗扭刚度有较大降低。裂缝出现前构件截面受力的平衡状态被打破,带有裂缝的混凝土和钢筋共同组成新的受力体系。在新体系中,混凝土受压,纵筋和箍筋均受拉,构件能继续承受更大的扭矩。随着扭矩的继续增大,构件表面形成连续的或不连续的与受扭纵轴线呈35°~55°的螺旋形裂缝,如图8-3所示。当扭矩达到一定值时,某一条螺旋形裂缝形成临界斜裂缝,裂缝加宽且与之相交的纵筋和箍筋达到屈服强度,最后混凝土被压碎,形成空间曲裂面。钢筋混凝土受扭构件的开裂扭矩比相应的素混凝土构件高约10%~30%。

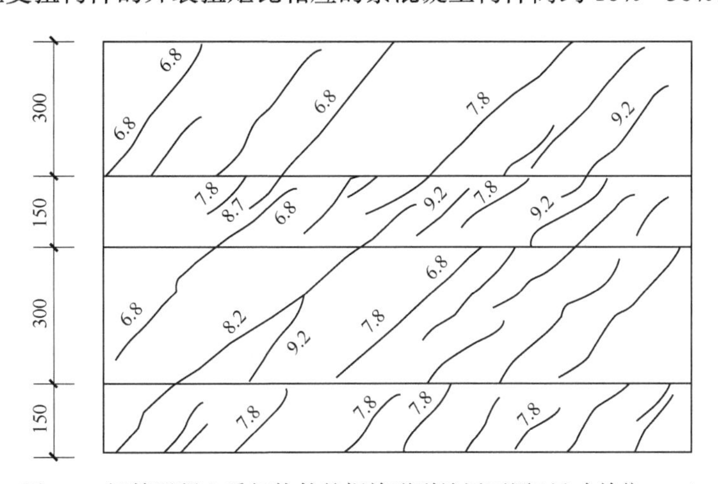

图8-3 钢筋混凝土受扭构件的螺旋形裂缝展开图(尺寸单位:mm)

注:图中所注数字是该裂缝出现时的扭矩值(kN·m),未注数字的裂缝是破坏时出现的裂缝。

1)受扭构件配筋方式

在受扭构件中,最有效的配筋方式是将抗扭钢筋制作成与构件的纵轴线倾斜角为45°的螺旋形,其方向与主拉应力平行,亦即与裂缝相垂直。但是,螺旋筋施工比较复杂,螺旋筋的配筋方式不能适应扭矩方向的改变,而且在实际工程中扭矩沿构件全长不改变方向的情况是比较少的,故实际受扭构件配筋通常采用靠近构件表面设置的横向封闭箍筋与纵向抗扭钢筋共同组成的抗扭钢筋骨架来抵抗截面扭矩。这种配筋方式恰好与构件中的抗弯钢筋和抗剪钢筋配置方式相协调。

2)纯扭构件的破坏形式

钢筋混凝土纯扭构件试验表明,配筋对提高构件开裂扭矩的作用不大,但配筋的数量对构件的极限扭矩和破坏形态有很大的影响。根据箍筋和纵筋配筋数量的不同,可分为适筋破坏、少筋破坏、完全超筋破坏和部分超筋破坏。

①当箍筋和纵筋配置都合适时,在外扭矩作用下,与斜裂缝相交的箍筋和纵筋先达到屈服强度,然后混凝土被压碎而破坏。其破坏特征与受弯构件适筋梁类似,属于延性破坏,破坏时极限扭矩的大小取决于箍筋和纵筋的配筋量。

②当箍筋和纵筋配置均过少时,配筋不足以承担混凝土开裂所释放的拉应力,一旦裂缝出现,构件立即发生破坏,此时纵筋和箍筋不仅屈服而且可能进入强化阶段,其破坏特征与受弯构件少筋梁类似,属于受拉脆性破坏。受扭承载力取决于混凝土的抗拉强度。这种情况下,构件破坏时的极限扭矩接近开裂扭矩,配筋对极限扭矩影响不大。

③当箍筋和纵筋配置均过多时,受扭构件在破坏前会出现更多更密的螺旋裂缝,这时构件由于混凝土被压碎而破坏,箍筋和纵筋均未屈服。其破坏特征与受弯构件超筋梁类似,破坏时钢筋的强度没有得到充分利用,属于受压脆性破坏。这种超筋破坏叫“完全超筋破坏”,其受扭承载力取决于混凝土的抗压强度。

④抗扭钢筋由箍筋和纵筋两部分组成,这两部分的配筋比例对破坏形态也有影响。当其中一种抗扭钢筋配置过多时,会造成这种钢筋在构件破坏时达不到屈服强度。这种破坏叫作“部分超筋破坏”,由于破坏时有一部分钢筋达到屈服,因而不是完全的脆性破坏。这种破坏的延性比完全超筋要大一些,但小于适筋构件。

对少筋和完全超筋受扭构件,由于破坏时具有明显的脆性性质,故在实际中应避免采用。对部分超筋构件,虽然设计中可以采用,但不经济。适筋受扭构件的配筋量可根据扭矩大小通过计算来确定。

3)配筋强度比

由于受扭构件中受扭箍筋和受扭纵筋的配筋比例对构件的受扭性能和极限承载力有很大影响,为使箍筋和纵筋都能有效发挥作用,应将两部分钢筋在数量和强度上加以控制。《混凝土结构设计规范》采用纵向钢筋与箍筋的配筋强度比 ζ 进行控制。配筋强度比 ζ 定义为受扭纵筋和箍筋的体积比和强度比的乘积(图 8-4),即:

$$\zeta=\frac{A_{stl}s}{A_{st1}u_{cor}}\cdot\frac{f_y}{f_{yv}} \tag{8-2}$$

式中:A_{stl}——受扭计算中对称布置的全部纵向钢筋截面面积;

A_{st1}——受扭计算中沿截面周边所配置箍筋的单肢截面面积;

f_y——抗扭纵筋抗拉强度设计值;

f_{yv}——抗扭箍筋抗拉强度设计值,当 $f_{yv}>360\text{N/mm}^2$ 时应取 360N/mm^2;

s——箍筋间距;

u_{cor}——截面核芯部分周长,$u_{cor}=2(b_{cor}+h_{cor})$,其中 b_{cor} 和 h_{cor} 分别为箍筋内表面范围内截面核心部分的短边与长边尺寸,如图 8-4a)所示。

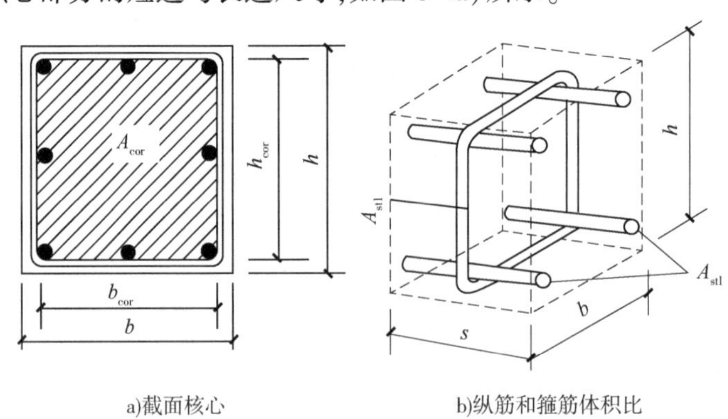

图 8-4 抗扭截面

根据试验结果,当ζ在0.5~2.0范围内变化,构件破坏时受扭纵筋和箍筋基本上都能达到屈服强度。为稳妥起见,《混凝土结构设计规范》取ζ的限制范围为$0.6 \leqslant \zeta \leqslant 1.7$。当$\zeta > 1.7$时,取$\zeta = 1.7$。当$\zeta < 0.6$时,应改变配筋来提高$\zeta$值。工程设计中配筋强度比$\zeta$的常用范围为1.0~1.3。

8.3 纯扭构件的扭曲截面承载力计算

在对构件进行抗扭能力计算前,首先需要计算构件的开裂扭矩。如果外扭矩大于构件的开裂扭矩,则需要通过计算配置抗扭纵筋和箍筋以满足构件承载力要求;否则,可按构造配置钢筋。

8.3.1 矩形截面开裂扭矩的计算

钢筋混凝土纯扭构件在裂缝出现前,钢筋应力很小且钢筋对开裂扭矩的影响也不大,从而可以在开裂扭矩的计算中忽略钢筋的作用。

构件在扭矩作用下,截面产生扭剪应力τ,截面剪应力的分布如图8-5a)所示。其最大剪应力τ_{max}发生在截面长边中点处。由于τ的作用,相应地产生主拉应力和主压应力,$|\sigma_{tp}| = |\sigma_{cp}| = \tau$,主拉应力方向与构件轴线成45°角。

按照弹性理论,当主拉应力$\sigma_{tp} = \tau_{max} = f_t$时,构件将在截面长边中点处出现裂缝,此时的扭矩为开裂扭矩$T_{cr,e}$:

$$T_{cr,e} = f_t W_{te} \tag{8-3}$$

式中:W_{te}——截面受扭的弹性抵抗矩。

对理想的塑性材料来说,截面上某一点的应力达到材料的强度极限并不意味着构件立即发生破坏,而是局部材料在极限应力下发生屈服,即应变增加、应力仍保持极限应力,整个截面仍能继续承载,直到截面全部材料达到强度极限,构件才达到极限抗扭承载力,此时截面剪应力的分布如图8-5b)所示。按塑性理论来计算截面的抵抗扭矩,可将截面上的扭剪应力划分为四个区[图8-5c)]。为便于计算,可将图8-5c)改为图8-5d),并将各部分面积上剪应力的合力对截面的扭转中心取矩,即可得到截面的塑性抵抗扭矩为:

$$\begin{aligned} T_{cr,p} &= \tau_{max}\left[(h-b)\times\frac{b}{2}\times\frac{b}{4}\times 2+\frac{1}{2}\times\frac{b}{2}\times\frac{b}{2}\times\frac{b}{3}\times 4+b\times\frac{b}{2}\times\frac{1}{2}\times\left(\frac{h}{2}-\frac{b}{6}\right)\times 2\right] \\ &= \tau_{max}\left[\frac{b^2}{6}(3h-b)\right] \end{aligned}$$

取屈服剪应力$\tau_{max} = f_t$,则有:

$$T_{cr,p} = f_t \frac{b^2}{6}(3h-b) \tag{8-4}$$

混凝土材料具有弹塑性性能,既非理想弹性又非理想塑性,因而受扭达到极限状态时应力分布介于完全弹性和完全塑性两种状态之间。如果按弹性材料计算开裂扭矩便低估了材料的性能;如果按完全塑性材料计算开裂扭矩,又高估了材料的性能,且计算值偏不安全。但确切计算中间状态的应力分布是十分困难的,比较切实可行的方法是按完全塑性进行计算,然后乘上一个折减系数以考虑非完全塑性剪应力分布的影响。

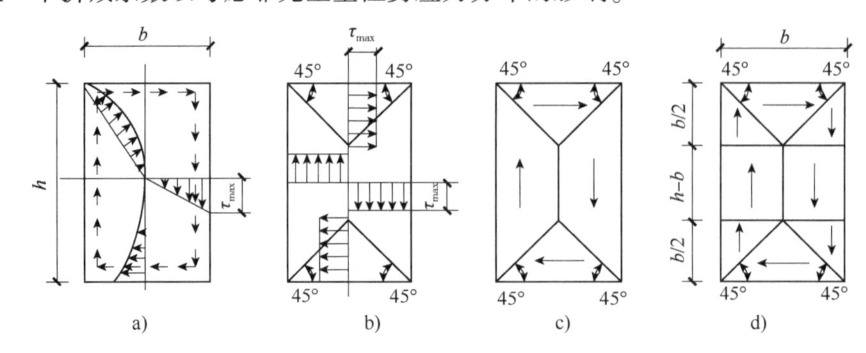

图 8-5 受扭截面的剪应力分布

考虑到混凝土材料并非理想塑性,同时考虑到受扭构件除了主拉应力外还有主压应力,这种应力状态下的抗拉强度要低于单向抗拉强度。因此当按理想塑性材料计算开裂扭矩时应乘以小于 1 的修正系数。为安全起见,《混凝土结构设计规范》偏安全地取修正系数为 0.7,即混凝土受扭构件开裂扭矩计算公式为:

$$T_{cr}=0.7f_tW_t \tag{8-5}$$

式中:W_t——受扭构件的截面受扭塑性矩,对矩形截面,$W_t=b^2(3h-b)/6$。

8.3.2 受扭构件扭曲截面承载力计算

1) 矩形截面纯扭构件受扭承载力计算

受扭构件破坏面是斜向翘曲面,破坏时受力性能比较复杂,目前尚缺乏普遍认可的破坏理论。《混凝土结构设计规范》对钢筋混凝土受扭构件扭曲截面受扭承载力的计算采用以变角度空间桁架模型为基础的计算方法。如图 8-6 所示,将开裂后的钢筋混凝土受扭构件比拟为空间桁架模型。即在裂缝充分发展且受扭钢筋应力接近屈服强度时,由于扭转中心附近纤维的扭转变形和应力较小,而截面周边纤维扭转变形和应力大,故可认为截面核心混凝土退出工作,从而实心截面的钢筋混凝土构件可被假想为一个箱形截面构件。此时,具有螺旋形裂缝的混凝土外壳、纵筋和箍筋共同组成空间桁架以抵抗外扭矩。其中,抗扭纵筋相当于桁架的受拉弦杆,抗扭箍筋相当于桁架的受拉腹杆,而斜裂缝之间的混凝土相当于桁架的斜压腹杆,斜压腹杆倾角的方向同抗扭纵筋和箍筋的配筋强度比 ζ 有关。在此基础上,《混凝土结构设计规范》根据试验数据,对其中参数进行校准,提出了半理论半经验的公式。

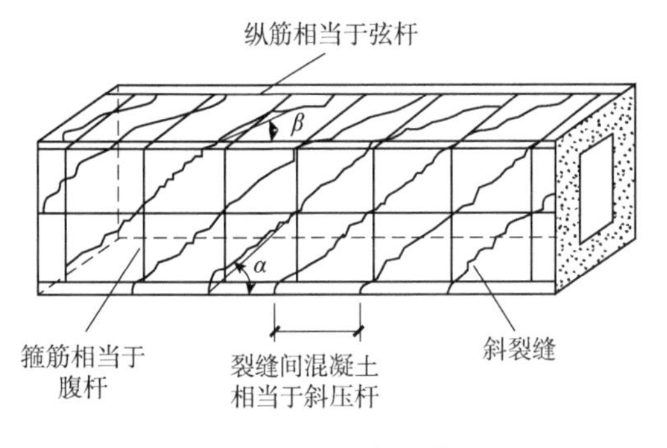

图 8-6 空间桁架模型

受扭构件的极限承载力 T_u 由两部分组成,即混凝土承担的抗扭作用 T_c 以及钢筋承担的抗扭作用 T_s,即:

$$T \leqslant T_u = T_c + T_s \tag{8-6}$$

《混凝土结构设计规范》在变角度空间模型分析的基础上,根据大量试验数据(图 8-7),对其中参数进行校准,并考虑可靠性要求后,给出了矩形截面纯扭构件受扭承载力计算公式:

$$T \leqslant T_u = 0.35 f_t W_t + 1.2\sqrt{\zeta} f_{yv} A_{st1} A_{cor}/s \tag{8-7}$$

式中:T——扭矩设计值;

f_t——混凝土抗拉强度设计值;

W_t——受扭构件的截面受扭塑性矩。对于矩形截面,$W_t = b^2(3h-b)/6$,其中,h 和 b 分别为矩形的长边尺寸、短边尺寸;

ζ——受扭纵向钢筋与箍筋的配筋强度比值,按式(8-2)计算,其值应符合 $0.6 \leqslant \zeta \leqslant 1.7$ 的要求,当 $\zeta > 1.7$ 时取 $\zeta = 1.7$;

f_{yv}——受扭箍筋的抗拉强度设计值,当 $f_{yv} > 360\text{N/mm}^2$ 时应取 360N/mm^2;

A_{st1}——受扭计算中沿截面周边配置的箍筋单肢截面面积;

A_{cor}——截面核心部分的面积,$A_{cor} = b_{cor} h_{cor}$,其中 b_{cor}、h_{cor} 分别为箍筋内表面范围内截面核心部分的短边、长边尺寸。

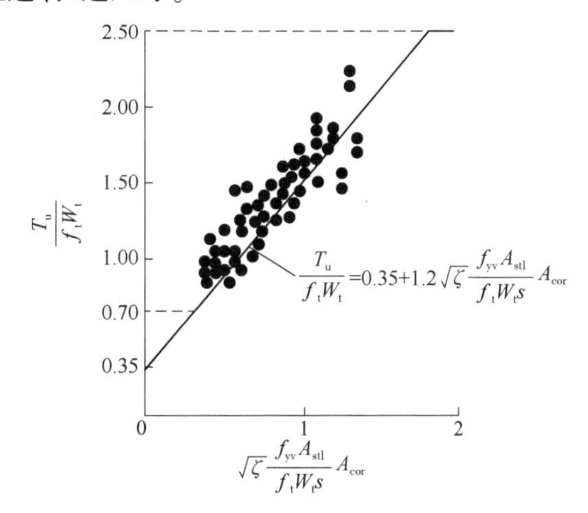

图 8-7 纯扭构件计算公式与承载力试验结果比较

2)箱形截面钢筋混凝土纯扭构件受扭承载力计算

在扭矩作用下,剪应力沿截面周边较大,而在截面中心部分较小,故对于封闭的箱形截面,其抵抗扭矩的能力与同样尺寸的实心截面基本相同。实际工程中,当截面尺寸较大时,往往采用箱形截面以减轻结构自重,如桥梁结构中常采用箱形截面梁。

(1)箱形截面受扭塑性抵抗矩

对于箱形截面(图 8-8),其塑性抵抗矩可取实心矩形截面与内部空心矩形截面塑性抵抗矩之差,即:

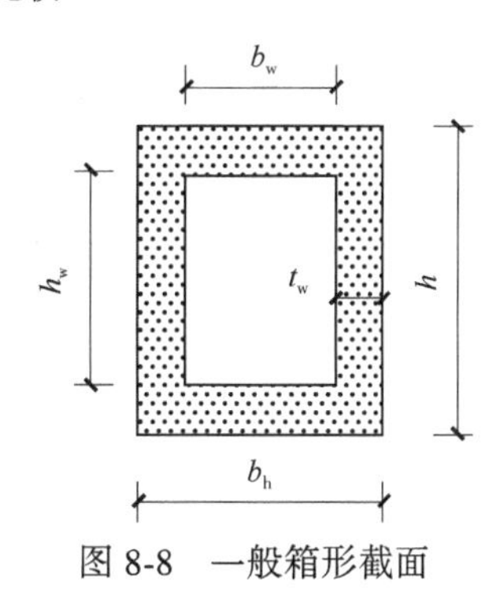

图 8-8 一般箱形截面

$$W_t = \frac{b_h^2}{6}(3h - b_h) - \frac{b_w^2}{6}(3h_w - b_w) \tag{8-8}$$

式中：b_h、h——分别为箱形截面的宽度、高度；

b_w、h_w——分别为内部空心部分的宽度、高度。

(2)箱形截面受扭承载力计算

由空间桁架模型可知，实心截面与箱形截面的抗扭承载力基本相同，等效壁厚 t_{ew} 为 $0.4b$。对于箱形截面，考虑到实际壁厚 t_w 小于实心截面等效壁厚的情况，对式(8-7)中的第一项乘以折减系数 α_h，即：

$$T_u = 0.35\alpha_h f_t W_t + 1.2\sqrt{\zeta} f_{yv} A_{st1} A_{cor}/s \tag{8-9}$$

$$\alpha_h = 2.5t_w/b_h \tag{8-10}$$

式中：α_h——箱形截面壁厚影响系数，当 $\alpha_h > 1.0$ 时取 $\alpha_h = 1.0$；

t_w——箱形截面的壁厚，应满足 $t_w \geqslant b_h/7$。

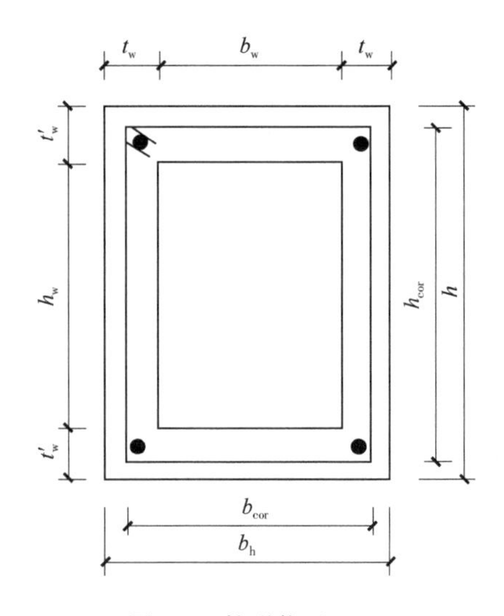

图 8-9 箱形截面($t_w < t'_w$)

同样，式中的配筋强度比值 ζ 应符合 $0.6 \leqslant \zeta \leqslant 1.7$ 的要求，箱形截面的核心面积 A_{cor} 与实心截面相同，取 $A_{cor} = b_{cor}h_{cor}$，如图 8-9 所示。

(3)T 形和工字形截面受扭承载力计算

试验表明，对带翼缘的 T 形、工字形和 L 形截面纯扭构件，破坏时其第一条斜裂缝出现在腹板侧面的中部，破坏规律同矩形截面受扭构件相似。计算 T 形和 I 字形截面纯扭构件的承载力时，可将其截面划分为若干个矩形截面进行计算。划分的原则是：首先满足腹板截面的完整性，即按截面的总高度确定腹板截面，然后划分受压翼缘和受拉翼缘，如图 8-10 所示。各矩形截面分担的扭矩按各矩形截面的受扭塑性抵抗矩与截面总的受扭塑性抵抗矩的比值进行分配。

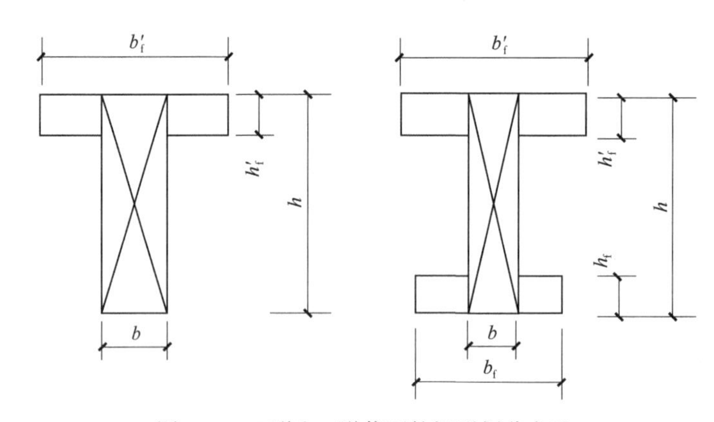

图 8-10 T 形和 I 形截面的矩形划分方法

b'_f-截面受压区的翼缘宽度；b_f-截面受拉区的翼缘宽度；h'_f-截面受压区的翼缘高度；h_f-截面受拉区的翼缘高度

腹板、受压翼缘和受拉翼缘部分的截面受扭塑性抵抗矩分别按下式计算：

腹板部分的截面受扭塑性抵抗矩 W_{tw}：

$$W_{tw}=b^2(3h-b)/6 \tag{8-11}$$

受压翼缘和受拉翼缘部分的截面受扭塑性抵抗矩 W'_{tf}和 W_{tf}：

$$W'_{tf}=h_f'^2(b'_f-b)/2 \tag{8-12}$$

$$W_{tf}=h_f(b_f-b)/2 \tag{8-13}$$

式中：b'_f、b_f——分别为截面受压区、受拉区的翼缘宽度；

h'_f、h_f——分别为截面受压区、受拉区的翼缘高度。

截面总的受扭塑性抵抗矩为：

$$W_t=W_{tw}+W'_{tf}+W_{tf} \tag{8-14}$$

计算受扭构件承载力时截面的有效翼缘宽度应符合下列规定：

$$\begin{cases}b'_f\leqslant b+6h'_f\\ b_f\leqslant b+6h_f\end{cases}$$

所划分的每个矩形截面所承受的扭矩为：

$$\begin{cases}T'_f=\dfrac{W'_{tf}}{W_t}T \quad (\text{受压翼缘}) & (8\text{-}15)\\[2ex] T_w=\dfrac{W_{tw}}{W_t}T \quad (\text{腹板}) & (8\text{-}16)\\[2ex] T_f=\dfrac{W_{tf}}{W_t}T \quad (\text{受拉翼缘}) & (8\text{-}17)\end{cases}$$

式中：T'_f、T_w、T_f——分别为受压翼缘、腹板及受拉翼缘所承受的扭矩设计值。

按照上述分配原则求出各矩形部分分担的扭矩设计值，然后按式(8-7)进行受扭承载力计算。

3) 公式适用条件

(1) 防止超筋破坏

当纵筋、箍筋配置过多，或截面尺寸太小、混凝土强度过低时，钢筋的作用不能充分发挥，这类构件在受扭纵筋和箍筋屈服前，往往会发生混凝土首先被压碎的超筋脆性破坏。为了避免受扭构件配筋过多而发生完全超配筋性质的脆性破坏，《混凝土结构设计规范》规定构件截面应满足下列限制条件：

①当$\dfrac{h_w}{b}\leqslant 4$时：

$$\frac{T}{0.8W_t}\leqslant 0.25\beta_c f_c \tag{8-18}$$

②当$\dfrac{h_w}{b}=6$时：

$$\frac{T}{0.8W_t}\leqslant 0.2\beta_c f_c \tag{8-19}$$

式中：h_w——截面的腹板高度。对矩形截面，取有效高度 h_0；对 T 形截面，取有效高度减去翼缘高度；对工字形和箱形截面，取腹板净高；

b——矩形截面的宽度，对于 T 形或工字形截面取腹板宽度，对于箱形截面取两侧壁总厚度 $2t_w$（t_w 为箱形截面的壁厚）；

T——设计扭矩值；

W_t——受扭构件的受扭塑性抵抗矩；

β_c——混凝土强度影响系数。当混凝土强度等级不大于 C50 时取 $\beta_c=1.0$，当混凝土强度等级为 C80 时取 $\beta_c=0.8$，其间按线性内插法确定；

f_c——混凝土轴心抗压强度设计值。

③当 $4<\frac{h_w}{b}<6$ 时，按线性内插法确定。

当不满足上述条件时，应增大截面尺寸或提高混凝土强度等级。

（2）防止少筋破坏

为防止少筋脆性破坏，《混凝土结构设计规范》采用满足最小配筋率的控制条件，即受扭箍筋的配箍率 ρ_{st} 应满足下列最小配箍率的要求：

$$\rho_{st}=\frac{2A_{stl}}{bs}\geqslant\rho_{st,min}=0.28\frac{f_t}{f_{yv}} \tag{8-20}$$

受扭纵筋的配筋率 ρ_{tl} 应满足下列最小配筋率的要求：

$$\rho_{tl}=\frac{A_{stl}}{bh}\geqslant\rho_{tl,min}=0.85\frac{f_t}{f_y} \tag{8-21}$$

式中：A_{stl}——受扭计算中对称布置的全部纵向钢筋截面面积。

当扭矩设计值小于开裂扭矩，即满足 $T\leqslant T_{cr}=0.7f_tW_t$ 时，可按受扭钢筋的最小配筋率、箍筋最大间距和箍筋最小直径的构造要求配置钢筋。

【例 8-1】 已知一钢筋混凝土矩形截面纯扭构件，截面尺寸为 $b\times h=250\text{mm}\times 500\text{mm}$，混凝土采用 C30 级，纵筋采用 HRB400 级，箍筋采用 HPB300 级。承受扭矩设计值 $T=20\text{kN}\cdot\text{m}$。环境类别为二 a 类。试对此构件进行配筋。

【解】（1）设计参数

C30 混凝土：$f_c=14.3\text{N/mm}^2$，$f_t=1.43\text{N/mm}^2$。

HRB400 级钢筋：$f_y=360\text{N/mm}^2$。

HPB300 级钢筋：$f_{yv}=270\text{N/mm}^2$。

混凝土保护层厚度 $c=25\text{mm}$，混凝土强度影响系数 $\beta_c=1.0$；$h_0=500-40=460(\text{mm})$。

设箍筋直径为 8mm，则截面核心部分的短边和长边尺寸分别为：

$$b_{cor}=250-25\times2-8\times2=184(mm)$$

$$h_{cor}=500-25\times2-8\times2=434(mm)$$

截面核心部分的面积和周长分别为：

$$A_{cor}=b_{cor}h_{cor}=184\times434=79856(mm^2)$$

$$u_{cor}=2(b_{cor}+h_{cor})=2\times(184+434)=1236(mm)$$

(2)验算截面尺寸以及是否需要按计算配置受扭钢筋

$$W_t=b^2(3h-b)/6=250^2(3\times500-250)/6=13\times10^6(mm^3)$$

$$h_w=h_0=460mm \quad h_w/b=460/250=1.84<4$$

用式(8-18)验算，得：

$$\frac{T}{0.8W_t}=\frac{20\times10^6}{0.8\times13\times10^6}=1.923(N/mm^2)<0.25\beta_c f_c=0.25\times1.0\times14.3=3.575(N/mm^2)$$

且 $T>0.7f_tW_t=0.7\times1.43\times13\times10^6=13(kN\cdot m)$，满足截面限制条件，需要按计算配抗扭钢筋。

(3)计算抗扭箍筋

取 $\zeta=1.2$，由式(8-7)计算得：

$$\frac{A_{st1}}{s}=\frac{T-0.35f_tW_t}{1.2\sqrt{\zeta}f_{yv}A_{cor}}=\frac{20\times10^6-0.35\times1.43\times13\times10^6}{1.2\times\sqrt{1.2}\times270\times79856}=0.476(mm)$$

$\phi8$ 箍筋 $A_{st1}=50.3mm^2$，则有：

$$s=\frac{50.3}{0.476}=105.7(mm)$$

取 $s=100mm$。

根据式(8-20)验算配箍率：

$$\rho_{st}=\frac{2A_{st1}}{bs}=\frac{2\times50.3}{250\times100}=0.40\%>\rho_{st,min}=0.28\frac{f_t}{f_{yv}}=0.28\times\frac{1.43}{270}=0.148\%$$

满足要求。

(4)计算受扭纵筋

根据式(8-2)计算得：

$$A_{stl}=\zeta\frac{A_{st1}}{s}\cdot\frac{f_{yv}}{f_y}u_{cor}=1.2\times\frac{50.3}{100}\times\frac{270}{360}\times1236=560(mm^2)$$

查附表，选用 6Φ12，实际纵筋面积 $A_{stl}=678mm^2$。

根据式(8-21)验算配筋率：

$$\rho_{tl}=\frac{A_{stl}}{bh}=\frac{678}{250\times500}=0.54\%>\rho_{tl,min}=0.85\frac{f_t}{f_y}=0.28\times\frac{1.43}{360}=0.34\%$$

满足要求，该受扭构件截面配筋图如图 8-11 所示。

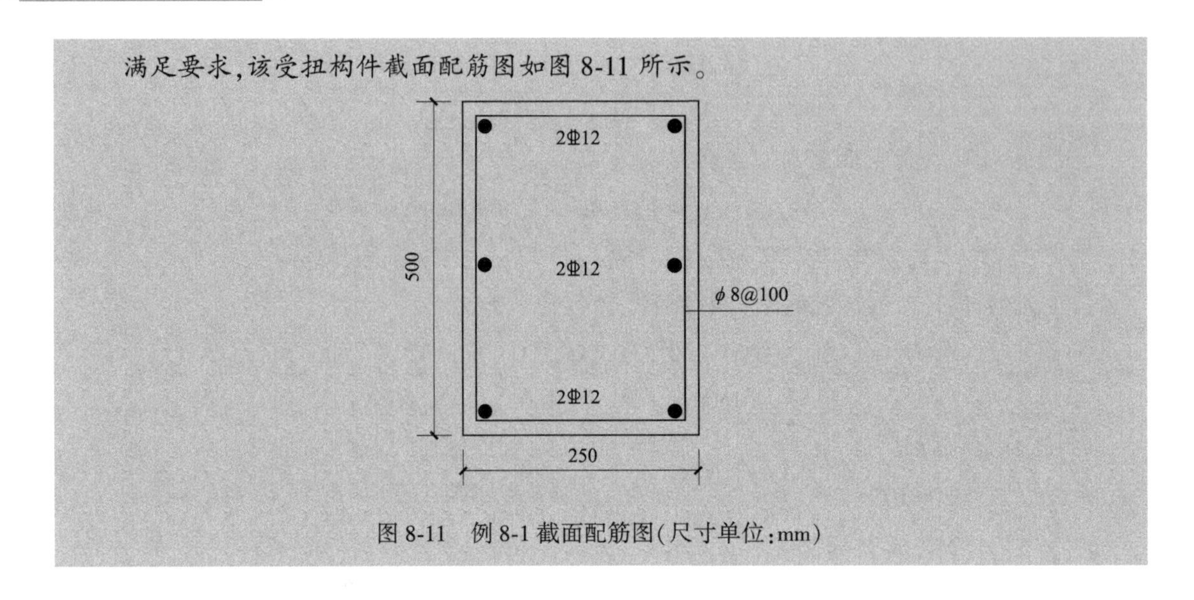

图 8-11　例 8-1 截面配筋图(尺寸单位:mm)

8.4　弯剪扭构件受扭承载力计算

在实际工程中，纯受扭的构件极其少见，大多数情况是承受弯矩、剪力和扭矩的共同作用。构件处于弯剪扭共同作用的复合受力状态，其受力性能是十分复杂的。试验表明，对于弯剪扭构件，构件的受扭与受弯、受剪承载力之间是相互影响的，即构件的受扭承载力因同时作用的弯矩、剪力的影响而发生变化；构件的受弯和受剪承载力因同时作用的扭矩的影响也发生变化。构件的这种抵抗某种内力的能力受其他同时作用的内力影响的性质，被称为“构件承载力之间的相关性”。

8.4.1　弯剪扭构件的破坏形态

弯剪扭构件的破坏形态及其承载力与所作用的弯矩、剪力和扭矩之间的比例以及构件截面配筋情况有关，主要有以下三种破坏形式。

1) 弯型破坏

试验表明，当弯矩作用显著，扭矩比较小，即扭弯比 T/M 较小，且剪力不起控制作用时，会发生弯型破坏。这时弯矩在截面上部产生较大压应力，而较小的扭矩产生的拉应力不足以抵消上部的压应力，截面上部处于有利的受力状态，而截面下部弯矩产生的拉应力和扭矩产生的拉应力相互叠加，裂缝首先在构件的弯曲受拉底面出现，然后发展到两侧面，三个面上的螺旋形裂缝形成一个扭曲破坏面，构件顶部受压，破坏始于下部纵筋的屈服，止于顶部混凝土被压碎而破坏[图 8-12a)]。这种破坏主要是由弯矩引起的，故称“弯型破坏”。承载力由底部纵筋控制，且构件抗弯承载力因扭矩的存在而降低。

2) 扭型破坏

当扭矩作用显著，即扭弯比 T/M 和扭剪比 T/V 均较大而构件顶部纵筋少于底部纵筋时，会发生扭型破坏。此时弯矩作用使顶部纵筋受压,但由于弯矩较小,其压应力也较小。扭矩作用在顶部纵筋产生拉应力,有可能抵消弯矩产生的压应力。由于顶部纵筋少于底部纵筋,使得顶部纵筋受拉并先期达到屈服强度,最后是底部混凝土被压碎而破坏[图 8-12b)]。破坏面由顶面和两个侧面的螺旋形裂缝引起,承载力由顶部纵筋控制。由于弯矩在顶部产生的压应力与扭矩在该区产生的拉应力互相抵消,故截面中的弯矩作用对构件抗扭是有利的,截面的抗扭能力随弯矩的增大而提高。对于顶部和底部纵筋对称布置的情况,在弯矩、扭矩的共同作用下总是底部纵筋先达到受拉屈服,故只会出现弯型破坏而不会出现扭型破坏。

3)剪扭型破坏

若扭矩和剪力起控制作用,构件会产生剪扭型破坏。构件在扭矩和剪力的作用下,截面均会产生剪应力,结果是截面一侧剪应力相叠加而增大,另一侧剪应力相抵消而减小。裂缝首先在剪应力叠加的那一侧面出现,然后向顶面和底面扩展,这三个面上的螺旋形裂缝形成扭曲破坏面[图 8-12c)]。若配筋合适,破坏时与螺旋形裂缝相交的纵筋和箍筋均达到受拉屈服强度,另一侧长边的混凝土被压碎而破坏。当扭矩较大时,以受扭破坏为主;当剪力作用十分显著而扭矩较小时,会发生与剪压破坏十分相近的剪切破坏形态。

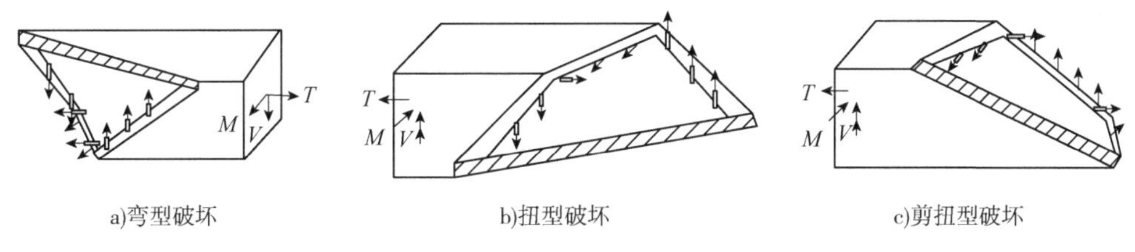

图 8-12 剪扭构件的破坏形态

对于同时受到剪力和扭矩作用的构件,其承载力总是低于剪力或扭矩单独作用时的承载力。这是因为剪力和扭矩作用产生的剪应力在梁的一个侧面上总是叠加的,由于剪应力的叠加,必然会引起混凝土抗扭能力的降低,同时扭矩的存在也会降低抗剪能力,即抗扭承载力和抗剪承载力之间存在相关性。

对于弯剪扭构件,由于构件受扭、受弯、受剪承载力之间的相互影响问题过于复杂,完全考虑它们之间的相关性并采用统一的相关方程来计算将非常困难,按变角度空间桁架模型进行承载力计算也十分烦琐。《混凝土结构设计规范》在大量试验研究和变角度空间桁架模型分析的基础上,规定了弯扭和弯剪扭构件的实用配筋方法。

8.4.2 弯扭构件承载力计算

为简化计算,《混凝土结构设计规范》对弯扭构件的承载力计算采用了简单的叠加方法,即根据扭矩设计值按纯扭构件承载力公式计算出所需的抗扭纵筋和箍筋,根据弯矩设计值按受弯承载力公式计算出需要的抗弯纵筋,然后将二者叠加,就得到所需的全部纵筋和箍筋。即弯扭构件的纵筋用量为受弯纵筋和受扭所需的纵筋之和,箍筋用量由受扭箍筋决定。对截面同一位置处的抗弯纵筋和抗扭纵筋,可将二者相应面积叠加后再确定纵筋的直径和根数。

8.4.3 剪扭构件承载力计算

1) 剪扭相关性

剪扭构件抗扭承载力和抗剪承载力之间存在相关性。对无腹筋剪扭构件，二者的相关关系基本上符合1/4圆规律，如图8-13a)所示。其表达式为：

$$(T_c/T_{c0})^2+(V_c/V_{c0})^2=1 \tag{8-22}$$

式中：V_{c0}——扭矩为零时受剪构件的受剪承载力，$V_{c0}=0.7f_tbh_0\left(\text{或 } V_{c0}=\dfrac{1.75}{\lambda+1.0}f_tbh_0\right)$；

T_{c0}——纯扭构件的混凝土受扭承载力，$T_{c0}=0.35f_tW_t$；

V_c、T_c——分别为无腹筋剪扭构件剪扭共同作用时混凝土的抗扭、抗剪承载力。

对有腹筋的剪扭构件，抗剪和抗扭相关曲线也近似为1/4圆，如图8-13b)所示。图中，V、T分别为剪扭共同作用时有腹筋构件的受剪、受扭承载力，V_0、T_0分别为剪力、扭矩单独作用时有腹筋构件的承载力。

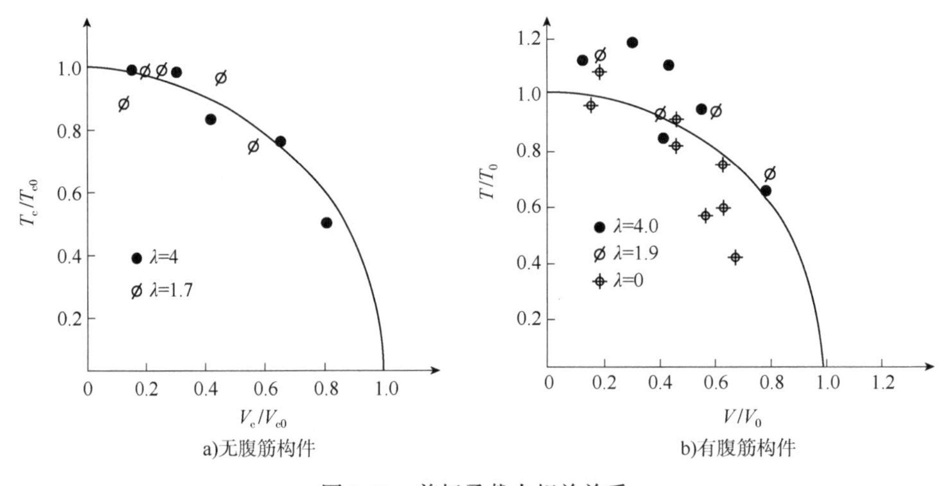

图8-13 剪扭承载力相关关系

剪扭构件的受力性能比较复杂，完全按照其相关关系进行承载力计算是很困难的。由于受剪承载力和受扭承载力计算公式中均包含混凝土部分和钢筋部分两项，《混凝土结构设计规范》在试验研究的基础上，对剪扭构件的计算采用了混凝土部分考虑剪扭相关性、钢筋部分采用简单叠加的近似方法。显然，在扭剪作用下，如果不考虑相关性，会导致混凝土的抗力被重复利用，这是不合理的，也是不安全的。

剪扭构件承载力可表示为：

$$V_u=V_c+V_s \tag{8-23}$$

$$T_u=T_c+T_s \tag{8-24}$$

式中：V_u、T_u——分别为剪扭构件的受剪、受扭承载力；

V_c、T_c——分别为剪扭构件混凝土部分所贡献的抗剪、抗扭承载力；

V_s、T_s——分别为剪扭构件钢筋部分所贡献的抗剪、抗扭承载力。

对有腹筋的剪扭构件，其混凝土部分所提供的抗扭承载力 T_c 和抗剪承载力 V_c 之间也存在1/4圆相关关系。为简化计算，《混凝土结构设计规范》对 V_c 和 V_c 之间的相关关系曲线采用三折线来代替，如图8-14所示。即：

①当 $V_c/V_{c0} \leqslant 0.5$ 时，$T_c/T_{c0}=1.0$。

②当 $T_c/T_{c0} \leqslant 0.5$ 时，$V_c/V_{c0}=1.0$。

③当 T_c/T_{c0}、$V_c/V_{c0}>0.5$，$T_c/T_{c0}+V_c/V_{c0}=1.5$。

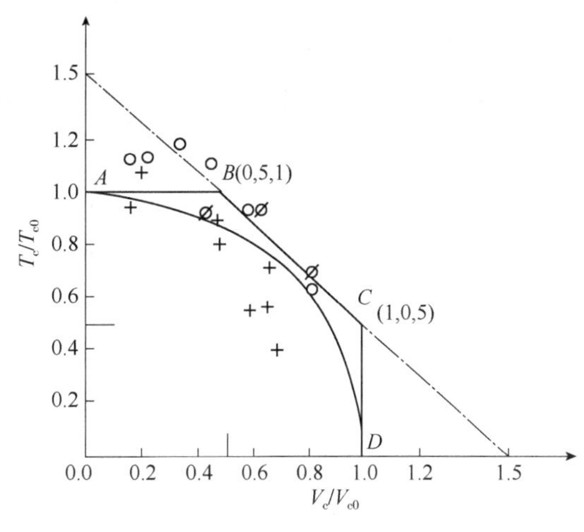

图8-14 混凝土部分剪扭承载力相关的计算模式

令 $T_c/T_{c0}=\beta_t$，则：

$$V_c/V_{c0}=1.5-\beta_t$$

得：

$$\beta_t=\frac{1.5}{1+\frac{V_c}{V_{c0}}\cdot\frac{T_{c0}}{T_c}} \tag{8-25}$$

近似用剪扭设计值之比 V/T 代替 V_c/T_c，对一般剪扭构件，将 $T_{c0}=0.35f_tW_t$ 以及 $V_{c0}=0.7f_tbh_0$ 代入式(8-25)，得：

$$\beta_t=\frac{1.5}{1+0.5\frac{V}{T}\cdot\frac{W_t}{bh_0}} \tag{8-26}$$

对集中荷载作用下的独立剪扭构件，将 $T_{c0}=0.35f_tW_t$ 以及 $V_{c0}=\frac{1.75}{\lambda+1.0}f_tbh_0$ 代入式(8-25)，得：

$$\beta_t=\frac{1.5}{1+0.2(\lambda+1)\frac{V}{T}\cdot\frac{W_t}{bh_0}} \tag{8-27}$$

令 $\beta_v=V_c/V_{c0}$，则：

$$\beta_v=1.5-\beta_t \tag{8-28}$$

式中：β_v——剪扭构件混凝土受剪承载力降低系数；

β_t——剪扭构件混凝土受扭承载力降低系数。

2)剪扭构件承载力计算公式

考虑剪扭相关性，引入承载力降低系数 β_t 和 β_v 后，对有腹筋剪扭构件，其受剪和受扭承载力可分别表示为：

$$V_u=V_c+V_s=(1.5-\beta_t)V_{c0}+V_s \tag{8-29}$$

$$T_u=T_c+T_s=\beta_tT_{c0}+T_s \tag{8-30}$$

式中：V_c、T_c——分别为剪扭构件混凝土部分承担的扭矩、剪力；

V_s、T_s——分别为剪扭构件抗剪和抗扭钢筋承担的剪力、扭矩。

(1)矩形截面剪扭构件

①对于一般剪扭构件，受剪和受扭承载力计算公式为：

$$\begin{cases} T \leqslant T_u = 0.35\beta_t f_t W_t + 1.2\sqrt{\zeta} f_{yv} A_{st1} A_{cor}/s \\ V \leqslant V_u = 0.7(1.5-\beta_t) f_t b h_0 + f_{yv} A_{sv} h_0/s \end{cases} \tag{8-31}$$

②对于集中荷载作用下独立的矩形截面剪扭构件，受剪和受扭承载力计算公式为：

$$\begin{cases} T \leqslant T_u = 0.35\beta_t f_t W_t + 1.2\sqrt{\zeta} f_{yv} A_{st1} A_{cor}/s \\ V \leqslant V_u = \dfrac{1.75}{\lambda+1.0}(1.5-\beta_t) f_t b h_0 + f_{yv} A_{sv} h_0/s \end{cases} \tag{8-32}$$

式中：λ——计算截面的剪跨比。当剪跨比 $\lambda<1.5$ 时，取 $\lambda=1.5$；当 $\lambda>3.0$ 时，取 $\lambda=3.0$；

β_t——混凝土受扭承载力降低系数，按式(8-26)或式(8-27)计算。当 $\beta_t<0.5$ 时，取 $\beta_t=0.5$；当 $\beta_t>1.0$ 时，取 $\beta_t=1.0$。

(2)箱形截面剪扭构件

①对于一般箱形截面剪扭构件，受剪和受扭承载力计算公式为：

$$\begin{cases} T \leqslant T_u = 0.35\alpha_h \beta_t f_t W_t + 1.2\sqrt{\zeta} f_{yv} A_{st1} A_{cor}/s \\ V \leqslant V_u = 0.7(1.5-\beta_t) f_t b h_0 + f_{yv} A_{sv} h_0/s \end{cases} \tag{8-33}$$

②对于集中荷载作用下独立的箱形截面剪扭构件，受剪和受扭承载力计算公式为：

$$\begin{cases} T \leqslant T_u = 0.35\alpha_h \beta_t f_t W_t + 1.2\sqrt{\zeta} f_{yv} A_{st1} A_{cor}/s \\ V \leqslant V_u = \dfrac{1.75}{\lambda+1.0}(1.5-\beta_t) f_t b h_0 + f_{yv} A_{sv} h_0/s \end{cases} \tag{8-34}$$

式中：α_h、ζ——按前述箱形截面钢筋混凝土纯扭构件的受扭承载力计算规定取值；

β_t——按式(8-26)或式(8-27)计算，但式中的 W_t 应以 $\alpha_h W_t$ 代替。当 $\beta_t<0.5$ 时，取 $\beta_t=0.5$；当 $\beta_t>1.0$，取 $\beta_t=1.0$。

(3)T形、工字形截面剪扭构件承载力计算

①将T形和工字形截面划分为若干个矩形截面，划分时应首先满足腹板矩形截面的完整性。

②对所划分的各个矩形截面进行抗扭塑性抵抗矩计算，分别按式(8-11)、式(8-12)以及式(8-13)计算 W_{tw}、W'_{tf}以及 W_{tf}。

③进行扭矩分配，按式(8-15)、式(8-16)以及式(8-17)计算 T'_f、T_w、T_f。

④配筋计算：

a.腹板：考虑同时承受扭矩和剪力，剪力全部由腹板承受。以剪力 V 和扭矩 T_w 为设计内力，按相应剪扭构件承载力计算公式进行设计，此时承载力计算公式中的 T 及 W_t 分别以 T_w 及 W_{tw}代替。

b.受压和受拉翼缘：不考虑其承受剪力，以 T'_f及 T_f 为内力，按矩形截面纯扭构件受扭承载

力计算公式进行配筋计算，公式中的 T 及 W_t 分别以 T'_f 及 W'_{tf}（或者 T_f 及 W_{tf}）代替。

8.4.4 弯剪扭构件承载力计算

1）截面尺寸限制条件及配筋构造要求

（1）截面尺寸限制条件

为了避免配筋过多而发生完全超配筋性质的脆性破坏，《混凝土结构设计规范》采用控制截面尺寸限制条件的方法。弯剪扭构件截面尺寸应符合下列要求：

①当 $h_w/b \leqslant 4$ 时：

$$\frac{V}{bh_0}+\frac{T}{0.8W_t} \leqslant 0.25\beta_c f_c \tag{8-35}$$

②当 $h_w/b=6$ 时：

$$\frac{V}{bh_0}+\frac{T}{0.8W_t} \leqslant 0.2\beta_c f_c \tag{8-36}$$

③当 $4<h_w/b<6$ 时，按线性内插法确定。

④当 $h_w/b>6$ 时，受扭构件的截面尺寸及扭曲截面承载力计算应符合专门规定。

当不满足以上条件时，应增大截面尺寸或提高混凝土强度等级。

（2）配筋构造要求

为了防止构件中发生少筋性质的脆性破坏，《混凝土结构设计规范》采用满足最小配筋率的控制条件。弯剪扭构件中箍筋和纵筋配筋率要符合下列规定：

①剪扭箍筋的配箍率 ρ_{sv} 应满足：

$$\rho_{sv}=\frac{A_{sv}}{bs} \geqslant \rho_{sv,min}=0.28\frac{f_t}{f_{yv}} \tag{8-37}$$

②受扭纵向受力钢筋配筋率 ρ_{tl} 应满足：

$$\rho_{tl}=\frac{A_{stl}}{bh} \geqslant \rho_{tl,min}=0.6\sqrt{\frac{T}{Vb}}\frac{f_t}{f_y} \tag{8-38}$$

上式中，当 $\frac{T}{Vb}>2$ 时，取 $\frac{T}{Vb}=2$。

式中：$\rho_{tl,min}$——受扭纵向钢筋的最小配筋率；

b——矩形截面的宽度，或 T 形截面、工形截面的腹板宽度。对箱形截面构件，b 应以 b_h 代替；

A_{stl}——沿截面周边布置的受扭纵筋总截面面积。

在弯剪扭构件中，配置在截面弯曲受拉边的纵向受力钢筋，其截面面积不应小于按受弯构件受拉钢筋最小配筋率计算出的钢筋截面面积与按受扭纵向钢筋最小配筋率计算并分配到弯曲受拉边的钢筋截面面积之和。

箍筋间距应符合规范的规定。其中，受扭所需的箍筋必须为封闭式，且沿截面周边布置。当采用复合箍筋时，位于截面内部的箍筋不应计入受扭所需的箍筋面积。受扭所需箍筋的末端应做成135°的弯钩,弯钩端头平直段长度不应小于$10d$(d为箍筋直径)。

沿截面周边布置受扭纵向钢筋的间距不应大于200mm及梁截面短边长度;除应在梁截面四角设置受扭纵向钢筋外,其余受扭纵向钢筋沿截面周边均匀对称布置。受扭纵向钢筋应按受拉钢筋锚固在支座内。

2)关于简化计算的条件

为进一步简化计算,《混凝土结构设计规范》还规定:

①当满足条件$V\leqslant 0.5V_{c0}$ $\left(\text{即 } V\leqslant 0.35f_t bh_0 \text{ 或 } V\leqslant \frac{0.875}{\lambda+1.0}f_t bh_0\right)$时,可忽略剪力的影响,仅按弯矩和扭矩共同作用的构件进行计算,即按受弯构件正截面承载力和纯扭构件受扭承载力公式分别进行计算,然后将钢筋在相应位置叠加配置。

②当满足条件$T\leqslant 0.5T_{c0}$(即$T\leqslant 0.175f_t W_t$)时,可忽略扭矩的影响,仅按弯矩和剪力共同作用计算抗弯纵筋和抗剪箍筋。

③当满足下列条件:

$$\frac{V}{bh_0}+\frac{T}{W_t}\leqslant 0.7f_t \tag{8-39}$$

可不进行构件剪扭承载力计算,只须按构件最小配筋率、配箍率以及构造要求配筋。

3)弯剪扭构件承载力计算

对弯剪扭复合受力构件,《混凝土结构设计规范》以弯扭和剪扭构件承载力计算方法为基础,给出了弯剪扭构件承载力计算方法。即对矩形、T形、工字形及箱形截面弯剪扭构件,纵向钢筋应按受弯构件的正截面受弯承载力和剪扭构件的受扭承载力计算,所得的钢筋截面面积在截面的相应位置进行叠加配置;箍筋应按剪扭构件的受剪承载力和受扭承载力所需的箍筋截面面积相叠加进行配置。

当已知截面内力(M、T、V),并初步选定截面尺寸和材料强度等级后,可按以下步骤进行计算:

(1)验算截面尺寸限制条件

按式(8-35)及式(8-36)验算截面尺寸是否满足要求;若不满足要求,应增大截面尺寸或提高混凝土强度等级后再验算。

(2)确定计算方法,验算是否可以进行简化计算

①当满足式(8-39)时,可不进行剪扭承载力计算,按构造要求配置箍筋和抗扭纵筋。

②当满足$V\leqslant 0.35f_t bh_0$ $\left(\text{或 } V\leqslant \frac{0.875}{\lambda+1.0}f_t bh_0\right)$时,计算时不考虑剪力的作用,按弯扭构件进行计算。

③当满足$T\leqslant 0.175f_t W_t$时,计算时不考虑扭矩的作用,按弯剪构件进行计算。

(3)确定箍筋用量

①计算受剪所需单肢箍筋的用量A_{sv1}/s:

$$\frac{nA_{sv1}}{s}=\frac{V-0.7(1.5-\beta_t)f_tbh_0}{f_{yv}h_0}$$

或

$$\frac{nA_{sv1}}{s}=\frac{V-(1.5-\beta_t)\frac{1.75}{\lambda+1.0}f_tbh_0}{f_{yv}h_0}$$

②计算受扭所需单肢箍筋的用量 A_{st1}/s：

$$\frac{A_{st1}}{s}=\frac{T-0.35\beta_t f_t W_t}{1.2\sqrt{\zeta}f_{yv}A_{cor}}$$

③将上述第①步和第②步计算所得的箍筋进行叠加并验算箍筋最小配箍率。

受剪箍筋 nA_{sv1}/s 的配置($n=4$)如图 8-15a)所示；受扭箍筋 A_{st1}/s 沿截面周边的布置如图 8-15b)所示；叠加这两部分钢筋，配筋结果如图 8-15c)所示。所配箍筋应满足构造要求。

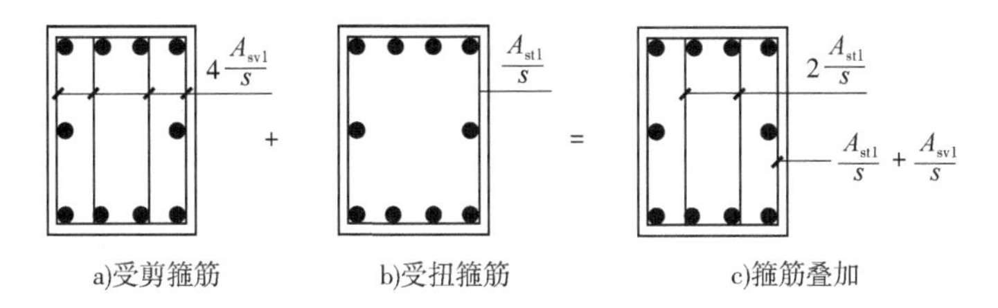

图 8-15 剪扭箍筋的叠加

(4)确定纵筋用量

①计算受扭纵筋的截面面积 A_{stl}，并验算最小配筋量：

$$A_{stl}=\zeta\frac{A_{st1}}{s}\cdot\frac{f_{yv}}{f_y}u_{cor}$$

②按弯矩设计值计算受弯纵筋的截面面积 A_s 和 A'_s，并验算最小配筋量。

③将上述第①步和第②步计算所得的弯、扭纵筋叠加，并选筋。

受弯纵筋布置在截面的受拉侧和受压侧，如图 8-16a)所示；受扭纵筋按构造要求沿截面周边均匀对称布置，如图 8-16b)所示。假设此处受扭钢筋按 3 层布置，叠加这两部分钢筋，配置结果如图 8-16c)所示。所配纵筋应满足纵筋的相应各项构造要求。

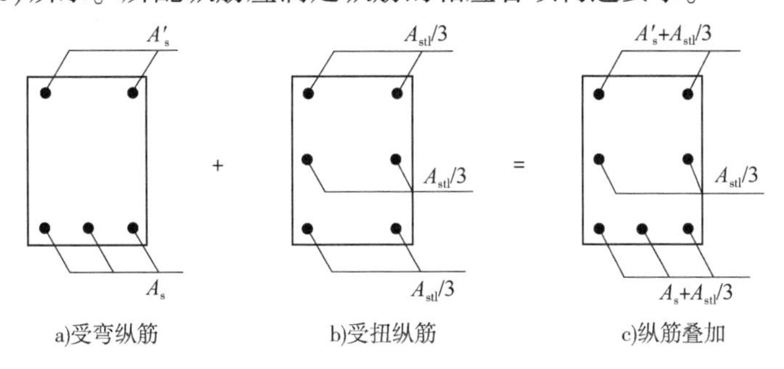

图 8-16 弯扭纵筋的叠加

8.5 压弯剪扭构件承载力计算

8.5.1 压扭矩形截面承载力计算

压扭构件的试验结果表明，轴向压力的存在抑制了斜裂缝的出现与开展，增强了混凝土之间骨料咬合作用，从而使构件的受扭承载力得到提高。根据以上试验结果，《混凝土结构设计规范》规定按下式计算压扭构件的受扭承载力：

$$T \leqslant 0.35 f_t W_t + 1.2\sqrt{\zeta} f_{yv} \frac{A_{st1}}{s} A_{cor} + 0.07 \frac{N}{A} W_t \tag{8-40}$$

式中：N——与受扭设计值 T 相应的轴向压力设计值，当 $N > 0.3 f_c A$ 时，取 $N = 0.3 f_c A$；

A——构件截面面积。

式(8-40)中，$0.07NW_t/A$ 是轴向压力对混凝土部分受扭承载力的贡献，故当 $T \leqslant 0.7 f_t W_t + 0.07NW_t/A$ 时，受扭钢筋可按最小配筋率和构造要求配置。

8.5.2 压弯剪扭构件

压弯剪扭构件中，轴向压力的存在使混凝土的受剪及受扭承载力都有所提高，所以在考虑混凝土部分剪扭相关关系时，应将轴向压力对相应混凝土受剪承载力和受扭承载力的提高值一起考虑进去。因此，对在轴向压力、弯矩、剪力和扭矩共同作用下的矩形截面钢筋混凝土框架柱，其受剪扭承载力按下列规定计算：

①受剪承载力：

$$V \leqslant (1.5 - \beta_t)\left(\frac{1.75}{\lambda + 1.0} f_t b h_0 + 0.07N\right) + f_{yv} \frac{A_{sv}}{s} h_0 \tag{8-41a}$$

②受扭承载力：

$$T \leqslant \beta_t \left(0.35 f_t W_t + 0.07 \frac{N}{A} W_t\right) + 1.2\sqrt{\zeta} f_{yv} \frac{A_{st1}}{s} A_{cor} \tag{8-41b}$$

当 $T \leqslant 0.175 f_t W_t + 0.035 \dfrac{N}{A} W_t$ 时，可忽略扭矩的作用，仅按偏心受压构件的正截面受弯承载力和框架柱的斜截面受剪承载力分别进行计算。

压弯剪扭构件钢筋配置叠加方法与弯剪扭构件类似：纵向钢筋应分别按偏心受压构件的正截面承载力和剪扭构件的受扭承载力[式(8-41b)]计算确定，并将其在相应位置叠加配置；箍筋截面面积应按受扭承载力[式(8-41b)]与受剪承载力[式(8-41a)]计算确定，并在相应位置叠加配置。

8.6 拉弯剪扭构件承载力计算

8.6.1 拉扭构件

与压扭构件相反，拉扭构件中轴向拉力的存在加速了斜裂缝的出现和开展，降低了混凝

土之间骨料咬合作用,从而降低了构件的受扭承载力。因此对轴向拉力和扭矩共同作用下的构件,其受扭承载力可按下式计算:

$$T \leqslant 0.35 f_t W_t + 1.2\sqrt{\zeta} f_{yv} \frac{A_{st1}}{s} A_{cor} - 0.2 \frac{N}{A} W_t \tag{8-42}$$

式中:N——与受扭设计值 T 相应的轴向拉力设计值,当 $N>1.75f_tA$ 时,取 $N=1.75f_tA$;

A——构件截面面积。

8.6.2 拉弯剪扭构件

对于轴向拉力、弯矩、剪力和扭矩共同作用下的矩形截面钢筋混凝土框架柱,其受剪扭承载力按下列规定计算:

①受剪承载力:

$$V \leqslant (1.5-\beta_t)\left(\frac{1.75}{\lambda+1.0} f_t b h_0 - 0.2N\right) + f_{yv}\frac{A_{sv}}{s} h_0 \tag{8-43a}$$

②受扭承载力:

$$T \leqslant \beta_t \left(0.35 f_t W_t - 0.2 \frac{N}{A} W_t\right) + 1.2\sqrt{\zeta} f_{yv} \frac{A_{st1}}{s} A_{cor} \tag{8-43b}$$

当式(8-43a)右边的计算值小于 $f_{yv}\frac{A_{sv}}{s}h_0$ 时,取 $f_{yv}\frac{A_{sv}}{s}h_0$,当按式(8-43b)右边的计算值小于 $1.2\sqrt{\zeta} f_{yv}\frac{A_{st1}}{s}A_{cor}$ 时,取 $1.2\sqrt{\zeta} f_{yv}\frac{A_{st1}}{s}A_{cor}$。

当 $T \leqslant 0.175 f_t W_t - 0.1 \frac{N}{A} W_t$ 时,可忽略扭矩的作用,仅按偏心受拉构件的正截面承载力和框架柱的斜截面受剪承载力分别进行计算。

对于拉弯剪扭构件纵向钢筋,应分别按偏心受拉构件的正截面承载力和剪扭构件的受扭承载力[式(8-43b)]计算确定,并将其在相应位置叠加配置,箍筋截面面积应分别按受扭承载力[式(8-43b)]与受剪承载力[式(8-43a)]计算确定,并在相应位置叠加配置。

【例 8-2】 一承受均布荷载的钢筋混凝土弯剪扭构件,截面尺寸为 $b \times h = 300\text{mm} \times 600\text{mm}$。支座处负弯矩设计值 $M=180\text{kN}\cdot\text{m}$,剪力设计值 $V=120\text{kN}$,承受扭矩设计值 $T=30\text{kN}\cdot\text{m}$。混凝土采用 C30 级,纵筋采用 HRB400 级,箍筋采用 HPB300 级。环境类别为二 a 类。试对此构件进行配筋。

【解】(1)设计参数

C30 混凝土:$f_c = 14.3\text{N/mm}^2$,$f_t = 1.43\text{N/mm}^2$。HRB400 级钢筋:$f_y = 360\text{N/mm}^2$。HPB300 级钢筋:$f_{yv} = 270\text{N/mm}^2$。混凝土保护层厚度 $c=25\text{mm}$。混凝土强度影响系数 $\beta_c = 1.0$。$\alpha_{s,max}=0.384$,$\xi_b=0.518$。设箍筋直径为 10mm,取 $h_0=600-45=555(\text{mm})$。

则截面核心部分的短边和长边尺寸分别为：

$$b_{cor}=300-25\times2-10\times2=230(\text{mm})$$

$$h_{cor}=600-25\times2-10\times2=530(\text{mm})$$

截面核心部分的面积和周长分别为：

$$A_{cor}=b_{cor}h_{cor}=230\times530=121900(\text{mm}^2)$$

$$u_{cor}=2(b_{cor}+h_{cor})=2\times(230+530)=1520(\text{mm})$$

(2)验算截面尺寸

$$W_t=b^2(3h-b)/6=300^2(3\times600-300)/6=22.5\times10^6(\text{mm}^3)$$

$$h_w=h_0=555(\text{mm})$$

$$h_w/b=555/300=1.85<4$$

由式(8-35)验算得：

$$\frac{T}{0.8W_t}+\frac{V}{bh_0}=\frac{30\times10^6}{0.8\times22.5\times10^6}+\frac{120\times10^3}{300\times555}=2.387(\text{N/mm}^2)$$

$$<0.25\beta_c f_c=0.25\times1.0\times14.3=3.575(\text{N/mm}^2)$$

满足截面限制条件。

(3)验算是否按构造配筋

由式(8-39)得：

$$\frac{T}{W_t}+\frac{V}{bh_0}=\frac{30\times10^6}{22.5\times10^6}+\frac{120\times10^3}{300\times555}=2.054(\text{N/mm}^2)>0.7f_t=0.7\times1.43=1.001(\text{N/mm}^2)$$

故须按计算确定钢筋用量。

(4)确定构件计算方法,验算是否可进行简化计算

$$T>0.175f_tW_t=0.175\times1.43\times22.5\times10^6=5.63(\text{kN}\cdot\text{m})$$

$$V>0.35f_tbh_0=0.35\times1.43\times300\times555=83.3(\text{kN})$$

扭矩和剪力均不能忽略,须按弯剪扭共同作用计算。

(5)确定箍筋用量

①计算抗剪箍筋

由式(8-26)得：

$$\beta_t=\frac{1.5}{1+0.5\dfrac{V}{T}\cdot\dfrac{W_t}{bh_0}}=\frac{1.5}{1+0.5\times\dfrac{120\times10^3}{30\times10^6}\cdot\dfrac{22.5\times10^6}{300\times555}}=1.18>1.0$$

取$\beta=1.0$。

设抗剪箍筋肢数$n=2$,由式(8-31)得：

$$\frac{A_{sv1}}{s}=\frac{V-0.7(1.5-\beta_t)f_t bh_0}{nf_{yv}h_0}=\frac{120\times10^3-0.7\times(1.5-1.0)\times1.43\times300\times555}{2\times270\times555}=0.122(\text{mm})$$

②计算抗扭箍筋

取$\zeta=1.2$，由式(8-31)得：

$$\frac{A_{st1}}{s}=\frac{T-0.35\beta_t f_t W_t}{1.2\sqrt{\zeta}f_{yv}A_{cor}}=\frac{30\times10^6-0.35\times1.0\times1.43\times22.5\times10^6}{1.2\times\sqrt{1.2}\times270\times121900}=0.433(\text{mm})$$

则 $A_{sv1}/s+A_{st1}/s=0.122+0.433=0.555\text{mm}$

选用的箍筋为Φ10，$A_{st1}=78.5\text{mm}^2$，则有：

$$s=78.5/0.555=141(\text{mm})$$

取 $s=140\text{mm}$。

根据式(8-37)验算配箍率：

$$\rho_{sv}=\frac{A_{sv}}{bs}=\frac{2\times78.5}{300\times140}=0.374\%>\rho_{st,min}=0.28\frac{f_t}{f_{yv}}=0.28\times\frac{1.43}{270}=0.148\%$$

满足要求。

(6)计算纵筋用量

①计算受扭纵筋

根据式(8-2)得：

$$A_{stl}=\zeta\frac{A_{st1}}{s}\cdot\frac{f_{yv}}{f_y}u_{cor}=1.2\times0.433\times\frac{270}{360}\times1520=592(\text{mm}^2)$$

$$\frac{T}{Vb}=\frac{30\times10^6}{120\times10^3\times300}=0.833<2.0$$

根据式(8-38)验算配筋率

$$\rho_{tl}=\frac{A_{stl}}{bh}=\frac{592}{300\times600}=0.329\%>\rho_{tl,min}=0.6\sqrt{\frac{T}{Vb}}\frac{f_t}{f_y}=0.6\times\sqrt{0.833}\times\frac{1.43}{360}=0.218\%$$

满足要求。

②计算抗弯纵筋

支座截面负弯矩 $M=180\text{kN}\cdot\text{m}$。

$$\alpha_s=\frac{M}{\alpha_1 f_c bh_0^2}=\frac{180\times10^6}{1.0\times14.3\times300\times555^2}=0.136<\alpha_{s,max}=0.384$$

$$\xi=1-\sqrt{1-2\alpha_s}=1-\sqrt{1-2\times0.136}=0.147<\xi_b=0.518$$

$$A_s=\xi bh_0\alpha_1 f_c/f_y=0.147\times300\times555\times1.0\times14.3/360=972(\text{mm}^2)$$

$$\rho_{min}=\max(0.45f_t/f_y,0.2\%)=0.2\%$$

$$A_s=972\text{mm}^2>\rho_{min}bh=0.002\times300\times600=360(\text{mm}^2)$$

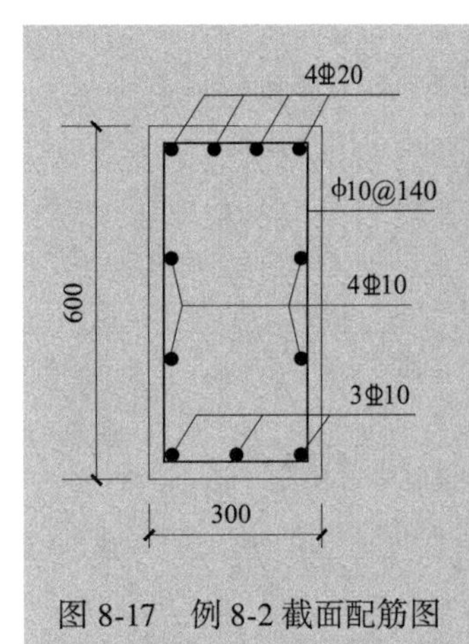

图 8-17 例 8-2 截面配筋图
(尺寸单位:mm)

③确定纵筋布置

按构造要求,受扭纵筋的间距不应大于 200mm 和梁截面宽度,因此构件受扭纵筋要分 4 层,各层抗扭纵筋面积为 $A_{stl}/4=592/4=148(mm^2)$。

底部纵筋面积为 $148mm^2$。按构造要求,受扭纵筋的间距不应大于 200mm,故选 3Φ10($A_{stl}=236mm^2$)。

侧面每层纵筋面积为 $148mm^2$,故选 2Φ10($A_{stl}=157mm^2$)。

顶部纵筋面积为 $A_s+A_{stl}/4=972+148=1120(mm^2)$,选 4Φ20($A_s=1256mm^2$)。

截面配筋如图 8-17 所示。

小结及学习指导

1.受扭是构件受力的基本形式之一。钢筋混凝土构件的扭转可分为平衡扭转和协调扭转两类。实际中,单纯受扭的情况极少,一般都是处于弯矩、剪力和扭矩共同作用的复合受扭状况。

2.矩形截面素混凝土纯扭构件破坏时形成三面开裂、一面受压的空间曲裂面,属于脆性破坏,构件的抗扭能力比较低,取决于混凝土的抗拉强度。钢筋混凝土受扭构件的受扭承载力大大高于素混凝土纯扭构件。受扭构件通常采用靠近构件表面设置的横向封闭箍筋与纵向抗扭钢筋共同组成的抗扭钢筋骨架来抵抗截面扭矩。钢筋混凝土纯扭构件的破坏形态根据箍筋和纵筋配筋数量的不同,可分为适筋破坏、少筋破坏、完全超筋破坏和部分超筋破坏。少筋和完全超筋破坏具有明显的脆性性质,故在设计中应避免采用。为使箍筋和纵筋都能有效发挥作用,我国规范采用抗扭纵筋和抗扭箍筋的配筋强度比 ζ 进行控制,ζ 的限制范围为 $0.6\leq\zeta\leq1.7$,常用范围为 1.0 ~1.3。

3.钢筋混凝土纯扭构件受扭承载力计算以变角度空间桁架模型为基础。构件的受扭承载力 T_u 由两部分组成,即混凝土承担的扭矩 T_c 和抗扭钢筋承担的扭矩 T_s。为防止少筋破坏,《混凝土结构设计规范》规定了抗扭纵筋和箍筋的最小配筋率。为防止完全超筋破坏,《混凝土结构设计规范》规定了控制截面尺寸限制条件。

4.弯剪扭复合受扭构件的相关关系比较复杂,难以采用统一的相关方程进行计算。为简化计算,《混凝土结构设计规范》对弯剪扭构件的计算采用对混凝土提供的抗力部分考虑剪扭相关性、对钢筋提供的抗力部分采用叠加的计算方法,即对矩形、T 形、工字形及箱形截面弯剪扭构件,纵向钢筋应按受弯构件的正截面受弯承载力和剪扭构件的受扭承载力计算,所得的钢筋截面面积在截面的相应位置进行叠加配置;箍筋应按剪扭构件的受剪承载力和受扭承载力所需的箍筋截面面积相叠加进行配置。

思考题

1.什么是平衡扭转和协调扭转？它们各自有何特点？

2.钢筋混凝土纯扭构件有哪些破坏形态？它们各有什么特征？

3.受扭纵筋与箍筋的配筋强度比 ζ 的含义是什么？有何作用？有什么限制条件？

4.纯扭构件计算中，如何防止完全超筋和少筋破坏？如何避免发生部分超筋破坏？

5.剪扭构件计算中，如何防止超筋和少筋破坏？试比较正截面受弯、斜截面受剪、纯扭和剪扭设计中防止超筋和少筋破坏的措施。

6.弯矩 M、剪力 V、扭矩 T 之间的比值和截面配筋情况对弯剪扭构件的破坏形态和承载力有何影响？

7.简述T形和工字形纯扭构件受扭承载力的计算方法和步骤。

8.简述弯剪扭构件的承载力计算方法。

9.弯剪扭构件与受弯构件的纵筋和箍筋配置要求有何异同？

习　题

1.已知一钢筋混凝土矩形截面纯扭构件，截面尺寸 $b \times h = 250\text{mm} \times 500\text{mm}$。承受设计扭矩 $T = 50\text{kN} \cdot \text{m}$，混凝土采用C25，纵筋采用HRB400级，箍筋采用HPB300级，环境类别为二a类，$a_s = 45\text{mm}$。试计算所需配置的钢筋并绘制截面配筋图。

2.已知矩形截面钢筋混凝土梁，其截面尺寸 $b \times h = 300\text{mm} \times 500\text{mm}$，截面承受设计弯矩 $M = 90\text{kN} \cdot \text{m}$，设计剪力 $V = 60\text{kN}$，设计扭矩 $T = 20\text{kN} \cdot \text{m}$。混凝土采用C30，纵筋采用HRB400级，箍筋采用HPB300级，环境类别为二a类，$a_s = 45\text{mm}$。试对该梁进行配筋并绘制截面配筋图。

第9章　钢筋混凝土构件的裂缝、变形及结构耐久性

本章要点

【知识点】

钢筋混凝土结构构件在正常使用极限状态下的验算内容及方法,混凝土结构耐久性设计的环境分类及保证结构耐久性的基本要求。

【重点】

构件裂缝宽度和变形计算方法的建立思路。

【难点】

根据黏结-滑移理论建立的平均裂缝间距公式和平均裂缝宽度的计算原理;受弯构件短期刚度的建立过程。

9.1　概　　述

结构设计时需满足安全性、适用性和耐久性三方面的功能要求。前面章节主要讨论了各类混凝土构件的承载力计算及相应设计方法,解决的是结构安全性问题。本章将介绍结构正常使用极限状态验算和耐久性极限状态设计的相关内容,主要包括:构件的裂缝宽度及变形控制验算,保证结构耐久性设计所应采取的构造措施等。

当构件的变形过大或是裂缝宽度过宽时,结构的正常使用(适用性)会受到影响。对结构构件变形和裂缝宽度的控制,即属于正常使用极限状态的设计。与承载能力极限状态设计相比,结构或构件超过正常使用极限状态时,对生命财产的危害程度相对要低一些。即使构件因为偶然超载而引起变形过大或裂缝宽度过宽,也只是暂时影响正常使用,不会造成重大的安全事故。故其相应的目标可靠指标[β]值小一些,在验算时,不考虑荷载和材料强度的分项系数。

钢筋混凝土构件的裂缝和变形控制是关系结构能否满足适用性要求的重要问题。裂缝控制主要考虑使用功能、建筑外观以及耐久性要求。比如:不应发生渗漏的混凝土管道或是罐体、水池,出现裂缝会直接影响其使用功能;裂缝宽度过大时,会明显引起使用者的不安,并且气体、水分和化学介质容易侵入,引起钢筋锈蚀和混凝土剥落,进一步影响结构的使用寿命。构件变形控制主要考虑保证结构的使用功能要求,避免非结构构件的损坏,满足外观和使用者的心理要求,避免对其他结构构件的不利影响。比如:屋面梁板变形过大,会导致屋面

积水渗漏;工业厂房吊车梁的挠度过大,会妨碍吊车的正常运行;结构侧移变形过大,会影响门窗开关;支撑构件的变形过大,会让脆性隔墙开裂损坏等。此外,构件的变形过大通常会引起粉刷层的剥落,不仅有碍观瞻,也会引起使用者明显的不适和不安全感。故应根据结构的工作条件和使用要求,验算裂缝宽度和挠度,使其不超过规定的限值。

《混凝土结构设计规范》将裂缝控制等级划分为三级,其中一、二级裂缝控制属于构件的抗裂能力控制。一般的钢筋混凝土构件在使用阶段是带裂缝工作的。本章主要介绍普通钢筋混凝土构件带裂缝工作时,计算裂缝宽度的方法。

①一级:严格要求不出现裂缝的构件,即按荷载效应的标准组合进行计算时,构件受拉边缘的混凝土不应产生拉应力。

②二级:一般要求不出现裂缝的构件,即按荷载效应标准组合进行计算时,构件受拉边边缘混凝土的拉应力不应大于混凝土轴心抗拉强度标准值f_{tk}。

③三级:允许出现裂缝的构件,其中:钢筋混凝土构件的最大裂缝宽度可按荷载准永久组合并考虑长期作用影响的效应计算;预应力混凝土构件的最大裂缝宽度可按荷载标准组合并考虑长期作用影响的效应计算。构件的最大裂缝宽度ω_{max}不应超过规定的最大裂缝宽度限值ω_{lim},即:

$$\omega_{max} \leqslant \omega_{lim} \tag{9-1}$$

对于处于二a类环境的预应力混凝土构件,还应按荷载准永久组合计算,且构件受拉边缘混凝土的拉应力不应大于混凝土的抗拉强度标准值。

构件的最大裂缝宽度限值ω_{lim}主要是根据结构构件的耐久性要求确定的,与结构所处的环境条件、构件的功能要求等有关。《混凝土结构设计规范》规定了最大裂缝宽度限值,如附表20所示,设计时可根据结构构件所处的环境类别、构件种类、裂缝控制等级等查取。

《混凝土结构设计规范》还规定,钢筋混凝土受弯构件按荷载效应的准永久组合并考虑荷载长期作用的影响求得的最大挠度值不应超过挠度限值,即:

$$f_{max} \leqslant f_{lim} \tag{9-2}$$

受弯构件的挠度限值考虑了结构的可使用性、感觉的可接受性等因素,并参考了工程实践经验和国外规范,详见附表19。

实际上,混凝土结构在使用过程中难免会受到周围环境(水、空气以及侵蚀介质等)的作用和影响。随着时间的推移,混凝土将出现裂缝、破碎、酥裂、磨损、溶蚀等,钢筋会出现锈蚀、脆化、疲劳、应力腐蚀等,钢筋与混凝土之间的黏结锚固作用也会逐渐减弱,这些问题都会使结构工程达不到设计规定的使用年限,甚至由于影响结构安全而不得不提前进行大修或加固。因此,设计时应采取措施,保证结构具有足够的耐久性,使建筑物在规定的设计使用年限内不需要进行大修或加固就能够安全且正常使用。

与承载能力极限状态和正常使用极限状态设计相似,理论上也可以建立结构耐久性极限状态方程,但实际应用起来并不方便。故《混凝土结构设计规范》采用的是耐久性概念设计,即根据混凝土结构的使用环境和设计使用年限,采取不同的技术措施和构造要求保证结构的耐久性,比如根据环境类别提出材料的耐久性质量要求,确定构件中钢筋的混凝土保护层厚度，并采取相应的技术措施和防护措施等。

9.2 钢筋混凝土构件裂缝宽度验算

混凝土结构中的裂缝有多种类型，成因与特点也各不相同，但总体可分为两类：荷载作用引起的裂缝，非荷载作用引起的裂缝。大量工程实践表明，在正常设计和正常使用的条件下，荷载的直接作用往往不是形成过大裂缝的主要原因，很多裂缝是几种原因组合作用的结果，其中，温度变化和混凝土收缩的作用明显。总的来说，非荷载引起的裂缝包括温度变化、混凝土材料收缩、地基不均匀沉降、早期钢筋锈蚀等外加变形和约束变形，施工质量不符合要求等多方面原因引起的裂缝，对其宽度进行计算的难度很大，在工程实践中通常从构造、施工、材料等方面采取适当措施予以控制。

本节讲述的裂缝宽度验算的对象主要是钢筋混凝土构件中由荷载引起的正截面竖向裂缝，即因轴力或弯矩等荷载效应引起的垂直裂缝。

即使在荷载作用下，钢筋混凝土构件裂缝宽度的计算也是一个比较复杂的问题。尽管国内外学者进行了大量的试验和理论研究，但至今仍未对影响裂缝的主要因素和裂缝宽度的计算理论达成一致结论。目前，裂缝的计算模式主要有三类：第一类基于黏结-滑移理论，认为钢筋与混凝土之间有黏结，可以滑移，裂缝宽度是裂缝间距范围内钢筋与混凝土的变形差；第二类基于无滑移理论，认为开裂后钢筋与混凝土之间仍保持可靠黏结，无相对滑动，而沿裂缝深度存在应变梯度，即裂缝宽度会随离开钢筋距离的增大而增大，钢筋表面处的裂缝宽度为零，钢筋的混凝土保护层厚度是影响裂缝宽度的主要因素；第三类基于试验的统计公式，综合考虑了上述两种理论中影响裂缝宽度的主要因素，在统计回归的基础上建立实用计算公式。《混凝土结构设计规范》提出的裂缝宽度计算公式就属于第三类，以黏结滑移理论为基础，考虑了混凝土保护层厚度及钢筋有效约束区的影响，通过试验研究确定有关系数。

由于材料的不均匀性、截面尺寸的偏差等因素，实际构件的裂缝间距、裂缝宽度均为随机变量，裂缝的分布也是不均匀的。但对大量试验资料的统计分析表明，从平均的观点来看，平均裂缝间距和平均裂缝宽度是有规律的。下面讲述按照平均裂缝间距、平均裂缝宽度以及根据统计求得的“扩大系数”确定最大裂缝宽度的方法。

9.2.1 平均裂缝间距

如图 9-1 所示，以轴心受拉构件为例说明裂缝的出现与发展过程，其他构件的裂缝分析与之类似。

在混凝土开裂前，构件内钢筋与混凝土的变形相同，其应力沿构件轴线均匀分布。当轴心拉力增大，截面受拉区外边缘的混凝土达到抗拉强度，由于混凝土的塑性变形，不会立马开裂；当其拉应变接近混凝土的极限拉应变值时，就处于即将出现裂缝的“将裂未裂”状态，随后在受拉区外边缘混凝土的最薄弱截面处出现第一批裂缝（一条或是几条）。

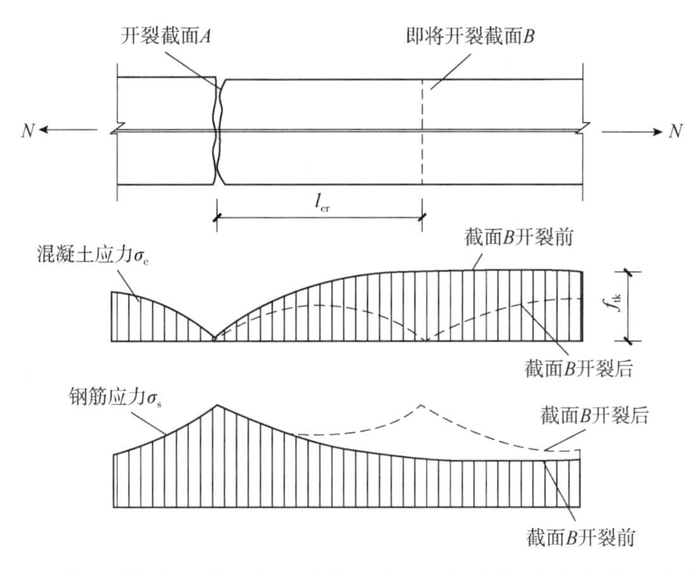

图 9-1 轴心受拉的钢筋混凝土构件开裂过程中混凝土与钢筋的应力变化

在裂缝出现的瞬间,裂缝截面处的混凝土拉应力会突然降至零,即退出工作,原来由混凝土承担的拉力全部转由钢筋承担,使得钢筋的拉应力突然增加,钢筋应变也随之增大。原先张紧的混凝土就像被剪断的拉紧的橡皮筋一样向裂缝两边回缩,混凝土与钢筋之间产生相对滑移,产生变形差,故裂缝一出现就具有一定宽度。但由于钢筋和混凝土之间存在黏结应力,混凝土的这种回缩会受到钢筋的约束,因而裂缝截面处的钢筋应力又会通过黏结应力的作用逐渐传递给混凝土,使得混凝土的拉应力随着离开裂缝截面距离的增大而增大,钢筋的应力随着离开裂缝截面距离的增大而减小。当达到某一距离时,混凝土和钢筋不再产生相对滑移,二者应变相等,黏结应力也随之消失,应力趋于均匀分布,恢复未开裂的状态。即可以认为荷载增大的过程中,离裂缝一定距离的截面,其混凝土应力又会达到抗拉强度f_{tk}。当荷载稍有增加,在新截面处又会出现新的裂缝,混凝土退出工作、向两边回缩,钢筋应力突增,混凝土和钢筋之间又产生相对滑移和黏结应力。按照类似的规律,在离裂缝截面大于或等于l_{cr}的另一薄弱截面处还会出现新裂缝,裂缝间距不断减小。最终,在两个裂缝截面之间,由于混凝土应力不再达到其抗拉强度,即使荷载继续增大也不会出现新的裂缝。这个理论上的最小裂缝间距,即为黏结应力的传递长度,记为l_{cr}。

当两条裂缝的间距小于l_{cr}时,由于黏结应力传递长度不够,不再出现新的裂缝;而理论上的最大裂缝间距为$2l_{cr}$,则裂缝间距最终将稳定在$l_{cr}\sim 2l_{cr}$,平均裂缝间距l_m可取$1.5l_{cr}$。

平均裂缝间距$l_m=1.5l_{cr}$可由平衡条件求得。如图9-2所示,取截面A和截面B之间的隔离体。已知截面A开裂,混凝土的应力为零,截面B处于混凝土应力达到抗拉强度f_{tk},即将开裂的状态。假设钢筋截面面积为A_s,开裂截面A处的钢筋应力为σ_{scr},即将开裂截面B处的钢筋应力为σ_s,混凝土的应力达到其抗拉强度标准值f_{tk},轴心受拉构件混凝土的截面面积为A_c,钢筋与混凝土之间的平均黏结应力为$\bar{\tau}_m$,则由平衡条件可得:

$$\sigma_{scr}A_s=\sigma_sA_s+\bar{\tau}_m\pi dl_{cr}=\sigma_sA_s+f_{tk}A_c \tag{9-3}$$

$$l_{cr}=\frac{f_{tk}A_c}{\bar{\tau}_m\pi d}=\frac{f_{tk}}{\bar{\tau}_m}\cdot\frac{d}{4}\cdot\frac{A_c}{\pi d^2/4}=\frac{f_{tk}}{4\bar{\tau}_m}\cdot d\cdot\frac{A_c}{A_s} \tag{9-4}$$

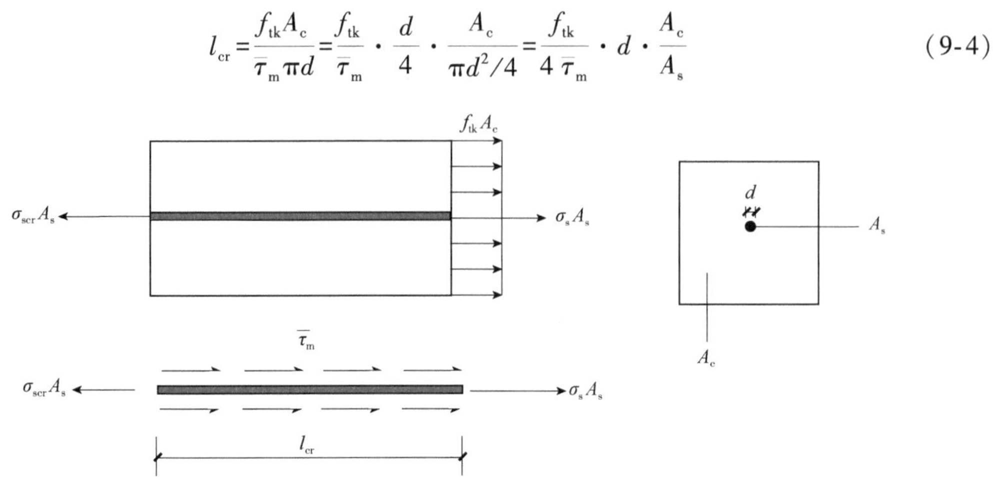

图 9-2 轴心受拉钢筋混凝土构件裂缝间距

由于平均黏结应力$\bar{\tau}_m$与混凝土的抗拉强度f_{tk}呈正比,可设常数 $k=f_{tk}/4\bar{\tau}_m$,且另取$\rho_{te}=A_s/A_c=A_s/A_{te}$,则:

$$l_{cr}=kd/\rho_{te} \tag{9-5}$$

式中:ρ_{te}——按有效受拉混凝土截面计算的纵向受拉钢筋配筋率;

A_{te}——有效受拉混凝土的截面面积。

为简化计算,在计算受弯构件ρ_{te}时,有效受拉混凝土的截面面积A_{te}可按照梁高一半范围内的受拉区的混凝土面积计算,如图 9-3 所示。

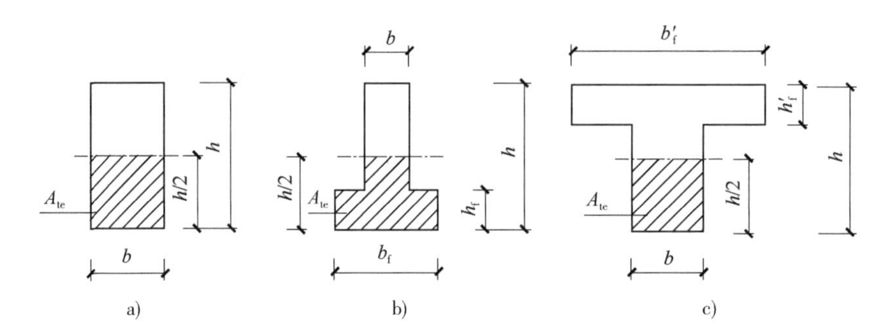

图 9-3 受拉区有效受拉混凝土截面面积A_{te}的取值

对于矩形和 T 形截面:

$$A_{te}=bh/2 \tag{9-6}$$

对于工字形截面:

$$A_{te}=0.5bh+(b_f-b)h_f \tag{9-7}$$

式(9-5)表明裂缝间距与混凝土强度无关,而与d/ρ_{te}呈线性关系,即:当按有效受拉混凝土截面计算的纵向受拉钢筋配筋率ρ_{te}相同时,若采用钢筋的直径 d 越小,则裂缝间距越小。这与试验结果不符。事实上,当d/ρ_{te}趋于零时,裂缝间距l_{cr}并不会趋于零,而是保持一定数值。因此,应修正按照黏结-滑移理论得出的裂缝间距公式。

修正主要考虑混凝土保护层厚度和钢筋有效约束区对裂缝形成的影响。因为黏结力的存在,钢筋对受拉混凝土回缩起着约束作用,显然,离钢筋越远,这种约束作用越弱,钢筋依靠黏结力将构件外表混凝土的拉应力再次提高到混凝土抗拉强度所需的距离就越大,即裂缝间距越大。所以,裂缝间距与混凝土保护层厚度有关。此外,当钢筋表面特征不同时,还应考虑钢筋表面粗糙度对黏结力的影响。

故裂缝平均间距的公式修正为:

$$l_m = 1.5l_{cr} = k_2c_s + k_1d/v\rho_{te} \tag{9-8}$$

式中:k_1,k_2——由试验结果确定的常数;

v——纵向受拉钢筋相对黏结特征系数。

根据对试验结果的统计分析,式(9-8)中系数 $k_1=0.08$、$k_2=1.9$。当纵向受拉钢筋直径不同时,将 d/v 以纵向受拉钢筋的等效直径 d_{eq} 代入,按照黏结力等效原则,可导出 d_{eq} 的值,可得:

$$l_m = 1.9c_s + 0.08d_{eq}/\rho_{te} \tag{9-9}$$

$$d_{eq} = \frac{\sum n_i d_i^2}{\sum n_i v_i d_i} \tag{9-10}$$

式中:ρ_{te}——按有效受拉混凝土截面面积计算的纵向受拉钢筋配筋率。在最大裂缝宽度计算中,当 $\rho_{te}<0.01$ 时,取 $\rho_{te}=0.04$;

c_s——最外层纵向受拉钢筋外边缘至受拉区底边的距离。当 $c_s<20$mm 时,取 $c_s=20$mm;当 $c_s>65$mm 时,取 $c_s=65$mm;

d_{eq}——纵向受拉钢筋的等效直径(mm);

d_i——受拉区第 i 种纵向钢筋的公称直径(mm);

n_i——受拉区第 i 种纵向钢筋的根数;

v_i——受拉区第 i 种纵向钢筋的相对黏结特性系数。对光面钢筋,取 $v_i=0.7$;对带肋钢筋,取 $v_i=1.0$。

式(9-9)实质上是综合考虑了黏结-滑移理论和无滑移理论而得出的计算裂缝间距的公式。对于受弯、轴心受拉、偏心受拉以及偏心受压构件,在大量试验数据的统计分析基础上,结合工程实践经验,最终确定的平均裂缝间距计算公式为:

$$l_m = \beta(1.9c_s + 0.08d_{eq}/\rho_{te}) \tag{9-11}$$

式中:β——考虑构件受力特征的系数。对轴心受拉构件,取 $\beta=1.2$;对其他受力构件(受弯、偏心受压、偏心受拉构件等),取 $\beta=1.0$。

9.2.2 平均裂缝宽度

同一条裂缝在构件表面上各处的宽度是不一样的;沿着裂缝的深度方向,其宽度也是不同的。例如:梁底面的裂缝宽度比梁侧表面的裂缝宽度大;钢筋表面处的裂缝宽度大约只有构件混凝土表面裂缝宽度的1/5~1/3。《混凝土结构设计规范》将裂缝宽度定义为在受弯构件或偏心受力构件的表面上,受拉区纵向受拉钢筋重心水平处的裂缝宽度。在上述定义点的各条裂缝宽度是很分散的。通常,最大裂缝宽度可用平均裂缝宽度和裂缝宽度放大系数的乘积来表示。

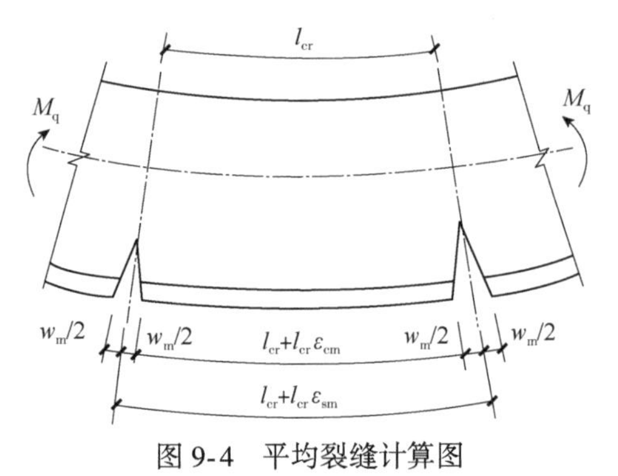

图 9-4　平均裂缝计算图

根据黏结-滑移理论,裂缝宽度等于在裂缝间距范围内钢筋和混凝土的变形差。裂缝的开展是混凝土的回缩造成的,因此两条裂缝之间受拉钢筋的伸长值与同一处受拉混凝土伸长值的差值就是构件的平均裂缝宽度,如图 9-4 所示。推得受弯构件的平均裂缝宽度 ω_m 为:

$$\omega_m = l_{cr}(\varepsilon_{sm} - \varepsilon_{ctm}) \tag{9-12}$$

式中:ε_{sm}——在裂缝间距范围内纵向受拉钢筋的平均拉应变;

ε_{ctm}——在裂缝间距范围内与纵向受拉钢筋相同水平处侧表面混凝土的平均拉应变。

计算时,由于 ε_{ctm} 通常很小,可忽略不计,则裂缝间距内钢筋的平均应变 ε_{sm} 可表示为:

$$\varepsilon_{sm} = \psi\varepsilon_s = \psi\sigma_s / E_s \tag{9-13}$$

式中:ε_s——裂缝截面处钢筋的应变;

σ_s——裂缝截面钢筋的应力;

E_s——钢筋弹性模量;

ψ——裂缝间钢筋应变不均匀系数。

裂缝间钢筋应变不均匀系数 ψ 反映了裂缝间混凝土参与承受拉力的程度。ψ 值越小,表示混凝土参与承受拉力的程度越大;ψ 值越大,表示混凝土参与承受拉力的程度越小。由前面的分析可知,裂缝出现后,钢筋应变沿构件长度是不均匀的,远离裂缝截面处的应变小,裂缝截面处的应变最大。这是因为裂缝间的混凝土参与工作,混凝土参与受拉的程度越大,钢筋的应变越小。所以 ψ 也被称为"裂缝间混凝土参与工作系数"。随着荷载的增大,钢筋应力增大明显,钢筋与混凝土之间的滑移会增大,黏结应力逐渐遭到破坏,受拉区的混凝土逐渐退出工作,ψ 的值也逐渐趋近于 1。大量试验表明,ψ 可近似表达为:

$$\psi = 1.1 - 0.65 f_{tk} / (\rho_{te}\sigma_s) \tag{9-14}$$

则按照黏结-滑移理论得到的裂缝宽度计算式如下:

$$\omega_m = \psi\sigma_s l_{cr} / E_s \tag{9-15}$$

然而,试验现象为:构件表面处的裂缝宽度与钢筋表面处的裂缝宽度有很大差别且与钢筋直径的关系不大。据此,提出了无滑移理论。如图 9-5 所示,无滑移理论认为构件表面处的裂缝宽度主要是由钢筋混凝土回缩形成的,其主要影响因素是混凝土保护层的厚度,在钢筋和混凝土之间有可靠黏结就不会产生相对滑移。

根据这一理论,构件表面处的裂缝宽度与测点到钢筋表面的距离 c_s 呈正比,与测点表面的平均应变 ε_m 呈正比,则平均裂缝宽度计算公式可表示为:

$$\omega_m = k c_s \varepsilon_m \tag{9-16}$$

式中：k——由试验结果确定的常数；

ε_m——测点表面的平均应变。

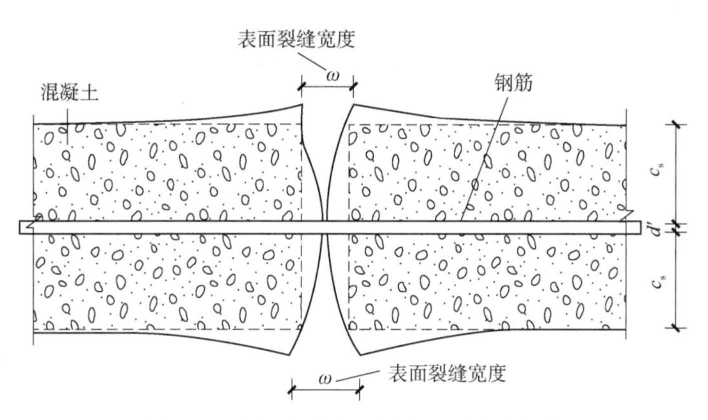

图 9-5 无滑移理论下构件表面裂缝宽度

对比根据式(9-16)计算的结果与试验结果，发现当 15mm<c_s<80mm 时，计算结果与试验值较为相符，在这一范围外误差较大。

虽然黏结-滑移理论和无滑移理论均在不同程度上反映了混凝土结构构件裂缝的规律，但都存在一定的不足。由于裂缝宽度的离散性比裂缝间距的离散性更大一些，因此平均裂缝宽度的确定必须以平均裂缝间距为基础。综合上述两种理论，我国规范采用的平均裂缝宽度的计算公式如下：

$$w_m = \alpha_c \psi \sigma_{sq} l_m / E_s \tag{9-17}$$

式中：α_c——反映裂缝间混凝土伸长对裂缝宽度影响的系数。对受弯、偏心受压构件，取 $\alpha_c=0.77$；对其他构件，取 $\alpha_c=0.85$；

ψ——裂缝间纵向受拉钢筋应变不均匀系数。当 $\psi<0.2$ 时，取 $\psi=0.2$；当 $\psi>1$ 时，取 $\psi=1$；对直接承受重复荷载构件，取 $\psi=1$；对钢筋混凝土构件，ψ 可按下式计算：

$$\psi = 1.1 - 0.65 f_{tk} / (\rho_{te} \sigma_{sq}) \tag{9-18}$$

式中：σ_{sq}——按荷载效应的准永久组合计算的纵向受拉钢筋的应力。

σ_{sq}的计算分为以下几种情况：

①对轴心受拉构件：

$$\sigma_{sq} = N_q / A_s \tag{9-19}$$

②对偏心受拉构件：

$$\sigma_{sq} = \frac{N_q e'}{A_s(h_0 - \alpha_s')} \tag{9-20}$$

③对受弯构件：

$$\sigma_{sq} = \frac{M_q}{0.87 h_0 A_s} \tag{9-21}$$

④对偏心受压构件：

$$\sigma_{sq}=\frac{N_q(e-z)}{A_s z} \tag{9-22}$$

$$z=\left[0.87-0.12(1-\gamma_f')\left(\frac{h_0}{e}\right)^2\right]h_0 \tag{9-23}$$

$$e=\eta_s e_0+y_s \tag{9-24}$$

$$\gamma_f'=\frac{(b_f'-b)h_f'}{bh_0} \tag{9-25}$$

$$\eta_s=1+\frac{1}{4000\frac{e_0}{h_0}}\left(\frac{l_0}{h}\right)^2 \tag{9-26}$$

式中：N_q——按荷载效应的准永久组合计算的轴向力值；

e'——轴向拉力作用点至受压区或受拉较小边纵向钢筋合力点的距离；

M_q——按荷载效应的准永久组合计算的弯矩值；

A_s——受拉区纵向钢筋截面面积。对轴心受拉构件，取全部纵向钢筋截面面积；对偏心受拉构件，取受拉较大边的纵向钢筋截面面积；对受弯构件和偏心受压构件，取受拉区纵向钢筋截面面积；

e——轴向压力作用点至纵向受拉钢筋合力点的距离；

z——纵向受拉钢筋合力点至受压区合力点之间的距离，且 $z \leqslant 0.87h_0$；

η_s——使用阶段的轴向压力偏心距增大系数；当 $l_0/h \leqslant 14$ 时，取 $\eta_s=1.0$；

y_s——截面重心至纵向受拉钢筋合力点的距离，对矩形截面 $y_s=h/2-\alpha_s$；

γ_f'——受压翼缘面积与腹板有效面积之比值，$\gamma_f'=(b_f'-b)h_f'/bh_0$，其中，$b_f'$、$h_f'$分别为受压翼缘的宽度、高度，当 $h_f'>0.2h_0$ 时，取 $h_f'=0.2h_0$。

9.2.3 最大裂缝宽度及其验算

由于材料质量的不均匀性以及荷载作用下裂缝出现的随机性，实际构件中的裂缝宽度是一个随机变量，具有较大的离散性，因此进行裂缝宽度验算时，需要计算构件上的最大裂缝宽度 ω_{max}。最大裂缝宽度 ω_{max} 等于平均裂缝宽度 ω_m 乘以扩大系数。扩大系数根据试验结果和工程经验确定，主要考虑裂缝宽度的随机性、荷载长期作用等因素的影响。

《混凝土结构设计规范》规定，对矩形、T 形、倒 T 形和 I 字形截面的受拉、受弯和偏心受压构件，按荷载准永久组合并考虑长期作用影响的最大裂缝宽度计算式为：

$$\omega_{max}=\alpha_{cr}\psi\frac{\sigma_{sq}}{E_s}(1.9c_s+0.08d_{eq}/\rho_{te}) \tag{9-27}$$

式中：α_{cr}——构件受力特征系数。对受弯、偏心受压构件，取 $\alpha_{cr}=1.9$；对偏心受拉构件，取 $\alpha_{cr}=2.4$；对轴心受拉构件，取 $\alpha_{cr}=2.7$。

在裂缝宽度验算时，已知构件的材料、截面尺寸、配筋以及受荷情况，按照式(9-27)计算最大裂缝宽度计算值 ω_{max}，然后按式(9-1)进行最大裂缝宽度验算：ω_{max}不应超过《混凝土结构设计规范》规定的最大裂缝宽度限值 ω_{lim}。

此外，《混凝土结构设计规范》规定：对承受吊车荷载但不需要进行疲劳验算的受弯构件，可将计算求得的最大裂缝宽度乘以系数0.85；对 $e_0/h_0 \leqslant 0.55$ 的偏心受压构件，可不进行裂缝宽度验算；当梁的混凝土保护层厚度不小于50mm且配置表层钢筋网片时，计算得到的最大裂缝宽度可适当折减，折减系数可取0.7。

根据式(9-27)以及对试验结果的分析可知，影响由荷载直接作用所产生的裂缝宽度的主要因素如下：

①纵向受拉钢筋的应力：裂缝宽度与纵向受拉钢筋的应力近似呈线性关系，纵向受拉钢筋的应力越大，裂缝宽度越大。因此，为控制裂缝宽度，不宜采用强度很高的钢筋。

②纵筋直径：随着纵筋直径增大，裂缝间距增大，从而使裂缝宽度变大。因此，在纵向受拉钢筋截面面积不变的情况下，宜采用多根小直径钢筋，可增大钢筋表面积，使黏结力增大、裂缝宽度变小。

③纵向受拉钢筋的表面形状：带肋钢筋的黏结强度远大于光圆钢筋，使用带肋钢筋会让裂缝间距减小，即从裂缝截面处开始，钢筋通过黏结应力将拉力传给混凝土而使混凝土达到抗拉强度所需要的距离小。

④纵向受拉钢筋配筋率：纵向受拉钢筋配筋率越大，钢筋应力越小，裂缝宽度越小。

⑤混凝土保护层厚度：混凝土保护层厚度加大，最外层纵向受拉钢筋外边缘至受拉区底边的距离相应增大，从而裂缝间距加大，裂缝宽度也增大。但按照构造要求，混凝土保护层厚度的变化范围一般较小。

⑥荷载性质：荷载长期作用下的裂缝宽度加大；反复荷载或动力荷载作用下的裂缝宽度有所增大。

⑦构件的受力性质：构件的受力性质体现在对系数 α_{cr} 的影响。

研究还表明，混凝土强度等级对裂缝宽度的影响不明显。

综上所述，在不增加造价的情况下，减小裂缝宽度的有效措施是采用较小直径的变形钢筋；而解决裂缝问题的最有效方法是使用预应力混凝土，它能使构件在荷载作用下不产生裂缝或裂缝宽度较小。

当裂缝宽度不能满足式(9-1)的要求时，应采取措施后重新验算。在施工过程中，如用粗钢筋代替细钢筋，或用光圆钢筋代替带肋钢筋时，应重新验算裂缝宽度。

【例9-1】 已知某矩形截面简支梁，处于一类环境，截面尺寸 $b \times h = 250\text{mm} \times 650\text{mm}$，计算跨度 $l_0 = 6.0\text{m}$。混凝土强度等级为C30，纵筋为HRB400级，截面底部已按正截面承载力计算配置4 Φ 20。该梁承受永久荷载标准值(包括梁自重) $g_k = 18.6\text{kN/m}$，可变荷载标准值 $q_k = 14\text{kN/m}$，可变荷载准永久系数 $\psi_q = 0.8$。验算该梁的最大裂缝宽度是否满足要求。

【解】C30级混凝土：$E_c = 3.0 \times 10^4 \text{N/mm}^2$，$f_{tk} = 2.01\text{N/mm}^2$。

HRB400级钢筋：$E_c = 2 \times 10^5 \text{N/mm}^2$。

纵向受拉钢筋：$A_s=1256\text{mm}^2$。取 $a_s=35\text{mm}$，则梁截面的有效高度为 $h_0=650-35=615(\text{mm})$。

(1)按荷载的准永久组合计算跨中弯矩 M_q

$$M_q=\frac{1}{8}(g_k+\psi_q q_k)l_0^2=\frac{1}{8}\times(18.6+0.8\times14)\times6^2=134.1(\text{kN}\cdot\text{m})$$

(2)计算纵向受拉钢筋的应力 σ_{sq}

$$\sigma_{sq}=\frac{M_q}{0.87h_0A_s}=\frac{134.1\times10^6}{0.87\times615\times1256}=199.5(\text{N/mm}^2)$$

(3)计算有效配筋率 ρ_{te}

$$A_{te}=0.5bh=0.5\times250\times650=81250(\text{mm}^2)$$

$$\rho_{te}=A_s/A_{te}=1256/81250=0.0155>0.01$$

取 $\rho_{te}=0.0155$。

(4)计算受拉钢筋应变的不均匀系数 ψ

$$\psi=1.1-\frac{0.65f_{tk}}{\rho_{te}\sigma_{sq}}=1.1-\frac{0.65\times2.01}{0.0155\times199.5}=0.847$$

满足 $0.2<\psi<1.0$。

(5)计算最大裂缝宽度 ω_{max}

对于受弯构件，$\alpha_{cr}=1.9$；对于 HRB400 级热轧钢筋，$v_i=1.0$，$d_{eq}=d/v=20\text{mm}$。

$$\omega_{max}=\alpha_{cr}\psi\frac{\sigma_{sq}}{E_s}(1.9c_s+0.08d_{eq}/\rho_{te})=1.9\times0.847\times\frac{199.5}{2\times10^5}\left(1.9\times35+0.08\times\frac{20}{0.0155}\right)=0.272(\text{mm})$$

(6)查《混凝土结构设计规范》，得最大裂缝宽度的限值 $\omega_{lim}=0.3\text{mm}$，$\omega_{max}=0.272\text{mm}<\omega_{mm}=0.3\text{mm}$，裂缝宽度满足要求。

9.3 钢筋混凝土受弯构件挠度验算

应控制钢筋混凝土受弯构件的变形，以保证构件在使用期间预期的适用性，其中构件的挠度限值 f_{lim} 按构件的使用条件确定，设计时可查附表 21。本节主要讨论最大挠度的计算问题。

9.3.1 截面弯曲刚度的概念及定义

由材料力学可知，匀质弹性材料受弯构件的最大挠度计算公式的一般形式如下：

$$f=sMl_0^2/(EI) \text{ 或 } f=s\phi l_0^2 \tag{9-28}$$

式中：f——梁跨中最大挠度(mm)；

s——挠度系数，与荷载形式和支承条件有关，比如承受均布荷载的简支梁，$s=5/48$；

M——跨中最大弯矩；

l_0——梁的计算跨度；

EI——截面弯曲刚度；

ϕ——截面曲率，即构件单位长度上的转角（最大弯矩处）。

由 $EI=M/\phi$ 可知，截面弯曲刚度是使截面产生单位曲率所需要施加的弯矩值，是度量截面抵抗弯曲变形能力的重要指标。当梁的截面形状、尺寸和材料确定后，截面抗弯刚度 EI 为一个常数，它既与弯矩无关，也不受时间影响。抗弯刚度可认为是弯矩-曲率关系曲线的斜率。

然而，混凝土是非匀质弹性材料，受力后由于塑性变形发展，其弹性模量随着荷载的增大而减小。通常情况下，钢筋混凝土梁是带着裂缝工作的。当钢筋混凝土梁截面开裂后，裂缝处的实际截面减小，相应的惯性矩也将发生变化。因此，钢筋混凝土梁截面的抗弯刚度不再是一个常数，会随着弯矩增大而逐渐减小。钢筋混凝土适筋梁的弯矩-曲率关系曲线如图 9-6 所示。此外，混凝土材料具有明显的徐变、收缩等"时随"特性，随着荷载作用持续时间的增加，钢筋混凝土梁的截面抗弯刚度还将进一步减小，梁的挠度还将进一步增大，需要考虑长期荷载的影响。

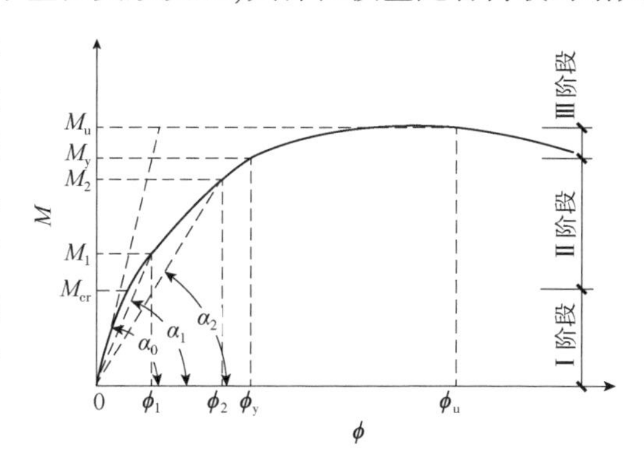

图 9-6　钢筋混凝土适筋梁弯矩-曲率（M-ϕ）关系示意图

为了区别于匀质弹性材料构件的抗弯刚度，采用 B 来表示钢筋混凝土构件的抗弯刚度。计算构件挠度的要点是确定正常使用条件下的截面抗弯刚度 B。通过一定的理论分析与试验研究，首先确定构件在短期荷载作用下的刚度 B_s，然后考虑长期荷载的影响，确定构件截面抗弯刚度 B，用 B 代替 EI[式(9-28)]，代入力学方法的变形计算公式，即可算出钢筋混凝土梁的挠度：

$$f=sMl_0^2/B \tag{9-29}$$

$$B=M/\phi \tag{9-30}$$

9.3.2　短期刚度

由材料力学可知，截面刚度 EI 与截面内力 M、转角变形 ϕ 的关系如下：

$$\phi=1/\gamma=M/EI \tag{9-31}$$

式中：γ——截面曲率半径。

从几何关系分析，曲率是由构件截面的受拉区伸长、受压区变短而形成的。截面的拉、压变形越大，曲率也越大。若已知截面受拉区和受压区的应变值，就能求出曲率，再根据弯矩与曲率的关系，可求出钢筋混凝土受弯构件的截面短期刚度 B_s。钢筋混凝土梁开裂后，混凝土、钢筋应变分布及曲率变化如图 9-7 所示。

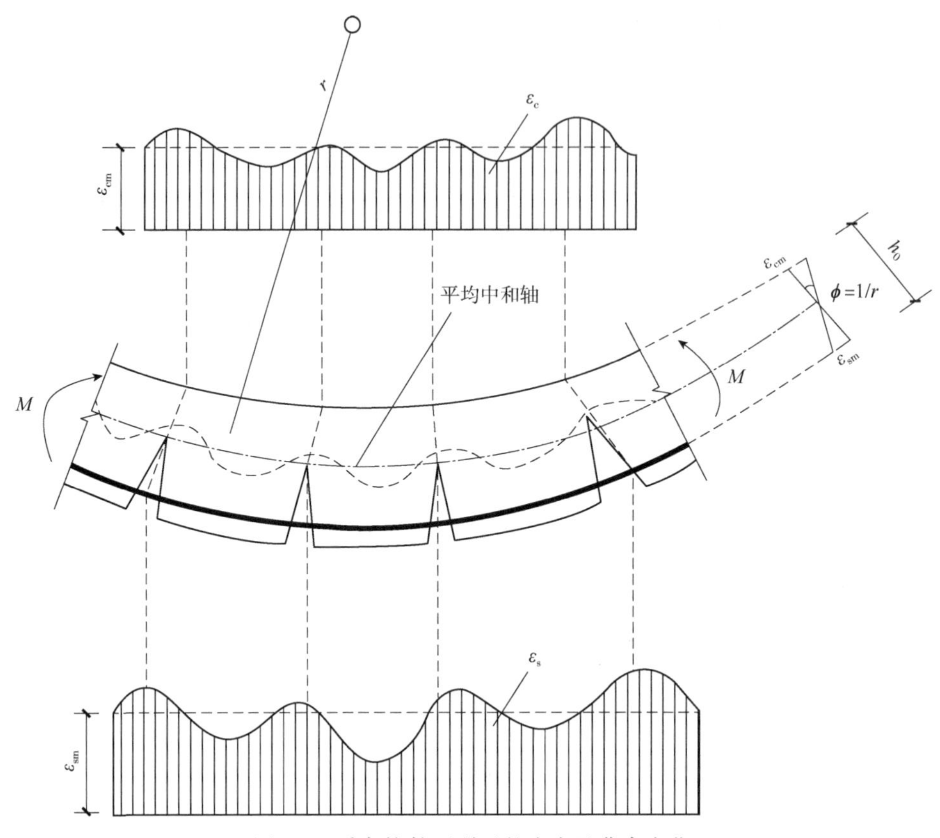

图 9-7　受弯构件开裂后的应变及曲率变化

钢筋混凝土受弯构件在受力后,虽然由于裂缝的影响,混凝土及钢筋的应变沿梁长是非均匀分布的,但它们的平均应变 ε_{cm} 和 ε_{sm} 及平均中和轴高度在纯弯段内是不变的,且符合平截面假定,即平均曲率满足:

$$\phi_m = 1/\gamma_m = (\varepsilon_{cm}+\varepsilon_{sm})/h_0 \tag{9-32}$$

式中:ϕ_m——平均曲率;

γ_m——平均截面弯曲回转半径;

ε_{cm}——受压区边缘混凝土的平均压应变;

ε_{sm}——纵向受拉钢筋重心处的平均拉应变;

h_0——截面有效高度。

进而可得截面短期刚度:

$$B_s = M_q/\phi_m = M_q h_0/(\varepsilon_{sm}+\varepsilon_{cm}) \tag{9-33}$$

式中:M_q——计算挠度时的弯矩代表值,对于一般构件,取按荷载准永久组合计算的截面弯矩。

分析可知,只要确定了平均应变 ε_{cm} 和 ε_{sm},就可由式(9-33)计算 B_s。

钢筋在屈服以前服从虎克定律 $\varepsilon_s=\sigma_s/E_s$,引进钢筋应变不均匀系数 ψ,则可建立平均应变 ε_{sm}与开裂截面钢筋应力 σ_s 的关系:

$$\varepsilon_{sm}=\psi\varepsilon_s=\psi\sigma_s/E_s \tag{9-34}$$

根据受弯构件在第Ⅱ阶段裂缝截面的应力图,对受压区合力点取矩,可得裂缝截面处纵向受拉钢筋的应力 σ_s:

$$\sigma_s=\frac{M_q}{A_s\eta h_0} \tag{9-35}$$

式中:η——正常使用阶段裂缝截面的内力臂系数,一般取0.87。

通过试验研究,受压区边缘混凝土的平均压应变 ε_{cm} 近似等于开裂截面的应变 ε_c:

$$\varepsilon_{cm}\approx\varepsilon_c=\frac{\sigma_{cq}}{E_c'}=\frac{M_q}{\zeta bh_0^2E_c} \tag{9-36}$$

式中:σ_{cq}——受压边缘混凝土的压应力;

E_c——混凝土弹性模量;

E_c'——混凝土变形模量;

ζ——混凝土受压边缘平均应变综合系数。

引用 $\alpha_E=E_s/E_c$ 和 $\rho=A_s/(bh)$,整理得:

$$B_s=\frac{M_qh_0}{\varepsilon_{sm}+\varepsilon_{cm}}=1\bigg/\left(\frac{\psi}{E_sA_s\eta h_0^2}+\frac{1}{\zeta E_cbh_0^3}\right)=\frac{E_sA_sh_0^2}{\dfrac{\psi}{\eta}+\dfrac{\alpha_E\rho}{\zeta}} \tag{9-37}$$

当 $\eta=0.87$,通过对常见截面的受弯构件实测结果的分析,可取:

$$\frac{\alpha_E\rho}{\zeta}=0.2+\frac{6\alpha_E\rho}{1+3.5\gamma_f'} \tag{9-38}$$

式中:α_E——钢筋弹性模量与混凝土弹性模量之比;

ρ——纵向受拉钢筋配筋率;

γ_f'——受压翼缘的加强系数,即受压翼缘面积与腹板有效面积的比值。对于T形截面,$\gamma_f'=\dfrac{(b_f'-b)h_f'}{bh_0}$,$b_f'$、$h_f'$分别为截面受压翼缘的宽度和高度,当 $h_f'>0.2h_0$ 时,取 $h_f'=0.2h_0$;对于矩形截面,$\gamma_f'=0$。

代入上述分析结果,可得受弯构件短期刚度的公式:

$$B_s=\frac{E_sA_sh_0^2}{1.15\psi+0.2+\dfrac{6\alpha_E\rho}{1+3.5\gamma_f'}} \tag{9-39}$$

式中:ψ——裂缝间纵向受拉钢筋应变不均匀系数,可按式(9-18)计算。

9.3.3 受弯构件的截面弯曲刚度

在荷载长期作用下,钢筋混凝土构件截面弯曲刚度会随时间不断降低,致使构件挠度也随时间而不断增加。实际工程中,总是存在部分荷载长期作用在构件上,因此计算挠度时应采用长期刚度 B。

在长期荷载作用下,钢筋混凝土梁挠度不断增长的主要原因是受压区混凝土的徐变变形,使混凝土的压应变随时间增长。另外,裂缝之间受拉混凝土的应力松弛、受拉钢筋和混凝土之间产生黏结滑移徐变,都使得受拉混凝土不断退出工作,从而使受拉钢筋平均应变随时间增大。因此,凡是影响混凝土徐变和收缩的因素(如受压钢筋配筋率、加荷龄期、使用环境的温湿度等)都对长期荷载作用下构件挠度的增长有影响。

《混凝土结构设计规范》要求在荷载效应准永久组合作用下合并考虑荷载长期作用影响后的构件挠度不超过规定挠度的限值,即$f_{max} \leqslant f_{lim}$。受弯构件的长期刚度可按下式计算:

$$B = B_s / \theta \tag{9-40}$$

式中:θ——考虑荷载长期作用对挠度增大的影响系数。

θ的取值与受压钢筋配筋率ρ'及纵向受拉钢筋配筋率ρ有关。《混凝土结构设计规范》规定:$\rho'=0$时,$\theta=2.0$;$\rho'=\rho$时,$\theta=1.6$;ρ'介于0和ρ之间时,$\theta=1.6+0.4(1-\rho'/\rho)$。由于受压钢筋能阻碍受压区混凝土的徐变,因而可减小挠度,式中ρ'/ρ反映了受压钢筋的有利影响。

对于翼缘位于受拉区域的倒T形截面梁,由于荷载短期作用下受拉混凝土参与工作较多,而长期荷载作用下混凝土退出工作的影响较大,从而使挠度增大较多,故这种倒T形截面梁的θ应增加20%。

9.3.4 受弯构件的变形验算

钢筋混凝土受弯构件截面的短期抗弯刚度与弯矩大小有关,会随弯矩的增大而减小。即使是等截面梁,一般情况下弯矩也是沿梁长变化的,梁各个截面的抗弯刚度也不相等。如图9-8所示,简支梁跨中弯矩大的截面,有垂直裂缝出现,抗弯刚度小;而靠近支座的截面弯矩小,没有垂直裂缝,抗弯刚度大。采用变刚度方法来计算梁的挠度十分复杂。在实际设计中采用简化计算,在同一符号弯矩区段内,可取最大弯矩截面处的最小刚度作为该区段的抗弯刚度来计算变形,即挠度计算中的最小刚度原则。

对于承受均布荷载的简支梁,可取最大正弯矩截面处的刚度(最小弯曲刚度)作为全梁的抗弯刚度进行挠度计算;对于等截面连续梁、框架梁等,因存在正、负弯矩,可假定各同号弯矩区段内的刚度相等,且分别取正、负弯矩区段内弯矩最大截面处的最小刚度,按照分段等刚度梁进行挠度计算。当计算跨度内的支座截面弯曲刚度不大于跨中截面弯曲刚度的2倍或不小于跨中截面弯曲刚度的1/2时,该跨也可以按等刚度构件进行计算,其构件刚度取跨中最大弯矩截面的弯曲刚度。

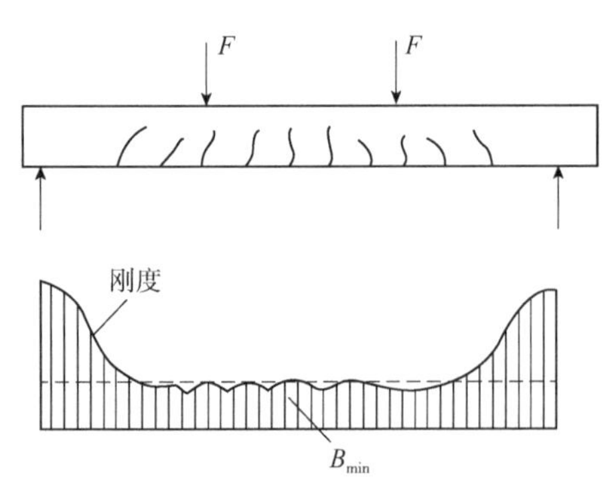

图9-8 受弯构件截面抗弯刚度的分布情况

求出区段弯矩最大截面处的刚度之后,根据梁的支座类型套用相应的挠度公式,就可计算得到钢筋混凝土受弯构件的挠度。求得的挠度值不应大于《混凝土结构设计规范》规定的挠度限值f_{lim}。f_{lim}可根据受弯构件的类型及计算跨度查附表20得到。

需要指出的是:钢筋混凝土受弯构件同一符号区段内最大弯矩处截面刚度最小,但此截面的挠度不一定最大,如外伸梁的支座截面,弯矩绝对值最大,而挠度为零。

受弯构件的挠度除了受弯矩的影响以外,还受到剪切变形的影响。一般情况下,剪切变形的影响较小,可忽略不计。但对出现斜裂缝的钢筋混凝土梁,剪切变形较大,此时应酌情考虑剪切变形的影响。

国内外大量试验结果表明,采用最小刚度计算原则简化计算方法得到的挠度与试验值之间的误差不大,可满足工程要求。

总结验算挠度的步骤如下:

①按荷载效应的准永久组合计算受弯构件弯矩值 M_q。

②计算受拉钢筋应变不均匀系数 ψ:

$$\psi=1.1-\frac{0.65f_{tk}}{\rho_{te}\sigma_{sk}}$$

③计算构件的短期刚度 B_s:

a.计算钢筋与混凝土弹性模量比值 $\alpha_E=E_s/E_c$。

b.计算纵向受拉钢筋配筋率 $\rho=A_s/(bh_0)$。

c.计算受压翼缘面积与腹板有效面积的比值 $\gamma_f'=(b_f'-b)h_f'/(bh_0)$。对于矩形截面,$\gamma_f'=0$。

d.计算短期刚度 B_s:

$$B_s=\frac{E_sA_sh_0^2}{1.15\psi+0.2+\dfrac{6\alpha_E\rho}{1+3.5\gamma_f'}}$$

④计算构件刚度 B:

$$B=B_s/\theta$$

⑤计算构件挠度 f,并查表验算:

$$f=sM_ql_0^2/B\leqslant f_{lim}$$

若求出的构件挠度 f 大于《混凝土结构设计规范》规定的挠度限值 f_{lim},则应采取措施减小挠度。

减小挠度的实质是提高构件的抗弯刚度,最有效的措施就是增大构件截面的有效高度。当截面高度及其他条件不变时,增大截面翼缘,则截面抗弯刚度有所提高。另外,当截面高度受到限制时,增加受拉钢筋的截面面积、采用双筋截面等措施也可以提高抗弯刚度,但通过提高混凝土强度等级来减小构件挠度的效果不显著。此外,采用高性能混凝土的预应力混凝土构件也是提高受弯构件刚度的有效措施之一。

【例 9-2】 某矩形截面钢筋混凝土简支梁,处于一类环境,计算跨度 $l_0=6$m,截面尺寸 $b=250$mm,$h=650$mm,混凝土强度等级为 C30,($E_c=3.0\times10^4$N/mm^2,$f_{tk}=2.01$N/mm^2),$a_s=35$mm,纵筋为 HRB400 级,截面底部已按正截面承载力计算配置钢筋 4 Φ 20($E_c=2\times10^5$N/mm^2,$A_s=1256$mm^2),梁所承受的永久荷载标准值(包括梁自重)$g_k=18.6$kN/m,可变荷载标准值 $q_k=14$kN/m,准永久系数 $\psi_q=0.8$,挠度限值为 $l_0/250$。试验算该梁的挠度是否满足要求。

【解】(1)按荷载的准永久组合计算弯矩 M_q

$$M_q=\frac{1}{8}(g_k+\psi_q q_k)l_0^2=\frac{1}{8}\times(18.6+0.8\times14)\times6^2=134.1(\text{kN}\cdot\text{m})$$

(2)计算纵向受拉钢筋的应力 σ_{sq}

$$\sigma_{sq}=\frac{M_q}{0.87h_0A_s}=\frac{134.1\times10^6}{0.87\times615\times1256}=199.5(\text{N/mm}^2)$$

(3)计算有效配筋率 ρ_{te}

$$A_{te}=0.5bh=0.5\times250\times650=81250(\text{mm}^2)$$

$$\rho_{te}=A_s/A_{te}=1256/81250=0.0155>0.01$$

取 $\rho_{te}=0.0155$。

(4)计算受拉钢筋应变的不均匀系数 ψ

$$\psi=1.1-\frac{0.65f_{tk}}{\rho_{te}\sigma_{sq}}=1.1-\frac{0.65\times2.01}{0.0155\times199.5}=0.847$$

满足 $0.2<\psi<1.0$。

(5)计算构件的短期刚度 B_s

钢筋与混凝土弹性模量的比值：

$$\sigma_E=\frac{E_s}{E_c}=\frac{2\times10^5}{3.0\times10^4}=6.67$$

纵向受拉钢筋配筋率：

$$\rho=\frac{A_s}{bh_0}=\frac{1256}{250\times615}=0.0082$$

计算短期刚度 B_s(矩形截面 $\gamma_f'=0$)：

$$B_s=\frac{E_sA_sh_0^2}{1.15\psi+0.2+\dfrac{6\alpha_E\rho}{1+3.5\gamma_f'}}=\frac{2.0\times10^5\times1256\times615^2}{1.15\times0.847+0.2\times\dfrac{6\times6.67\times0.0082}{1+0}}=6.32\times10^{13}(\text{N}\cdot\text{mm}^2)$$

(6)计算构件刚度 B

因为未配置受压钢筋，故 $\rho'=0$，$\theta=2.0$，则：

$$B=B_s/\theta=3.16\times10^{13}(\text{N}\cdot\text{mm}^2)$$

(7)计算构件挠度并验算

$$f_{max}=\frac{5}{48}\cdot\frac{M_ql_0^2}{B}=\frac{5}{48}\cdot\frac{134.1\times10^6\times6000^2}{3.16\times10^{13}}=15.9(\text{mm})<[f]=\frac{l_0}{250}=\frac{6000}{250}=24(\text{mm})$$

构件挠度满足要求。

9.4 混凝土结构的耐久性

混凝土结构的耐久性是指结构在正常维护的条件下,在预定的设计使用年限内,在指定的工作环境中,保证结构满足既定的功能要求的能力。所谓“正常维护”是指不因耐久性问题而进行大规模的修缮,但包括必要的检测、防护和维修。混凝土结构的耐久性使用年限主要根据建筑物的重要程度确定,通常情况下,一般的建筑结构设计使用年限为50年,纪念性建筑和特别重要的建筑结构设计使用年限为100年及以上。混凝土结构的耐久性主要是由混凝土、钢筋材料本身的特性以及所处的环境所具有的侵蚀性两方面共同决定的。

与承载能力极限状态设计相比,耐久性极限状态设计的重要性似乎应低一些;但实际上,如果结构因耐久性不足而失效,或者为了维持其正常使用而必须进行较大规模的维修加固或改造,则不仅要付出较多的额外费用,也必然影响结构的使用功能以及结构的安全性。因此,在混凝土结构设计时,除了进行承载力计算以及变形和裂缝验算之外,还必须进行耐久性设计。耐久性设计主要根据结构的环境类别和设计使用年限进行,同时考虑对混凝土材料的基本要求和钢筋的保护措施。我国现行规范采用满足耐久性规定的方法进行耐久性设计,实质上是针对影响耐久性的主要因素提出相应的对策。

9.4.1 影响耐久性的主要因素

影响混凝土结构耐久性的因素很多,主要分为内部因素和外部因素。内部因素包括混凝土的强度、密实度和渗透性,保护层厚度,水泥的品种、强度和用量,水灰比,外加剂,混凝土中的氯离子及碱含量等;外部因素则主要有环境温度、湿度、二氧化碳含量以及侵蚀性介质等。混凝土结构出现耐久性问题往往是由于内、外部不利因素综合作用的结果。造成结构内部不完善或有缺陷的主要原因往往是设计不周、施工质量差或使用中维修不当等。

混凝土的碳化及钢筋锈蚀是影响混凝土结构耐久性的最主要因素。影响混凝土结构耐久性的因素及应对措施如下:

1) 混凝土的碳化

混凝土在浇筑养护后,形成强碱性的内环境,这会使钢筋表面形成一层致密氧化膜,使钢筋处于钝化状态,对钢筋起到保护作用。大气中的 CO_2 与混凝土中的碱性物质[主要是 $Ca(OH)_2$]发生中和反应,使混凝土 pH 值下降而呈中性化的过程,称为“混凝土的碳化”。其他酸性物质(SO_2、H_2S 等)也能与混凝土中的碱性物质发生类似反应,使混凝土 pH 值下降。碳化对混凝土本身是无害的,但碳化会破坏钢筋表面的保护膜,为钢筋锈蚀创造了条件;同时,碳化会加剧混凝土的收缩,可导致混凝土开裂,使钢筋容易锈蚀。

混凝土碳化深度可用碳酸试液测定。敲开混凝土,露出断面后,滴上试液,碳化部分将保持原色,未碳化部分混凝土将呈浅红色。

减轻或延缓混凝土碳化的措施主要有:合理设计混凝土的配合比,规定水泥用量的低限值和水灰比的高限值,尽量提高混凝土的密实性、抗渗性,合理选用掺合料,采用覆盖层将混凝土表面与大气环境隔离开,在钢筋外预留足够的混凝土保护层厚度。

2) 钢筋的锈蚀

钢筋锈蚀是影响混凝土结构耐久性的关键问题之一。钢筋锈蚀会引发锈胀,使混凝土保护层脱落,严重的甚至会产生纵向裂缝,影响正常使用。钢筋锈蚀导致钢筋的有效面积减小,强度和延性降低,破坏钢筋与混凝土的黏结,使承载力下降,甚至导致结构破坏。

混凝土中钢筋的锈蚀机理是电化学腐蚀。钢筋表面的氧化膜被破坏是使钢筋锈蚀的必要条件。防止钢筋锈蚀的措施主要有严格控制集料的含盐量(控制氯离子含量),降低水灰比,增加水泥用量,提高混凝土的密实度,保证足够的混凝土保护层厚度,采用涂面层、钢筋阻锈剂,使用防腐蚀的钢筋或采用阴极防护等。

3) 混凝土的冻融破坏

混凝土水化结硬后,内部有很多毛细孔。为了得到必要的和易性,在浇筑混凝土时用水量通常会比水泥的水化反应所需的水分多一些。多余的水分以游离水的形式滞留在混凝土的毛细孔中,遇到低温就会结冰、膨胀,引起混凝土内部结构的破坏。

在寒冷地区,往往使用除冰盐融化城市道路和立交桥上的冰雪,这会加速混凝土的冻融破坏。冻融破坏在水利水电工程、港口码头工程以及道路桥梁工程中较为常见。

防止混凝土冻融破坏的主要措施有:降低水胶比,减少混凝土中游离水,浇筑时加入引气剂使混凝土中形成微细气孔等。冬季施工时,应加强养护、保温、掺入防冻剂等。

4) 混凝土的碱集料反应

混凝土集料中某些活性物质同混凝土微孔中来自水泥、外加剂、掺合料及水的可溶性碱产生化学反应的现象称为“碱集料反应”。碱集料反应会产生碱-硅酸盐凝胶,吸水膨胀后体积可增大3~4倍,从而引起混凝土开裂、剥落、钢筋外露锈蚀,直至结构构件失效。另外,碱集料反应还可能改变混凝土的微观结构,降低其力学性能,从而影响结构的安全性。

防止碱集料反应的主要措施是:采用低碱水泥,掺粉煤灰等掺合料以降低混凝土中的碱性,对含活性成分的集料加以控制等。

5) 侵蚀介质的腐蚀

对于化工、冶金及港口建筑等,化学介质对混凝土的侵蚀十分普遍。化学介质的侵入会造成混凝土中一些成分溶解或流失,引起裂缝、孔隙或松散破碎;有的化学介质与混凝土中的一些成分发生反应,其生成物造成体积膨胀,引起混凝土结构的破坏。

常见的侵蚀介质包括硫酸盐、酸、海水以及盐类结晶。

防止侵蚀介质的腐蚀,应根据实际情况采取相应的防护措施,如采用耐酸混凝土或铸石贴面等。

9.4.2 混凝土结构的耐久性设计

与承载能力极限状态和正常使用极限状态类似,也可建立结构耐久性极限状态方程。但现有研究成果尚不便于应用于工程实际,一般只能采用经验性的定性方法解决。《混凝土结

构设计规范》根据调查研究并考虑相应国情,规定了混凝土结构耐久性设计的基本内容:

1)确定结构所处的环境类别

混凝土结构的耐久性与结构所处的环境有密切关系,当结构处在强腐蚀环境中,其使用年限会比在普通大气环境中的使用年限短。对混凝土结构使用环境进行分类,可以在设计时针对不同的环境类别,采取不同有效措施,使其满足设计使用年限的要求。

《混凝土结构设计规范》规定,混凝土结构的耐久性应根据环境类别和设计使用年限进行设计。环境类别的划分见附表21。

2)提出对混凝土材料的耐久性质量要求

合理设计混凝土的配合比,严格控制集料中的含盐量、含碱量,保证混凝土必要的强度,提高混凝土的密实度和抗渗性,是保证混凝土耐久性的重要措施。

《混凝土结构设计规范》对处于一、二、三类环境中,设计使用年限为50年的结构所使用的混凝土材料的耐久性基本要求均做了明确规定,如最大水胶比、最低强度等级、最大氯离子含量和最大碱含量等,详见附表22。

3)确定构件中钢筋的保护层厚度

混凝土保护层对减缓混凝土的碳化、防止钢筋锈蚀、提高混凝土结构的耐久性有重要作用,故各国规范均对混凝土最小保护层厚度进行了规定。《混凝土结构设计规范》规定:构件中受力钢筋的保护层厚度不应小于钢筋直径;对设计使用年限为50年的混凝土结构,最外层钢筋(包括箍筋和构造钢筋)的保护层厚度应符合附表17的规定;对设计使用年限为100年的混凝土结构,保护层厚度不应小于附表17中数值的1.4倍;当有充分依据并采用有效措施时,可适当减小混凝土保护层的厚度,如构件表面有可靠的防护层、采用工厂化生产的预制构件并保证预制构件混凝土的质量、在混凝土中掺入阻锈剂或采用阴极保护处理等防锈措施;对地下室墙体采取可靠的建筑防水做法时,与土壤接触侧钢筋的保护层厚度可适当减小,但不应小于25mm。

4)提出不利环境条件下应采取的防护措施和满足耐久性要求的技术措施

对处在不利环境条件的结构,以及在二类和三类环境中设计使用年限为100年的混凝土结构,应采取专门的有效防护措施,包括:

①预应力混凝土结构中的预应力筋应根据具体情况采取表面防护、管道灌浆、加大混凝土保护层厚度等措施,外露的锚固端应采取封锚和混凝土表面处理等有效措施。

②有抗渗要求的混凝土结构,混凝土的抗渗等级应符合有关标准的要求。

③严寒及寒冷地区的潮湿环境中,结构混凝土应满足抗冻要求,混凝土抗冻等级应符合有关标准的要求。

④处在三类环境中的混凝土结构,钢筋可采用环氧涂层钢筋或其他具有耐腐蚀性能的钢筋,也可采取阴极保护处理等防锈措施。

⑤处于二、三类环境中的悬臂构件,宜采用悬臂梁-板的结构形式,或在其上表面增设防护层。

⑥处于二、三类环境中的结构,其表面的预埋件、吊钩、连接件等金属部件应采取可靠的防锈措施。

5)提出结构使用阶段的维护与检测要求

要保证混凝土结构的耐久性,还需要在使用阶段对结构进行正常的检查维护,不得随意改变建筑物所处的环境类别。检查维护的措施包括:

①建立定期检测、维修制度。

②设计中可更换的混凝土构件应按规定更换。

③构件表面的防护层,应按规定维护或更换。

④结构出现可见的耐久性缺陷时,应及时进行处理。

《混凝土结构设计规范》主要对处于一、二、三类环境中的混凝土结构的耐久性要求做了明确规定;对处于四、五类环境中的混凝土结构,其耐久性要求应符合有关标准的规定。对临时性设计使用年限为5年的混凝土结构,可不考虑混凝土的耐久性要求。

小结及学习指导

1.混凝土结构和构件除了按照承载能力极限状态进行设计外,还应进行正常使用极限状态验算,主要包括变形和裂缝宽度验算,以满足其正常使用功能要求。此外,应满足耐久性极限状态设计要求,采取保证结构耐久性的各项措施。

2.考虑到混凝土结构对生命、财产的危害性小一些,故相应的目标可靠指标值小一些。进行正常使用极限状态验算时,材料强度和荷载不取分项系数,材料强度取标准值,荷载效应可采用标准组合或准永久组合,并考虑荷载长期作用的影响。

3.工程中出现的裂缝有荷载裂缝和非荷载裂缝。本章裂缝宽度验算只限于荷载引起的正截面裂缝验算。我国规范中关于裂缝宽度的计算综合了黏结滑移理论和无滑移理论,并通过试验研究确定有关系数。对钢筋混凝土构件,按照荷载效应的准永久组合并考虑荷载长期作用影响计算得到的最大裂缝宽度不应超过规范规定的最大裂缝宽度限值。该限值是根据结构构件的耐久性要求确定的,设计时可查阅附表。

4.计算构件挠度时,按照荷载效应的准永久组合计算短期刚度 B_s,并考虑荷载长期作用影响计算长期刚度B进行验算,挠度的计算值不应超过规范规定的挠度限值。

5.混凝土结构的耐久性是指在正常维护的条件下,在预定的设计使用年限内,在指定的工作环境中,保证结构满足既定功能的能力。影响结构耐久性的因素主要分为内部因素和外部因素。

6.混凝土结构耐久性设计包括确定结构所处的环境类别,提出材料的耐久性质量要求,确定构件中钢筋的保护层厚度,提出满足耐久性要求的技术措施以及使用阶段的维护和检测要求等。

思考题

1.混凝土结构为什么要进行正常使用极限状态的验算?包括哪些内容?

2.引起混凝土结构或构件出现裂缝的原因有哪些?

3.钢筋混凝土结构受弯构件的截面抗弯刚度有什么特点?

4.试说明建立受弯构件刚度 B_s 计算公式的基本思路和方法。哪些方面反映了钢筋混凝土的特点?为什么挠度计算时应采用长期刚度 B?

5.什么是挠度验算的最小刚度原则?

6.什么是混凝土结构的耐久性?

7.如何确定混凝土保护层厚度?

8.试分析影响混凝土结构耐久性的主要因素。

9.如何进行混凝土结构耐久性设计?

习 题

1.某钢筋混凝土屋架下弦,安全等级为二级,处于一类环境,截面尺寸 $b=200$mm,$h=200$mm。混凝土强度等级为C35,钢筋为HRB400级,截面已配置4Φ14mm的受拉钢筋,按荷载准永久组合计算的轴心受拉力为 $N_q=110$kN。裂缝宽度限值 $\omega_{lim}=0.3$mm。试验算其最大裂缝宽度是否满足要求。

2.某钢筋混凝土矩形截面简支梁,处于一类环境,计算跨度 $l_0=7.2$m,截面尺寸 $b=300$mm,$h=650$mm。混凝土强度等级为C35。梁底已配置HRB500级钢筋,3Φ22;梁顶配HRB500级钢筋,2Φ14。梁所承受的永久荷载标准值(包括梁自重)$g_k=15.5$kN/m,可变荷载标准值 $q_k=10.5$kN/m,准永久系数为 $\psi_q=0.5$,挠度限值为 $l_0/200$。试验算该梁的挠度是否满足要求。

3.某钢筋混凝土矩形截面简支梁,处于一类环境,计算跨度为 $l_0=6.6$m,截面尺寸 $b=300$mm,$h=650$mm。混凝土强度等级为C30。梁底已配置HRB500级钢筋,3Φ22;梁顶配HRB500级钢筋,2Φ14。梁所承受的永久荷载标准值(包括梁自重)$g_k=15.5$kN/m,可变荷载标准值 $q_k=10.5$kN/m,准永久系数为 $\psi_q=0.5$,最大裂缝宽度限值 $\omega_{lim}=0.3$mm。试验算该梁的裂缝宽度是否满足要求。

第 10 章　预应力混凝土构件

本章要点

【知识点】

预应力混凝土基本概念及分类、施工方法，各项预应力损失计算方法及预应力损失组合，预应力材料的选用，轴心受拉和受弯构件先后张法预应力各阶段应力分析。

【重点】

掌握预应力轴心受拉与受弯构件各阶段的应力状态和设计计算方法，预应力混凝土构件的主要构造要求。

【难点】

轴心受拉构件和受弯构件应力变化过程及各阶段应力分析。

10.1　概　　述

10.1.1　预应力混凝土概念

普通钢筋混凝土构件在各种荷载作用下，一般都存在混凝土的受拉区。而混凝土本身的抗拉强度及极限拉应变却很小，如果采用高强度的钢筋，在使用阶段钢筋达到屈服时其拉应变很大，与混凝土极限拉应变相差悬殊，裂缝宽度将很大，无法满足使用要求。因而，在普通钢筋混凝土结构中采用高强度钢筋是不能充分发挥作用的。同样，在普通钢筋混凝土构件中，如果采用高强度的混凝土，由于其抗拉强度提高幅度很小，对提高构件抗裂性能和刚度的效果不明显。由于无法充分利用高强度钢材和高强度等级混凝土，使得在大跨度或承受动力荷载的结构中，普通钢筋混凝土结构不可能或很不经济。另外，对于处于高湿度或侵蚀性环境中的构件，为了满足控制变形、裂缝的要求，须增加构件的截面尺寸和用钢量，将导致自重过大，也不很经济，甚至无法建造。由此可见，在普通钢筋混凝土构件中，高强混凝土和高强钢筋是不能充分发挥作用的。

为了充分利用高强混凝土及钢筋，可以在混凝土构件受拉区预先施加压应力，造成人为的应力状态。当构件在荷载作用下产生拉应力时，首先要抵消混凝土的预压应力，随着荷载的继续增加，混凝土才受拉并随着荷载继续增加而出现裂缝，由此可推迟裂缝的出现、减小裂缝的宽度，以满足使用要求。这种在构件受荷前预先对混凝土受拉区施加压应力的结构称为“预应力混凝土结构”。

随着混凝土强度等级的不断提高、高强钢筋的广泛使用,预应力混凝土目前已广泛应用于大跨度建筑、高层建筑、桥梁、铁路、海洋、水利、机场、核电站等工程中。

现以预应力混凝土简支梁受力为例,说明预应力混凝土的基本原理。如图 10-1 所示,在荷载作用之前,预先在梁的受拉区施加一对大小相等、方向相反的偏心预压力 p,使得梁截面下边边缘混凝土产生预压应力 σ_c[图 10-1a)]。当外荷载 q 作用时,截面下边缘产生拉应力 σ_c[图 10-1b)]。梁截面的应力分布为上述两种情况下的应力叠加,梁截面下边缘的应力可能是数值较小的拉应力,也可能是压应力[图 10-1c)]。也就是说,由于预压应力 σ_c 的存在,可部分抵消或全部抵消外荷载 q 所引起梁截面的拉应力 σ_c,因而延缓了混凝土构件的开裂,甚至可能避免开裂。

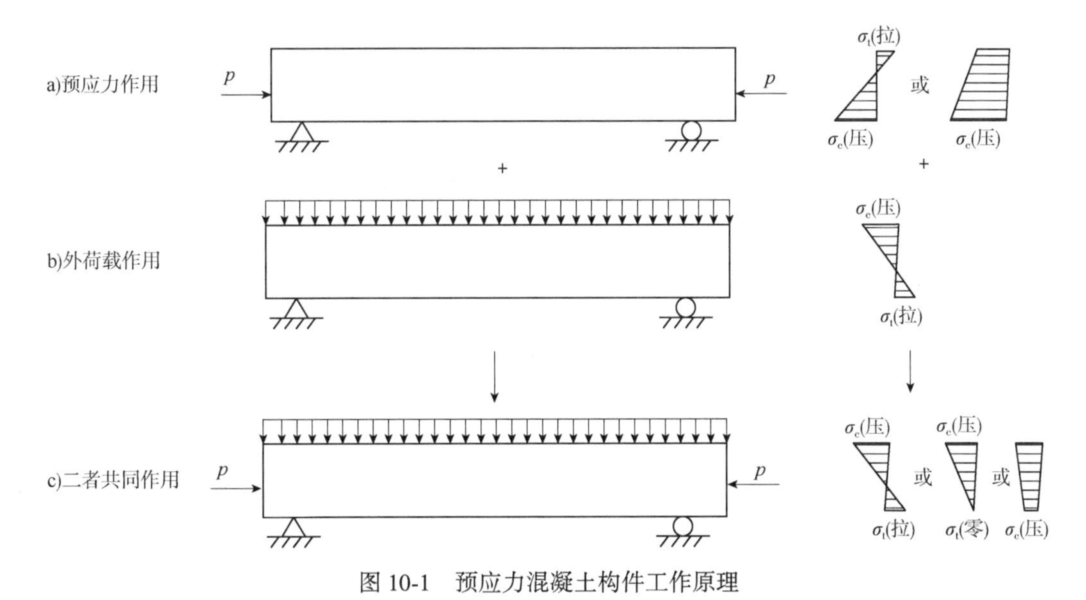

图 10-1　预应力混凝土构件工作原理

图 10-2 所示为 3 根简支梁的荷载-跨中挠度试验曲线。这 3 根梁的混凝土强度等级一样,钢筋品种、数量一样,梁截面尺寸也完全相同。其中一根为普通钢筋混凝土梁,另两根为预应力混凝土梁,所施加的预应力值大小不同(σ_{con}为控制应力)。由图可见,预应力钢筋混凝土梁的开裂荷载大于钢筋混凝土梁的开裂荷载,且预应力值越大,开裂荷载值越大,挠度越小,但 3 根试件的破坏荷载却基本相同。因此,预应力的存在对构件的承载力并无明显影响。

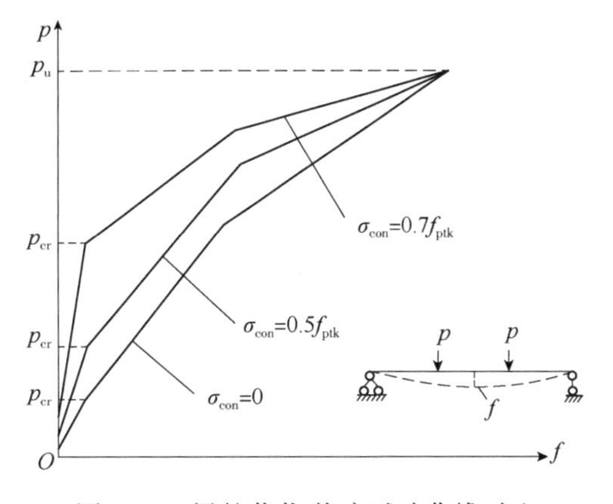

图 10-2　梁的荷载-挠度试验曲线对比

预应力混凝土结构的优点:

①推迟裂缝出现,抗裂性强。

②可合理利用高强钢材和混凝土。与钢筋混凝土相比,可节约钢材 30%~50%,减轻结构自重达 30%左右,且跨度越大越经济。

③由于抗裂性能好，提高了结构的刚度和耐久性，加之反拱作用，减小了结构的挠度。

④扩大了混凝土结构的应用范围。

预应力混凝土结构的缺点是计算繁杂，施工技术要求高，需要张拉设备和锚具等。因而宜对下列结构优先采用预应力结构：

①要求裂缝控制等级较高的结构，如水池、油罐、原子能反应堆和受到侵蚀性介质作用的工业厂房、水利、海洋、港口工程结构物等。

②对构件的刚度和变形控制要求较高的结构构件，如工业厂房中的吊车梁、码头和桥梁中的大跨度梁式构件等。

③构件截面尺寸受到限制、跨度大、荷载大的结构。

10.1.2 预应力混凝土的分类

1)全预应力混凝土和部分预应力混凝土

预应力混凝土结构构件根据预应力大小对构件截面裂缝控制程度不同，可设计成全预应力或部分预应力，见表 10-1。弯矩-挠度(M-f)曲线见图 10-3。

预应力混凝土构件分类 **表 10-1**

分类		裂缝控制等级	构件受拉边缘混凝土应力
全预应力混凝土构件		一级：严格要求不出现裂缝的构件	按荷载效应的标准组合计算时，不出现拉应力，即 $\sigma_{ck}-\sigma_{pc}\leqslant 0$
部分预应力混凝土构件	A 类：有限预应力混凝土构件	二级：一般要求不出现裂缝的构件	按 $\sigma_{cq}-\sigma_{pc}\leqslant f_{tk}$
	B 类：部分预应力混凝土构件(狭义)	三级：允许出现裂缝的构件	最大裂缝宽度按荷载效应标准组合并考虑长期作用的影响进行计算，且不大于允许值，即 $\omega_{max}\leqslant\omega_{lim}$

注：1.σ_{ck}、σ_{cq}分别为荷载效应的标准组合、准永久组合下抗裂验算边缘的混凝土法向应力。
2.σ_{pc}为扣除全部预应力损失后在抗裂验算边缘混凝土的预压应力。
3.f_{tk}为混凝土的轴心抗拉强度标准值。
4.ω_{max}为按荷载效应的标准组合并考虑长期作用影响计算的最大裂缝宽度。
5.ω_{lim}为最大裂缝宽度限值。

全预应力混凝土的特点是：

①抗裂性能好。由于全预应力混凝土结构所施加的预应力大，混凝土不开裂，因而其抗裂性能好，构件刚度大，常用于对抗裂或抗腐蚀性能要求较高的结构，如储液罐、核电站安全壳等。

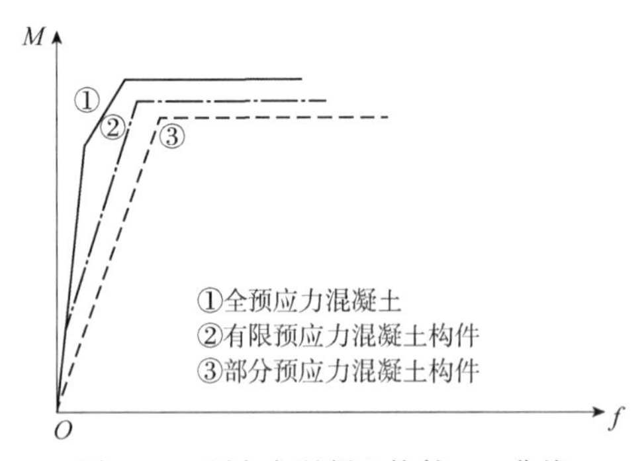

图 10-3 预应力混凝土构件 M-f 曲线

②抗疲劳性能好。预应力钢筋从张拉完毕直至使用阶段整个过程中，其应力值的变化幅度小，因而在重复荷载作用下抗疲劳性能好，如吊车梁等。

③反拱值一般过大。由于预加应力较大，而恒载小，活荷载较大的结构中经常发生影响正常使用的情况。

④延性较差。由于全预应力混凝土结构构件的开裂荷载与极限荷载较为接近,导致延性较差,对抗震不利。

部分预应力混凝土构件的特点是:

①可合理控制裂缝,节约钢材。可根据结构构件的不同使用要求、可变荷载作用情况及环境条件等对裂缝进行控制,降低了预加应力值,从而节约钢材。

②控制反拱值不致过大。预加应力值相对较小,构件初始反拱值较小,徐变小。

③延性较好。部分预应力混凝土构件配置了非预应力钢筋,可提高构件延性,有利于结构抗震,改善裂缝分布,减小裂缝宽度。

④与全预应力混凝土相比,部分预应力混凝土构件综合经济效果好。对于抗裂要求不高的结构构件,部分预应力混凝土结构构件有应用前途。

2)无黏结预应力混凝土的概念与特点

无黏结预应力混凝土指的是采用无黏结预应力筋(涂抹防锈油脂,以减小摩擦力、防止锈蚀,用聚乙烯材料包裹,制成专用预应力筋)的预应力混凝土。施工时,无黏结预应力筋可如同非预应力筋一样,按设置要求铺放在模板内,然后浇筑混凝土,待混凝土达到设计要求强度后,再张拉锚固。此时,无黏结预应力筋与混凝土不直接接触,而成无黏结状态。在外荷载作用下,结构中的预应筋束与混凝土横向、竖向存在线变形协调关系,但在纵向可以相对周围混凝土发生纵向滑移。无黏结预应力混凝土的设计理论与有黏结预应力混凝土相似,一般须增设普通受力筋以改善结构的性能,避免构件在极限状态下出现集中裂缝。无黏结预应力混凝土是继有黏结预应力混凝土和部分预应力混凝土之后又一种新的预应力形式。大量实践与研究表明,无黏结预应力混凝土及其结构有如下特点:

①结构自重轻。由于不必预留孔道,可减少构件截面尺寸,减轻自重。

②施工简便,速度快。无须预留孔道、穿筋、灌浆等复杂工序,简化了施工工艺,加快了施工进度,特别适用于构造复杂的曲线布筋构件或结。

③抗腐蚀能力强。涂防腐油脂、外包塑料套管的无黏结预应力筋束具有双重防腐能力,可以避免预留孔道穿筋的构件因压浆不密实而发生预应力筋锈蚀。

④使用性能良好。

⑤防火性能满足要求。

⑥抗震性能好。实验和实践表明,在地震荷载作用下,无黏结预应力混凝土结构承受大幅度位移时,无黏结预应力筋一般始终处于受拉状态,不像有黏结预应力筋可能由受拉转为受压。无黏结预应力筋承受的应力变化幅度较小,可将局部变形均匀地分布到钢筋全长上,使无黏结筋的应力保持在弹性阶段,并且部分预应力构件中配置的非预应力普通钢筋,使结构的能量消耗能力得到保证,并保持良好的挠度恢复性能。

⑦应用广泛。无黏结预应力混凝土用于多层和高层建筑中的单向板,井字梁、悬臂梁、框架梁、扁梁,桥梁结构中的简支板(梁)、连续梁、预应力拱桥、桥梁下部结构、灌注桩的桥墩等,也可以应用于旧桥加固工程中。

3) 施加预应力的方法

根据张拉预应力筋与浇筑混凝土的先后次序不同,可分为先张法和后张法两种。

(1) 先张法

先张法是指采用永久或临时台座在构件混凝土浇筑之前张拉预应力钢筋的方法。张拉的预应钢筋由夹具固定在台座上(此时预应筋的反力由台座承受),然后浇筑混凝土;待混凝土达到设计强度和龄期(约为设计强度75%以上,且混凝土龄期不小于7d,以保证具有足够的黏结力,避免徐变值过大,简称"混凝土强度和龄期双控制")后,放松预应力钢筋,在预应钢筋回缩的过程中,利用其与混凝土之间的黏结力对混凝土施加预压应力,见图10-4。因此,先张法预应力混凝土构件中,预应力是靠钢筋与混凝土间的黏结力来传递的。

(2) 后张法

后张法指在混凝土结硬后在构件上张拉钢筋的方法。如图10-5所示,在构件混凝土浇筑之前按预应力筋的设置位置预留孔道;待混凝土达到设计强度后,将预应力筋穿入孔道;然后利用构件本身作为加力台座,张拉预应力筋,使混凝土构件受压;当张拉预应力钢筋的应力达到设计规定值后,在张拉端用锚具锚住钢筋,使混凝土获得预压应力;最后在孔道内灌浆,使预应力钢筋与构件混凝土形成整体。也可不灌浆,完全通过锚具施加预压力,形成无黏结的预应力结构。由此可见,后张法是靠锚具保持和传递预加应力的。

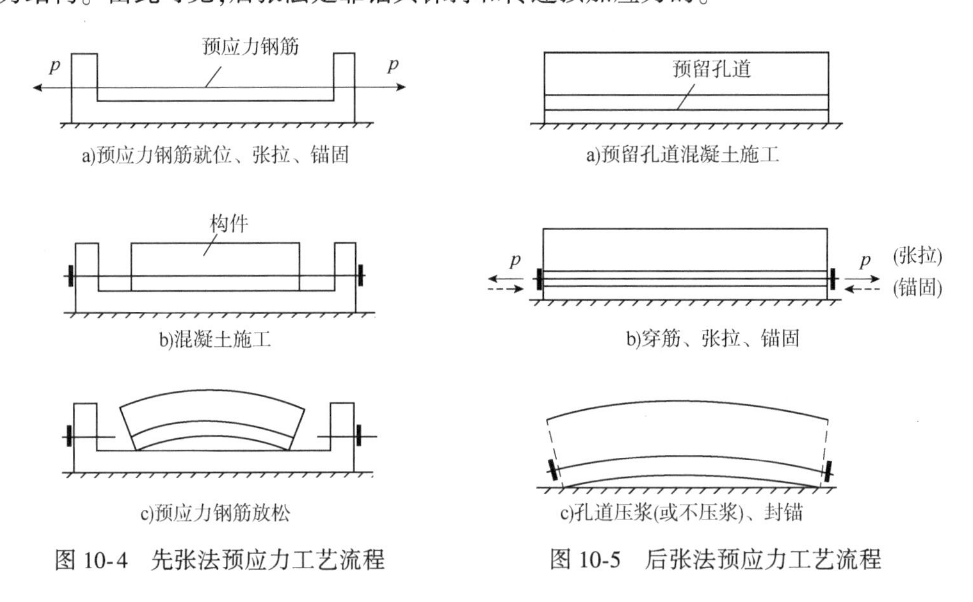

图10-4 先张法预应力工艺流程　　图10-5 后张法预应力工艺流程

10.1.3 预应力钢筋混凝土材料

1) 混凝土

预应力混凝土构件对混凝土的基本要求是:

①高强度。预应力混凝土必须具有较高的抗压强度,这样才能承受大吨位的预应力,有效地减小构件截面尺寸,减轻构件自重,节约材料。对于先张法构件,高强度的混凝土具有较

高的黏结强度，可减少端部应力传递长度；对于后张法构件，采用高强度混凝土，可承受构件端部很高的局部压应力。因此，在预应力混凝土构件中，混凝土强度等级不应低于C30；当采用钢绞线、钢丝、热处理钢筋时，混凝土强度等级不宜低于C40；当采用冷轧带肋钢筋作为预应力钢筋时，混凝土强度等级不低于C30；无黏结预应力混凝土结构的混凝土强度等级，对于板不低于C30，对于梁及其他构件不宜低于C40。

②收缩、徐变小。这样可以减少收缩徐变引起的预应力损失。

③快硬、早强。这样，可以尽早地施加预应力，以提高台座、模具、夹具的周转率，加快施工进度，减少管理费用。

2)钢材

与普通混凝土构件不同，在预应力构件中，从构件制作开始，到构件破坏为止，钢筋始终处于高应力状态，故对钢筋有较高的质量要求：

①高强度。为了使混凝土构件在发生弹性回缩、收缩及徐变后，内部仍能建立较高的预压应力，需要采用较高的初始张拉应力，故要求预应力钢筋具有较高的抗拉强度。

②与混凝土间有足够的黏结强度。由于在受力传递长度内钢筋与混凝土间的黏结力是先张法构件建立预应力的前提，因此必须有足够的黏结强度。当采用光面高强钢丝时，表面应经刻痕或压波等措施处理后方能使用。

③良好的加工性能。应具有良好的可焊性、冷墩性及热墩性能等。

④具有一定的塑性。为了避免构件发生脆性破坏，要求预应力筋在拉断时具有一定的延伸率。当构件处于低温环境和冲击荷载条件下，这一点更为重要。

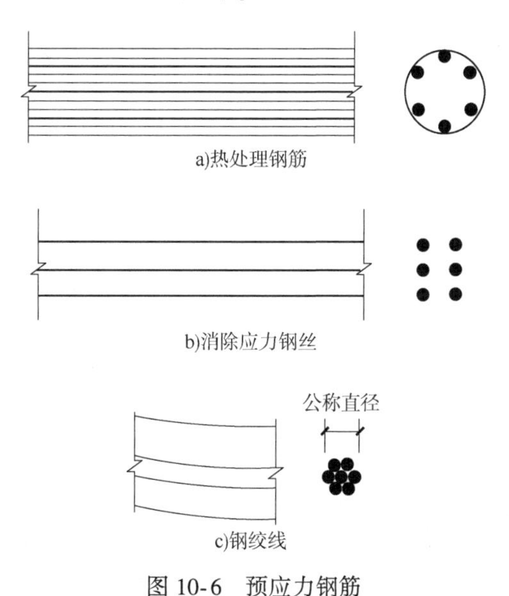

图10-6 预应力钢筋

我国目前用于预应力混凝土结构中的钢材有热处理钢筋、消除应力钢丝（光面、螺旋肋、刻痕）和钢绞线三大类（图10-6）：

①热处理钢筋具有强度高、松弛小等特点，以盘圆形式供货，可省掉冷拉、对焊等工序，大大方便施工。

②消除应力钢丝用高碳钢轧制成盘圆后经过多次冷拔而成，多用于大跨度构件，如桥梁上的预应力大梁等。

③钢绞线一般由多股高强钢丝经铰盘拧成螺旋状而成，分$7\Phi^{s}3$、$7\Phi^{s}4$、$7\Phi^{s}5$三种，多用在后张法预应力构件中。

10.1.4 预应力混凝土构件的夹具和锚具

锚固预应力钢筋和钢丝的工具通常分为夹具和锚具两种类型。在构件制作完毕后，能够取下重复使用的，称为“夹具”（先张法用）；永远锚固在构件端部，与构件连成一体共同受力，不能取下重复使用的,称为“锚具”(后张法用)。有时为了方便其见,将锚具和夹具统称为“锚具”。

锚、夹具的种类很多,图 10-7 为几种常用锚、夹具的示意图。其中,图 10-7a)为锚固钢丝用的套筒式夹具,图 10-7b)为锚固粗钢筋用的螺丝端杆锚具,图 10-7c)为锚固光面钢筋束用的 JM12 夹片式锚具。

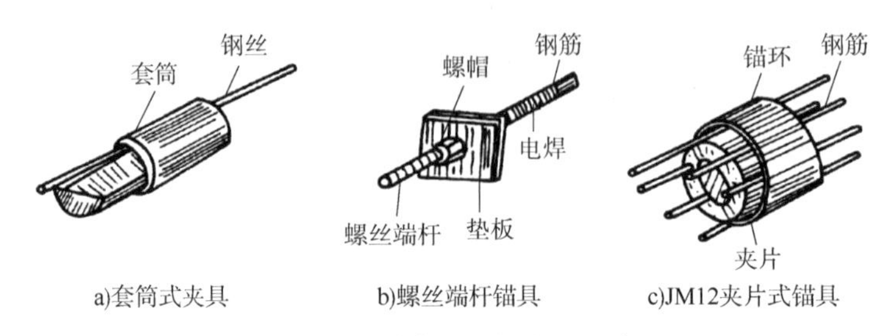

图 10-7　几种常见的锚夹具示意图

设计、制作、选择和使用锚具时,应尽可能满足下列要求:

①安全可靠,其本身有足够的强度和刚度。

②应使预应力钢筋在锚具内尽可能不产生滑移,以减少预应力损失。

③构造简单,便于机械加工制作。

④使用方便,省材料,价格低。

10.1.5　先张法构件预应力钢筋的传递长度、锚固长度

先张法预应力混凝土构件预应力的传递不能在端部集中地突然完成,必须经过一定的传递长度才能在相应的混凝土截面建立有效的预压应力 σ_{pe}。先张法预应力钢筋的预应力传递长度 l_{tr}应按下式计算:

$$l_{tr}=\alpha\sigma_{pe}d/f'_{tk} \tag{10-1}$$

式中:σ_{pe}——放张时预应力钢筋的有效预应力值;

α——预应力钢筋的外形系数,按表 10-2 采用;

f'_{tk}——与放张时混凝土立方抗压强度f_{cu}对应的抗拉强度标准值;

d——预应力钢丝、钢绞线的公称直径。

当采用骤然放松预应力钢筋的施工工艺时,l_{tr}的起点应从距构件末端 $0.25l_{tr}$处开始计算。对于热处理钢筋,可不考虑预应力传递长度 l_{tr}。

预应力钢筋的锚固长度 l_a应按下式计算;

$$l_a=\alpha f_{py}d/f_t \tag{10-2}$$

式中:f_{py}——预应力钢筋抗拉强度设计值;

f_t——预应力区混凝土的抗拉强度设计值;

d——预应力钢筋的直径;

α——钢筋的外形系数,按表 10-2 采用。

钢筋的外形系数 α 表 10-2

钢筋类型	光面钢筋	带肋钢筋	刻痕钢筋	螺旋肋钢丝	三股钢绞线	七股钢绞线
α	0.16	0.14	0.19	0.13	0.16	0.17

注:1.光面钢筋指 HPB300 钢筋。

2.带肋钢筋指 HRB400、RRB400 热轧钢筋及热处理钢筋。

3.当 HRB400 和 RRB400 的钢筋直径大于 25mm 时,按上式算得的锚固长度应乘以系数 1.1。

4.当采用 HRB400 和 RRB400 的环氧树脂涂层钢筋时,按上式算得的锚固长度应乘以修正系数 1.25。

10.2 张拉控制应力与预应力损失

10.2.1 张拉控制应力

张拉控制应力是指张拉钢筋时,张拉设备(如千斤顶上的油压表)的总张拉力除以预应力钢筋截面面积得出的应力值,以 σ_{con} 表示。

根据预应力的基本原理,预应力配筋一定时,σ_{con} 越大,构件产生的有效预应力越大,对构件在使用阶段的抗裂能力及刚度越有利。但如果钢筋的 σ_{con} 与其强度标准值的相对比值 σ_{con}/f_{pyk} 或 σ_{con}/f_{ptk} 过大,可能出现下列问题:

①σ_{con} 越大,若预应力钢筋为软钢,个别钢筋超过实际屈服强度而变形过大,可能失去回缩能力;若为硬钢,个别钢筋可能被拉断。

②σ_{con} 越大,构件抗裂能力越强,裂缝出现越晚,抗裂荷载越大。若与构件的破坏荷载接近,一旦出现裂缝,构件很快达到极限状态,可产生无预兆的脆性破坏。

③σ_{con} 越大,受弯构件的反拱越大,构件上部可能出现裂缝,而后可能与使用阶段荷载作用下的下部裂缝贯通。

④σ_{con} 越大,钢筋松弛造成的预应力损失越大。

所以,必须控制预应力钢筋的张拉应力。应根据构件的具体情况,按照预应力钢筋的种类及施加预应力的方法等因素确定 σ_{con} 的大小。

σ_{con} 与钢材种类的关系为:冷拉热轧钢筋塑性好,达到屈服后有较长的流幅,σ_{con} 可大些;高强钢丝和热处理钢筋塑性差,没有明显的屈服点,故 σ_{con} 值应小些。

σ_{con} 与张拉方法的关系为:对于先张法,当放松预应力钢筋使混凝土受到压力时,钢筋即随着混凝土的弹性压缩而回缩,此时预应力钢筋的预拉应力已小于张拉控制应力;对于后张法,张拉力由构件承受,受力后立即因受压而缩短,故仪表指示的张拉控制应力 σ_{con} 是已扣除混凝土弹性压缩后的钢筋应力。因此,当 σ_{con} 值相同时,不论受荷前还是受荷后,后张法构件中钢筋的实际应力值总比先张法构件中钢筋的实际应力值大,故后张法的 σ_{con} 值适当小于先张法。

由此看来,控制 σ_{con} 大小是个很重要的问题,既不能过大,也不能过小。《混凝土结构设计规范》根据国内外设计、施工经验及近年来的科研成果,按不同钢种、不同的施工方法给出了最大张拉控制应力值[σ_{con}]，见表 10-3。

最大张拉控制应力值[σ_{con}] **表 10-3**

钢 筋 种 类	张 拉 方 法	
	先张法	后张法
消除应力钢丝、钢绞线	$0.75f_{ptk}$	$0.75f_{ptk}$
热处理钢筋	$0.70f_{ptk}$	$0.65f_{ptk}$

注：表中 f_{ptk} 为预应力钢筋强度标准值。

设计预应力构件时，表 10-3 所列数值可根据具体情况和施工经验做适当调整。对于下列情况，可将 σ_{con} 提高 $0.05f_{ptk}$：

①为了增强构件制作、运输及吊装阶段的抗裂性，而设置在使用阶段受压区的预应力钢筋。

②为了部分抵消由于应力松弛、摩擦、分批张拉以及预应力钢筋与张拉台座间的温差因素产生的预应力损失，对预应力钢筋进行超张拉。

为了避免 σ_{con} 值过小，《混凝土结构设计规范》规定消除应力钢丝、钢绞线、热处理钢筋、无明显屈服点的预应力钢筋 σ_{con} 值不应小于 $0.4f_{ptk}$。

10.2.2 预应力损失

预应力损失是指预应力钢筋张拉到 σ_{con} 后，由于种种原因，预应力钢筋的应力将逐步下降到一定程度。经过预应力损失后，预应力钢筋的预应力值才是有效预应力 σ_{pe}，即 $\sigma_{pe}=\sigma_{con}-\sigma_l$，见图 10-8。

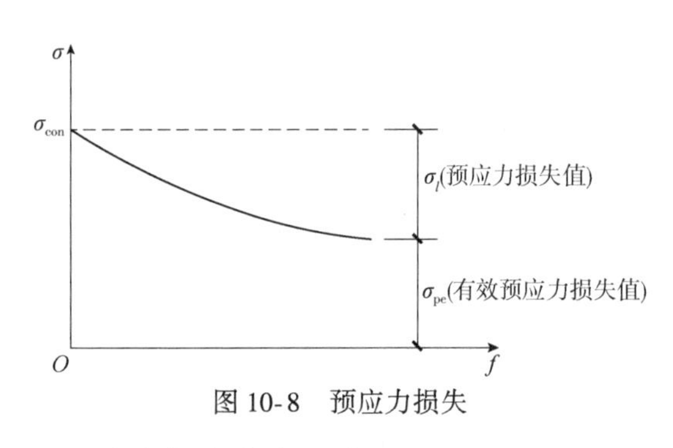

图 10-8 预应力损失

预应力损失的大小直接影响到预应力的效果，因此，需要计算各种因素引起的预应力损失，并且采取必要措施减小预应力损失。

预应力损失分为 6 种：

1) 第一种预应力损失 σ_{l1}

(1) 直线预应力钢筋由于锚具变形和钢筋内缩引起的预应力损失 σ_{l1}

当直线预应力钢筋张拉到 σ_{con} 后，锚固在台座上或构件上时，由于锚具、垫板与构件之间的缝隙被挤紧，或者由于钢筋和螺帽在锚具内的滑移，会使预应力钢筋回缩，使张拉程度降低，应力减小，从而引起预应力损失。其值可按下式计算：

$$\sigma_{l1}=\varepsilon_s E_s=aE_s/l \tag{10-3}$$

式中：ε_s——钢筋的应变；

E_s——预应力钢筋弹性模量(N/mm^2);

l——张拉端到锚固端的距离(mm)。对于先张法,取台座或钢筋长度;对于后张法,取构件长度;

a——锚具变形及预应力钢筋内缩值,见表10-4。

锚具变形和钢筋内缩值 a **表10-4**

锚具类别		a(mm)
支承式锚具(钢丝束墩头锚具等) 螺帽缝隙 每块后加垫板的缝隙		1
锥塞式锚具(钢丝束的钢质锥形锚具等)		5
夹片式锚具	有顶压时	5
	无顶压时	6~8

注:1.表中的锚具变形、钢筋内缩值也可根据实测数据确定。

2.其他类型的锚具变形、钢筋内缩值应根据实测数据确定。

只考虑张拉端锚具引起的损失。对于锚固端,由于锚具在张拉过程中已被挤紧,故不考虑其引起的预应力损失。

对块体拼成的结构,其预应力损失还应计入块体间填缝的预压变形。当采用混凝土或砂浆作为填充材料时,每条填缝的预压变形值应取1mm。

(2)曲线预应力损失(后张法)由于锚具变形和钢筋内缩引起的预应力损失σ_{l1}

如图10-9所示,当张拉预应力钢筋时,预应力钢筋与孔道壁已发生指向锚固端的摩擦力。当锚具变形预应力筋回缩时,在离张拉端l_f范围内,预应力钢筋应力减小,摩擦力也随之减小,最后发生与之前相反方向的摩擦力,阻止预应力筋回缩。考虑这种反摩擦影响,当$\theta \leq 45°$(θ为从张拉端到计算截面曲线孔道部分切线的夹角)时,由锚具变形引起的预应力损失可按下式近似计算:

$$\sigma_{l1} = 2\sigma_{con} l_f (\mu/\gamma_c + k)(1 - x/l_f) \tag{10-4}$$

$$l_f = \sqrt{\frac{aE_s}{1000\sigma_{con}\left(\frac{\mu}{\gamma_c} + k\right)}} \tag{10-5}$$

式中:l_f——反摩擦长度;

μ——预应力筋与孔道壁摩擦系数,见表10-4;

γ_c——圆弧曲线预应力筋曲率半径(m);

k——考虑每米孔道局部偏差对摩擦影响的系数,见表10-5;

x——张拉端到计算截面的距离(m),当$x \geq l_f$时取$x = l_f$。

由式(10-5)可知,σ_{l1}在张拉端($x=0$)处最大,在($x=l_f$)处降为零,其间线性变化。

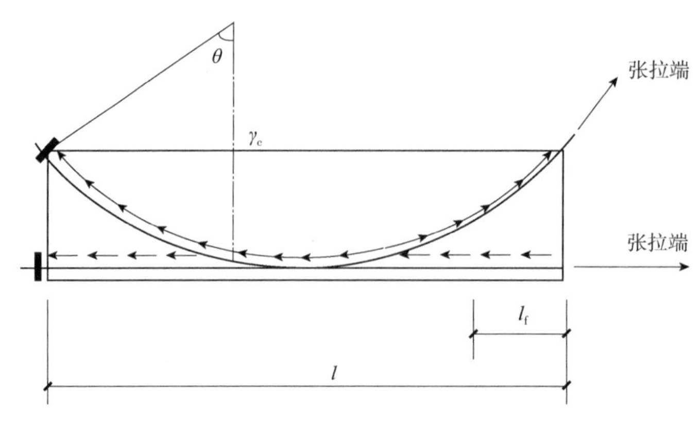

图 10-9　直线或曲线张拉钢筋因锚具变形引起的预应力损失值

偏差系数 k 和摩擦系数 μ　　**表 10-5**

孔道成形方式	k	μ
预埋金属波纹管	0.0015	0.25
预埋钢管	0.0010	0.30
橡胶管或钢管抽芯成型	0.0014	0.55
无黏结预应力钢绞线	0.0040	0.09
无黏结预应力钢丝束	0.0035	0.10

注：1.当有可靠的试验数据资料时，表中系数也根据实测数据确定。

2.当采用钢丝束的钢质锥形锚具及类似形式的锚具时，还应考虑锚环口处的附加摩擦损失，其值可根据实测数据确定。

3.无黏结预应力钢绞线数据适用于公称直径 12.70mm 或 15.20mm 钢绞线制成的无黏结预应力钢筋；无黏结预应力钢丝束的数据适用于 7Φ5mm 平行钢丝束制成的无黏结预应力钢筋。

减少此项损失的措施有：

①选择锚具变形小或使预应力钢筋内缩小的锚具、夹具，尽量少用垫板。

②增加台座长度，因为 σ_{l1} 值与台座长度 l 成反比。

③采用超张拉施工方法。

2）第二种预应力损失 σ_{l2}

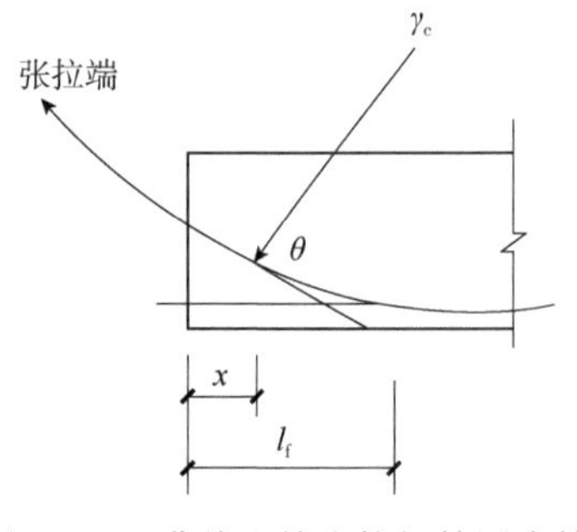

图 10-10　曲线配筋张拉钢筋因摩擦引起的预应力损失值

后张法张拉预应力钢筋时，由于曲线预应力筋与孔道壁产生挤压摩擦、制作时的孔道偏差、粗糙等原因，直线、曲线筋与孔道壁产生接触摩擦，且摩擦力随着离张拉端的距离增大而增大，其累积值即为摩擦引起的预应力损失，使预应力值逐渐减小。预应力损失（图 10-10）宜按下式计算：

$$\sigma_{l2}=\sigma_{con}\left[1-e^{-(kx+\mu\theta)}\right] \tag{10-6a}$$

当$(kx+\mu\theta)\leqslant 2$ 时，σ_{l2}可按下式近似计算：

$$\sigma_{l2}=(kx+\mu\theta)\sigma_{con} \tag{10-6b}$$

式中：k——考虑每米孔道局部偏差对摩擦影响的系数；

x——从张拉端到计算截面的孔道长度，亦可近似取该段孔道在纵轴上的投影长度(m)；

μ——预应力钢筋与孔道壁的摩擦系数；

θ——从张拉端到计算截面曲线孔道部分切线的夹角(rad)。

减少此项损失的措施有：

①对于较长的构件，可采用两端张拉，两端张拉可减少一半损失(图10-11)。

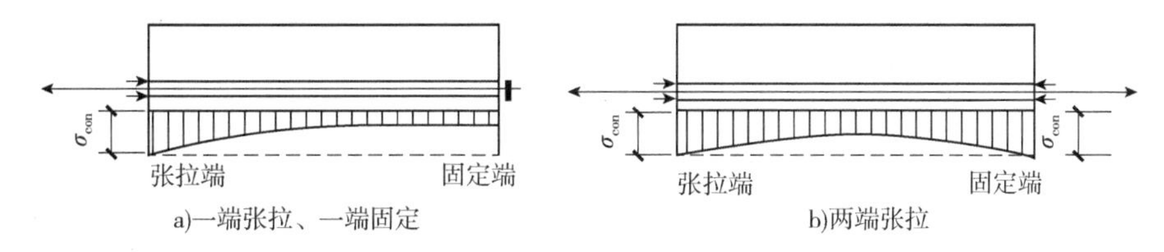

图10-11 减小摩擦损失的方法

②采用超张拉工艺，施工程序为：$0 \rightarrow 1.03\sigma_{con}(1.05\sigma_{con}) \xrightarrow{\text{持荷 2min}} \sigma_{con}$，比一次张拉到 σ_{con} 的预应力更均匀。

3)第三种预应力损失 σ_{l3}

采用先张法构件时，为缩短工期，常用蒸汽养护混凝土，加快混凝土结硬。加热时，预应力钢筋的温度升高；张拉台座与大地相接，且表面大部分暴露于空气中，加热对其影响很小，可认为台座温度基本不变。故预应力钢筋与张拉台座之间形成了温差，预应力钢筋和张拉台座热胀伸长不一样。但实际上，钢筋被紧紧锚固在台座上，其长度 l 不变，钢筋内部张紧程度降低(放松)；当降温时，预应力筋已与混凝土结硬成整体，无法恢复到原来的应力状态，于是产生了应力损失 σ_{l3}。

设预应力筋张拉时制造场地的自然气温为 t_1，蒸汽养护或其他方法加热混凝土的最高温度为 t_2，温度差为 $\Delta t=t_2-t_1$，则预应力筋因温度升高而产生的变形 Δl 为：

$$\Delta l=\alpha\Delta t l \tag{10-7}$$

式中：α——预应力筋的线膨胀系数，一般取 $\alpha=1\times10^{-5}$；

l——预应力筋的有效长度。

预应力筋的预应力损失的计算公式为：

$$\sigma_{l3}=\frac{\Delta l}{l}E_s=\alpha\Delta t E_s=\alpha(t_2-t_1)E_s \tag{10-8}$$

如果台座与预应力混凝土构件等同时受热且一起变形，则不必计算此项损失。

减少此项损失的措施是采用二次升温法。

4)第四种预应力损失 σ_{l4}

钢筋在高应力下，具有随时间而增长的塑性变形，称为“徐变”；当长度保持不变时，表现为随时间而增长的应力降低，称为“松弛”。钢筋的徐变和松弛均将引起钢筋中的应力损失，这种损失称为“钢筋应力松弛损失”，可按表10-6计算。

预应力钢筋松弛有如下特点：

①预应力筋的初拉应力越大,其应力松弛越大。

②预应力钢筋松弛量的大小与其材料品质有关系。一般,热轧钢筋松弛较钢丝小,而钢绞线的松弛比原单根钢丝大。

③预应力筋松弛与时间有关,开始阶段发展较快,第1h内松弛量最大,24h内完成约50%以上,以后逐渐趋于稳定。

预应力钢筋松弛引起的应力损失 σ_{l4} **表10-6**

预应力钢丝、钢绞线	普通松弛	$0.4\psi(\sigma_{con}/f_{ptk}-0.5)\sigma_{con}$ 一次张拉时 $\psi=1$,超张拉时 $\psi=0.9$
	低松弛	当 $\sigma_{con}\leqslant 0.7f_{ptk}$ 时,$0.125(\sigma_{con}/f_{ptk}-0.5)\sigma_{con}$; 当 $0.7f_{ptk}\leqslant\sigma_{con}\leqslant 0.8f_{ptk}$ 时,$0.2(\sigma_{con}/f_{ptk}-0.575)\sigma_{con}$
热处理钢筋	一次张拉	$0.05\sigma_{con}$
	超张拉	$0.35\sigma_{con}$

注:1.当取表中超张拉的应力松弛损失值时,张拉程序应符合现行国家标准《混凝土结构工程施工质量验收规范》(GB 50204)的要求。

2.对预应力钢丝、钢绞线,当 $\sigma_{con}/f_{ptk}\leqslant 0.5$ 时,预应力钢筋的应力松弛损失值应取零。

减少此项损失的措施有:

①采用低松弛预应力筋。

②采用超张拉方法,增加持荷时间。

5)第五种预应力损失 σ_{l5}、σ'_{l5}

混凝土在一般温度条件下结硬时会发生体积收缩;而在预应力作用下,沿压力方向混凝土发生徐变。二者均使构件长度缩短,预应力钢筋随之回缩,造成预应力损失。

混凝土收缩、徐变引起的受拉区预应力钢筋的预应力损失 σ_{l5} 和受压区预应力钢筋的预应力损失 σ'_{l5},按下列方法计算:

(1)一般情况

①先张法构件:

$$\sigma_{l5}=\frac{60+\dfrac{340\sigma_{pc}}{f_{cu}}}{1+15\rho},\sigma'_{l5}=\frac{60+\dfrac{340\sigma'_{pc}}{f_{cu}}}{1+15\rho'} \tag{10-9}$$

②后张法构件:

$$\sigma_{l5}=\frac{55+\dfrac{300\sigma_{pc}}{f'_{cu}}}{1+15\rho},\sigma_{l5}=\frac{55+\dfrac{300\sigma'_{pc}}{f'_{cu}}}{1+15\rho'} \tag{10-10}$$

式中:σ_{pc}、σ'_{pc}——分别为受拉区、受压区预应力钢筋在各自合力点处混凝土的法向压应力,如图10-12所示;

f'_{cu}——施加预应力时混凝土立方体抗压强度(须经计算确定,且不宜低于设计混凝

土强度等级的75%);

ρ、ρ'——分别为受拉区、受压区预应力钢筋和非预应力钢筋的配筋率,按下式计算:

$$\rho=\frac{A_p+A_s}{A_0},\rho'=\frac{A'_p+A'_s}{A_0}\quad(\text{先张法构件})\tag{10-11}$$

$$\rho=\frac{A_p+A_s}{A_n},\rho'=\frac{A'_p+A'_s}{A_n}\quad(\text{后张法构件})\tag{10-12}$$

式中:A_p、A'_p——分别为受拉区、受压区纵向预应力钢筋的截面面积;

A_s、A'_s——分别为受拉区、受压区纵向非预应力钢筋的截面面积;

A_0——混凝土换算截面面积(包括扣除孔道、凹槽等削弱部分的混凝土截面面积以及全部纵向预应力钢筋和非预应力钢筋截面面积换算成混凝土的截面面积);

A_n——净截面面积(换算截面面积减去全部纵向预应力钢筋截面面积换算成混凝土的截面面积)。

对于对称配置预应力钢筋和非预应力钢筋的构件,取$\rho=\rho'$,此时配筋率应按其钢筋总截面面积的一半计算。

(2)重要结构构件

当需要考虑施加预应力时混凝土龄期的影响,需要考虑松弛、收缩、徐变损失随时间的变化,以及需要较精确计算时,可按《混凝土结构设计规范》的有关规定计算。

当采用泵送混凝土时,宜根据实际情况考虑混凝土收缩、徐变引起的预应力损失值的增大。

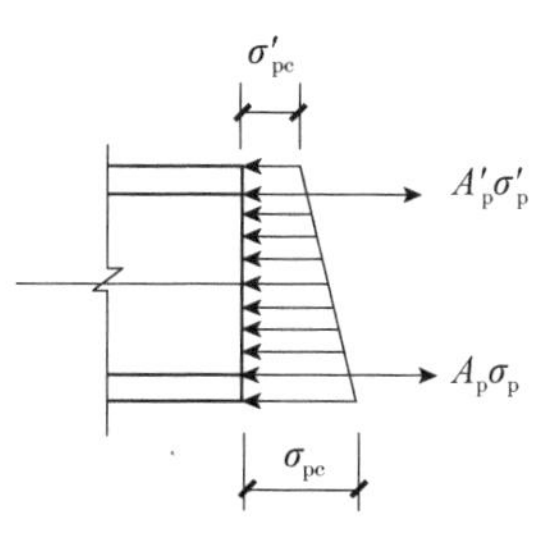

图10-12 σ_{pc}、σ'_{pc}受力图

减少此项损失的措施有:

①采用一般普通硅酸盐水泥,控制混凝土中的水泥用量及混凝土的水灰比。

②延长混凝土的受力时间,即控制混凝土的加载龄期。

6)第六种预应力损失 σ_{l6}

对于后张法环形构件,如水池、水管等,预加应力方法是先拉紧预应力钢筋并外缠于池壁或管壁上,而后在外表喷涂砂浆作为保护层。当施加预应力时,预应力钢筋的径向挤压使混凝土局部产生挤压变形,引起预应力损失,见图10-13。

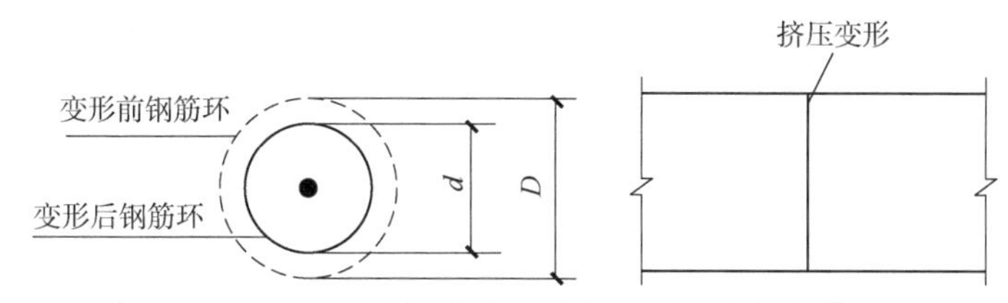

图10-13 环形钢筋变形引起的预应力损失值

变形前预应力钢筋环直径为D,变形后直径缩小为d,预应力钢筋的长度缩短为$\pi D-\pi d$,单位长度的变形为$\varepsilon_s=\frac{\pi D-\pi d}{\pi D}=\frac{D-d}{D}$,则:

$$\sigma_{l6}=E_s\varepsilon_s=\frac{D-d}{D}E_s \tag{10-13}$$

《混凝土结构设计规范》规定：$D>3\text{m}$ 时，$\sigma_{l6}=0$；$D\leqslant 3\text{m}$ 时，$\sigma_{l6}=30\text{N/mm}^2$。

10.2.3 预应力损失值的组合

预应力构件在各阶段的预应力损失值宜按表 10-7 的规定进行组合。当计算求得的预应力总损失值小于下列数值时，则按下列数值采用：先张法构件，100N/mm^2；后张法构件，80N/mm^2。

各阶段预应力损失值组合　　　　表 10-7

预应力损失值组合	先张法构件	后张法构件
混凝土预压前(第一批)损失	$\sigma_{l1}+\sigma_{l2}+\sigma_{l3}+\sigma_{l4}$	$\sigma_{l1}+\sigma_{l2}$
混凝土预压后(第二批)损失	σ_{l5}	$\sigma_{l4}+\sigma_{l5}+\sigma_{l6}$

注：如果需要区分先张法构件由于钢筋应力松弛引起的损失值 σ_{l4} 在第一批和第二批损失中所占的比例，可根据实际情况确定。

上述 6 种损失中，没有包括混凝土弹性压缩引起的预应力损失，只是在具体计算中加以考虑。

对于先张法构件，当放松预应力钢筋时，预压力导致混凝土弹性压缩，预应力筋亦随构件压缩而缩短，其应力也随之降低。设构件在弹性压缩时，预应力筋单位缩短变形等于该处混凝土的单位受压变形 $\varepsilon_s=\varepsilon_c$，若该处混凝土由于弹性压缩产生的预应力为 σ_c，则 $\sigma_c=E_s\varepsilon_c$，预应力筋应力减小，计算公式为：

$$\Delta\sigma=\varepsilon_s E_s=\varepsilon_c E_s=\frac{E_s}{E_c}\sigma_c=\alpha_E\sigma_c \tag{10-14}$$

式中：$\Delta\sigma$——预应力筋的预应力损失；

E_c——混凝土弹性模量；

α_E——预应力筋弹性模量与混凝土弹性模量之比。

对于后张法，由于张拉钢筋的同时压缩混凝土，当钢筋张拉到控制应力时，混凝土弹性压缩已完成(预应力钢筋分批张拉除外)。因此混凝土弹性压缩对预应力钢筋的应力无影响。

10.3 后张法构件端部锚固区局部承压验算

后张法构件的预应力是通过锚具经过垫板传给混凝土的。由于预压力很大，而锚具下的垫板与混凝土的传力接触面往往较小，锚具下的混凝土将承受较大的局部压力。因此《钢筋混凝土结构设计规范》规定，设计时既要保证在张拉钢筋时锚具下的锚固区的混凝土不开裂和不产生过大的变形，又要计算锚具下所配置的间接钢筋以满足局部受压承载力的要求。

10.3.1　局部受压截面尺寸验算

为了避免局部受压区混凝土由于施加预应力而出现沿构件长度方向的裂缝，对配置间接钢筋的混凝土构件，其局部受压区截面尺寸应符合下列要求：

$$F_l \leqslant 1.35\beta_c\beta_l f_c A_{ln} \tag{10-15}$$

$$\beta_l = \sqrt{A_b/A_l} \tag{10-16}$$

式中：F_l——局部受压面上作用的局部荷载或局部压力设计值。在后张法预应力混凝土构件中，锚头局部受压区的压力设计值应取 1.3 倍张拉控制力；在无黏结预应力混凝土构件中，还应与 $f_{ptk}A_p$（A_p 为预应力钢筋的截面面积）值相比较，取其中较大值；

β_c——混凝土强度影响系数。当混凝土强度不超过 C50 时，取 $\beta_c = 1.0$；当混凝土强度等级为 C80 时，取 $\beta_c = 0.8$；其间，按线性内插法取值；

β_l——混凝土局部受压时的强度提高系数；

A_{ln}——混凝土局部受压净面积；对后张法构件，应在混凝土局部受压面积中扣除孔道、凹槽部分的面积；

A_b——局部受压时的计算底面积，可由局部受压面积与计算底面积按同心、对称原则确定。常用情况见图 10-14；

A_l——混凝土的局部受压面积。

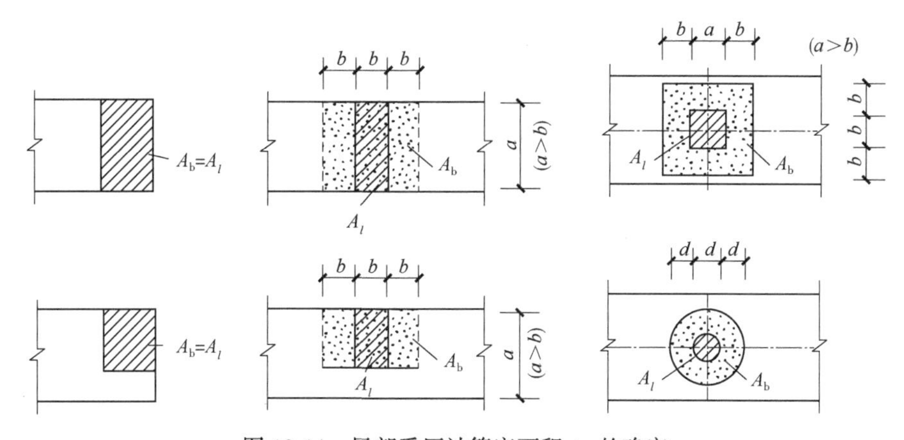

图 10-14　局部受压计算底面积 A_b 的确定

10.3.2　局部受压承载力计算

当配置方格网式或螺旋式间接钢筋且其核心面积 A_{con} 大于 A_l 时（图 10-14），局部受压承载力应按下列公式计算：

$$F_l \leqslant 0.9(\beta_c\beta_l f_c + 2\alpha\rho_v\beta_{cor}f_y)A_{ln} \tag{10-17}$$

$$\beta_l = \sqrt{A_{cor}/A_l} \tag{10-18}$$

当为方格网配筋时，其体积配筋率应按下式计算：

$$\rho_v=\frac{n_1A_{s1}l_1+n_2A_{s2}l_2}{A_{cor}s} \tag{10-19}$$

此时,在钢筋网两个方向的单位长度内,其钢筋截面面积相差不大于 1.5 倍。

当为螺旋钢筋时,其体积配筋率应按下式计算:

$$\rho_v=4A_{ss1}/(d_{cor}s) \tag{10-20}$$

式中:f_c——混凝土抗压强度设计值;

α——间接钢筋对混凝土约束折减系数,当混凝土强度等级不超过 C50 时,取 1.0;当混凝土强度等级为 C80 时,取 0.85;其间按线性内插法取用;

ρ_v——间接钢筋体积配筋率(核心面积 A_{cor} 范围内单位体积混凝土所含间接钢筋体积);

β_{cor}——配置间接钢筋局部受压承载力提高系数;

f_y——非预应力钢筋的抗拉强度设计值;

A_{cor}——配置方格网或螺栓式间接钢筋内表面范围内的核心混凝土面积,但不应大于 A_b,且其重心应与 A_l 重心重合,计算中仍按同心、对称原则取值;

s——方格网或螺旋式间接钢筋的间距,宜取 30~80mm;

n_1,A_{s1}——分别为方格网沿 l_1 方向的钢筋根数、单根钢筋的截面面积;

n_2,A_{s2}——分别为方格网沿 l_2 方向的钢筋根数、单根钢筋的截面面积;

l_1,l_2——分别为方格网沿两个方向钢筋的最大距离;

A_{ss1}——螺旋式单根钢筋的截面面积;

d_{cor}——配置螺旋式间接钢筋范围内的混凝土直径。

间接钢筋配置在图 10-15 规定的 h 范围内。对柱接头,h 不应小于 15 倍纵向钢筋直径。配置方格网钢筋不应少于 4 片,配置螺旋式钢筋不应少于 4 圈。

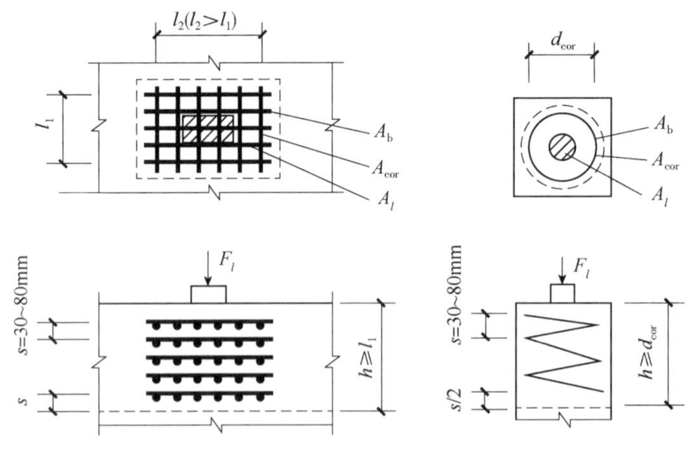

图 10-15　钢筋及螺旋钢筋的配置

如果计算不满足局部受压要求时:对于方格钢筋网,可增加钢筋根数或增大钢筋直径或减小钢筋网间距;对于螺旋钢筋,应加大直径,减小螺距。

10.4 预应力混凝土轴心受拉构件计算

10.4.1 轴心受拉构件应力变化过程及各阶段应力分析

预应力混凝土轴心受拉构件的应力变化、应力分析可划分两个大的阶段;施工阶段、使用阶段。每一个大的阶段又可分为几个特定的小阶段,以详细讨论其钢筋和混凝土的应力状态,并建立基本公式,作为施工和设计的依据。

在下面的分析中,以 σ_p、σ_s 及 σ_{pc}分别表示各阶段预应力钢筋、非预应力钢筋及混凝土的应力。

1)先张法构件

分 6 个特定阶段加以说明。其中,加荷前、后各包含 3 个阶段。

(1)加荷前

①在台座上张拉钢筋到控制应力

此时,还没有向构件浇灌混凝土。预应力钢筋和非预应力钢筋的应力为:

$$\sigma_p=\sigma_{con}$$
$$\sigma_s=0$$

此阶段是施工时张拉预应力的依据。

②放松预应力钢筋同时压缩混凝土

张拉钢筋后,再浇筑混凝土,对其进行养护,至规定强度后剪断钢筋,那么预应力钢筋已经历了锚具变形、温差及预应力松弛的损失,即第一批损失已完成 $\sigma_{l\mathrm{I}}=\sigma_{l1}+\sigma_{l3}+\sigma_{l4}$,故 $\sigma_p=\sigma_{con}-\sigma_{l\mathrm{I}}$。

放松钢筋后,由于混凝土的弹性压缩,预应力钢筋也随着构件缩短,混凝土产生预压应力,预应力钢筋的应力又降低了 $\alpha_p\sigma_{pc\mathrm{I}}$。同样,构件内非预应力钢筋因构件缩短而产生压应力 $\alpha_E\sigma_{pc\mathrm{I}}$。故此时:

$$\sigma_p=\sigma_{con}-\sigma_{l\mathrm{I}}-\alpha_p\sigma_{pc\mathrm{I}}$$
$$\sigma_{pc}=-\sigma_{pc\mathrm{I}}$$
$$\sigma_s=-\alpha_E\sigma_{pc\mathrm{I}}$$

式中:$\sigma_{pc\mathrm{I}}$——第一批损失完成后混凝土的压应力;

α_E、α_p——分别为非预应力钢筋、预应力钢筋的弹性模量与混凝土弹性模量之比,$\alpha_E=E_s/E_c$,$\alpha_p=E_p/E_c$。

假定混凝土的净面积为 A_c,根据截面内力平衡条件(图 10-16):

$$A_p(\sigma_{con}-\sigma_{l\mathrm{I}}-\alpha_p\sigma_{pc\mathrm{I}})=A_c\sigma_{pc\mathrm{I}}+A_s\alpha_E\sigma_{pc\mathrm{I}}$$

可求得混凝土的预压应力 $\sigma_{pc\mathrm{I}}$:

$$\sigma_{pc\mathrm{I}}=\frac{A_p(\sigma_{con}-\sigma_{l\mathrm{I}})}{A_c+\sigma_E A_s+\sigma_p A_p}=\frac{A_p(\sigma_{con}-\sigma_{l\mathrm{I}})}{A_0}=\frac{N_{p\mathrm{I}}}{A_0} \tag{10-21}$$

式中：A_c——扣除预应力钢筋和非预应力钢筋截面面积后的混凝土面积；

A_0——换算截面面积（混凝土截面面积 A_c 以及全部纵向预应力钢筋和非预应力钢筋截面面积换算成混凝土的截面面积），即 $A_0=A_c+\alpha_E A_s+\alpha_p A_p$；

$N_{p\mathrm{I}}$——完成第一批损失后预应力钢筋的总预拉力，$N_{p\mathrm{I}}=(\sigma_{con}-\sigma_{l\mathrm{I}})A_p$。

这个阶段的应力情况是施工阶段强度计算的依据。

③当第二批损失完成后

由于混凝土收缩、徐变影响，发生了第二批预应力损失 $\sigma_{l\mathrm{II}}=\sigma_{l5}$。经过第二批损失后，预应力钢筋的应力在第 2 阶段的基础上进一步降低，为此预应力钢筋对混凝土产生的预压力也减小，混凝土的预压应力降低到 $\sigma_{pc\mathrm{II}}$，即混凝土的应力减少了（$\sigma_{pc\mathrm{I}}-\sigma_{pc\mathrm{II}}$），$\sigma_{pc\mathrm{II}}$ 表示经过第二批损失后混凝土的压应力。

但是，由于混凝土预压应力减小（$\sigma_{pc\mathrm{I}}-\sigma_{pc\mathrm{II}}$），此时，构件的弹性压缩有所恢复，故预应力钢筋将回弹而应力却增大 $\alpha_p(\sigma_{pc\mathrm{I}}-\sigma_{pc\mathrm{II}})$。于是：

$$\sigma_p=\sigma_{con}-\sigma_{l1}-\alpha_p\sigma_{pc\mathrm{I}}-\sigma_{l\mathrm{II}}+\alpha_p(\sigma_{pc\mathrm{I}}-\sigma_{pc\mathrm{II}})=\sigma_{con}-\sigma_l-\alpha_p\sigma_{pc\mathrm{II}}$$

$$\sigma_{pc}=-\sigma_{pc\mathrm{II}}$$

由于混凝土的收缩和徐变，构件内非预应力钢筋随着构件的缩短而缩短，为此其压应力将增大 σ_{l5}。实际上，非预应力钢筋的存在对混凝土的收缩和徐变变形起到约束作用，使混凝土的预压应力减少了（$\sigma_{pc\mathrm{I}}-\sigma_{pc\mathrm{II}}$）。故构件回弹伸长，非预应力钢筋亦回弹，其压应力将减少 $\alpha_E(\sigma_{pc\mathrm{I}}-\sigma_{pc\mathrm{II}})$。故：

$$\begin{aligned}\sigma_s&=-\alpha_E\sigma_{pc\mathrm{I}}-\sigma_{l5}+\alpha_E(\sigma_{pc\mathrm{I}}-\sigma_{pc\mathrm{II}})\\&=-\sigma_{l5}-\alpha_E\sigma_{pc\mathrm{II}}\end{aligned}$$

《混凝土结构设计规范》规定，当受拉区非预应力钢筋 $A_s>0.4A_p$ 时，应考虑非预应力钢筋由于混凝土收缩和徐变引起的内力影响。

根据截面内力平衡条件［图 10-16c)］，可求得混凝土预压应力 $\sigma_{pc\mathrm{II}}$：

$$\sigma_{pc\mathrm{II}}=\frac{A_p(\sigma_{con}-\sigma_l)}{A_0}=\frac{N_{p\mathrm{II}}}{A_0} \tag{10-22}$$

式中：$\sigma_{pc\mathrm{II}}$——预应力混凝土中建立的有效预拉应力；

$N_{p\mathrm{II}}$——完成全部损失后预应力钢筋的预拉力，$N_{p\mathrm{II}}=A_p(\sigma_{con}-\sigma_l)$。

研究此阶段是为了计算加荷前在截面钢筋和混凝土建立的有效预应力。

（2）加荷后

①加荷至混凝土预压应力被抵消时

设当构件承受轴心拉力为 N_{p0}时，截面中混凝土预压应力刚好被全部抵消，即混凝土预压应力从 $\sigma_{pc\mathrm{II}}$ 降到零（消压状态），应力变化为 $\sigma_{pc\mathrm{II}}$。钢筋随构件伸长被拉长，其应力在第 3 阶段基础上增大 $\alpha_p\sigma_{pc\mathrm{II}}$（预应力钢筋）或 $\alpha_E\sigma_{pc\mathrm{II}}$（非预应力钢筋）。故

$$\sigma_p=\sigma_{p0}=\sigma_{con}-\sigma_l-\alpha_p\sigma_{pc\mathrm{II}}+\alpha_p\sigma_{pc\mathrm{II}}=\sigma_{con}-\sigma_l$$

$$\sigma_{pc}=0$$

$$\sigma_s=\sigma_{s0}=-\sigma_{l5}-\alpha_E\sigma_{pc\mathrm{II}}+\alpha_E\sigma_{pc\mathrm{II}}=-\sigma_{l5}$$

式中:σ_{p0}、σ_{s0}——分别表示截面上混凝土应力为零时,预应力钢筋、非预应力钢筋的应力。

轴向拉力 N_{p0}可由截面上内外力平衡条件[图 10-16d)]求得:

$$N_{p0}=A_p\sigma_{p0}+A_s\sigma_{s0}=A_p(\sigma_{con}-\sigma_l)-A_s\sigma_{l5}$$

当 $A_s\leqslant 0.4A_p$ 时,可不考虑 $A_s\sigma_{l5}$的影响,即:

$$N_{p0}=A_p(\sigma_{con}-\sigma_l)=A_0\sigma_{pc\,\mathrm{II}} \tag{10-23}$$

研究此阶段是为了计算当截面上混凝土应力为零时(相当于一般混凝土没有加荷时),构件能够承受的轴向拉力。

②继续加荷至混凝土即将开裂时

当轴向拉力超过 N_{p0}后,混凝土开始受拉,随着荷载的增加,其拉应力不断增大。当荷载增大到 N_{cr},即混凝土的拉应力从零达到混凝土抗拉强度标准值 f_{tk}时,混凝土即将出现裂缝,钢筋随构件伸长而拉长,其应力在第 4 阶段的基础上增大 $\alpha_p f_{tk}$(预应力钢筋)或 $\alpha_E f_{tk}$(非预应力钢筋),即:

$$\sigma_p=\sigma_{con}-\sigma_l+\alpha_p f_{tk}$$

$$\sigma_{pc}=f_{tk}$$

$$\sigma_s=-\sigma_{l5}+\alpha_E f_{tk}$$

轴向拉力 N_{cr}可由截面上内外力平衡条件[图 10-16e)、图 10-16f)]求得:

$$N_{cr}=A_p(\sigma_{con}-\sigma_l)+(A_c+\alpha_E A_s+\alpha_p A_p)f_{tk}-A_s\sigma_{l5}$$

同理,如果忽略 $A_s\sigma_{l5}$,有:

$$N_{cr}=A_0(\sigma_{pc\,\mathrm{II}}+f_{tk}) \tag{10-24}$$

上式表明,由于预压应力 $\sigma_{pc\,\mathrm{II}}$的作用($\sigma_{pc\,\mathrm{II}}$比f_{tk}大),预应力混凝土轴心受拉构件的 N_{cr}比普通钢筋混凝土受拉构件大,这就是预应力混凝土构件抗裂度高的原因。研究此阶段是为了计算构件开裂轴向拉力,为使用阶段抗裂能力计算提供依据。

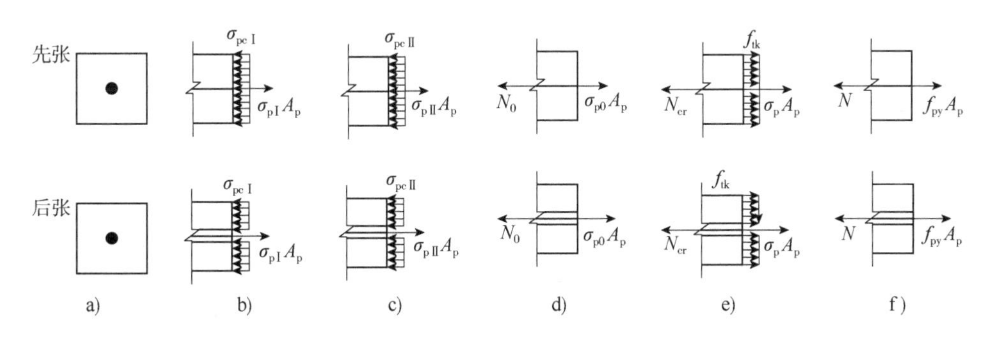

图 10-16 轴心受拉构件各阶段截面应力图

③继续加荷使构件破坏

当轴向力 N 超过 N_{cr}后,裂缝出现并开展。在裂缝截面上,混凝土退出工作,不再承担拉力,拉力全部由预应力钢筋及非预应力钢筋承担。破坏时,预应力钢筋和非预应力钢筋分别达到其抗拉强度设计值f_{py}、f_y。由平衡条件[图 10-16f)]可求得极限轴向拉力 N_u:

$$N_u = A_p f_{py} + A_s f_y \tag{10-25}$$

研究此阶段是为了计算构件能承受的极限轴向拉力,作为使用阶段构件承载能力计算的依据。

2)后张法构件

(1)加荷前

①在构件上张拉钢筋,同时压缩混凝土

张拉钢筋达到控制应力,则构件端部预应力钢筋的应力为 σ_{con};而除端部外的其他截面,由于摩擦损失,应力减小了 σ_{l2}。混凝土因在张拉钢筋的同时受到压缩,其应力从 0 增大到 σ_{pc},此时预应力钢筋中的应力为 $\sigma_{con}-\sigma_{l2}$。非预应力钢筋随构件压缩而缩短,为此产生的预压应力为 $\alpha_E\sigma_c$,即 $\sigma_{con}-\sigma_{l2}$。此时,有:

$$\sigma_p = \sigma_{con} - \sigma_{l2}$$

$$\sigma_{pc} = -\sigma_{pc}$$

$$\sigma_s = -\alpha_E \sigma_{pc}$$

混凝土的预压应力 σ_{pc} 可由平衡条件[图 10-16a)]求得:

$$A_p(\sigma_{con} - \sigma_{l2}) = A_c \sigma_{pc} + A_s \alpha_E \sigma_{pc}$$

$$\sigma_{pc} = \frac{A_p(\sigma_{con} - \sigma_{l2})}{A_c + A_s \alpha_E} = \frac{A_p(\sigma_{con} - \sigma_{l2})}{A_n}$$

式中:A_c——应扣除非预应力钢筋所占混凝土面积及预留孔道面积;

A_n——构件净截面面积,$A_n = A_c + A_s\alpha_E$。

在混凝土构件端部,由于 σ_{l2} 等于零。此时的混凝土预压力 σ_{pc} 为:

$$\sigma_{pc} = \frac{A_p \sigma_{con}}{A_c + A_s \alpha_E} = \frac{A_p \sigma_{con}}{A_n} \tag{10-26}$$

研究此阶段是为施工阶段强度计算提供依据。

②预应力钢筋锚固于构件上时

预应力钢筋张拉完毕,锚具变形引起预应力损失 σ_{l1},此时第一批损失已全部完成。预应力钢筋的应力由 $\sigma_{con}-\sigma_{l1}$ 降低到 $\sigma_{con}-\sigma_{l1}-\sigma_{l2}$,此时混凝土构件上的预压应力也减小,混凝土的应力由 σ_{pc} 降到 σ_{pcI}。非预应力钢筋随构件回弹而有所伸长,其应力在第 1 阶段的基础上的变化值为 $\alpha_E(\sigma_{pc}-\sigma_{pcI})$。此时,有:

$$\sigma_p = \sigma_{con} - \sigma_{l1} - \sigma_{l2} = \sigma_{con} - \sigma_{l1}$$

$$\sigma_{pc} = -\sigma_{pc}$$

$$\sigma_s = -\alpha_E \sigma_{pc} + \alpha_E(\sigma_{pc} - \sigma_{pcI}) = -\alpha_E \sigma_{pcI}$$

混凝土压应力 σ_{pcI} 可由平衡条件[图 10-16b)]求得:

$$A_p(\sigma_{con}-\sigma_{l1})=A_c\sigma_{pcI}+A_s\alpha_E\sigma_{pcI}$$

$$\sigma_{pcI}=\frac{A_p(\sigma_{con}-\sigma_{l1})}{A_c+A_s\alpha_E}=\frac{A_p(\sigma_{con}-\sigma_{l1})}{A_n} \tag{10-27}$$

研究此阶段是为了计算构件经过第一批损失后的截面应力状态。

③完成第二批损失后

预应力钢筋锚固后，随着时间推移将发生由于预应力筋松弛、混凝土的收缩和徐变（对于环形构件还有挤压变形）而引起的预应力损失 σ_{l4}、σ_{l5}（以及 σ_{l6}），即 $\sigma_{l\text{II}}=\sigma_{l4}+\sigma_{l5}+\sigma_{l6}$，至此，认为预应力损失已全部完成。

同先张法一样，预应力钢筋应力在第 2 阶段的基础上减小，构件截面混凝土预压力减小，钢筋随构件回弹而伸长，即：

$$\sigma_p=\sigma_{con}-\sigma_{lI}-\sigma_{l\text{II}}+\alpha_p(\sigma_{pcI}-\sigma_{pc\text{II}})$$

因（$\sigma_{pcI}-\sigma_{pc\text{II}}$）较小，可忽略不计，故：

$$\sigma_p=\sigma_{con}-\sigma_l$$

$$\sigma_{pc}=-\sigma_{pc\text{II}}$$

$$\sigma_s=-\alpha_E\sigma_{pcI}-\sigma_{l5}+\alpha_E(\sigma_{pcI}-\sigma_{pc\text{II}})=-\alpha_E\sigma_{pc\text{II}}-\sigma_{l5}=-\alpha_E\sigma_{pc\text{II}}$$

混凝土的预压应力由平衡条件[图 10-16c）]求得：

$$A_p(\sigma_{con}-\sigma_l)=A_c\sigma_{pc\text{II}}+A_s\alpha_E\sigma_{pc\text{II}}$$

$$\sigma_{pc\text{II}}=\frac{A_p(\sigma_{con}-\sigma_l)}{A_c+A_s\alpha_E}=\frac{A_p(\sigma_{con}-\sigma_l)}{A_n} \tag{10-28}$$

研究此阶段是为了确定构件加荷前在混凝土截面中建立的有效预应力。

（2）加荷后

①加荷至混凝土的应力为零

截面处于消压状态，在轴心拉力 N_{p0} 作用下，混凝土应力由 $\sigma_{pc\text{II}}$ 减到 0，预应力钢筋、非预应力钢筋应力分别增大 $\alpha_p\sigma_{pc\text{II}}$、$\alpha_E\sigma_{pc\text{II}}$，即：

$$\sigma_p=\sigma_{p0}=\sigma_{con}-\sigma_l+\alpha_p\sigma_{pc\text{II}}$$

$$\sigma_{pc}=0$$

$$\sigma_s=\sigma_{s0}=-\alpha_E\sigma_{pc\text{II}}-\sigma_{l5}+\alpha_E\sigma_{pc\text{II}}=-\sigma_{l5}$$

轴向拉力 N_{p0} 可按截面上内外力平衡条件[图 10-16d）]求得：

$$N_{p0}=A_p\sigma_{p0}+A_s\sigma_{s0}=A_p(\sigma_{con}-\sigma_l+\alpha_p\sigma_{pc\text{II}})-A_s\sigma_{l5}$$

当 $A_s\leqslant 0.4A_p$ 时，可忽略 $A_s\sigma_{l5}$ 影响，得：

$$N_{p0}=A_n\sigma_{pc\text{II}}+\alpha_pA_p\sigma_{pc\text{II}}=(A_n+A_p\alpha_p)\sigma_{pc\text{II}} \tag{10-29}$$

研究此阶段是为了计算当混凝土应力为零时（相当于一般钢筋混凝土构件未加荷时），构件能承受的轴向拉力。

②继续加荷至混凝土开裂时

当构件承受的开裂荷载为 N_{cr} 时，混凝土的应力从 0 变为抗拉强度标准值 f_{tk}，预应力钢

筋、非预应力钢筋应力分别增大 $\alpha_p f_{tk}$、$\alpha_E f_{tk}$,即:

$$\sigma_p=\sigma_{con}-\sigma_l+\alpha_p\sigma_{pc\text{Ⅱ}}+\alpha_p f_{tk}$$

$$\sigma_{pc}=f_{tk}$$

$$\sigma_s=-\sigma_{l5}+\alpha_E f_{tk}$$

轴向拉力 N_{cr}可由平衡条件[图 10-16e)]求得:

$$\begin{aligned}N_{cr}&=A_p(\sigma_{con}-\sigma_l+\alpha_p\sigma_{pc\text{Ⅱ}}+\alpha_p f_{tk})+A_s(-\sigma_{l5}A_c+\alpha_E f_{tk})+A_c f_{tk}\\&=A_p(\sigma_{con}-\sigma_l+\alpha_p\sigma_{pc\text{Ⅱ}})+f_{tk}(A_c+\alpha_E A_s+\alpha_p A_p)-\sigma_{l5}A_s\\&=A_p(\sigma_{con}-\sigma_l)+\alpha_p A_p\sigma_{pc\text{Ⅱ}}+A_0 f_{tk}-\sigma_{l5}A_s\end{aligned}$$

忽略 $\sigma_{l5}A_s$,则:

$$N_{cr}=A_0\sigma_{pc\text{Ⅱ}}+A_0 f_{tk}=A_p(\sigma_{pc\text{Ⅱ}}+f_{tk})\tag{10-30}$$

研究此阶段是为了计算构件开裂时的轴向拉力,作为使用阶段构件抗裂能力计算的依据。

③继续加荷,构件破坏

构件破坏时,承受的轴向极限拉力为 N_u,预应力钢筋、非预应力钢筋的拉应力分别达到 f_{py}、f_y,由平衡条件[图 10-16f)]求得:

$$N_u=A_p f_{py}+A_s f_y\tag{10-31}$$

研究此阶段是为了计算构件极限轴向拉力,作为使用阶段构件承载能力计算的依据。

3)先张法与后张法轴心受拉构件各阶段应力综合比较

①由于混凝土预压弹性压缩只对先张法有影响,因此,从第 2 阶段到第 5 阶段,先张法预应力钢筋的应力始终比后张法小。

②第 4 阶段是比较重要的阶段,此时混凝土应力为 0,相当于钢筋混凝土轴拉构件未加荷时的应力状态。而对预应力构件来讲,它已承受 $N_{p0}=A_0\sigma_{pc\text{Ⅱ}}$ 的荷载,预应力钢筋也达到了很大的应力。

先张法:$\sigma_{p0}=\sigma_{con}-\sigma_l$;

后张法:$\sigma_{p0}=\sigma_{con}-\sigma_l+\alpha_p\sigma_{pc\text{Ⅱ}}$。

此后,构件再加荷时,预应力受拉构件和钢筋混凝土受拉构件截面应力变化一致。

③从第 2 阶段到第 6 阶段,无论是先张法还是后张法,混凝土应力 σ_c、非预应力钢筋应力 σ_s 及构件承受的轴向拉力 N 的计算公式形式相同,但其中 σ_l 及 σ_c 包括的内容不同:

先张法:$\sigma_l=\sigma_{l\text{Ⅰ}}+\sigma_{l\text{Ⅱ}}=(\sigma_{l1}+\sigma_{l3}+\sigma_{l4})+\sigma_{l5}$,$\sigma_c=A_p(\sigma_{con}-\sigma_{l2})/A_n$。

后张法:$\sigma_l=\sigma_{l\text{Ⅰ}}+\sigma_{l\text{Ⅱ}}=(\sigma_{l1}+\sigma_{l2})+(\sigma_{l4}+\sigma_{l5})$,$\sigma_c=A_p(\sigma_{con}-\sigma_l)/A_n$。

由于 $A_0>A_n$(A_0 为先张法的换算面积,A_n 为后张法的净面积,因此 σ_c 为 $\sigma_{pc\text{Ⅰ}}$ 或 $\sigma_{pc\text{Ⅱ}}$,相应 σ_l 为 $\sigma_{l\text{Ⅰ}}$ 或 $\sigma_{l\text{Ⅰ}}+\sigma_{l\text{Ⅱ}}$。

预应力混凝土轴心受拉构件各阶段应力分析见表 10-8。

预应力混凝土轴心受拉构件各阶段应力分析 **表 10-8**

受力阶段			预应力筋的预拉应力		混凝土的预压应力		N 的计算式（先、后张法）
			先张法	后张法	先张法	后张法	
施工阶段（加荷前）	1	张拉钢筋	$\sigma_p=\sigma_{con}$	$\sigma_p=\sigma_{con}-\sigma_{l2}$	0	$\sigma_c=\frac{\sigma_{con}A_p}{A_n}$	—
	2	出现 σ_{pI}	放松预应力钢筋 $\sigma_{pI}=\sigma_{con}-\sigma_{lI}-\alpha_p\sigma_{pcI}$	$\sigma_{pI}=\sigma_{con}-\sigma_{lI}$	放松预应力钢筋 $\sigma_{pI}=\frac{(\sigma_{con}-\sigma_{lI})A_p}{A_0}$	$\sigma_{pI}=\frac{(\sigma_{con}-\sigma_{lI})A_p}{A_n}$	—
	3	出现 σ_{pII}	$\sigma_{pII}=\sigma_{con}-\sigma_l-\alpha_p\sigma_{pcII}$	$\sigma_{pII}=\sigma_{con}-\sigma_l$	$\sigma_{pII}=\frac{(\sigma_{con}-\sigma_l)A_p}{A_0}$	$\sigma_{pcII}=\frac{(\sigma_{con}-\sigma_l)A_p}{A_n}$	—
使用阶段（加荷后）	4	N_0 作用下	$\sigma_{p0}=\sigma_{con}-\sigma_l$	$\sigma_{p0}=\sigma_{con}-\sigma_l+\alpha_p\sigma_{pcII}$	0	0	$N_{p0}=\sigma_{pcII}A_0$
	5	N_{cr} 作用下	$\sigma_p=\sigma_{con}-\sigma_l+\alpha_pf_{tk}$	$\sigma_p=\sigma_{con}-\sigma_l+\alpha_p\sigma_{pcII}+\alpha_pf_{tk}$	f_{tk}	f_{tk}	$N_{cr}=A_0(\sigma_{pcII}+f_{tk})$
	6	N_u 作用下	f_{py}	f_{py}	0	0	$N_u=f_{py}A_p$

10.4.2 预应力混凝土轴心受拉构件计算

对于预应力混凝土轴心受拉构件，除要进行使用阶段的承载力计算及抗裂能力验算外，还应进行施工阶段的强度验算、后张法构件端部混凝土的局部承压验算。

1）使用阶段承载力计算

根据构件各阶段的应力分析，当加荷至构件破坏时，全部荷载由预应力钢筋、非预应力钢筋承担，承载力计算简图如图 10-17 所示，其正截面受拉承载力按下式计算：

$$\gamma_0 s \leqslant A_p f_{py} + A_s f_y \tag{10-32}$$

式中：γ_0——结构重要性系数；

s——《建筑结构荷载规范》中的荷载效应组合设计值；

f_{py}、f_y——分别为预应力钢筋、非预应力钢筋的抗拉强度设计值；

A_p、A_s——分别为预应力钢筋、非预应力钢筋的截面面积。

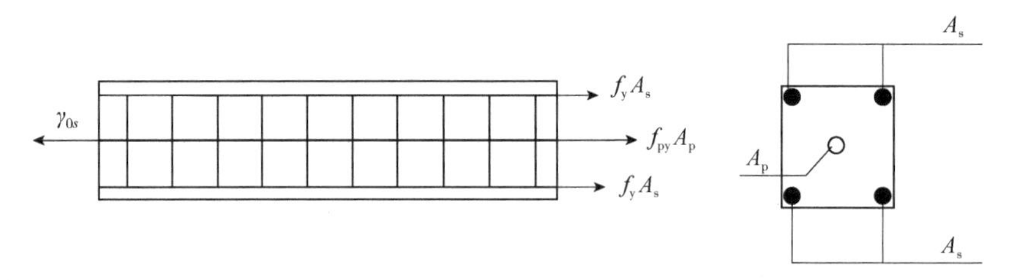

图 10-17　轴心受拉构件承载力计算简图

2）抗裂度验算

若构件由荷载标准值产生的轴心拉力 N 不超过 N_{cr}，那么构件不会开裂。

$$N \leqslant N_{cr} = A_0(\sigma_{pc\text{II}} + f_{tk})$$

将上式用应力形式表达，则变为：

$$\frac{N}{A_0} \leqslant \sigma_{pc\text{II}} + f_{tk}$$

$$\sigma_c - \sigma_{pc\text{II}} \leqslant f_{tk}$$

由于各种预应力构件的功能要求、所处环境及对钢筋锈蚀敏感性不同，须有不同的抗裂要求：

①严格要求不出现裂缝的构件，在荷载效应标准组合下应符合下列要求：

$$\sigma_{ck} - \sigma_{pc\text{II}} \leqslant 0 \tag{10-33}$$

②一般要求不出现裂缝的构件，在荷载效应标准组合下应符合下列要求：

$$\sigma_{ck} - \sigma_{pc\text{II}} \leqslant f_{tk} \tag{10-34}$$

在荷载效应的准永久组合下，应符合下列要求：

$$\sigma_{cq} - \sigma_{pc\text{II}} \leqslant 0 \tag{10-35}$$

式中：σ_{ck}、σ_{cq}——分别为荷载效应标准组合、准永久组合下的边缘混凝土法向应力：$\sigma_{ck} \leqslant N_k / A_0$，$\sigma_{cq} \leqslant N_q / A_0$；

N_k、N_q——分别为按荷载效应标准组合、荷载效应的准永久组合计算的轴向拉力值。

3）裂缝宽度验算

对于允许开裂的轴心受拉构件，要求裂缝开展宽度小于 0.2mm，其最大裂缝宽度 ω_{max} 的计算公式与钢筋混凝土构件最大裂缝宽度的计算公式相同，即：

$$\omega_{max}=\alpha_{cr}\psi\frac{\sigma_{sk}}{E_s}\left(1.9c+0.08\frac{d_{eq}}{\rho_{te}}\right)\leqslant\omega_{lim} \tag{10-36}$$

式中：ω_{max}——按荷载的标准组合并考虑长期作用影响计算的构件最大裂缝宽度；

α_{cr}——构件受力特征系数，对轴心受拉构件取 $\alpha_{cr}=0.27$；

ψ——裂缝间纵向受拉钢筋应变不均匀系数，$\psi=1.1-\dfrac{0.65f_{tk}}{\rho_{te}\sigma_{sk}}$。当 $\psi<0.2$ 时，取 0.2；当 $\psi>1.0$ 时，取 1.0；对于直接承受重复荷载构件，取 1.0；

σ_{sk}——按荷载效应的标准组合计算的混凝土构件纵向受拉钢筋的应力；

c——最外层受拉钢筋外边缘至受拉区底边的距离（mm）。当 $c<20$ 时，取 $c=20$；当 $c>65$ 时，取 $c=65$；

d_{eq}——纵向受拉钢筋的等效直径（mm），$d_{eq}=\dfrac{\sum n_i d_i^2}{\sum n_i v_i d_i}$，其中，$n_i$ 为第 i 种纵向受拉钢筋的根数，d_i 为第 i 种纵向受拉钢筋的公称直径（mm），v_i 为第 i 种纵向受拉钢筋的相对黏结特性系数（对光面钢筋，取 0.7；对带肋钢筋，取 1.0）；

ρ_{te}——以有效受拉混凝土面积计算的纵向受拉钢筋配筋率，$\rho_{te}=(A_s+A_p)/A_{te}$，其中，$A_{te}$ 为有效受拉混凝土面积。当 $\rho_{te}<0.01$ 时，ρ_{te} 取 0.01；

ω_{lim}——裂缝宽度限值。对一类环境条件取 0.3mm；对二、三类环境条件取 0.2mm。

4）施工阶段强度验算

预应力轴心受拉构件应保证在放松预应力钢筋（先张法）或张拉预应力钢筋（后张法）时，混凝土将受到的最大预压应力 σ_{cc} 不大于当时混凝土抗压强度设计值 f_c' 的 0.8 倍，即：

$$\sigma_{cc}\leqslant 0.8f_c' \tag{10-37}$$

式中：σ_{pc}——放张预应力钢筋或张拉完毕时，混凝土承受的预压应力；

f_c'——放张预应力钢筋或张拉完毕时，混凝土的轴心抗压强度设计值。

先张法：

$$\sigma_{cc}=(\sigma_{con}-\sigma_{l\mathrm{I}})A_p/A_0 \tag{10-38}$$

后张法：

$$\sigma_{cc}=\sigma_{con}A_p/A_n \tag{10-39}$$

5）后张法构件端部混凝土局部受压验算

按式（10-13）、式（10-15）进行验算。

【例 10-1】 24m 长预应力混凝土屋架下弦杆截面尺寸为 250mm×160mm，采用后张法。当混凝土强度达到 100%后方张拉预应力钢筋，超张拉应力值为 $5\%\sigma_{con}$，孔道（直径为 2ϕ50）为橡皮管抽芯成型，采用夹片式锚具，非预应力钢筋按构造要求配置 4ϕ12。构件端部构造见图 10-18。屋架下弦杆轴向拉力设计值 $N=830$kN。按荷载效应标准组合，下弦杆

轴向拉力值 $N_k=660\text{kN}$;按荷载效应准永久组合,下弦杆轴心拉力值 $N_q=550\text{kN}$。进行下弦的承载力计算和抗裂验算,屋架端部的局压承载力验算。

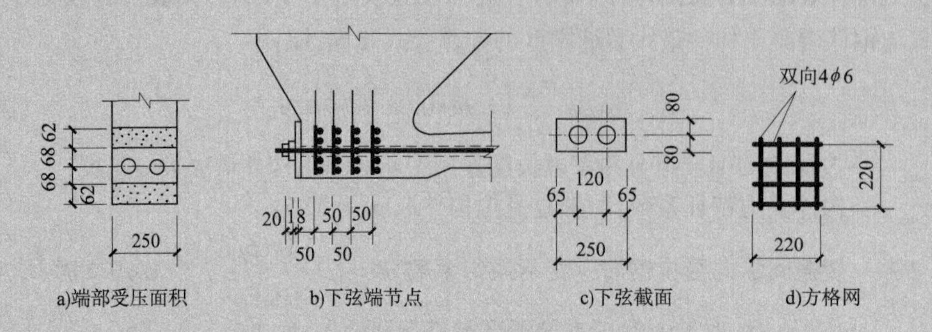

图 10-18 预应力混凝土拱形屋架端部构造图(尺寸单位:mm)

【**解**】1)选择材料

混凝土:采用 C40, $f_c=19.1\text{N/mm}^2$, $f_t=1.7\text{N/mm}^2$, $f_{tk}=2.39\text{N/mm}^2$, $E_c=3.25\times10^4\text{N/mm}^2$。

预应力钢筋:采用热处理钢筋 $45S_i2C_r$, $f_{ptk}=1470\text{N/mm}^2$, $f_{py}=1040\text{N/mm}^2$, $E_p=2.0\times10^5\text{N/mm}^2$。

非预应力钢筋:采用热轧钢筋 HRB335, $f_y=300\text{N/mm}^2$, $E_p=2.0\times10^5\text{N/mm}^2$。

2)使用阶段承载力计算和抗裂验算

(1)预应力钢筋的截面面积 A_p(承载力计算)

屋架安全等级为一级,故结构重要性系数为 $\gamma_0=1.1$。

$$A_p=\frac{\gamma_0 N-A_s f_y}{f_{py}}=\frac{1.1\times830000-300\times452}{1040}=748(\text{mm}^2)$$

选用 2 束 $5\Phi^T10$, $A_p=785\text{mm}^2$。

(2)抗裂验算

①截面特征和参数计算

$$\alpha_E=E_s/E_c=200/32.5=6.15$$

$$\alpha_p=E_p/E_c=200/32.5=6.15$$

$$A_n=A_c+\alpha_E A_s=250\times160-2\times\pi\times50^2/4-452\times(6.15-1)=38403(\text{mm}^2)$$

$$A_0=A_n+\alpha_p A_p=38403+6.15\times785=43231(\text{mm}^2)$$

②确定张拉控制应力 σ_{con}

$$\sigma_{con}=0.65\times f_{ptk}=0.65\times1470=956(\text{N/mm}^2)$$

由表 10-2 选取张拉控制应力。

③计算预应力损失

a)锚具变形损失

由表10-3查得：$a=6\text{mm}$。则：

$$\sigma_{l1}=\frac{a}{l}E_{\text{p}}=\frac{6}{24000}\times200000=50(\text{N/mm}^2)$$

b)孔道摩擦损失

一端张拉，直线配筋，所以$\theta=0$。由表10-4查得：$k=0.0014$，$\mu=0.55$。且$\mu\theta+kx=0.55\times0+0.0014\times24=0.0336<0.2$，故$\sigma_{l2}=\sigma_{\text{con}}(\mu\theta+kx)\sigma_{\text{con}}$。

则第一批预应力损失为：

$$\sigma_{l\text{I}}=\sigma_{l1}+\sigma_{l2}=50+32.1=82.1(\text{N/mm}^2)$$

c)预应力钢筋的松弛损失

$$\sigma_{l4}=0.035\sigma_{\text{con}}=0.035\times956=33.5(\text{N/mm}^2)$$

d)混凝土收缩\徐变损失

完成第一批预应力损失后混凝土预压应力为：

$$\sigma_{\text{pc}}=\sigma_{\text{pcI}}=\frac{N_{\text{p}}}{A_{\text{n}}}=\frac{A_{\text{p}}(\sigma_{\text{con}}-\sigma_{l\text{I}})}{A_{\text{n}}}=\frac{785(956-82.1)}{38403}=17.9(\text{N/mm}^2)<0.5f'_{\text{cu}}=0.5\times40=20(\text{N/mm}^2)$$

符合预应力损失σ_{l5}的计算条件，此时：

$$\rho=\frac{A_{\text{p}}+A_{\text{s}}}{2A_{\text{n}}}=\frac{452+785452}{2\times38403}=0.016$$

$$\sigma_{l5}=\frac{35+280\dfrac{\sigma_{\text{pcI}}}{f'_{\text{cu}}}}{1+15\rho}=\frac{35+280\times\dfrac{17.9}{40}}{1+15\times0.016}=129.3(\text{N/mm}^2)$$

于是，第二批损失为：

$$\sigma_{l\text{II}}=\sigma_{l4}+\sigma_{l5}=33.5+129.3=162.8(\text{N/mm}^2)$$

预应力总损失为：

$$\sigma_l=\sigma_{l\text{I}}+\sigma_{l\text{II}}=82.1+162.8=244.9(\text{N/mm}^2)$$

④抗裂验算

a)计算混凝土预压应力σ_{pcII}

$$\sigma_{\text{pcII}}=\frac{A_{\text{p}}(\sigma_{\text{con}}-\sigma_l)-\sigma_{l5}A_{\text{s}}}{A_{\text{n}}}=\frac{785\times(956-244.9)-452\times129.3}{38403}=13.01(\text{N/mm}^2)$$

b)计算外荷载在截面中引起的拉应力σ_{ck}、σ_{cq}

在荷载效应标准组合下：

$$\sigma_{\text{ck}}=N_{\text{k}}/A_0=660000/43231=15.26(\text{N/mm}^2)$$

在荷载效应准永久组合下：

$$\sigma_{\text{cq}}=N_{\text{q}}/A_0=550000/43231=12.72(\text{N/mm}^2)$$

c)抗裂验算

$$\sigma_{ck}-\sigma_{pc\,II}=15.26-13.01=2.25(N/mm^2)\leqslant f_{tk}=2.39(N/mm^2)$$

$$\sigma_{cq}-\sigma_{pc\,II}=12.72-13.01=-0.29(N/mm^2)\leqslant 0$$

故符合要求。

3)施工阶段承载力验算

采用超张拉5%,故最大张拉力为:

$$N_p=1.05\sigma_{con}A_p=1.05\times956\times785=787983(N)$$

此时混凝土的压应力为:

$$\sigma_{cc}=N_p/A_n=787983/38403=20.5(N/mm^2)<1.2f'_c=1.2\times19.1=22.9(N/mm^2)$$

满足要求。

4)屋架端部承载力验算

(1)几何特征与参数

锚头局部受压面积为:

$$A_l=2\pi\ (100+18\times2)^2/4=29053(mm^2)$$

假定预压应力沿锚具垫圈边缘,在构件端部按45°刚性角扩散后的面积计算。

$$A_b=250\times(136+62\times2)=65000(mm^2)$$

$$A_{ln}=A_l-2\pi d^2/4=29053-2\pi\times50^2/4=25578(mm^2)$$

混凝土局部压力提高系数为:

$$\beta_l=\sqrt{A_b/A_l}=\sqrt{65000/29053}=1.5$$

(2)局部压力设计值

局部压力设计值等于预应力钢筋锚固前在张拉端的总拉力的1.2倍:

$$F_l=1.2\sigma_{con}A_p=1.2\times956\times785=900552(N)$$

(3)局部受压尺寸验算

$$1.35\beta_c\beta_l f_c A_{ln}=1.35\times1.0\times1.5\times19.5\times25578=1010011(N)>f_1$$

故满足要求。

(4)局部受压承载力验算

屋架端部配置直径为$\phi6$(HPB235)的5片钢筋网,$A_s=28.3mm^2$,间距$s=50mm$,网片尺寸见图10-18。

则$A_{cor}=220\times220=48400mm^2$,小于$A_b=65000mm^2$。

$$\beta_{cor}=\sqrt{A_{cor}/A_l}=\sqrt{48400/29053}=1.28$$

$$\rho_v=\frac{2n_1A_{sl}l_1}{A_{cor}S}=\frac{2\times4\times28.3\times220}{48400\times50}=0.021$$

$$0.9(\beta_c\beta_l f+2\alpha\rho_v\beta_{cor}f_y)A_{ln}=0.9(1.0\times1.5\times19.5+2\times1.0\times0.021\times1.28\times210)\times25578=933239(N)$$

$$\geqslant F_l=900552(N)$$

符合要求。

10.5 预应力混凝土受弯构件计算

10.5.1 受弯构件各阶段应力分析

预应力混凝土受弯构件的应力分析与预应力混凝土轴心受拉构件的应力分析在原则上并无区别,也分为施工阶段和使用阶段。应力分析时仍视预应力混凝土为一般弹性匀质体,按材料力学公式计算。

在预应力混凝土受弯构件中,预应力钢筋主要配置在使用阶段的受拉区(称为"预压区");为了防止构件在施工阶段出现裂缝,有时在使用阶段的受压区(称为"预拉区")也设置预应力钢筋。在受拉区和受压区还设置非预应力钢筋。

在预应力混凝土轴心受拉构件中,预应力钢筋、非预应力钢筋的合力总是作用在构件的重心轴,混凝土是均匀受力的(当外荷载产生的轴力小于 N_{p0}时,均匀受压;此后直到混凝土开裂前,均匀受拉),因此截面上任一位置的混凝土应力状态都相同[图 10-19a)]。在预应力混凝土受弯构件中,预应力钢筋、非预应力钢筋的合力并不作用在构件的重心轴上,混凝土处于偏心受力状态,在同一截面上混凝土的应力随高度而线性变化[图 10-19b)]。

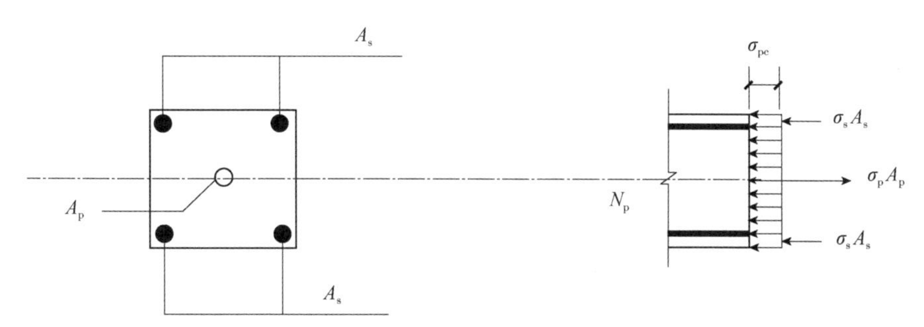

a)轴心受拉构件截面应力

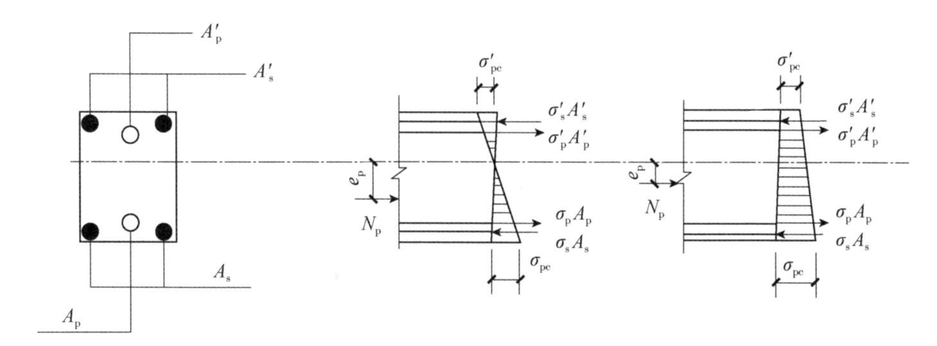

b)受弯构件受拉区、受压区配置预应力钢筋截面应力

图 10-19 混凝土应力状态

可以认为,由于对混凝土施加了预应力,使构件在使用阶段截面不产生拉应力,或不开裂,

从而把混凝土原有的脆性转变为弹性。因此,不论应力图形是三角形还是梯形[图 10-19b)],在计算时,均可把全部预应力钢筋的合力看成作用在换算截面上的外力,将混凝土看作理想弹性体,按材料力学公式来确定其应力:

$$\sigma=\frac{N}{A}+\frac{Ne}{I}y \tag{10-40}$$

式中:N——作用在界面上的偏心压力;

A——构件截面面积;

e——偏心距;

I——构件截面惯性矩;

y——离开截面重心的距离。

现以图 10-20 所示的预应力钢筋 A_p、A_p'和非预应力钢筋 A_s 和 A_s'的 A 截面为例,进行预应力混凝土受弯构件在施工阶段和使用阶段的应力分析。

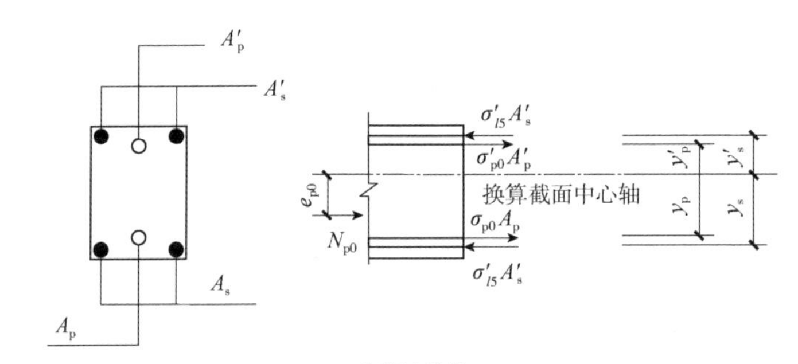

a)先张法构件

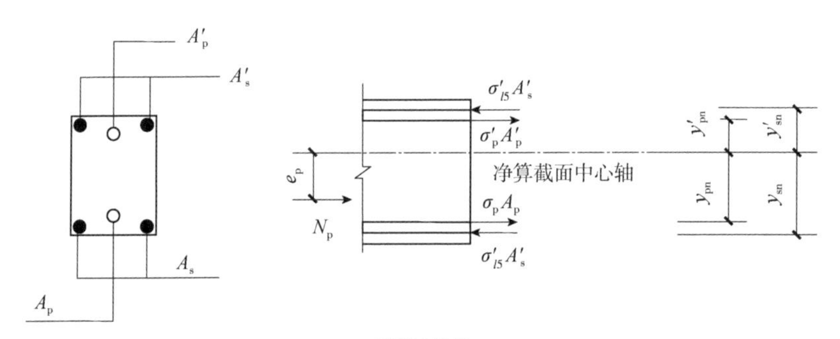

b)后张法构件

图 10-20 预应力钢筋及非预应力钢筋的合力位置

为了计算方便,先不考虑混凝土截面上的非预应力钢筋,后边再给出既有预应力钢筋又有非预应力钢筋截面的应力分析。

1)施工阶段

(1)先张法构件

预应力混凝土构件截面上的预应力钢筋合力大小为 N_{p0},合力作用点至换算截面重心轴的距离为 e_{p0},则:

$$N_{p0}=\sigma_{p0}A_p+\sigma'_{p0}A'_p=(\sigma_{con}-\sigma_l)A_p+(\sigma'_{con}-\sigma'_l)A'_p \tag{10-41}$$

$$e_{p0}=\frac{(\sigma_{con}-\sigma_l)A_py_p-(\sigma'_{con}-\sigma'_l)A'_py'_p}{N_{p0}} \tag{10-42}$$

在 N_{p0} 作用下，截面任意点混凝土的法向应力为：

$$\sigma_{pc}=\frac{N_{p0}}{A_0}+\frac{N_{p0}e_{p0}}{I_0}y_0 \tag{10-43}$$

$$\sigma'_{pc}=\frac{N_{p0}}{A_0}-\frac{N_{p0}e_{p0}}{I_0}y_0 \tag{10-44}$$

式中：σ_{pc}、σ'_{pc}——分别为 A_p、A'_p 重心位置的混凝土法向应力；

A_0——换算截面面积；

I_0——换算截面惯性矩；

y_0——换算截面重心到计算纤维处的距离；

y_p、y'_p——分别为受拉区、受压区预应力钢筋合力点到换算截面重心的距离。

相应预应力钢筋的应力为：

$$\sigma_p=\sigma_{con}-\sigma_l-\alpha_p\sigma_{pc} \tag{10-45}$$

$$\sigma'_p=\sigma'_{con}-\sigma'_l-\alpha_p\sigma'_{pc} \tag{10-46}$$

①完成第一批损失时，式中的 σ_l 变为 $\sigma_{l\text{I}}$，N_{p0} 变为 $N_{p\text{I}}$，e_{p0} 变为 $e_{p\text{I}}$，则混凝土截面下边缘的预压应力 $\sigma_{pc\text{I}}$ 为：

$$\sigma_{pc\text{I}}=\frac{N_{p\text{I}}}{A_0}+\frac{N_{p\text{I}}e_{p\text{I}}}{I_0}y_0 \tag{10-47}$$

式中：y_0——混凝土换算截面重心到混凝土截面下边缘的距离。

②完成第二批损失时，式中 $\sigma_l=\sigma_{l\text{I}}+\sigma_{l\text{II}}$，$N_{p0}$ 变为 $N_{p\text{II}}$，e_{p0} 变为 $e_{p\text{II}}$，则混凝土截面下边缘的预压应力 $\sigma_{pc\text{II}}$ 为：

$$\sigma_{pc\text{II}}=\frac{N_{p\text{II}}}{A_0}+\frac{N_{p\text{II}}e_{p\text{II}}}{I_0}y_0 \tag{10-48}$$

$$N_{p0}=(\sigma_{con}-\sigma_l)A_p-\sigma_{l5}A_s+(\sigma'_{con}-\sigma'_l)A'_p-\sigma'_{l5}A'_s$$

当构件中配置非预应力钢筋时，承受混凝土收缩和徐变产生的压应力，式(10-41)和式(10-42)相应改为：

$$N_{p0}=(\sigma_{con}-\sigma_l)A_p-\sigma_{l5}A_s+(\sigma'_{con}-\sigma'_l)A'_p-\sigma'_{l5}A'_s \tag{10-49}$$

$$e_{p0}=\frac{(\sigma_{con}-\sigma_l)A_py_p-\sigma_{l5}A_sy_s-(\sigma'_{con}-\sigma'_l)A'y'_p+\sigma'_{l5}A'_sy'_s}{N_{p0}} \tag{10-50}$$

式中：A_s、A'_s——分别为受拉区、受压区非预应力钢筋截面面积；

y_s、y'_s——分别为受拉区、受压区非预应力钢筋重心到换算截面重心的距离。

(2)后张法构件

张拉预应力钢筋的同时，混凝土受到预压，这时预应力钢筋 A_p、A'_p 的合力为 N_p，合力点到净截面重心的偏心距为 e_{pn}(图 10-20)，则：

$$N_{p}=\sigma_{p}A_{p}+\sigma'_{p}A'_{p}=(\sigma_{con}-\sigma_{l})A_{p}+(\sigma'_{con}-\sigma'_{l})A'_{p} \tag{10-51}$$

$$e_{p0}=\frac{(\sigma_{con}-\sigma_{l})A_{p}y_{pn}-(\sigma'_{con}-\sigma'_{l})A'_{p}y'_{pn}}{N_{p}} \tag{10-52}$$

在 N_p 作用下，截面任意点混凝土的法向应力为：

$$\sigma_{pc}=\frac{N_{p}}{A_{n}}+\frac{N_{p}e_{pn}}{I_{n}}y_{n} \tag{10-53}$$

$$\sigma'_{pc}=\frac{N_{p}}{A_{n}}-\frac{N_{p}e_{pn}}{I_{n}}y_{n} \tag{10-54}$$

式中：A_n——混凝土净截面面积；

I_n——净截面惯性矩；

y_{pn}、y'_{pn}——分别为受拉区、受压区预应力钢筋合力点到净截面重心的距离；

y_n——净截面重心到计算纤维处的距离。

相应的预应力钢筋应力为：

$$\sigma_{p}=\sigma_{con}-\sigma_{l} \tag{10-55}$$

$$\sigma'_{p}=\sigma'_{con}-\sigma'_{l} \tag{10-56}$$

①完成第一批损失时，式中的 σ_l 变为 $\sigma_{l\text{I}}$，N_{p0}变为 $N_{p\text{I}}$，e_{p0}变为 $e_{p\text{I}}$，则混凝土截面下边缘的预压应力 $\sigma_{pc\text{I}}$ 为：

$$\sigma_{pc\text{I}}=\frac{N_{p\text{I}}}{A_{n}}+\frac{N_{p\text{I}}e_{pn\text{I}}}{I_{n}}y_{n} \tag{10-57}$$

②完成第二批损失时，式中 $\sigma_l=\sigma_{l\text{I}}+\sigma_{l\text{II}}$，$N_{p0}$应变为 $N_{p\text{II}}$，e_{p0}变为 $e_{p\text{II}}$，则混凝土截面下边缘的预压应力 $\sigma_{pc\text{II}}$ 为：

$$\sigma_{pc\text{II}}=\frac{N_{p\text{II}}}{A_{n}}+\frac{N_{p\text{II}}e_{pn\text{II}}}{I_{n}}y_{n} \tag{10-58}$$

当构件中配置非预应力钢筋时，承受混凝土收缩和徐变而产生的压应力，式(10-51)和式(10-52)变为：

$$N_{p}=(\sigma_{con}-\sigma_{l})A_{p}+\sigma_{l5}A_{s}+(\sigma'_{con}-\sigma'_{l})A'_{p}-\sigma'_{l5}A'_{s} \tag{10-59}$$

$$e_{pn}=\frac{(\sigma_{con}-\sigma_{l})A_{p}y_{pn}-(\sigma'_{con}-\sigma'_{l})A'y'_{p}-\sigma_{l5}A_{s}y_{sn}+\sigma'_{l5}A'_{s}y'_{sn}}{N_{p}} \tag{10-60}$$

式中：A_s、A'_s——物理意义同前；

y_{sn}、y'_{sn}——分别为受拉区、受压区的非预应力钢筋重心到净截面重心的距离。

需要指出的是，当构件中配置的非预应力钢筋截面面积较小，即当$(A_s+A'_s)<0.4(A_p+A'_p)$时，为简化计算，不考虑非预应力钢筋由于混凝土收缩和徐变引起的影响，即在上式中取 $\sigma_{l5}=\sigma'_{l5}=0$，如构件中 $A'_p=0$，则可取 $\sigma'_{l5}=0$。

2)使用阶段

(1)加荷使截面受拉区下边缘混凝土应力为零时

与轴心受拉构件类似，加荷使截面下边缘混凝土产生的拉应力 σ 等于该处的预压应力

$\sigma_{pc\text{II}}$,叠加之后即为0。如图10-21a)所示,外荷载引起的预应力钢筋合力处混凝土拉应力为σ_{pc},如近似取该处混凝土预应力$\sigma_{pc\text{II}}$,那么构件截面下边缘混凝土应力为0时,预应力钢筋应力为:

①先张法:

$$\sigma_{p0}=\sigma_{con}-\sigma_l-\alpha_p\sigma_{pc\text{II}}+\alpha_p\sigma_{pc\text{II}}=\sigma_{con}-\sigma_l \tag{10-61}$$

$$\sigma'_{p0}=\sigma'_{con}-\sigma_l \tag{10-62}$$

②后张法:

$$\sigma_{p0}=\sigma_{con}-\sigma_l+\alpha_p\sigma_{pc\text{II}} \tag{10-63}$$

$$\sigma'_{p0}=\sigma'_{con}-\sigma'_l+\alpha_p\sigma_{pc\text{II}} \tag{10-64}$$

设外荷载产生的截面弯矩为M_0,对换算截面的下边缘的弹性抵抗矩为W_0,则外荷载引起的下边缘混凝土的拉应力为:

$$\sigma=M_0/W_0 \tag{10-65}$$

因$\sigma-\sigma_{pc\text{II}}=0$,即:

$$M_0=\sigma_{pc\text{II}}W_0 \tag{10-66}$$

但是需要注意:轴心受拉构件加载到N_0时,整个截面的混凝土应力全部为0;受弯构件加载到M_0时,只有截面下边缘的混凝土应力为0,截面上其他各点的预压力均不等于0。

(2)继续加荷至构件下边缘混凝土即将裂开时

构件继续加荷,截面下边缘混凝土应力从0转为受拉,达到其抗拉强度标准值f_{tk},设此时截面上受到的弯矩为M_{cr},在承受弯矩$M_0=\sigma_{pc\text{II}}W_0$的基础上,相当于增加了普通钢筋混凝土构件的开裂弯矩M_{scr}($M_{scr}=\gamma f_{tk}W_0$)。

因此,预应力钢筋混凝土的开裂弯矩值为:

$$M_{cr}=M_0+M_{scr}=\sigma_{pc\text{II}}W_0+\gamma f_{tk}=(\sigma_{pc\text{II}}+\gamma f_{tk})W_0 \tag{10-67}$$

$$\sigma=\frac{M_{cr}}{W_0}=\sigma_{pc\text{II}}+\gamma f_{tk} \tag{10-68}$$

$$\gamma=(0.7+120/h)\gamma_m \tag{10-69}$$

式中:γ——混凝土构件的截面抵抗矩塑性影响系数;

γ_m——混凝土构件的截面抵抗矩塑性影响系数基本值,参见附表28。

因此,当荷载作用下截面下边缘处混凝土最大法向应力σ大于该处的预压应力$\sigma_{pc\text{II}}$,且满足条件$\sigma-\sigma_{pc\text{II}}\leqslant\gamma f_{tk}$时,截面受拉区只受拉,尚未裂开;当满足条件$\sigma-\sigma_{pc\text{II}}\geqslant\gamma f_{tk}$时,截面受拉区混凝土已裂开(图10-21)。

(3)继续加荷使构件达到破坏

继续加荷,裂缝出现并开展。当达到极限荷载时,不管先张法或后张法,裂缝截面上的混凝土全部退出工作,拉力全部由钢筋承受,正截面上的应力状态与普通钢筋混凝土受弯构件类似,因而计算方法也相同。

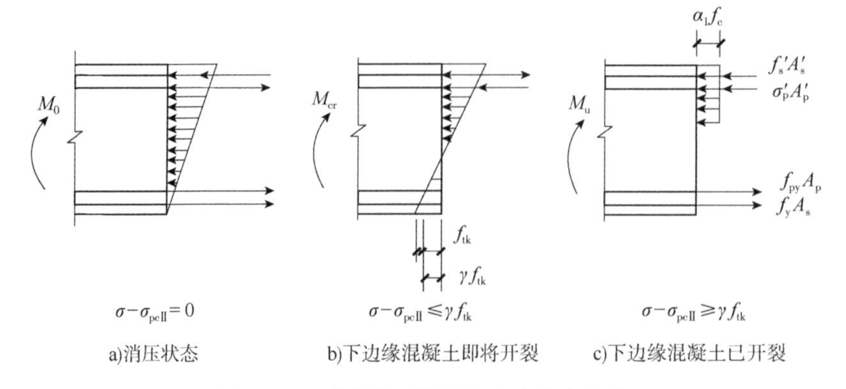

图 10-21　受弯截面构件的应力状态变化

10.5.2　预应力受弯构件承载力计算

预应力混凝土受弯构件正截面、斜截面承载力计算方法与钢筋混凝土构件类似。

1)矩形截面正截面承载能力计算

(1)应力及计算简图

构件破坏时,受拉区的预应力钢筋、非预应力钢筋以及受压区的非预应力钢筋分别达到 f_{py}、f_y、f'_y。受压区的混凝土应力为曲线分布,计算时按矩形截面并取其轴心抗压强度设计值 f_c。受压区的预应力钢筋因预拉应力较大,可能受拉,也可能受压,但应力都很小,达不到强度设计值。

受压区预应力钢筋的应力在加荷前为拉应力,其合力处混凝土应力为压应力。设想加荷后,先使该处混凝土的法向应力降为 0,则其应变也为 0,预应力钢筋的拉应力为 σ'_{p0},然后使该处混凝土应变从 0 增大到极限应变,则预应力钢筋将产生相同的压应变,其应力相应减小 f'_{py}。所以,当受压区混凝土压坏时,受压区预应力钢筋的应力为:

$$\sigma'_p=\sigma'_{p0}-f'_{py} \tag{10-70}$$

式中:σ'_{p0}——正值时为拉应力,负值为压应力,按下式计算:

①对于先张法构件:

$$\sigma'_{p0}=\sigma_{con}-\sigma'_l \tag{10-71}$$

②对于后张法构件:

$$\sigma'_{p0}=\sigma'_{con}-\sigma'_l+\alpha_p\sigma'_{pc\,II} \tag{10-72}$$

式中:$\sigma'_{pc\,II}$——受压区预应力钢筋合力点处混凝土的法向压应力。

计算简图如图 10-22 所示。

(2)基本公式及适用条件

$$\sum X=0 \quad \alpha_1 f_c bx=f_y A_s-f'_y A'_s+f_{py}A_p+(\sigma'_{p0}-f'_{py})A'_p \tag{10-73}$$

$$\sum M=0 \quad M=\alpha_1 f_c bx(h_0-x/2)+f'_y A'_s(h_0-a'_s)-(\sigma'_{p0}-f'_{py})A'_p(h_0-a'_p) \tag{10-74}$$

适用条件为:

$$\begin{cases} x \leqslant \xi_b h_0 & (10\text{-}75) \\ x \geqslant 2a' & (10\text{-}76) \end{cases}$$

式中：M——弯矩设计值；

f_c——混凝土轴心抗压强度设计值；

α_1——按等效矩形应力图形计算时混凝土抗压强度系数。当混凝土强度等级不超过C50时，取 $\alpha_1=1.0$；当混凝土强度等级为C80时，取 $\alpha_1=0.97$；其间，按线性内插法确定；

h_0——截面的有效高度；

b——截面宽度；

A_p、A'_p——分别为受拉区、受压区预应力钢筋的截面面积；

A_s、A'_s——分别为受拉区、受压区非预应力钢筋的截面面积；

a_p、a'_p——分别为受拉区、受压区预应力钢筋合力点至截面边缘的距离；

a_s、a'_s——分别为受拉区、受压区非预应力钢筋合力点至截面边缘的距离；

σ'_{p0}——受压区预应力钢筋合力点处的混凝土法向应力为0时预应力钢筋的应力，按式(10-71)、式(10-72)计算；

a'——纵向受压钢筋合力点至受压区边缘的距离。当受压区未配置纵向预应力钢筋($A'_p=0$)或受压区纵向预应力钢筋的应力 $\sigma'_{p0}-f_{tk}\geqslant 0$ 时，上述计算公式中的 a' 应以 a'_s 代替。

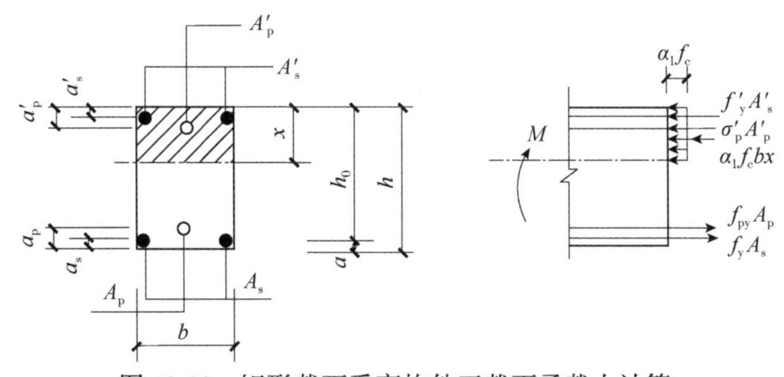

图 10-22 矩形截面受弯构件正截面承载力计算

(3)受压区相对界限高度 ξ_b

根据平截面假定并考虑预应力，推得：

$$\xi_b=\frac{\beta_1}{1+\dfrac{0.002}{\varepsilon_{cu}}+\dfrac{f_{py}-\sigma_{p0}}{E_s\varepsilon_{cu}}} \qquad (10\text{-}77)$$

式中：β_1——受压区高度 x 与按截面应变保持平面的假定所确定的中和轴高度的比值。当混凝土强度等级不超过C50时，$\beta_1=0.8$；当混凝土强度等级为C80时，$\beta_1=0.74$；其间，按线性内插法确定；

ε_{cu}——正截面处于非均匀受压时的混凝土极限压应变一般取为0.0033。当计算值大于

0.0033 时，$\varepsilon_{cu}=0.003-(f_{cu,k}-50)\times10^{-5}$；

$f_{cu,k}$——混凝土立方体抗压强度标准值（当采用 N/mm² 单位时，取其值为混凝土等级）；

σ_{p0}——受拉区预应力钢筋合力点处混凝土法向应力为 0 时预应力钢筋的应力，按下列公式计算：

$$\sigma_{p0}=\sigma_{con}-\sigma_{l} \quad （先张法） \tag{10-78}$$

$$\sigma_{p0}=\sigma_{con}-\sigma_{l}+\alpha_{p}\sigma_{pc\,\mathrm{II}} \quad （后张法） \tag{10-79}$$

式中：$\sigma_{pc\,\mathrm{II}}$——受拉区预应力钢筋合力点处混凝土的法向预压应力。

（4）具体计算方法

如不配置 A_p'，则按构造确定 A_s 及 A_s'，然后直接计算 A_p。

如配置 A_p'，则可先不考虑 A_p'，按构造确定 A_s'及 A_s'，估算 A_p；取 $A_p'=(0.15\sim0.25)A_p$ 后，重新计算，直至合适为止。

2）T 形截面正截面承载能力计算

（1）T 形截面类型的判别

当进行正截面设计时：

$$M\leqslant\alpha_1 f_c b_f' h_f'(h_0-0.5h_f')+f_y'A_s'(h_0-a_s')-\sigma_p A_p'(h_0-a_p') \tag{10-80}$$

当进行正截面承载力复核时：

$$M\leqslant\alpha_1 f_c bx(h_0-0.5x)+f_y'A_s'(h_0-a_s')+\alpha_1 f_c(b_f'-b_f)h_f'(h_0-0.5h_f')-\sigma_p'A_p'(h_0-a_p') \tag{10-81}$$

若满足式（10-81）或式（10-82），则为第一类 T 形截面；否则为第二类 T 形截面。

（2）T 形截面计算公式及适用条件

对于第一类 T 形截面，应按宽度为 b_f'的矩形截面计算，如图 10-23 所示。

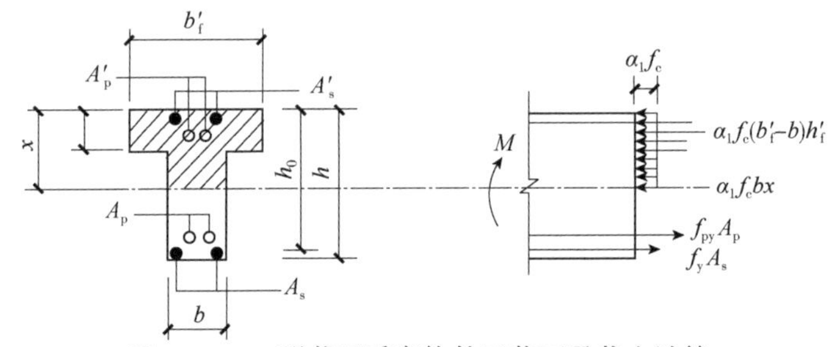

图 10-23　T 形截面受弯构件正截面承载力计算

对于第二类 T 形截面，计算公式如下：

$$\sum X=0 \quad \alpha_1 f_c[bx+(b_f'-b)h_f']=f_yA-f_y'A_s'+f_{py}A_p+\sigma_p'A_p' \tag{10-82}$$

$$\sum M=0 \quad M\leqslant\alpha_1 f_c bx(h_0-0.5x)+f_y'A_s'(h_0-a_s')+\alpha_1 f_c(b_f'-b_f)h_f'(h_0-0.5h_f')-\sigma_p'A_p'(h_0-a_p') \tag{10-83}$$

使用条件为：

$$\begin{cases}x\leqslant\xi_b h_0 & (10\text{-}84)\\ x\geqslant 2a' & (10\text{-}85)\end{cases}$$

3) 斜截面承载力计算

预应力的存在,将阻滞斜裂缝的出现和开展,增大混凝土剪压区高度,加强斜裂缝间集料的咬合作用,从而提高构件的抗剪能力。

《混凝土结构设计规范》规定,矩形、T 形、I 形截面的一般受弯构件,当仅配有箍筋时,其斜截面的受剪承载力按下式计算:

$$V \leqslant V_{cs} + V_p \tag{10-86}$$

式中:V——构件斜截面上的最大剪力设计值;

V_{cs}——构件斜截面上混凝土和箍筋受剪承载力设计值;

V_p——由预应力提高的构件受剪承载力设计值,$V_p = 0.05N_{p0}$,其中 N_{p0} 为计算截面上的混凝土法向预压应力为 0 时预应力钢筋、非预应力钢筋的合力,按下式计算:

$$N_{p0} = \sigma_{p0}A_p + \sigma'_{p0}A'_p - \sigma_{l5}A_s - \sigma'_{l5}A'_s \tag{10-87}$$

当 $N_{p0} \geqslant 0.3f_cA_0$ 时,取 $N_{p0} = 0.3f_cA_0$。

当配有箍筋和弯起钢筋时,其斜截面的受剪承载力应按下式计算:

$$V \leqslant V_{cs} + V_p + 0.8f_yA_{sb}\sin\alpha_s + 0.8f_{py}A_{pb}\sin\alpha_p \tag{10-88}$$

式中:A_{sb}、A_{pb}——同一弯起平面内的非预应力钢筋、预应力钢筋的截面面积;

α_s、α_p——斜截面上非预应力钢筋、预应力弯起钢筋的切线与构件纵向轴线的夹角。

对于矩形、T 形和 I 形截面的预应力混凝土受弯构件,如果符合:

$$V \leqslant 0.7f_tbh_0 + 0.05N_{p0} \tag{10-89}$$

$$V \leqslant \frac{1.75}{\lambda+1}f_tbh_0 + 0.05N_{p0} \tag{10-90}$$

则不需要进行斜截面受剪承载力计算,仅需按构造配置箍筋。

10.5.3 正常使用极限状态验算

对于预应力受弯构件的使用阶段抗裂能力验算,不仅要进行正截面抗裂能力验算,还要进行斜截面抗裂能力验算,裂缝宽度、挠度应满足要求。

1) 正截面抗裂能力验算

对严格不允许出现裂缝的受弯构件,要求在荷载效应标准组合下符合下列要求:

$$\sigma_{ck} - \sigma_{pc\mathrm{II}} \leqslant 0 \tag{10-91}$$

对一般不允许出现裂缝的受弯构件,要求在荷载效应标准组合下符合下列要求:

$$\sigma_{ck} - \sigma_{pc\mathrm{II}} \leqslant f_{tk} \tag{10-92}$$

并且在荷载效应的准永久组合下,符合下列要求:

$$\sigma_{cq} - \sigma_{pc\mathrm{II}} \leqslant 0 \tag{10-93}$$

式中:σ_{ck}、σ_{cq}——分别为荷载效应的标准组合、准永久组合下抗裂验算时边缘的混凝土法向应力,$\sigma_{ck} \leqslant M_k/W_0$,$\sigma_{cq} \leqslant M_q/W_0$,其中,$M_k$、$M_q$ 分别为荷载效应标准组合、准永久组合计算的弯矩值,W_0 为混凝土换算截面抵抗矩;

$\sigma_{pc\mathrm{II}}$——扣除全部预应力损失后边缘混凝土的预压应力;

f_{tk}——混凝土抗拉强度标准值。

2)斜截面抗裂能力验算

当预应力受弯构件截面上混凝土的主拉应力 σ_{tp} 超过其轴心抗拉强度标准值 f_{tk} 时,即出现斜裂缝。而且,当截面上混凝土主压应力 σ_{cp} 较大时,将加速这种斜裂缝的出现。因此《混凝土结构设计规范》规定,斜裂缝抗裂能力的计算直接采用限制主拉应力和主压应力的方法来保证:

①对严格要求不出现裂缝的构件:

$$\sigma_{tp} \leqslant 0.85 f_{tk} \tag{10-94}$$

②对于一般要求不出现裂缝的构件:

$$\sigma_{tp} \leqslant 0.95 f_{tk} \tag{10-95}$$

③对任何构件:

$$\sigma_{tp} \leqslant 0.6 f_{ck} \tag{10-96}$$

式中:f_{ck}——混凝土轴心抗压强度标准值。

在斜裂缝出现以前,构件基本处于弹性阶段,因此可按材料力学方法进行计算。

外荷载产生的截面正应力为 $M_k y_0/I_0$,剪应力为 $V_k S_0/(bI_0)$,其中:M_k、V_k 分别为荷载标准值产生的截面弯矩、剪力;y_0 为换算截面重心至所计算点的距离;I_0 为换算截面惯性矩;S_0 为计算点以上(或以下)的换算面积对换算截面重心的面积矩。

预应力和荷载标准值在计算纤维处产生的混凝土法向应力 σ_x 为:

$$\sigma_x = \sigma_{pc} + M_k y_0/I_0 \tag{10-97}$$

荷载标准值和预应力弯起钢筋在计算纤维处产生的混凝土剪应力 τ_{xy} 为:

$$\tau_{xy} = (V_k - \sum \sigma_p A_{pb} \sin\alpha_p) S_0/(I_0 b) \tag{10-98}$$

当有集中荷载产生时,还应考虑集中荷载产生的竖向压应力 σ_y 及剪应力 τ_{xy}。将 σ_x、σ_y、τ_{xy} 代入主应力公式,得:

$$\sigma_{cp} = \frac{\sigma_x + \sigma_y}{2} \pm \sqrt{\tau_{xy}^2 + \left(\frac{\sigma_x - \sigma_y}{2}\right)^2} \tag{10-99}$$

式(10-99)中的 σ_x 及 σ_y,当为拉应力时以正号代入,当为压应力时以负号代入。

3)预应力受弯构件裂缝宽度验算

对在使用阶段允许出现裂缝的预应力混凝土构件,应验算裂缝宽度。在荷载效应的标准组合下,考虑长期作用影响的最大裂缝宽度应按下列公式计算:

$$\begin{cases} \omega_{max} = \alpha_{cr} \psi \dfrac{\sigma_{sk}}{E_s}\left(1.9c + 0.08\dfrac{d_{eq}}{\rho_{te}}\right) \leqslant \omega_{lim} \\ \psi = 1.1 - 0.65 f_{tk}/(\rho_{te}\sigma_{sk}) \\ d_{eq} = \dfrac{\sum n_i d_i^2}{\sum n_i v_i d_i} \\ \rho_{te} = (A_s + A_p)/A_{te} \end{cases} \tag{10-100}$$

式中：A_{te}——有效受拉混凝土截面面积，$A_{te}=0.5bh+(b_f-b)h_f$；

σ_{sk}——按荷载效应的标准组合计算的预应力混凝土构件纵向受拉钢筋的应力，按下式计算：

$$\sigma_{sk}=\frac{M_k-N_{p0}(z-e_{p0})}{(A_s+A_p)z}$$

其中：z——受拉区纵向非预应力和预应力钢筋合力点到受压区合力点的距离，按下式计算：

$$\begin{cases}z=[0.87-0.12(1-\gamma_f')(h_0/e)^2]h_0\\ e=e_{p0}+M_k/N_{p0}\\ \gamma_f'=(b_f'-b)h_f'/(bh_0)\end{cases}$$

其中：γ_f'——受压翼缘截面面积与腹板有效截面面积的比值（其中 b_f'、h_f'分别为受压翼缘的宽度与高度）；当 $h_f'\geqslant0.2h_0$ 时，取 $h_f'=0.2h_0$；

e_{p0}——混凝土法向预应力等于0时全部纵向预应力和非预应力钢筋合力 N_{p0}的作用点到受拉区纵向预应力钢筋和非预应力钢筋合力点的距离；

M_k——按荷载效应标准组合计算的弯矩值。

4）预应力受弯构挠度验算

预应力混凝土受弯构件的挠度由两部分组成：一部分是构件预加应力产生的向上变形（反拱），另一部分则是受荷后产生的向下变形（挠度）。

设构件在预应力作用下产生的反拱为 f_{2l}，构件在荷载效应标准组合下产生的挠度为 f_{1l}，那么预应力混凝土受弯构件最终挠度 f 为：

$$f=f_{1l}-f_{2l} \tag{10-101}$$

荷载作用下，构件的挠度可按材料力学的方法计算，即

$$f_{1l}=sM^2/B \tag{10-102}$$

由于混凝土构件并非理想弹性体，有时可能正出现裂缝，因此构件刚度 B 应分别按下列情况计算：

（1）荷载效应的标准组合下受弯构件的短期刚度 B_s

对于使用阶段不出现裂缝的构件：

$$B_s=0.85E_cI_0 \tag{10-103}$$

式中：E_c——混凝土的弹性模量；

I_0——换算截面惯性矩；

0.85——刚度折减系数，考虑混凝土受拉区开裂前出现的塑性变形。

对于使用阶段允许出现裂缝的构件：

$$\begin{cases}B_s=\dfrac{0.85E_cI_0}{K_{cr}+(1-K_{cr})\omega}\\ K_{cr}=M_{cr}/M_k\\ \omega=\left(1.0+\dfrac{0.21}{\alpha_E\rho}\right)(1.0+0.45\gamma_f)-0.7\\ M_{cr}=(\sigma_{pc\text{II}}+\gamma f_{tk})W_0\end{cases} \tag{10-104}$$

式中：K_{cr}——预应力混凝土受弯构件正截面开裂弯矩 M_{cr} 与弯矩 M_k 的比值。当 $K_{cr}>0.1$ 时，取 1.0；

$\sigma_{pc\text{II}}$——扣除全部预应力损失后边缘混凝土的预压应力。

(2)荷载效应的标准组合并考虑荷载长期作用影响的刚度 B

$$B=\frac{M_k B_s}{M_q(\theta-1)+M_k} \tag{10-105}$$

式中：M_k——按荷载效应标准组合计算的弯矩，计算区段内最大弯矩值；

M_q——按荷载效应的准永久组合计算的弯矩，计算区段内最大弯矩值；

θ——考虑荷载长期作用对挠度增大的影响系数，取 $\theta=2.0$。

预应力混凝土受弯构件在使用阶段的预加力反拱值，可用结构力学方法按刚度 E_cI_0 进行计算，并应考虑预压应力长期作用的影响，将计算求得的预加力反拱值乘以增大系数 2.0。在计算中，预应力钢筋的应力应扣除全部预应力损失。

最终的挠度验算为：

$$f=f_{1l}-f_{2l}<f_{\lim} \tag{10-106}$$

10.5.4 预应力混凝土受弯构件施工阶段验算

在预应力混凝土受弯构件的制作、运输和吊装等阶段，混凝土的强度、构件的受力状态同使用阶段往往不同，构件有可能由于抗裂能力不够而开裂，或者由于承载力不足而破坏。因此，除了要对预应力混凝土受弯构件使用阶段的承载力和裂缝控制进行验算外，还应对构件施工阶段的承载力和裂缝控制进行验算。

对制作、运输、吊装等施工阶段不允许出现裂缝的构件，或预压时全截面受压的构件，在预加应力、自重及施工荷载作用下(必要时应考虑动力系数)，截面边缘的混凝土法向应力应符合下列条件(图 10-24)：

$$\sigma_{ct}\leqslant f'_{tk} \tag{10-107}$$

$$\sigma_{cc}\leqslant 0.8f'_{ck} \tag{10-108}$$

截面边缘的混凝土法向应力可按下式计算：

$$\sigma_{cc}\text{或}\ \sigma_{ct}\leqslant\sigma_{pc}+N_k/A_0\pm M_k/W_0 \tag{10-109}$$

式中：σ_{cc}、σ_{ct}——分别为施工阶段计算截面边缘纤维的混凝土压应力、拉应力；

f'_{tk}、f'_{ck}——分别为与各施工阶段混凝土立方体抗压强度 f'_{cu} 相应的抗拉强度标准值、轴心抗压强度标准值；

N_k、M_k——分别为构件自重及施工荷载的标准组合在计算截面上产生的轴向力值、弯矩值；

W_0——验算边缘的换算截面弹性抵抗矩。

对施工阶段预拉区允许出现裂缝的构件，当预拉区不配置预应力钢筋时，截面边缘的混凝土法向应力应符合下列条件：

$$\begin{cases}\sigma_{ct} \leqslant 2f'_{tk} & (10\text{-}110)\\ \sigma_{cc} \leqslant 0.8f'_{tk} & (10\text{-}111)\end{cases}$$

此处，σ_{cc}、σ_{ct}仍按式(10-108)、式(10-107)计算。

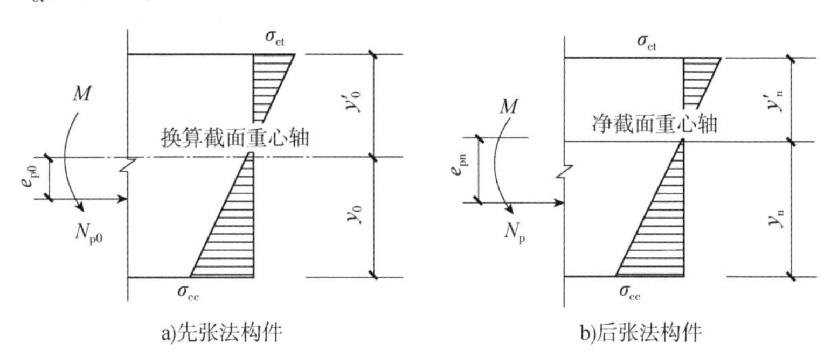

图 10-24 预应力混凝土构件施工阶段验算

10.6 预应力混凝土构件的构造要求

预应力混凝土结构构件的构造要求，除应满足普通钢筋混凝土结构的有关规定外，还应考虑由于预应力张拉工艺、锚固措施、预应力钢筋种类的不同，相应的构造要求也有不同。

10.6.1 预应力钢筋的直径、布置

先张法预应力钢筋(包括热处理钢筋、钢丝和钢绞线)之间的净距应根据浇灌混凝土、施加预应力及钢筋锚固等要求确定。预应力钢筋的净间距不小于其公称直径的 1.5 倍，且应符合下列规定：

①热处理钢筋的净间距不应小于 15mm。

②预应力钢绞线的净间距不应小于 20mm。

③预应力钢丝及钢绞线之间的净间距不应小于其外径的 1.5 倍，且不应小于 25mm。

④后张法预应力混凝土构件中的预应力钢筋有直线配筋、曲线配筋与和折线配筋之分。曲线配筋时，钢筋的曲率半径不宜小于 4m；对折线配筋的构件，在折线预应力钢筋弯折处的曲率半径可适当减小，见图 10-25。

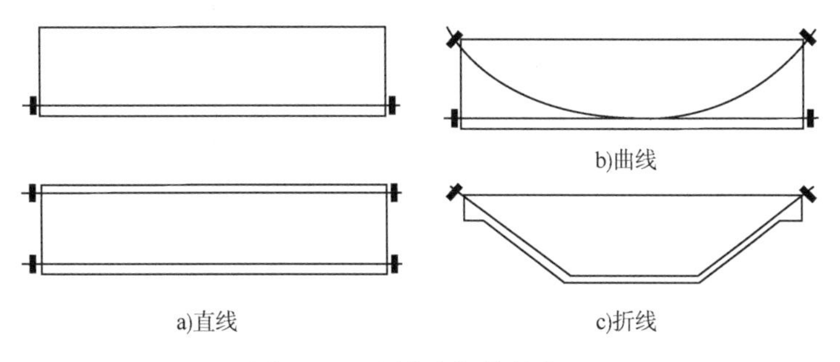

图 10-25 预应力钢筋的布置

10.6.2 后张法构件的预留孔道

对预制构件,后张法预应力钢丝束(包括钢绞丝)的预留孔道之间的水平净间距不宜小于50mm;孔道至构件边缘的净距不宜小于30mm,且不宜小于孔道直径的一半。

在框架梁中,曲线预留孔道在竖直方向的净间距不应小于1倍的钢丝束外径,水平方向的净间距不应小于1.5倍钢丝束外径。以孔壁算起的混凝土保护层厚度,梁底不宜小于50mm,梁侧不宜小于40mm。

预留孔道的直径应比预应力钢丝束外径及须穿过孔道的锚具外径大10~15mm。

10.6.3 预拉区纵向钢筋

对于施工阶段预拉区不允许出现裂缝的构件,要求预拉区纵向钢筋的配筋率$(A'_s+A'_p)/A \geqslant 0.2\%$,其中$A$为构件截面面积(对于后张法构件,不应计入$A_p$)。

对于施工阶段预拉区允许出现裂缝而在预拉区不配置预应力钢筋的构件,当$\sigma_{ct} \leqslant 2f'_{tk}$时,预拉区纵向钢筋配筋率$A'_p/A \geqslant 0.4\%$;当$1.0f'_{tk} \leqslant \sigma_{ct} \leqslant 2.0f'_{tk}$时,则在0.2%~0.4%范围内插值。

预拉区的非预应力纵向钢筋宜配置带肋钢筋,其直径不宜大于14mm,沿构件预拉区的外边缘均匀配置。

10.6.4 构件端部的构造钢筋

1)先张法构件的构造钢筋

对于单根预应力钢筋,其端部应设置长度不小于150mm且不小于4圈的螺旋筋。

对于多根预应力钢筋,在距钢筋端部$10d$(d为预应力钢筋外径)范围内,应设置3~5片与预应力筋垂直的钢筋网。

对于采用预应力钢丝或热处理钢筋配筋的薄板,在板端100mm范围内适当加密横向钢筋。

2)后张法构件的构造钢筋

后张法预应力混凝土构件的端部锚固区应配置间接钢筋(图10-26),其体积配筋率不应小于0.5%。为防止孔道劈裂,在距构件端部$3e$且不大于$1.2h$的长度范围内、间接钢筋配置区外,应在高度$2e$范围内均匀布置附加箍筋或钢筋网片,其体积配筋率不应小于0.5%。

当构件端部有局部凹进时,应增设折线式的构造钢筋(图10-27)。

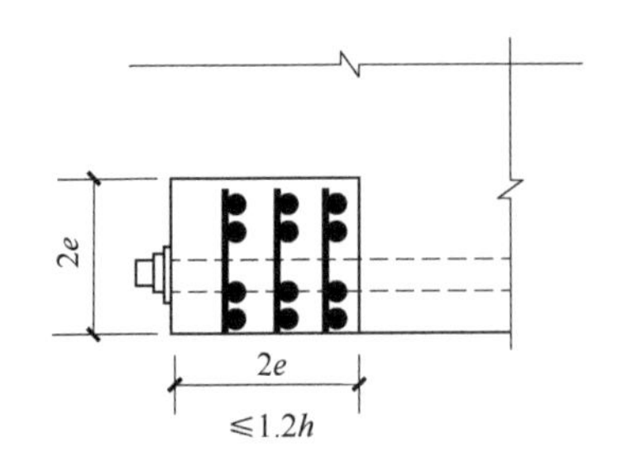

图10-26 端部的间接钢筋

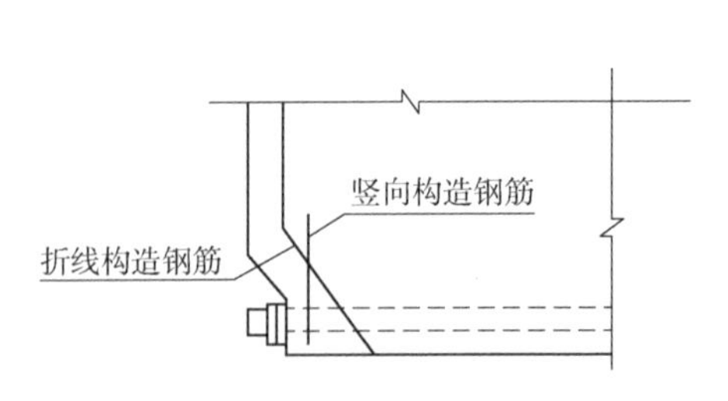

图10-27 端部转折处钢筋

宜在构件端部将一部分预应力钢筋在靠近支座处弯起,并使预应力钢筋沿构件端部均匀布置。若预应力钢筋在构件端部不能均匀布置,而集中布置在端部截面的下部或集中布置在下部和上部时,应在距构件端部 $0.2h$(h 为构件截面端部高度)范围内设置附加竖直焊接钢筋网、封闭式箍筋或其他形式的构造钢筋,其中附加竖向钢筋的截面面积应符合下列规定:

①当 $e \leqslant 0.1h$ 时:

$$A_{sv} \geqslant 0.3N_p/f_y \tag{10-112}$$

②当 $0.1h<e \leqslant 0.2h$ 时:

$$A_{sv} \geqslant 0.5N_p/f_y \tag{10-113}$$

③当 $0.2h<e$ 时,可根据具体实际情况适当配置构造钢筋。

式中:N_p——作用在构件端部截面重心线上部或下部预应力钢筋的合力,此时仅考虑混凝土预压前的预应力损失值;

e——截面重心线上部或下部预应力钢筋的合力点至邻近边缘的距离;

f_y——竖向附加钢筋的抗拉强度设计值。

【例10-2】 已知预应力(先张法)混凝土圆孔板,截面尺寸如图10-28所示。承受标准恒载 4.0kN/m^2,使用活荷载标准值为 2.0kN/m^2,准永久值系数 $\psi_g=0.5$,结构重要性系数 $\gamma_0=1.0$,处于室内正常环境,裂缝控制等级为二级。板的计算跨度 $l_0=1.0$,混凝土强度等级为C30($f_{ck}=20.1\text{N/mm}^2$,$f_{tk}=2.01\text{N/mm}^2$,$E_c=3\times10^4\text{N/mm}^2$,$f_{ck}=14.3\text{N/mm}^2$)。预应力钢筋采用热处理钢筋 $40Si_2Mn$($f_{ptk}=1470\text{N/mm}^2$,$f_{py}=1040\text{N/mm}^2$,$E_p=2.0\times10^5\text{N/mm}^2$)。一次张拉,当混凝土强度达到设计强度70%时,放松预应力钢筋,张拉在6m的钢模上进行,采用蒸汽养护。

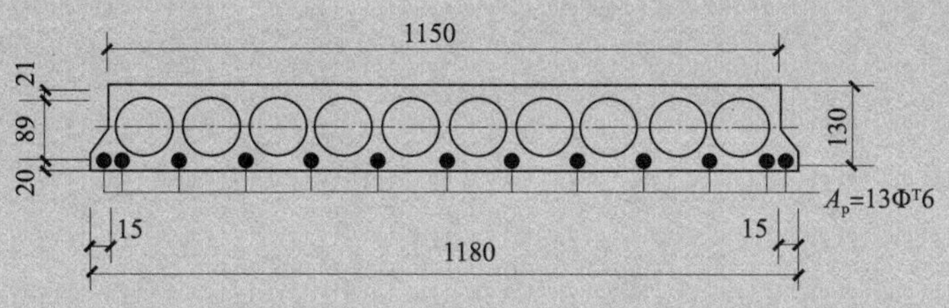

图10-28 例10-2图(尺寸单位:mm)

(1)计算使用阶段的正截面强度。

(2)验算使用阶段的正截面抗裂度。

(3)施工阶段验算。

(4)验算使用阶段的变形。

【解】(1)计算使用阶段的正截面强度

跨中截面设计弯矩为:

$$M=1.2\times(1.2\times4.0+1.4\times2.0)\times5.5^2\div8=34.48(\text{kN}\cdot\text{m})$$

$$h_0=130-(15+5\div2)=112.5(\text{mm})$$

$$\alpha_s=\frac{M}{\alpha_1 f_c b_f' h_0^2}=\frac{34.48\times10^6}{14.3\times1150\times112.5^2}=0.166$$

$$\gamma_s=\frac{1+\sqrt{1-2\alpha_s}}{2}=\frac{1+\sqrt{1-2\times0.166}}{2}=0.91$$

$$A_p=\frac{M}{\gamma_s h_0 f_{py}}=\frac{34.48\times10^6}{0.91\times1040\times112.5}=324.8(\text{mm}^2)$$

考虑到使用阶段抗裂性的要求,选配 13Φ6,$A_p=368\text{mm}^2$。

验算:

$$x=\frac{M}{\gamma_s h_0 f_{py}}=\frac{324.3\times1040}{1\times14.3\times1150}=20.5(\text{mm})<21(\text{mm})$$

因此,使用阶段的正截面强度符合要求。

(2)验算使用阶段的正截面抗裂度

①把截面换算成工字形截面(图 10-29)

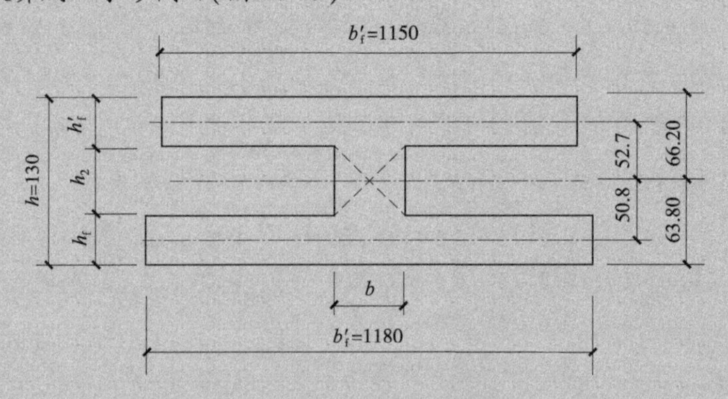

图 10-29　截面换算图示(尺寸单位:mm)

先把一个圆孔换算成等面积、同形心、等惯性矩的矩形($b_1\times h_1$):

$$\frac{1}{4}\pi d^2=b_1h_1,\ \frac{\pi d^4}{64}=\frac{1}{12}b_1h_1^3$$

则

$$b_1=\frac{\pi d}{2\sqrt{3}}=\frac{3.14\times89}{2\times1.73}=80.7(\text{mm})$$

$$h_1=\frac{\sqrt{3}d}{2}=\frac{1.73\times89}{2}=77.0(\text{mm})$$

于是,换算的工字形截面为:

$$b=1150-10b_1=1150-10\times80.7=343(\text{mm})$$

$$h_f'=21+(89-77)/2=27(\text{mm})$$

$$h_f=20+(89-77)/2=26(\text{mm})$$

$$h_2=130-27-26=77(\text{mm})$$

②截面的计算特征

$$\alpha_E = E_s / E_c = 200/30 = 6.67$$

$$(\alpha_E - 1) A_p = 5.67 \times 368 = 2087\text{mm}^2$$

$$A_0 = 1150 \times 27 + 1180 \times 26 + 343 \times 77 + 2087 = 90228(\text{mm}^2)$$

$$S_0 = 31050 \times 116.5 + 30680 \times 13 + 26411 \times 64.5 + 2087 \times 17.5 = 5756197(\text{mm}^2)$$

换算截面重心至截面下边缘的距离为：

$$\gamma_{01} = S_0 / A_0 = 5756197/90228 = 63.8(\text{mm})$$

$$\gamma_{02} = 130 - 63.8 = 66.2(\text{mm})$$

预应力钢筋的偏心距为：

$$e_p = 63.8 - (15 + 5/2) = 46.3(\text{mm})$$

换算截面惯性矩：

$$I_0 = \frac{1}{12} \times 1150 \times 27^3 + 1150 \times 27 \times (66.2 - 27/2) + 343 \times 77^3 \div 12 + 343 \times 77 \times (77/2 + 26 - 63.8)^2$$

$$+ 1180 \times 26^3 \div 12 + 1180 \times 26 \times (63.8 - 26/2)^2 + 2087 \times 46.32 = 18218.2 \times 10^4(\text{mm}^4)$$

③预应力钢筋张拉控制应力、预应力损失值为：

$$\sigma_{con} = 0.70 f_{ptk} = 0.70 \times 1470 = 1029(\text{N/mm}^2)$$

张拉锚具的变形损失值为：

$$\sigma_{l1} = \frac{a}{l} E_s = \frac{2}{6} \times 200 = 66.67(\text{N/mm}^2)$$

因采用蒸汽养护，故温差损失为：

$$\sigma_{l3} = 0$$

一次张拉的钢筋应力松弛损失为：

$$\sigma_{l4} = 0.05 \sigma_{con} = 0.05 \times 1029 = 51.45(\text{N/mm}^2)$$

故混凝土预压前的第一批预应力损失值为：

$$\sigma_{lI} = \sigma_{l1} + \sigma_{l3} + \sigma_{l4} = 66.67 + 0 + 51.45 = 118.12(\text{N/mm}^2)$$

由混凝土的收缩、徐变产生的损失值为：

$$N_{pI} = A_p(\sigma_{con} - \sigma_{lI}) = 368(1029 - 118.12) = 335.2(\text{kN})$$

$$\sigma_{pcI} = \frac{N_{pI}}{A_0} + \frac{N_{pI} e_p}{I_0} \gamma_0 = \frac{335.2 \times 10^3}{90228} + \frac{335.2 \times 10^3 \times 46.3}{18218.2 \times 10^4} \times 46.3 = 7.66(\text{N/mm}^2)$$

$$\sigma_{pcI} / f'_{cu} = 7.66 \div (0.7 \times 30) = 0.36 < 0.5$$

$$\rho = (A_p + A_s) / bh_0 = (368 + 0) \div (343 \times 112.5) = 0.0095$$

（注意：b 是指腹板的宽度，不是指整个板宽）

$$\sigma_{l5} = \frac{45 + 280 \dfrac{\sigma_{pcI}}{f'_{cu}}}{1 + 15\rho} = \frac{45 + 280 \times 0.35}{1 + 15 \times 0.00095} = 125.16(\text{N/mm}^2)$$

$$\sigma_{l\text{II}}=\sigma_{l5}=125.16(\text{N/mm}^2)$$

预应力总损失值 $\sigma_l=\sigma_{l\text{I}}+\sigma_{l\text{II}}=125.16+118.12=243.28(\text{N/mm}^2)$

④验算正截面抗裂度

$$\sigma_{ck}-\sigma_{pc}\leqslant f_{tk}$$

$$\sigma_{cq}-\sigma_{pc}\leqslant 0$$

$$M=1.2\times(4.0+2.0)\times5.5^2\div8=27.23(\text{kN}\cdot\text{m})$$

$$M_g=13.62(\text{kN}\cdot\text{m})$$

$$\sigma_{ck}=M_k/W_0=9.5(\text{N/mm}^2)$$

$$\sigma_{cq}=M_q/W_0=4.8(\text{N/mm}^2)$$

$$W_0=I_0/y_{01}=18218.2\times10^4/63.8=285.6\times10^4(\text{mm}^3)$$

$$N_{p\text{II}}=A_p(\sigma_{con}-\sigma_l)=368(1029-243.28)=289.14(\text{kN})$$

$$\sigma_{pc}=N_{p\text{II}}/A_p+N_{p\text{II}}e_p/W_0=3.2045+4.68=7.89(\text{N/mm}^2)$$

$$\sigma_{ck}-\sigma_{pc}=9.5-7.89=1.61\leqslant f_{tk}=2.01(\text{N/mm}^2)$$

$$\sigma_{cq}-\sigma_{pc}=4.6-7.89=-3.29(\text{N/mm}^2)<0$$

满足二级裂缝控制等级要求。

(3)施工阶段验算

$$\sigma'_{cc}=\frac{N_{p\text{I}}}{A_0}+\frac{N_{p\text{I}}e_p}{W_0}=\frac{335.2\times10^3}{90228}+\frac{335.2\times10^3\times46.3}{285.6\times10^4}=9.14(\text{N/mm}^2)<0.8f'_{ck}=11.26(\text{N/mm}^2)$$

$$\sigma_{ct}=\frac{N_{p\text{I}}}{A_0}-\frac{N_{p\text{I}}e_p}{I_0}y_{01}=-1.93(\text{N/mm}^2)<0$$

均满足要求。

(4)验算使用阶段的变形

短期刚度为:

$$B_s=0.85E_cI_0=0.85\times3\times10^4\times18218.2\times10^4=464.6\times10^{10}(\text{N/mm}^2)$$

构件刚度为:

$$B=\frac{M_kB_s}{M_q(\theta-1)+M_k}=\frac{27.23}{13.26(2-1)+27.23}\times464.6\times10^{10}=32.5\times10^{10}(\text{N/mm}^2)$$

由于 $\rho'=0$,所以 $\theta=2.0$。

荷载效应标准组合并考虑荷载长期作用影响的挠度为:

$$f_{1l}=\frac{5M_kl_0^2}{48B}=\frac{5\times27.23\times10^5\times5.5^2\times10^6}{48\times32.5\times10^{10}}=26.40(\text{mm})$$

反拱值为:

$$f_{2l}=\frac{N_{p\mathrm{II}}e_p l_0^2}{4E_c I_0}=\frac{289.14\times10^3\times46.3\times5.5^2\times10^6}{4\times3\times10^4\times18218.2\times10^4}=9.27(\mathrm{mm})$$

$$f=f_{1l}-2f_{2l}=7.86(\mathrm{mm})$$

$$\frac{f}{l_0}=\frac{7.86}{5500}=\frac{393}{275000}<f_{\mathrm{lim}}=\frac{1}{200}$$

满足要求。

小结及学习指导

1.对混凝土构件施加预应力,是克服构件自重大、易开裂最有效途径之一,且高强度的材料得了充分的利用。在实际工程中,应尽可能推广使用预应力混凝土构件。

2.预应力混凝土的预应力损失有6种。引起预应力损失的因素较多,而且预应力损失将对预应力构件带来有害影响,故在设计和施工中应采取有效措施,减少预应力损失。

3.预应力混凝土构件的应力分析,是掌握预应力混凝土构件设计的基础。在计算先张法、后张法施工阶段的混凝土应力时采用不同的截面几何特征 A_0 和 A_n,而在计算外荷载引起截面的应力时都用 A_0。

4.对预应力混凝土构件,不仅要进行使用阶段验算和施工阶段验算,还要满足《混凝土结构设计规范》规定的各种构造要求。

思考题

1.为什么要对构件施加预应力?预应力构件最突出的优点是什么?

2.对构件施加预应力是否影响构件的承载能力?

3.预应力混凝土构件对材料有何要求?为什么预应力混凝土构件可采用高强度钢筋和混凝土?

4.何谓张拉控制应力?张拉控制应力的大小对构件的性能有何影响?为什么先张法构件预应力筋的张拉控制应力限值比后张法构件高?

5.如何减小各项预应力损失?

6.换算截面 A_0 和净截面 A_n 的意义是什么?为什么计算施工阶段的混凝土应力时,先张法用 A_0,后张法用净截面 A_n,而计算外荷载引起截面应力时,先张法、后张法却都用 A_0?

7.根据抗裂计算公式分析预应力混凝土构件抗裂性能比普通钢筋混凝土构件强的原因。

8.对允许出现裂缝的预应力混凝土构件裂缝开展宽度的要求是否和普通钢筋混凝土构件相同?预应力的效果是如何体现的?

9.为什么有些预应力混凝土受弯构件中要配 A_p'?它对构件的强度、抗裂度有何影响?

10.预应力筋是如何将其张拉力传给混凝土的?对构件端部的应力状态有何影响?

11.全预应力混凝土与部分预应力混凝土有何异同?

12.无黏结预应力混凝土有何优点?

13.如何进行预应力混凝土构件的施工阶段验算?

14.如何计算预应力混凝土受弯构件的变形?

15.对预应力构件有哪些构造要求?

习　题

1.试设计24m跨折线预应力混凝土屋架下弦杆,基本设计条件如下:

(1)构件与截面几何尺寸:见图10-30。

(2)材料:采用C40混凝土,预应力筋采用热处理钢筋$45S_i2C_r$,非预应力筋采用HRB400钢筋。

(3)内力:$N=550kN, N_k=480kN, N_q=430kN$。

(4)施工方法:采用后张法生产,预应力筋孔道采用充压橡皮管抽芯成型,采用夹片式锚具,采用超张拉工艺,混凝土达100%设计强度时张拉预应力筋。

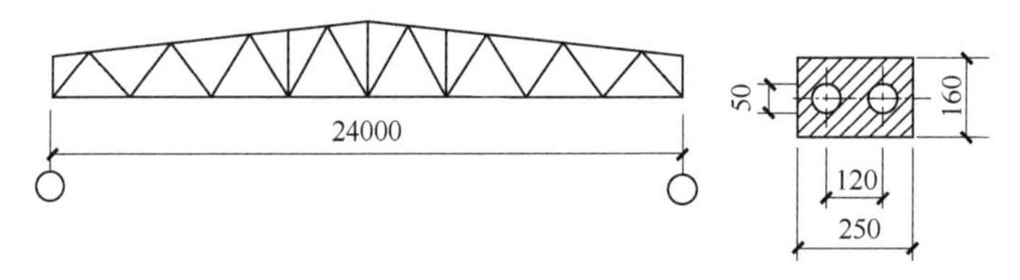

图10-30　习题10-1图(尺寸单位:mm)

设计要求:

(1)确定钢筋数量。

(2)验算使用阶段正截面抗裂度。

(3)验算施工阶段混凝土抗压承载力。

(4)验算施工阶段锚固区局部承载力(包括确定钢筋网的材料、规格、网片的间距及垫板尺寸等)。

2.试设计6.9m长空心板,基本设计条件如下:

(1)构件及截面几何尺寸:见图10-31。

(2)材料:采用C30混凝土,采用消除应力钢丝(刻痕)$\phi^{I}5$作预应力筋,不配非预应力筋。

(3)荷载:20mm水泥砂浆地面面层,20mm石灰砂浆天花抹面,楼面使用活荷载$q_k=3.0kN/m^2$。

(4)施工方法:采用先张法生产,台座长度60m,采用两阶段升温养护体制,预应力筋采用一次张拉,混凝土达70%设计强度时,缓慢放松预应力筋。

设计要求:

(1)计算所需钢筋面积。

(2)验算使用阶段正截面抗裂度。

(3)验算使用阶段的挠度。

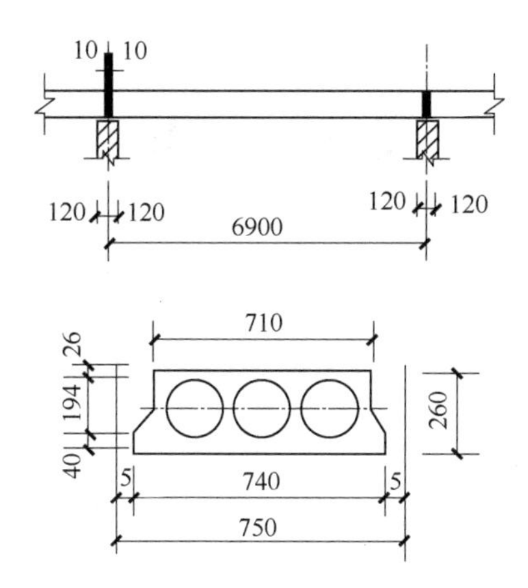

图 10-31　习题 10-2 图(尺寸单位:mm)

提示:首先将空心板圆孔按面积与惯性矩相等的原则折算为方孔(维持重心位置不变),然后按工形截面设计。折算方孔的宽 $b_1=\dfrac{\pi}{2\sqrt{3}}d$,高 $h_1=\dfrac{\sqrt{3}}{2}d$。

附　　表

混凝土轴心抗压强度标准值(单位:N/mm²)　　附表 1

强　度	混凝土强度等级												
	C20	C25	C30	C35	C40	C45	C50	C55	C60	C65	C70	C75	C80
f_{ck}	13.4	16.7	20.1	23.4	26.8	29.6	32.4	35.5	38.5	41.5	44.5	47.4	50.2

混凝土轴心抗压强度设计值(单位:N/mm²)　　附表 2

强　度	混凝土强度等级												
	C20	C25	C30	C35	C40	C45	C50	C55	C60	C65	C70	C75	C80
f_c	9.6	11.9	14.3	16.7	19.1	21.1	23.1	25.3	27.5	29.7	31.8	33.8	35.9

混凝土轴心抗拉强度标准值(单位:N/mm²)　　附表 3

强　度	混凝土强度等级												
	C20	C25	C30	C35	C40	C45	C50	C55	C60	C65	C70	C75	C80
f_{tk}	1.54	1.78	2.01	2.20	2.39	2.51	2.64	2.74	2.85	2.93	2.99	3.05	3.11

混凝土轴心抗拉强度设计值(单位:N/mm²)　　附表 4

强　度	混凝土强度等级												
	C20	C25	C30	C35	C40	C45	C50	C55	C60	C65	C70	C75	C80
f_t	1.10	1.27	1.43	1.57	1.71	1.80	1.89	1.96	2.04	2.09	2.14	2.18	2.22

混凝土的弹性模量(单位:×10⁴N/mm²)　　附表 5

混凝土强度等级	C20	C25	C30	C35	C40	C45	C50	C55	C60	C65	C70	C75	C80
E_c	2.55	2.80	3.00	3.15	3.25	3.35	3.45	3.55	3.60	3.65	3.70	3.75	3.80

注:1.当有可靠试验依据时,弹性模量可根据实测数据确定。

2.当混凝土中掺有大量矿物掺合料时,弹性模量可按规定龄期根据实测数据确定。

混凝土受压疲劳强度修正系数 γ_p **附表 6**

ρ_c^f	$0 \leq \rho_c^f < 0.1$	$0.1 \leq \rho_c^f < 0.2$	$0.2 \leq \rho_c^f < 0.3$	$0.3 \leq \rho_c^f < 0.4$	$0.4 \leq \rho_c^f < 0.5$	$\rho_c^f \geq 0.5$
γ_p	0.68	0.74	0.80	0.86	0.93	1.00

混凝土受拉疲劳强度修正系数 γ_p **附表 7**

ρ_c^f	$0 \leq \rho_c^f < 0.1$	$0.1 \leq \rho_c^f < 0.2$	$0.2 \leq \rho_c^f < 0.3$	$0.3 \leq \rho_c^f < 0.4$	$0.4 \leq \rho_c^f < 0.5$
γ_p	0.63	0.66	0.69	0.72	0.74
ρ_c^f	$0.5 \leq \rho_c^f < 0.6$	$0.6 \leq \rho_c^f < 0.7$	$0.7 \leq \rho_c^f < 0.8$	$\rho_c^f \geq 0.8$	—
γ_p	0.76	0.80	0.90	1.00	—

注:直接承受疲劳荷载的混凝土构件,当采用蒸汽养护时,养护温度不宜高于 60℃

混凝土的疲劳变形模量(单位:$\times 10^4$N/mm²) **附表 8**

强度等级	C30	C35	C40	C45	C50	C55	C60	C65	C70	C75	C80
E_c^f	1.30	1.40	1.50	1.55	1.60	1.65	1.70	1.75	1.80	1.85	1.90

普通钢筋强度标准值 **附表 9**

牌号	符号	公称直径(mm)	屈服强度标准值 f_{yk}(N/mm²)	极限强度标准值 f_{stk}(N/mm²)
HPB300	Φ	6~14	300	420
HRB400	Φ	6~50	400	540
HRBF400	Φ^F			
RRB400	Φ^R			
HRB500	Φ	6~50	500	630
HRBF500	Φ^F			

预应力筋强度标准值 **附表 10**

种类		符号	公称直径(mm)	屈服强度标准值 f_{pyk}(N/mm²)	极限强度标准值 f_{ptk}(N/mm²)
中强度预应力钢丝	光面 螺旋肋	ϕ^{PM} ϕ^{HM}	5、7、9	620	800
				780	970
				980	1270

续上表

种类		符号	公称直径(mm)	屈服强度标准值f_{pyk} (N/mm^2)	极限强度标准值f_{ptk} (N/mm^2)
预应力螺纹钢筋	螺纹	ϕ^T	18、25、32、40、50	785	980
				930	1080
				1080	1230
消除应力钢丝	光面 螺旋肋	ϕ^P ϕ^H	5	—	1570
				—	1860
			7	—	1570
			9	—	1470
				—	1570
钢绞线	1×3 (3股)	ϕ^S	8.6、10.8、12.9	—	1570
				—	1860
				—	1960
	1×7 (7股)		9.5、12.7、15.2、17.8	—	1720
				—	1860
				—	1960
			21.6	—	1860

注:极限强度标准值为1960N/mm^2的钢绞线用作后张预应力配筋时,应有可靠的工程经验。

普通钢筋强度设计值(单位:N/mm^2) **附表11**

牌号	抗拉强度设计值f_y	抗压强度设计值f'_y
HPB300	270	270
HRB400、HRBF400、RRB400	360	360
HRB500、HRBF500	435	435

预应力筋强度设计值(单位:N/mm^2) **附表12**

种类	极限强度标准值f_{ptk}	抗拉强度设计值f_{py}	抗压强度设计值f'_{py}
中强度预应力钢丝	800	510	410
	970	650	
	1270	810	
消除应力钢丝	1470	1040	410
	1570	1110	
	1860	1320	

续上表

种　　类	极限强度标准值 f_{ptk}	抗拉强度设计值 f_{py}	抗压强度设计值 f'_{py}
钢绞线	1570	1110	390
	1720	1220	
	1860	1320	
	1960	1390	
预应力螺纹钢筋	980	650	410
	1080	770	
	1230	900	

注：当预应力的强度标准值不符合附表12规定时，其强度设计值应进行相应的比例换算。

普通钢筋及预应力筋在最大力下的总伸长率 δ_{gt} 限值（单位：%）　　**附表13**

牌号或种类	热 轧 钢 筋				冷轧带肋钢筋		预 应 力 筋	
	HPB300	HRB400 HRBF400 HRB500 HRBF500	HRB400E HRB500E	RRB400	CRB550	CRB600H	中强度预应力钢丝、预应力冷轧带肋钢筋	消除应力钢丝、钢绞线、预应力螺纹钢筋
δ_{gt}	10.0	7.5	9.0	5.0	2.5	5.0	4.0	4.5

钢筋的弹性模量（单位：$\times 10^5 N/mm^2$）　　**附表14**

牌号或种类	弹性模量 E_s
HPB300钢筋	2.10
HRB400、HRB500钢筋 HRBF400、HRBF500钢筋 RRB400钢筋 预应力螺纹钢筋	2.00
消除应力钢丝、中强度预应力钢丝	2.05
钢绞线	1.95

注：必要时可采用实测的弹性模量。

普通钢筋疲劳应力幅限值　　**附表15**

疲劳应力比值 ρ_s^f	疲劳应力幅限值 Δf_y^f（N/mm^2）
	HRB400
0	175
0.1	162
0.2	156
0.3	149
0.4	137
0.5	123
0.6	106
0.7	85

续上表

疲劳应力比值 ρ_s^f	疲劳应力幅限值 Δf_y^f(N/mm²)
	HRB400
0.8	60
0.9	31

注：当纵向受拉钢筋采用闪光接触对焊连接时，其接头处的钢筋疲劳应力幅限值应按表中数值乘以 0.8 取用。

预应力筋疲劳应力幅限值 **附表 16**

疲劳应力比值 ρ_s^f	钢绞线 $f_{ptk}=1570$ (N/mm²)	消除应力钢丝 $f_{ptk}=1570$ (N/mm²)
0.7	144	240
0.8	118	168
0.9	70	88

注：1.当 ρ_{sv}^f 不小于 0.9 时，可不进行预应力筋疲劳验算。

2.当有充分依据时，可对表中规定的疲劳应力幅限值做适当调整。

混凝土保护层的最小厚度 c(单位：mm) **附表 17**

环 境 类 别	部　　位	
	板、墙、壳	梁、柱、杆
一	15	20
二 a	20	25
二 b	25	35
三 a	30	40
三 b	40	50

注：1.混凝土强度等级不大于 C25 时，表中保护层厚度数值应增加 5mm。

2.钢筋混凝土基础宜设置混凝土垫层，基础中钢筋的混凝土保护层厚度应从垫层顶面算起，且不应小于 40mm。

纵向受力钢筋的最小配筋百分率 ρ_{min} **附表 18**

受 力 类 型			最小配筋百分率(%)
受压构件	全部纵向钢筋	强度等级 500MPa	0.50
		强度等级 400MPa	0.55
		强度等级 300MPa	0.60
	一侧纵向钢筋		0.20
受弯构件、偏心受拉、轴心受拉构件一侧的受拉钢筋			0.20 和 $45f_t/f_y$ 中的较大者

注：1.受弯构件全部纵向钢筋最小配筋百分率，当采用 C60 以上强度等级的混凝土时，应按表中规定增加 0.10。

2.板类受弯构件(不包括悬臂板)的受拉钢筋，当采用强度等级 500MPa 的钢筋时，其最小配筋百分率应采用 0.15 和 $45f_t/f_y$ 中的较大值。

3.偏心受拉构件中的受压钢筋，应按受压构件一侧纵向钢筋考虑。

4.受压构件的全部纵向钢筋和一侧纵向钢筋的配筋率以及轴心受拉构件和小偏心受拉构件一侧受拉钢筋的配筋率均应按构件的全截面面积计算。

5.受弯构件、大偏心受拉构件一侧受拉钢筋的配筋率应按全截面面积扣除受压翼缘面积 $(b_f'-b)h_f'$ 后的截面面积计算。

6.当钢筋沿构件截面周边布置时，“一侧纵向钢筋”指沿受力方向两个对边中一边布置的纵向钢筋。

受弯构件的挠度限值 **附表 19**

构件类型		挠度限值
吊车梁	手动吊车	$l_0/500$
	电动吊车	$l_0/600$
屋盖、楼盖及楼梯构件	当 $l_0<7$m 时	$l_0/200(l_0/250)$
	当 7m$\leqslant l_0 \leqslant$9m 时	$l_0/250(l_0/300)$
	当 $l_0>9$m 时	$l_0/300(l_0/400)$

注:1.表中 l_0 为构件的计算的跨度;计算悬臂构件的挠度限值时,其计算跨度 l_0 按实际悬臂长度的 2 倍取用。

2.表中括号内的数值适用于使用上对挠度有较高要求的构件。

3.如果构件制作时预先起拱,且使用上允许,则在验算挠度时,可将计算所得的挠度值减去起拱值;对预应力混凝土构件, 还可减去预加力所产生的反拱值。

4.构件制作时的起拱值和预加力所产生的反拱值,不宜超过构件在相应荷载组合下的计算挠度值。

结构构件的裂缝控制等级及最大裂缝宽度的限值 ω_{min} **附表 20**

环境类别	钢筋混凝土结构		预应力混凝土结构	
	裂缝控制等级	ω_{min}(mm)	裂缝控制等级	ω_{min}(mm)
一	三级	0.30(0.40)	三级	0.20
二 a		0.20		0.10
二 b			二级	—
三 a、三 b			一级	—

注:1.对处于年平均相对湿度小于 60%地区一类环境中的受弯构件,其最大裂缝宽度限值可采用括号内的数值。

2.在一类环境中,对于钢筋混凝土屋架、托架及须做疲劳验算的吊车梁,其最大裂缝宽度限值应取 0.20mm;对钢筋混凝土屋面梁和托梁,其最大裂缝宽度限值应取 0.30mm。

3.在一类环境中,对于预应力混凝土屋架、托架及双向板体系,应按二级裂缝控制等级进行验算。对于一类环境中的预应力混凝土屋面梁、托梁、单向板,应按表中二 a 级环境的要求进行验算。对于在一类和二 a 类环境中须做疲劳验算的预应力混凝土吊车梁,应按裂缝控制等级不低于二级的构件进行验算。

4.表中规定的预应力混凝土构件的裂缝控制等级、最大裂缝宽度限值仅适用于正截面的验算。预应力混凝土构件的斜截面裂缝控制验算应符合预应力构件的有关要求。

5.对于烟囱、筒仓和处于液体压力下的结构,其裂缝控制要求应符合专门标准的有关规定。

6.对于处于四、五类环境中的结构构件,其裂缝控制要求应符合专门标准的有关规定。

7.表中的最大裂缝宽度限值用于验算荷载作用引起的最大裂缝宽度。

混凝土结构的环境类别 **附表 21**

环境类别	条件
一	室内干燥环境; 无侵蚀性静水浸没环境

续上表

环境类别	条　件
二 a	室内潮湿环境； 非严寒和非寒冷地区的露天环境； 非严寒和非寒冷地区与无侵蚀性的水或土壤直接接触的环境； 严寒和寒冷地区的冰冻线以下与无侵蚀性的水或土壤直接接触的环境
二 b	干湿交替环境； 水位频繁变动环境； 严寒和寒冷地区的露天环境； 严寒和寒冷地区的冰冻线以上与无侵蚀性的水或土壤直接接触的环境
三 a	严寒和寒冷地区冬季水位变动区环境； 受除冰盐影响环境； 海风环境
三 b	盐渍土环境； 受除冰盐作用环境； 海岸环境
四	海水环境
五	受人为或自然的侵蚀性物质影响的环境

注：1.室内潮湿环境是指构件表面经常处于结露或湿润状态的环境。

2.严寒和寒冷地区的划分应符合现行国家标准《民用建筑热工设计规范》（GB 50176）的有关规定。

3.对于海岸环境和海风环境，宜根据当地情况，考虑主导风向及结构所处迎风、背风部位等因素的影响，由调查研究和工程经验确定。

4.受除冰盐影响环境是指受到除冰盐盐雾影响的环境；受除冰盐作用环境是指被除冰盐溶液溅射的环境以及使用除冰盐地区的洗车房、停车楼等建筑。

5.暴露的环境是指混凝土结构表面所处的环境。

结构混凝土材料的耐久性基本要求 **附表 22**

环境等级	最大水胶比	最低强度等级	最大氯离子含量(%)	最大碱含量(kg/m^3)
一	0.6	C20	0.30	不限制
二 a	0.55	C25	0.20	3.0
二 b	0.50(0.55)	C30(C25)	0.15	
三 a	0.45(0.50)	C35(C30)	0.15	
三 b	0.40	C40	0.10	

注：1.氯离子含量指其占胶凝材料总量的百分比。

2.预应力构件混凝土中的最大氯离子含量为 0.06%；其最低混凝土强度等级宜按表中的规定提高 2 个等级。

3.素混凝土构件的水胶比及最低强度等级的要求可适当放松。

4.当有可靠工程经验时，处于二类环境中的最低混凝土强度等级可降低 1 个等级。

5.处于严寒和寒冷地区二 b、三 a 类环境中的混凝土，应使用引气剂，并可采用括号中的参数。

6.当使用非碱活性集料时，对混凝土中的碱含量可不做限制。

钢筋混凝土矩形截面受弯构件正截面受弯承载力计算系数表　　附表 23

ξ	γ_s	α_s	ξ	γ_s	α_s
0.01	0.995	0.010	0.33	0.835	0.275
0.02	0.990	0.020	0.34	0.830	0.282
0.03	0.985	0.030	0.35	0.825	0.289
0.04	0.980	0.039	0.36	0.820	0.295
0.05	0.975	0.048	0.37	0.815	0.301
0.06	0.970	0.058	0.38	0.810	0.309
0.07	0.965	0.067	0.39	0.805	0.314
0.08	0.960	0.077	0.40	0.800	0.320
0.09	0.955	0.085	0.41	0.795	0.326
0.10	0.950	0.095	0.42	0.790	0.332
0.11	0.945	0.104	0.43	0.785	0.337
0.12	0.940	0.113	0.44	0.780	0.343
0.13	0.935	0.121	0.45	0.775	0.349
0.14	0.930	0.130	0.46	0.770	0.354
0.15	0.925	0.139	0.47	0.765	0.359
0.16	0.920	0.147	0.48	0.760	0.365
0.17	0.915	0.155	**0.482**	**0.759**	**0.366**
0.18	0.910	0.164	0.49	0.755	0.370
0.19	0.905	0.172	0.50	0.750	0.375
0.20	0.900	0.180	0.51	0.745	0.380
0.21	0.895	0.188	**0.518**	**0.741**	**0.384**
0.22	0.890	0.196	0.52	0.740	0.385
0.23	0.885	0.203	0.53	0.735	0.390
0.24	0.880	0.211	0.54	0.730	0.394
0.25	0.875	0.219	**0.55**	**0.725**	**0.400**
0.26	0.870	0.226	0.56	0.720	0.403
0.27	0.865	0.234	0.57	0.715	0.408
0.28	0.860	0.241	**0.576**	**0.712**	**0.410**
0.29	0.855	0.248	0.58	0.710	0.412
0.30	0.850	0.255	0.59	0.705	0.416
0.31	0.845	0.262	0.60	0.700	0.420
0.32	0.840	0.269			

注：1.本表数值适用于混凝土强度等级不超过 C50 的受弯构件。

2.表中 $\xi=0.482$ 以下的数值不适用于 500MPa 级的钢筋；$\xi=0.518$ 以下的数值不适用于 400MPa 级的钢筋；$\xi=0.576$ 以下的数值不适用于 300MPa 级钢筋。

钢筋的公称直径、公称截面面积及理论质量 **附表 24**

公称直径(mm)	不同根数钢筋的公称截面面积(mm^2)									单根钢筋理论质量(kg/m)
	1	2	3	4	5	6	7	8	9	
6	28.3	57	85	113	142	170	198	226	255	0.222
8	50.3	101	151	201	252	302	352	402	453	0.395
10	78.5	157	236	314	393	471	550	628	707	0.617
12	113.1	226	339	452	565	678	791	904	1017	0.888
14	153.9	308	461	615	769	923	1077	1231	1385	1.210
16	201.1	402	603	804	1005	1206	1407	1608	1809	1.580
18	254.5	509	763	1017	1272	1527	1781	2036	2290	2.00(2.11)
20	314.2	628	942	1256	1570	1884	2199	2513	2827	2.470
22	380.1	760	1140	1520	1900	2281	2661	3041	3421	2.980
25	490.9	982	1473	1964	2454	2954	3436	3927	4418	3.850(4.100)
28	615.8	1232	1847	2463	3079	3695	4310	4926	5542	4.830
32	804.2	1609	2413	3217	4021	4826	5630	6434	7238	6.310(6.650)
36	1017.9	2036	3054	4072	5089	6107	7125	8143	9161	7.990
40	1256.6	2513	3770	5027	6283	7540	8796	10053	11310	9.870(10.340)
50	1963.5	3928	5892	7856	9820	11784	13748	15712	17676	15.420(16.280)

注:括号内为预应力螺纹钢筋的数值。

钢筋的公称直径、公称截面面积及理论质量 **附表 25**

种　　类	公称直径(mm)	公称截面面积(mm^2)	理论质量(kg/m)
1×3	8.6	37.7	0.296
	10.8	58.9	0.462
	12.9	84.8	0.666
1×7 标准型	9.5	54.8	0.430
	12.7	98.7	0.775
	15.2	140.0	1.101
	17.8	191.0	1.500
	21.6	285.0	2.237

钢丝的公称直径、公称截面面积及理论质量 **附表 26**

公称直径(mm)	公称截面面积(mm^2)	理论质量(kg/m)
5.0	19.63	0.154
7.0	38.48	0.302
9.0	63.62	0.499

钢筋混凝土板每米宽的钢筋截面面积表(单位:mm^2)　　**附表 27**

钢筋间距	钢筋直径											
	3mm	4mm	5mm	6mm	6/8mm	8mm	8/10mm	10mm	10/12mm	12mm	12/14mm	14mm
70mm	101.0	180.0	280.0	404.0	561.0	719.0	920.0	1121.0	1369.0	1616.0	1907.0	2199.0
75mm	94.2	168.0	262.0	377.0	524.0	671.0	859.0	1047.0	1277.0	1508.0	1780.0	2052.0
80mm	88.4	157.0	245.0	354.0	491.0	629.0	805.0	981.0	1198.0	1414.0	1669.0	1924.0
85mm	83.2	148.0	231.0	333.0	462.0	592.0	758.0	924.0	1127.0	1331.0	1571.0	1811.0
90mm	78.5	140.0	218.0	314.0	437.0	559.0	716.0	872.0	1064.0	1257.0	1483.0	1710.0
95mm	74.5	132.0	207.0	298.0	414.0	529.0	678.0	826.0	1008.0	1190.0	1405.0	1620.0
100mm	70.6	126.0	196.0	283.0	393.0	503.0	644.0	785.0	958.0	1131.0	1335.0	1539.0
110mm	64.2	114.0	178.0	257.0	357.0	457.0	585.0	714.0	871.0	1028.0	1214.0	1399.0
120mm	58.9	105.0	163.0	236.0	327.0	419.0	537.0	654.0	798.0	942.0	1113.0	1283.0
125mm	56.5	101.0	157.0	226.0	314.0	402.0	515.0	628.0	766.0	905.0	1068.0	1231.0
130mm	54.4	96.6	151.0	218.0	302.0	387.0	495.0	604.0	737.0	870.0	1027.0	1184.0
140mm	50.5	89.8	140.0	202.0	281.0	359.0	460.0	561.0	684.0	808.0	954.0	1099.0
150mm	47.1	83.8	131.0	189.0	262.0	335.0	429.0	523.0	639.0	754.0	890.0	1026.0
160mm	44.1	78.5	123.0	177.0	246.0	314.0	403.0	491.0	599.0	707.0	834.0	962.0
170mm	41.5	73.9	115.0	166.0	231.0	296.0	379.0	462.0	564.0	665.0	785.0	905.0
180mm	39.2	69.8	109.0	157.0	218.0	279.0	358.0	436.0	532.0	628.0	742.0	855.0
190mm	37.2	66.1	100.0	149.0	207.0	265.0	339.0	413.0	504.0	595.0	703.0	810.0
200mm	35.3	62.8	98.2	141.0	196.0	251.0	322.0	393.0	479.0	565.0	668.0	770.0
220mm	32.1	57.1	89.2	129.0	179.0	229.0	293.0	357.0	436.0	514.0	607.0	700.0
240mm	29.4	52.4	81.8	118.0	164.0	210.0	268.0	327.0	399.0	471.0	556.0	641.0
250mm	28.3	50.3	78.5	113.0	157.0	201.0	258.0	314.0	383.0	452.0	534.0	616.0
260mm	27.2	48.3	75.5	109.0	151.0	193.0	248.0	302.0	369.0	435.0	513.0	592.0
280mm	25.2	44.9	70.1	101.0	140.0	180.0	230.0	280.0	342.0	404.0	477.0	550.0
300mm	23.6	41.9	65.5	94.2	131.0	168.0	215.0	262.0	319.0	377.0	445.0	513.0
320mm	22.1	39.3	61.4	88.4	123.0	157.0	201.0	245.0	299.0	353.0	417.0	481.0

截面抵抗矩塑性影响系数基本值 γ_m　　**附表 28**

项次	1	2	3		4		5
截面形状	矩形截面	翼缘位于受压区的T形截面	对称I形截面或箱形截面		翼缘位于受拉的倒T形截面		圆形和截面环形
			$b_f/b\leq2$、h_f/h 为任意值	$b_f/b<2$、$h_f/h>0.2$	$b_f/b\leq2$、h_f/h 为任意值	$b_f/b>2$、$h_f/h<0.2$	圆形和环形截面
γ_m	1.55	1.50	1.45	1.35	1.50	1.40	$1.6\sim0.24r_1/r$

注:1.对 $b_f'>b_f$ 的I形截面,可按项次2与项次3之间的数据采用;对 $b_f'<b_f$ 的I形截面,可按项次3与项次4之间的数值采用。

2.对箱形截面,b 指各肋宽度的总和。

3.r_1 为环形截面的内环半径,对圆形截面取 $r_1=0$。

混凝土构件受力特征系数 a_{cr} **附表 29**

类　型	a_{cr}	
	钢筋混凝土构件	预应力混凝土构件
受弯、偏心受压	2.1	1.7
偏心受拉	2.4	—
轴心受拉	2.7	2.2

钢筋的相对黏结特性系数 v_i **附表 30**

钢筋类别	非预应力钢筋		先张法预应力钢筋			后张法预应力钢筋		
	光面钢筋	带肋钢筋	带肋钢筋	螺旋肋钢丝	刻痕钢丝 钢绞线	带肋钢筋	钢绞线	光面钢丝
v_i	0.7	1.0	1.0	0.8	0.6	0.8	0.5	0.4

注:对环氧树脂涂层带肋钢筋,其相对黏结特性系数应按表中系数的 0.8 倍取值。

参 考 文 献

[1] 中华人民共和国住房和城乡建设部.混凝土结构通用规范:GB 55008—2021[S].北京:中国建筑工业出版社, 2021.

[2] 中华人民共和国住房和城乡建设部.混凝土结构设计规范(2015 年版):GB 50010—2010[S].北京:中国建筑工业出版社, 2016.

[3] 中华人民共和国住房和城乡建设部.建筑结构荷载规范:GB 50009—2012[S].北京:中国建筑工业出版社, 2012.

[4] 中华人民共和国住房和城乡建设部.建筑结构可靠性设计统一标准:GB 50068—2018[S].北京:中国建筑工业出版社, 2018.

[5] 中华人民共和国交通运输部.公路钢筋混凝土及预应力混凝土桥涵设计规范:JTG 3362—2018 [S].北京:人民交通出版社, 2018.

[6] 中华人民共和国建设部.无粘结预应力混凝土结构技术规程:JGJ 92—2004[S].北京:中国建筑工业出版社, 2005.

[7] 高等学校土木工程专业指导委员会.高等学校土木工程本科指导性专业规范[S].北京:中国建筑工业出版社, 2011.

[8] 刘立新, 杨万庆.混凝土结构原理[M].3 版.武汉:武汉理工大学出版社, 2018.

[9] 朱彦鹏.混凝土结构设计原理[M].4 版.重庆:重庆大学出版社, 2013.

[10] 东南大学, 天津大学, 同济大学.混凝土结构(上册):混凝土结构设计原理[M].7 版.北京:中国建筑工业出版社, 2020.

[11] 梁兴文, 史庆轩.混凝土结构设计原理[M].5 版.北京:中国建筑工业出版社, 2022.

[12] 顾祥林.混凝土结构基本原理[M].3 版.上海:同济大学出版社, 2015.

[13] 张季超, 隋莉莉.混凝土结构设计原理[M].北京:高等教育出版社, 2016.

[14] 过镇海, 时旭东.钢筋混凝土原理和分析[M].北京:清华大学出版社, 2003.

[15] 江见鲸, 李杰, 金伟良.高等混凝土结构理论[M].北京:中国建筑工业出版社, 2007.

[16] 吴涛, 邢国华, 王博, 等.高等混凝土结构基本理论[M].北京:人民交通出版社, 2021.

[17] 沈蒲生, 梁兴文.混凝土结构设计原理[M].5 版.北京:高等教育出版社, 2022.

[18] 白国良, 王毅红.混凝土结构设计[M].2 版.武汉:武汉理工大学出版社, 2022.